用户登录
成长天地
师生风采
公告
暂无公告
001-12345678

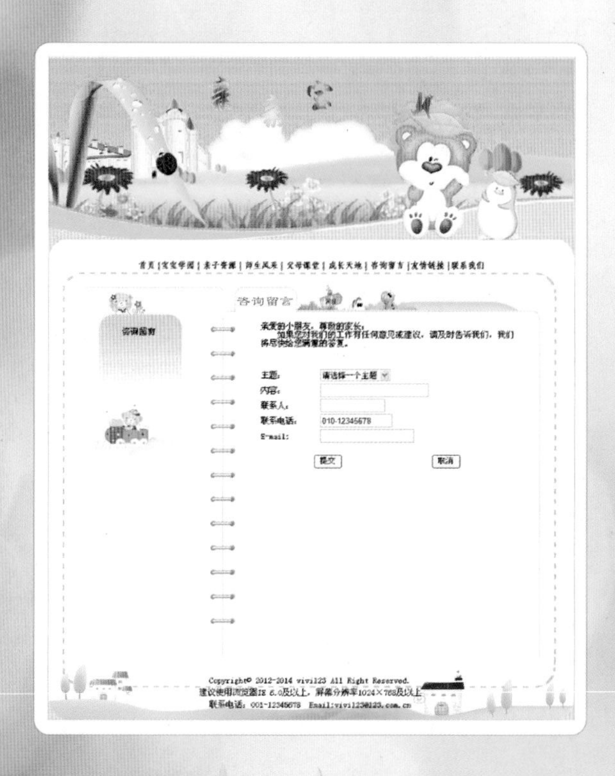

咨询留言
主题：
内容：
联系人：
联系电话：
E-mail：
提交
取消

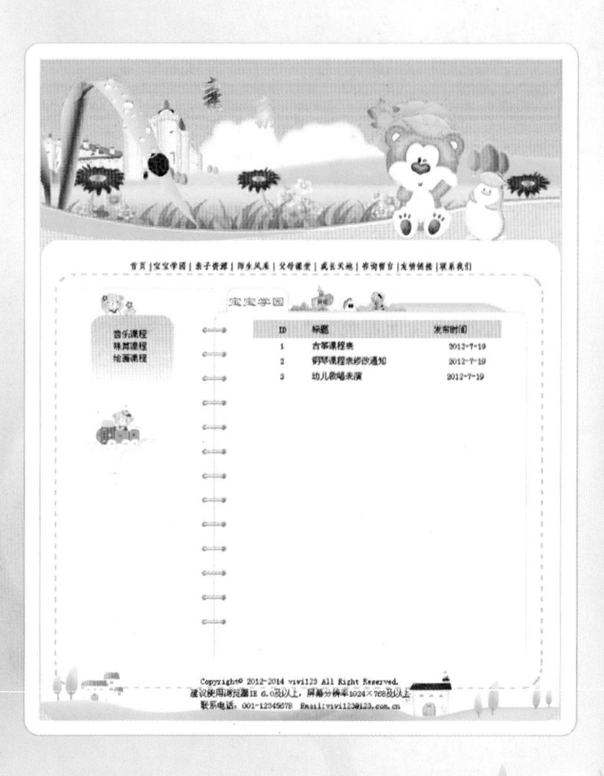

宝宝学园
ID
标题
发布时间

http://www.timesboard.com/
时代论坛社区
经典武侠网络游戏
充值送大礼
龙珠流星狂放送
征服conquer
中国计算机报
电子商务专区
E-LAB
Job88.com
赛迪网
CCID www.ccidnet.com
速度与信誉是我们的保证！
PConline

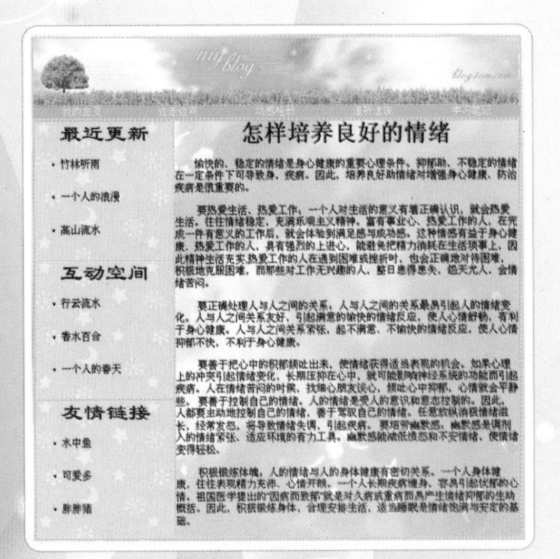
最近更新
竹林听雨
一个人的浪漫
高山流水
互动空间
行云流水
香水百合
一个人的春天
友情链接
水中鱼
可爱多
胖胖猪
怎样培养良好的情绪

Fashion
时尚资讯
流行速递
时尚饰品
霓彩服饰
靓颜美食
彩妆课堂
时尚饰品 >>more
霓彩服饰 >>more
靓颜美食 >>more
彩妆课堂 >>more

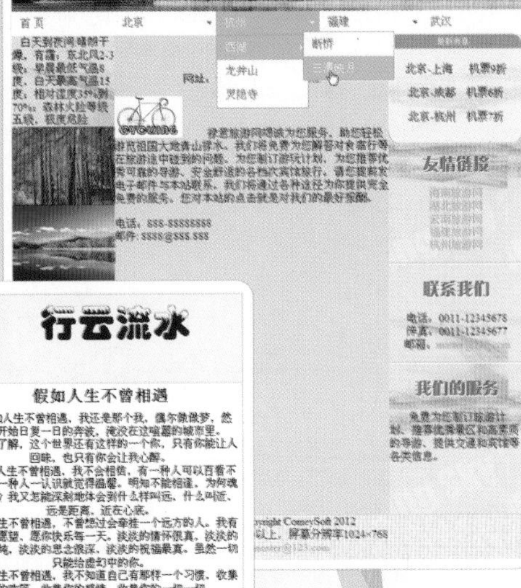
首页
北京
杭州
福建
武汉
西湖
龙井山
灵隐寺
断桥
三潭映月
北京-上海 机票9折
北京-成都 机票8折
北京-杭州 机票7折
电话：888-88888888
邮件：8888@888.888
友情链接
联系我们
电话：0011-12345678
传真：0011-12345677
我们的服务
免费为您制订旅游计划、推荐优秀景区和高素质的导游、提供交通和宾馆等各类信息。

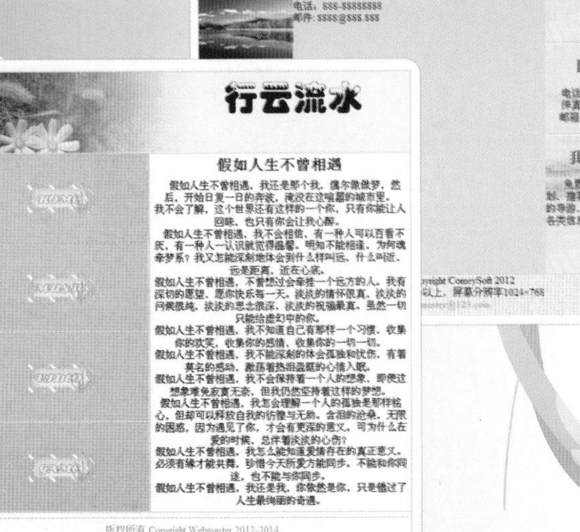
行云流水
假如人生不曾相遇
版权所有 Copyright Webmaster 2012-2014
建议使用浏览器IE 6.0以上 屏幕分辨率1024×768
Email:webmaster@123.com

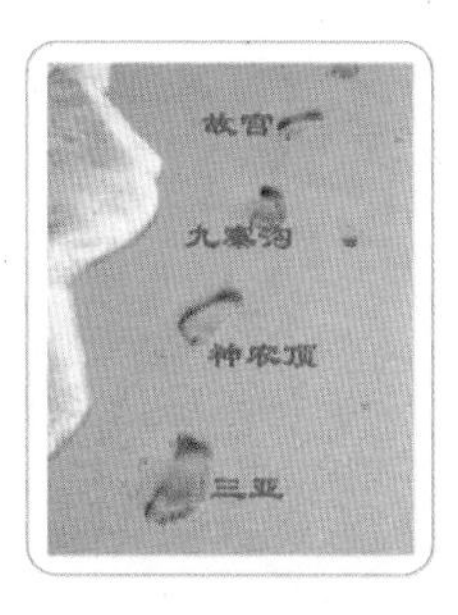
故宫
九寨沟
神农顶
三亚

但愿人长久，千里共婵娟

鼠标效果
请将鼠标移到相应的位置查看效果：
文本
等待
指针
求助

月
流
岁
金

网海拾贝
WELCOME
素材下载
源码共享
友情链接
联系我们
欢迎来到网海拾贝，在此我们为您准备了丰富的网页制作素材，详尽的建站源码，并为您准备了相关的部分网站链接，供您学习时参考。

月
流
岁
金

花之物语
园艺盆景
鲜花造型
插花艺术
AP元素使用实例

静聆风声
欢迎光临我的小屋
MENU
聆听箫韵
我的店铺
伊人风尚
语过添情
友情链接
版权所有 Copyright Vivi 2012

静聆风声
欢迎光临我的小屋
MENU
伊人风尚
童年.jpg
天使.gif
沉思.gif
去年冬天.gif
一个人的快乐.gif
版权所有 Copyright Vivi 2012

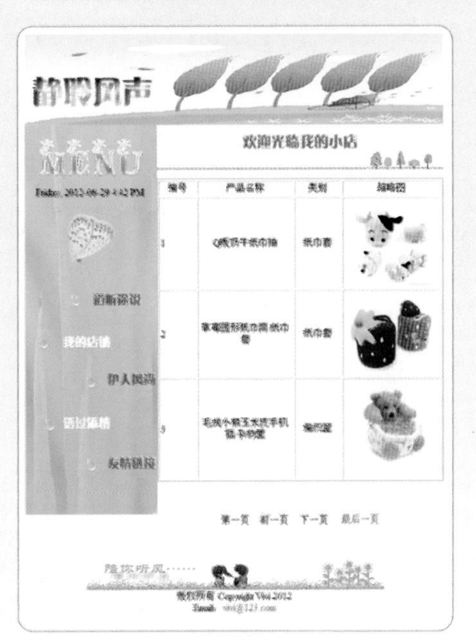
静聆风声
欢迎光临我的小店
MENU
编号
产品名称
类别
缩略图
第一页 前一页 下一页 最后一页
版权所有 Copyright Vivi 2012

静聆风声
欢迎光临我的小屋
MENU
伊人风尚/2. jpg
前一个 | 首页 | 下一个
版权所有 Copyright Vivi 2012

采菊东篱下
诗文赏析
岁月留声
词林漫步

Dreamweaver CS6 中文版 入门与提高实例教程

三维书屋工作室
臧爱军　胡仁喜　等编著

机械工业出版社

内容提要

Adobe Dreamweaver CS6 是继 Adobe Dreamweaver CS5 之后推出的完美的网站及网络应用程序制作软件，新版本趋向于易用快捷。本书以理论与实践相结合的方式，循序渐进地讲解使用 Dreamweaver CS6 制作静、动态网页网站的方法与技巧。

全书分为 3 篇 17 章，全面、详细地介绍了 Dreamweaver CS6 的特点、功能、使用方法和技巧。具体内容为：第 1 篇“快速入门”，介绍了 Dreamweaver CS6 最基本的功能，内容包括网页制作基础、Dreamweaver CS6 简介、网站的构建与管理、文本与超级链接以及 HTML 与 CSS 基础等。第 2 篇“技能提高”，介绍了 Dreamweaver CS6 的高级功能，内容包括表格和 AP 元素、框架、表单的应用、模板与库、Dreamweaver 的内置行为和动态网页基础等。第 3 篇“实战演练”，介绍了旅游网站、儿童教育网站、时尚资讯网站和电子商务网站 4 个不同风格网站综合实例的详细制作步骤。本书实例丰富、内容翔实、操作方法简单易学，不仅适合对网页制作和网站管理感兴趣的初、中级读者学习使用，也可供从事网站设计及相关工作的专业人士参考。

本书附有一张光盘，内容为教材综合实例部分所有网页文件的源代码和操作过程录音讲解动画以及专为教师授课准备的 PPT 文件，供读者学习和教师授课使用。

图书在版编目（CIP）数据

Dreamweaver CS6 中文版入门与提高实例教程/臧爱军等编著. —2 版.
—北京：机械工业出版社，2013. 5
ISBN 978-7-111- 42365-2

Ⅰ. ①D… Ⅱ. ①臧… Ⅲ. ①网页制作工具—教材
Ⅳ. ①TP393. 092

中国版本图书馆 CIP 数据核字（2013）第 089802 号

机械工业出版社（北京市百万庄大街 22 号 邮政编码 100037）
策划编辑：曲彩云 责任编辑：曲彩云
责任印制：杨 曦
北京中兴印刷有限公司印刷
2013 年 5 月第 2 版第 1 次印刷
184mm × 260mm · 24. 25 印张 · 2 插页 · 600 千字
0 001—3 000 册
标准书号：ISBN 978-7-111-42365-2
ISBN 978-7-89405-023-6（光盘）
定价：56. 00 元（含 1DVD）

凡购本书，如有缺页、倒页、脱页，由本社发行部调换

策划编辑(010)88379782

电话服务 网络服务
社服务中心：(010)88361066 教 材 网：http://www.cmpedu.com
销 售 一 部：(010)68326294 机工官网：http://www.cmpbook.com
销 售 二 部：(010)88379649 机工官博：http://weibo.com/cmp1952
读者购书热线：(010)88379203 **封面无防伪标均为盗版**

前言

在网络浪潮中随着宽带的普及，上网变得越来越方便，就连以前只有专业公司才能提供的 Web 服务现在许多普通的宽带用户也能做到。您是否也有种冲动，想自己来制作网站，为自己在网上安个家？也许你会觉得网页制作很难，然而如果使用 Dreamweaver CS6，即使制作一个功能强大的网站，也是件非常容易的事情。

被誉为“网页制作三剑客”之一的 Dreamweaver CS6 是著名影像处理软件公司 Adobe 最新推出的网页设计制作工具，是继 Dreamweaver CS4 之后的升级版本，是目前最完美的网站制作工具。Dreamweaver CS6 是一种专业的 HTML 编辑器，用于对 Web 站点、Web 页和 Web 应用程序进行设计、编码和开发。无论您喜欢直接编写 HTML 代码，还是偏爱“所见即所得”的工作环境，Dreamweaver CS6 都会为您提供许多方便的工具，助您迅速高效地制作网站。

全书由 3 篇 17 章组成，全面、详细地介绍了 Dreamweaver CS6 制作静、动态网页网站的方法与技巧。

第 1 章介绍网页制作基础知识，分别介绍网页与网站的基础知识以及网站建设的基本步骤。

第 2 章 Dreamweaver CS6 的基础知识，包括 Dreamweaver CS6 的窗口，文件操作。

第 3 章介绍站点的基本知识及构建本地站点的方法，包括站点的概念和功能，站点规划和网站制作流程以及对站点内文件的操作方法等。

第 4 章介绍文本和图像的基本知识及应用方法。包括普通文本、特殊符号和日期的插入，对文本的格式设置以及如何在网站中应用图像。

第 5 章介绍超级链接的基本知识及使用方法，包括各种超级链接的概念与功能，创建各种超级链接的方法

第 6 章介绍 HTML 和 CSS 样式表的基本知识及使用方法。包括 HTML 语法结构、常用的 HTML 标签，CSS 样式及应用。

第 7 章介绍表格和 AP 元素的基本知识及使用方法。包括插入表格、拆分与合并单元格、剪切和粘贴单元格、删除行列以及插入行等操作，创建 AP 元素及嵌套 AP 元素的创建与属性设置，AP 元素的管理，AP 元素与表格之间的相互转化以及显示与隐藏 AP 元素等。

第 8 章介绍框架网页的基本知识及使用方法。包括框架基本操作、保存框架和框架集文件、使用链接控制框架的内容及框架的实际应用等。

第 9 章介绍表单的基本知识及使用方法。包括表单的创建，各种表单对象的添加及属性设置，以及表单的简单处理等。

第 10 章介绍 Dreamweaver CS6 的内置行为。包括改变属性、拖动 AP 元素、检查插件表单以及调用 JavaScript 等。

第 11 章介绍如何制作多媒体网页。包括在网页中使用声音，插入 Flash 动画和视频以及插入其他多媒体对象。

第 12 章介绍模板和库的基本知识及使用方法。包括创建模板，定义模板的可编辑区域、重复区域和可选区域，以及库的创建及使用等。

第 13 章介绍动态网页基础。包括如何安装和配置 IIS 服务器，制作动态网页的步骤以及连接数据库以及绑定动态数据。

第 14 章到第 17 章为综合实例，详细介绍了旅游网站、儿童教育网站、时尚资讯网站和电子商务网站 4 个不同风格网站的详细制作过程。

为了配合各学校师生利用此书进行教学的需要，随书配赠多媒体光盘，包含全书实例操作过程配音讲解录屏 AVI 文件和实例结果文件和素材文件，以及专为老师教学准备的 Powerpoint 多媒体电子教案。

本书由三维书屋工作室总策划，胡仁喜、杨雪静主编　刘昌丽、康士廷、张日晶、孟培、万金环、闫聪聪、卢园、郑长松、张俊生、李瑞、董伟、王玉秋、王敏、王玮、王义发、王培合、辛文彤、路纯红、周冰、王艳池、王宏等也为本书的出版提供了大量帮助，值此图书出版发行之际，向他们表示衷心的感谢。

书中主要内容来自于作者几年来使用 Dreamweaver 的经验总结，也有部分内容取自于国内外有关文献资料。虽然笔者几易其稿，但由于时间仓促，加之水平有限，书中纰漏与失误在所难免，恳请广大读者联系 win760520@126.com 提出宝贵的批评意见。欢迎登录 www.sjzsanweishuwu.com进行讨论。

作　者

目　录

第 1 篇　DreamweaverCS6 快速入门

- 第 1 章　网页制作基础知识
- 第 2 章　Dreamweaver CS6 简介
- 第 3 章　网站的构建与管理
- 第 4 章　处理文字与图形
- 第 5 章　制作超级链接
- 第 6 章　HTML 与 CSS 基础

第 1 章　网页制作基础知识

本章将通过对网页制作知识的学习，了解网页制作的一些基本术语和网页制作的基本步骤，简单了解设计制作网页的常用工具。本章重点介绍 Adobe 公司最新推出的 Dreamweaver CS5，它涵盖了网页制作与站点管理，是使用最多的网页制作工具之一。

- 网页与网站
- 网站建议的基本步骤

1.1 网页与网站

在学习网页制作的方法和技巧之前，读者（尤其是网页设计的初学者）很有必要先了解网页与网站的联系与区别。

网页是网络上的基本文档，网页中包含文字、图片、声音、动画、影像以及链接等元素，通过对这些元素的有机组合，就构成了包含各种信息的网页。简单地说，通过浏览器在WWW上所看到的每一个超文本文件都是一个网页，而通过超链接连接在一起的若干个网页的集合即构成网站。

通常网站都有一个能够连接到网上的惟一编码，即IP地址。IP地址是由32位二进制数组成的，为了便于记忆，通常把它分为4组，每组8位，每组之间用小数点隔开，例如：202.14.5.7。由于IP地址非常不便于记忆，所以通常用一串文字来代替，例如www.sina.com等，这就是域名。域名也必须是惟一的，它由固定的网络域名管理组织在全世界范围内进行统一管理。

通常我们看到的网页，都是以.htm、.html、.shtml等为后缀的文件。在网站设计中，这种纯粹HTML格式的网页通常被称为静态网页。静态网页的内容是固定的，当用户浏览网页内容时，服务器仅仅是将已有的静态HTML文档传送给浏览器供用户阅读。若网站维护者要更新网页的内容，就必须手工更新所有的HTML文档。因此，静态网页的致命弱点就是不易维护，为了不断更新网页内容，就必须不断地重复制作HTML文档，随着网站内容和信息量的日益扩增，网页维护的工作量无疑将是非常巨大的。

在HTML格式的网页上，也可以出现各种动态的效果，如.GIF格式的动画、FLASH、滚动字母等，但这些动态效果只是视觉上的，与下面将要介绍的动态网页是完全不同的概念。

所谓动态网页，是指服务器会针对不同的使用者以及不同的要求执行不同的程序，从而提供不同的服务，一般与数据库有关。这种网页通常在服务器端以扩展名asp、jsp或是aspx等储存。动态网页的页面自动生成，无须手工维护和更新HTML文档，不同的时间、不同的人访问同一网址时会产生不同的页面。

动态网页与静态网页的最大不同就是Web服务器和用户之间的动态交互，这也是Internet强大生命力的体现。

1.2 网站建设的基本步骤

在这个Internet时代，WWW网站和个人主页浩如烟海。要使访问者从众多的网站中选择访问您的站点，并不是一件简单的事情。因此，要想设计出达到预期效果的站点和网页，需要在建立网站前对用户需求有深刻理解，明确建设网站的目的，确定网站的功能，确定网站规模、投入费用，进行必要的市场分析等，并对人们上网时的心理进行认真地分析研究。在设计时遵循一些基本原则和流程也是很有必要的。只有经过详细策划，才能避免在网站建设中出现很多问题，使网站建设能顺利进行。

本书将通过一个网站实例的制作贯穿各个章节，在讲解各章知识点的同时，引导读者完成一个个人网站的制作。

1.2.1 确定网站的主题和目标用户

一个网站的成功与否与建站之前的网站规划有着极为重要的关系。建立网站，首先要对网站及网页的内容、风格进行规划。这一阶段的任务主要是明确网站的主题和名称，并对网站的技术可行性、经济可行性和时间可行性进行分析。

网站的主题就是网站所要包含的主要内容。一个优秀的网站其页面必须做好以下三个方面：内容、速度和风格。内容是网站的根本，一个成功的网站在内容方面一定要有独到之处，如新浪的新闻、百度的搜索、联众的游戏等。无论是个人网站、企业网站还是综合性信息网站，都需要明确地树立自己的主题和方向，在内容组织上要有特色，定位准确，内容丰富，且有良好的即时更新性。

不同的Web站点有相应的浏览群体，特定的浏览群体意味着有特定的主题内容，根据站点所服务的对象进行设计定位，才能有的放矢。例如，年轻人一般都喜欢时尚资讯，在线交流，写博客日志，网上购物等。要设计一个面向年轻人的个人网站，如果面面俱到的话，势必要花费很大的时间和精力，而且会导致主题不够明确。因此网站应该找到一个突破点，例如把重点放在博客日志上，以赢得自己特定的用户。

Web站点的风格是指站点的整体形象给浏览者的感受。整体形象包括站点的CI，版面布局，浏览方式，交互性，文字，语气，内容等等诸多因素。风格会极大地影响读者对网站的评价，浏览者不需要任何预先的知识，就可能从Web站点的视觉界面获得主观印象。例如：迪斯尼是生动活泼的（如图1-1）；欧珀莱是清新漂亮的（如图1-2）；宝马是时尚专业的（如图1-3）。

图1-1　迪斯尼中国官方网站

在定位风格时必须要考虑以下几点：

（1）确保形成统一整体和界面风格。网页上所有的图像、文字，包括背景颜色、分隔线、字体、标题、注脚等要形成统一的整体。这种整体的风格要与其他网站的界面风格相区别，形成自己的特色。

（2）确保网页界面的清晰、简洁、美观。

（3）确保视觉元素的合理安排，有些情况下，能让读者在浏览网页的过程中体验到视觉的秩序感、节奏感和新奇感。

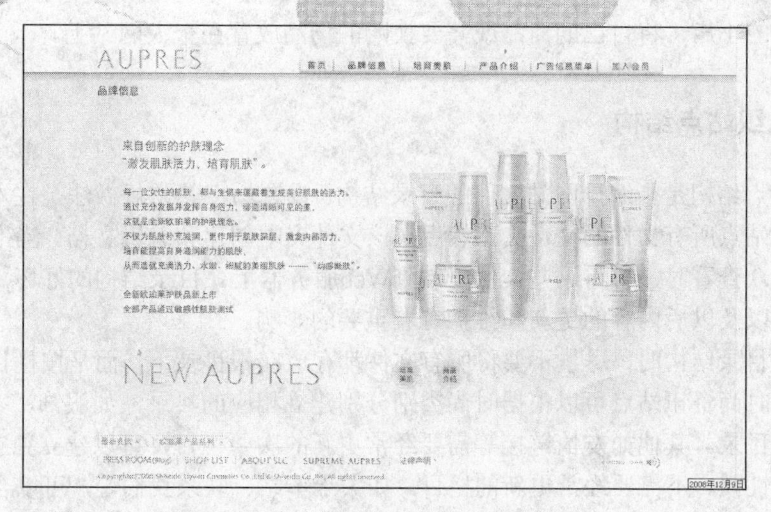

图1-2 欧珀莱中国官方网站

图1-3 宝马中国网站

风格的形成不是一次到位的，Web制作人员可以在实践中不断强化、调整、修饰，直到网站达到独树一帜的境界。

1.2.2 规划网站的栏目与版块

不管是简单的个人主页，还是复杂的、几千个页面的大型网站，对网站的规划都要放到第一步，因为它直接关系到网站的功能是否完善，是否够档次，是否达到预期的目的等。明确了网站的主题和目标用户之后，接下来要依据网站的主题，仔细规划和设计主题中的每个栏目与版块。

例如，通常个人网站主要用于展现个人风采。因此网站的主要内容是个人感兴趣的东西，如一些精美的文章、日志、学习笔记、网站相册。制作网站的目的除了展示个人的东西以外，还希望能与其他网友交流，因此可以添加留言板；为了加大网站的访问量，或收藏自己喜欢的素材、网站，可以添加友情链接。如今电子商务盛行，不妨也在个人网站上开一个简单的小店，将自己的商品或需要换购的物品放置在个人网站上。

1.2.3 组织站点结构

组织站点结构是指编排网站文件的目录结构。设置站点的常规做法是在本地磁盘上创建一个包含站点所有文件的文件夹，然后在该文件夹中创建和编辑文档。当准备好发布站点并允许公众查看时，再将这些文件复制到Web服务器上。目录结构的好坏，对站点本身的上传维护以及以后内容的更新和维护有着重要的影响。

在建立目录结构时，尽量不要将所有文件都存放在根目录下，而是按栏目内容建立子目录。例如时尚资讯站点可以根据时尚类别分别建立相应的目录，如服饰、家居、音像、美容等相应目录。其他如友情链接等需要经常更新的次要栏目，可以建立独立的子目录。而一些相关性强、不需要经常更新的栏目，如关于本站、联系我们等，可以合并放在统一目录下。另外，在每个主目录下都建立独立的images目录，用于存放各个栏目中的图片。在默认情况下，站点根目录下都有images目录，用于存放首页和次要栏目的图片。

此外，为便于维护和管理，建议目录结构的层次不要超过4层，且不要使用中文目录名或过长的目录名。

本书网站实例只是个人介绍性质的页面，主要由四个静态的页面和一个动态的页面组成，因此在建立目录的时候，可以将其中的页面文件直接放在根目录下，所有的图片放在images文件夹中。

由于本例中的动态页面用到了数据库，因此，新建一个名为data的文件夹放置数据库文件。本例将制作6个页面，下面简要介绍各个页面的路径、名称及功能。

（1）index.html：网站的主页。

（2）write.html：网站栏目“道听途说”的链接目标，用于显示日志或转贴文章。

（3）message.html：网站栏目“语过添情”的链接页面，显示一个留言板。浏览者输入留言后单击“提交”按钮，可以将留言发送给网站制作者。

（4）photo.html：网站栏目“伊人风尚”的链接页面，显示网站相册，并播放背景音乐。

（5）images\xiangce\index.html：网站相册的索引页。

其中，images\xiangce文件夹是制作网站相册时指定的目标文件夹。images\photo文件夹放置生成相册的源文件。

（6）shop.asp：网站栏目“我的店铺”的链接页面，显示数据库中的商品编号、名称、类别及图片。

1.2.4 收集整理建站资源

了解了网站的主要目录结构后，就可以创建和收集需要的建站资源了。一般建站资源包括图像、文本和媒体。收集了这些项目后，分门别类地存放在相应的文件夹中，以便于查找和管理。

一个杰出的网站与实体公司一样，也需要整体的形象包装和设计。准确的、有创意的

CI设计，对网站的宣传推广有事半功倍的效果。在网站主题和名称定下来之后，需要思考的就是网站的标识。网站的标识，即网站Logo，如同商品的商标，可以使网络浏览者易于识别和选择网站。一个好的Logo往往会反映Web及制作者的某些信息，特别是对一个商业Web来讲，可以从中基本了解到这个Web的类型。

网站Logo可以是中文，英文字母，符号，图案，也可以是动物或者人物等。比如：IBM是用IBM的英文作为标志，新浪用字母sina+眼睛作为标志，苹果用一只苹果作为标志，搜狐用一只卡通狐狸作为标志。如图1-4所示。

图1-4　常见的Logo

视觉上的吸引仅仅是Web设计的一部分，为了让读者方便地获得信息，在进行Web设计时，Logo的形式应该服从功能，形式的设计应该尽量满足功能所需的简明、清晰。例如，2008年北京奥运开幕时，Google和百度的首页Logo如图1-5所示。

图1-5　奥运开幕Logo

为了便于在Internet上传播信息，关于Web站点的Logo，国际上有一个统一的标准规范。目前网站Logo有以下三种规格：

（1）88*31——这是互联网上最普遍的Logo规格，某些收集Logo的站点所收集的均是这种规格的Logo。

（2）120*60——这种规格用于一般大小的Logo。

（3）120*90——这种规格用于大型Logo。

一个好的Logo应具备以下的几个条件：

（1）符合国际标准。

（2）传达网站的类型信息。

（3）风格独特、设计精美。

1.2.5　网页版面布局与设计

网站建设的目的是为用户服务，因此应根据网站建设的目的确定网站的布局和功能。例如，建立一个电子商务网站，就要根据消费者的需求、购买力、购买习惯等要素设计网页的功能。

网站上的内容并不是大量的信息简单地堆积，这些信息必须通过一定的形式来体现，这就是网站结构、页面外观、页面布局等。同时网页的设计要考虑到网页的加载速度，不

能因为网页的加载时间过慢而使网站的眼球数大大降低。因此，网页在设计上切忌使用过多、过大的图片和过多的表格嵌套。

常见的网页布局形式大致有以下几种：

1. “厂”字型　这种布局最上方是标题和广告条，页面下方左面是菜单，右面显示页面内容，整体上类似汉字“厂”。这种布局条理清晰、主次分明，非常适合初学者学习，但略微有点呆板。

2. “口”字型　这种布局类似一个方框，上方是标题或广告条，下方是版权信息，左面是菜单，右面是友情链接，中间是网页效果与主要内容，页面布局紧凑、信息丰富，但四面封闭给人一种压抑的感觉。

3. “同”字型　这是一些大型网站首页常用的类型，在网页最上面是网站的标题以及BANNER广告条，接下来就是网站的主要内容，左右分列一些两小条内容，中间是主要部分，与左右一起罗列到底，最下面是网站的一些基本信息、联系方式、版权声明等。

4. 海报型　这种布局就像我们平时见到的海报一样，中间是一幅很醒目、设计非常精美的图片，周围点缀着一些图片和文字链接。这种设计常用于一些时尚类公司的首页，非常吸引人。但大量的运用图片导致网页下载速度很慢，而且提供的信息量较少，如图1-6所示。

图1-6　海报型布局

5. “三”字型　上面是标题或广告条一类的内容，下面是正文，一些文章页面或注册页面通常采用这种页面布局方式。

6. “框架”型　这是一种左右分为两页的框架结构，一般左面是导航链接，有时最上面会有一个小的标题或标志，右面是正文，这种类型结构非常清晰，一目了然。大部分的大型论坛都是这种结构的，一些企业网站也喜欢采用。但是这种结构在使用框架时有个问题，即不容易被搜索引擎找到。如果考虑到这一点，尽量少用带框架的页面。

总之，网页布局设计要按照网站的实际情况，根据网站受众的喜好来设计。这样才能使网站受到更多人的欢迎。设计版面布局之前可以先画出版面的布局草图，接着对版面布局进行细化和调整，反复细化和调整后确定最终的布局方案。

1.2.6　测试网站

在确定好网页的目标、功能、风格及整理好素材后就可以采用多种方法和网页制作工具进行网页的制作。同时，为了保证网页的正确性，当网页设计人员制作完所有页面后，需要对所设计的网页进行审查和测试。测试主要是功能性测试、完整性测试和安全性测试。

1.2.7 发布与推广网站

在成功进行完上面的几个步骤后，网站就可以发布到Internet中，供人们访问。在发布网站之前，必须先申请域名和空间，以标识和存放网站。

域名是网站在网络上存在的标志，对于企业开展电子商务具有重要的作用，被誉为网络时代的“环球商标”，一个好的域名可以大大增加企业在互联网上的知名度。

申请完空间和域名后，就可以将网站上传到服务器，让浏览者看到。上传可以利用FTP软件，也可以使用Dreamweaver。有关用Dreamweaver上传发布网站的具体操作步骤见本书第3章。

网站做好后必须推广才能为更多的网民所知道，推广网站的目的是提高网站的访问量并达到得用网络进行营销的目的。网站推广的手段有很多，主要的推广技巧有：搜索引擎注册、电子邮件宣传、BBS宣传、注册加入行业网站、网站合作、论坛留言、新闻组、互换广告条、传统方式推广和网络广告等。由于篇幅限制，本书不作详细介绍，感兴趣的读者可以参阅相关资料。

Chapter 02

第 2 章 Dreamweaver CS6 简介

Dreamweaver 是一款用于网页制作和站点管理的“所见即所得”的网页编辑工具。它将可视布局工具、应用程序开发功能和代码编辑支持组合在一起，使得各个层次的开发人员和设计人员都能够快速创建界面精美的、基于标准的网站和应用程序，其直观性与高效性是很多网页编辑工具无法比拟的，与 Flash、Fireworks 并称为网页制作梦幻组合。

- 初次启动 Dreamweaver CS6
- Dreamweaver CS6 的窗口组成
- 文件操作

2.1 初次启动 Dreamweaver CS6

安装完Dreamweaver CS6简体中文版之后，双击桌面上的Adobe Dreamweaver CS6图标，或执行“开始”/“程序”/“Adobe Dreamweaver CS6”命令，即可启动Dreamweaver CS6简体中文版。第一次启动Dreamweaver CS6时，会弹出图2-1所示的“默认编辑器”对话框，用户可以根据个人喜好将Dreamweaver CS6设置为指定文件类型的默认编辑器。

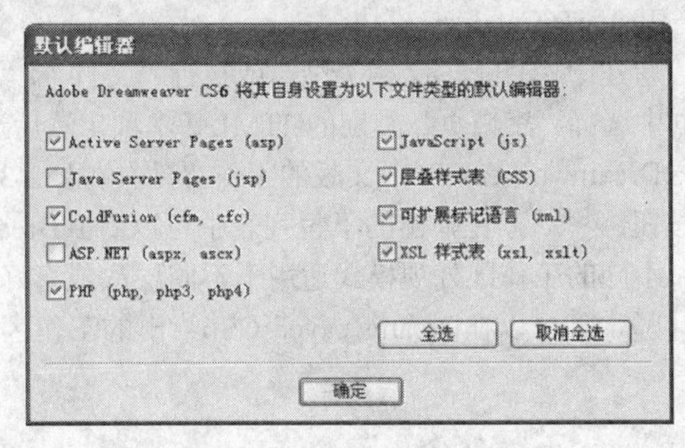

图2-1 “默认编辑器”对话框

单击文件类型左侧的复选框，即可选中相应的文件类型。单击“确定”按钮即可进入Dreamweaver CS6的用户界面。

2.2 Dreamweaver CS6 的窗口组成

启动Adobe Dreamweaver CS6简体中文版（以下简称Dreamweaver CS6）之后，默认显示Dreamweaver的欢迎界面，如图2-2所示。

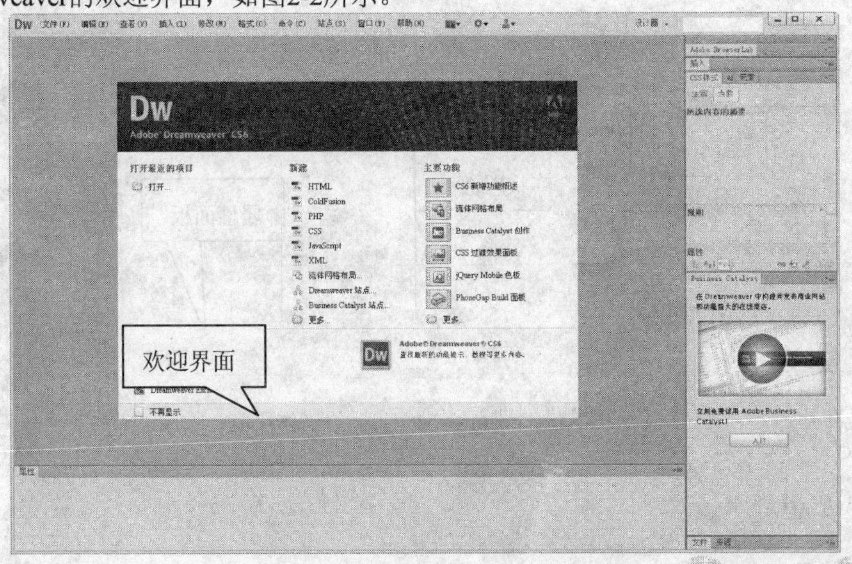

图2-2 Dreamweaver CS6 欢迎界面

该界面用于打开最近使用过的文档或创建新文档，还可以从中通过产品介绍或教程了解关于 Dreamweaver 的更多信息。如果不希望每次启动时都打开这个界面，可以在“首选参数”对话框中修改设置。

在该界面上可以看到Dreamweaver CS6集成了Adobe Business Catalyst。使用Business Catalyst 面板，用户可以与 Adobe Business Catalyst® 平台（需单独购买）连接来开发复杂的电子商务网站，利用托管解决方案建立电子商务网站，而无需编写任何服务器端编码。

在登录到 Business Catalyst 站点之后，可以直接从 Dreamweaver 的“Business Catalyst”面板中管理 Business Catalyst 模块。

单击欢迎界面上“新建”栏目下的文档类型，或执行“文件”/“新建”命令，在打开的“新建文档”对话框中选择“空白页”类别的HTML基本项，然后选择布局栏的“无”，单击“创建”按钮进入Dreamweaver CS6中文版的工作界面，如图2-3所示。

单击“设计器”按钮 设计器 ▾ ，在弹出的下拉列表中可以看到Dreamweaver CS6推出的11种工作区外观模式。不同的工作区外观模式适用于不同层次或喜好的设计者。无论是一个程序员还是一个设计师，都可以在Dreamweaver CS6给出的工作区外观模式中找到合适的页面设计模式。

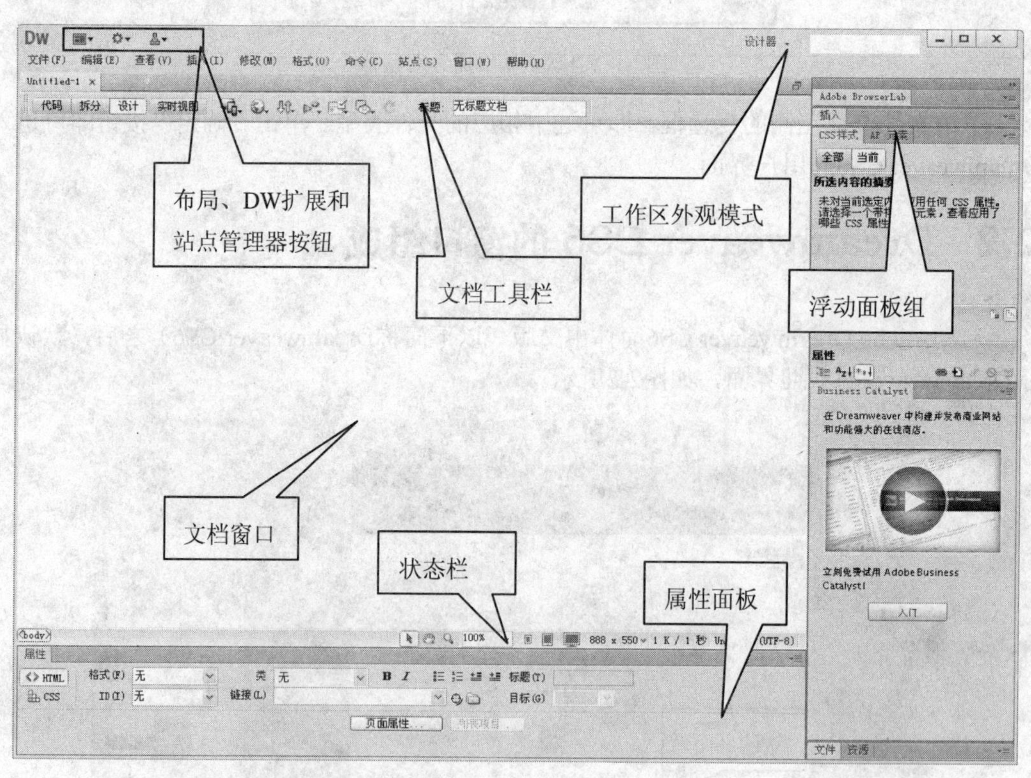

图2-3　Dreamweaver CS6 的工作环境

2.2.1　菜单栏

通常从一个软件菜单的多少可以看出这个软件功能的大小。同样，从Dreamweaver CS6繁复的菜单可以看出其功能的庞大和完善。与大多数软件类似，Dreamweaver CS6的菜单栏位于工作环境最上方，如图2-4所示。

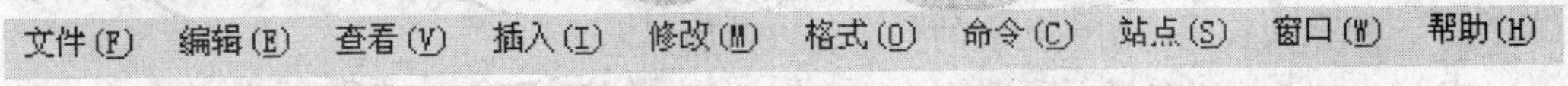

文件(F) 编辑(E) 查看(V) 插入(I) 修改(M) 格式(O) 命令(C) 站点(S) 窗口(W) 帮助(H)

图2-4 菜单栏

2.2.2 文档工具栏

Dreamweaver CS6的文档工具栏主要集中了一些常用的页面操作命令，可以用不同的方式来查看文档窗口或者预览设计效果，如图2-5所示。

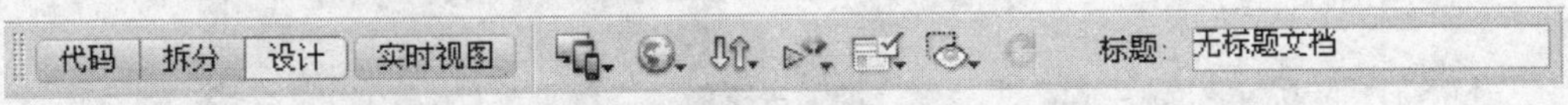

代码 拆分 设计 实时视图 标题: 无标题文档

图2-5 文档工具栏

该工具栏中主要按钮的功能简述如下：

代码：切换到代码视图，显示当前文档的代码，如图 2-6 所示。在代码视图中可以编辑插入的脚本，对脚本进行检查、调试等。

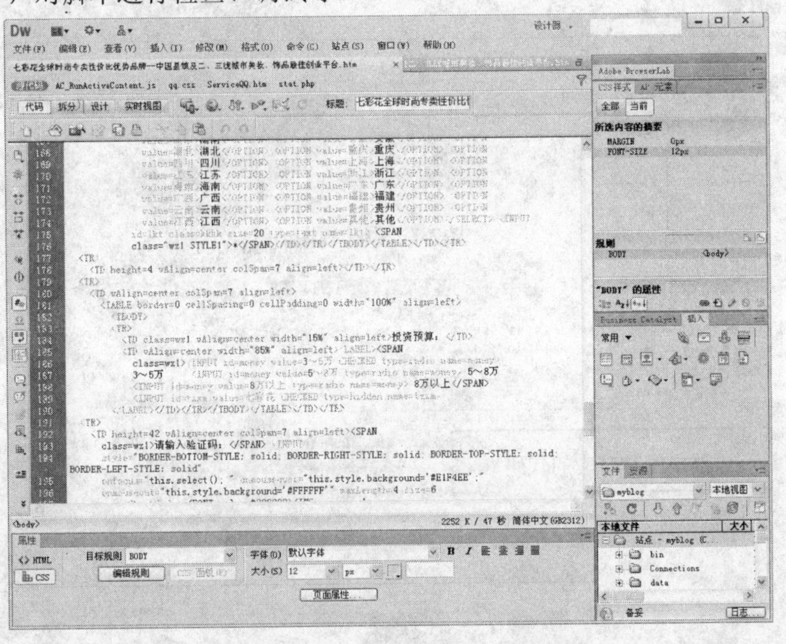

图2-6 代码视图

设计：切换到设计视图，显示的内容与浏览器中显示的内容相同，如图 2-7 所示。

在“设计”视图中，使用Dreamweaver CS6提供的工具或命令，读者可以方便地进行创建、编辑文档的各种工作，即使完全不懂HTML代码的读者也可以制作出精美的网页。

拆分：在同一屏幕中显示代码和设计视图。

在编写文档过程中，有时候读者可能必须兼顾设计样式和实现代码，这时候就要需要代码与设计同屏显示。单击 拆分 按钮，就可以实现这个功能，如图2-8所示。这样同一文档的两种视图就可以在同一窗口中得到对照显示，并且读者选中设计视图或者代码视图中

的部分时，在另外的代码视图或者设计视图中也会选中相同的部分。例如，在图2-8选中一幅图片，那么在代码视图中相应的代码将以蓝底显示。

Dreamweaver CS6界面顶端的“布局”按钮用于设置页面的布局，与工作区顶端的 代码 拆分 设计 按钮功能相同。如果界面顶端没有显示布局、扩展Dreamweaver和站点功能按钮，可以选择“窗口”/“应用程序栏”菜单命令显示这三个功能按钮。

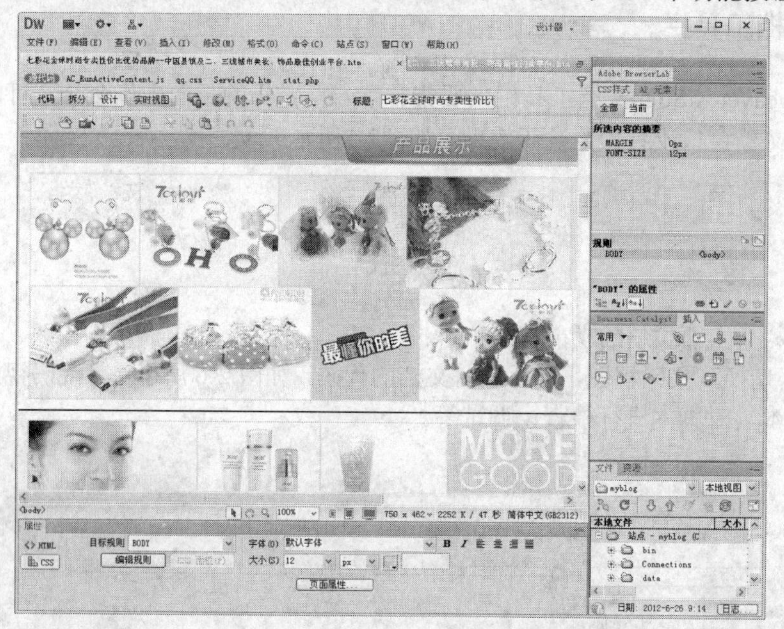

图2-7　设计视图

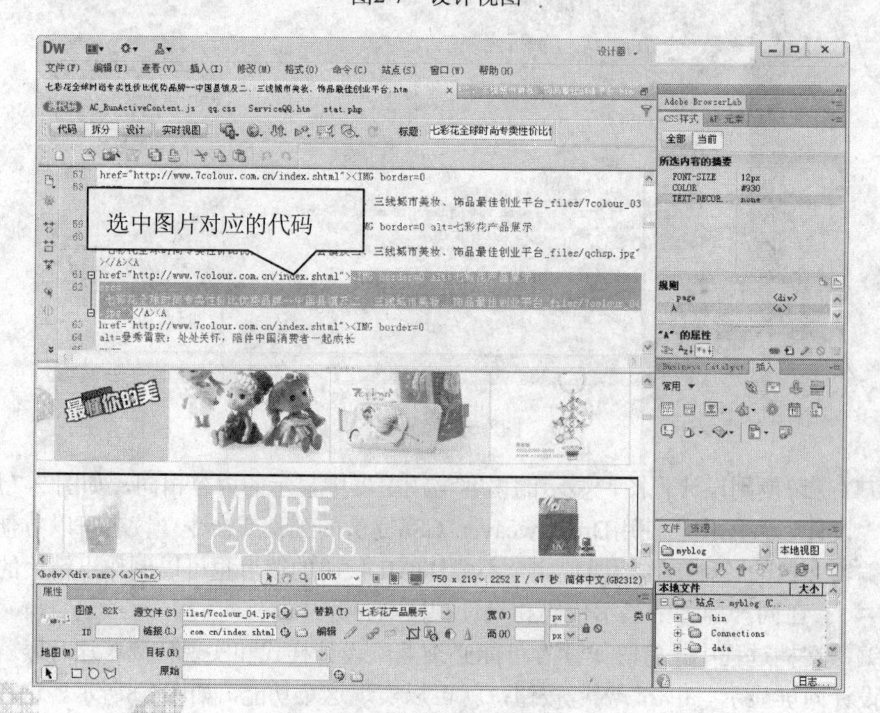

图2-8　代码/设计视图

执行“查看”/“垂直拆分”菜单命令，用户还可以垂直分割文档窗口，即代码视图和设计视图以垂直对比的方式呈现，如图2-9所示。

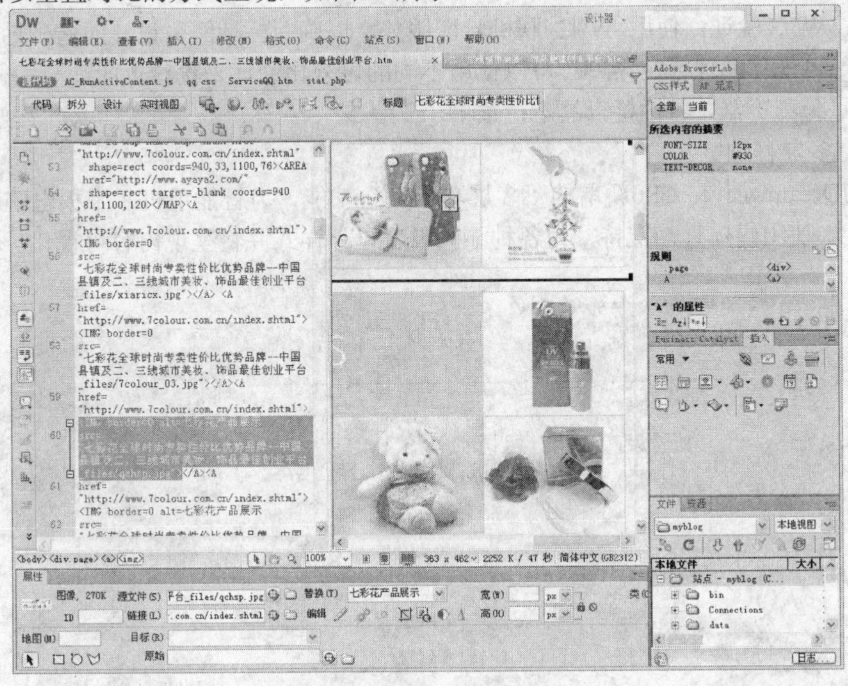

图2-9 垂直拆分代码/设计视图

执行“查看”/“左侧的设计视图”菜单命令，可以设置拆分模式下设计视图显示在界面左侧或右侧。

实时视图：在“设计”视图或“拆分”视图下，单击该按钮可以在不打开一个新的浏览器窗口的情况下实时预览页面的效果。再次单击该按钮，即可返回到可编辑的“设计”视图或“拆分”视图。

“实时视图”与传统的Dreamweaver“设计”视图的不同之处在于，它提供页面在某一浏览器中的不可编辑的、更逼真的呈现外观。事实上，从“设计”视图切换到“实时视图”，只是在可编辑的“设计”视图和不可编辑的“设计”视图之间进行切换，“代码”视图保持可编辑状态，因此可以更改代码，然后刷新“实时视图”，呈现的屏幕内容会立即反映出对代码所做的更改。Dreamweaver CS6更新了“实时视图”功能，使用最新版的WebKit 转换引擎，能够提供绝佳的 HTML5 支持。

如果在“代码”视图下单击该按钮，则Dreamweaver的工作界面自动转换为“拆分”视图。

实时代码：在“实时视图”中单击该按钮，Dreamweaver 将以黄色突出显示浏览器为呈现该页面而执行的代码版本，此代码是不可编辑的，如图 2-10 所示。再次单击该按钮，即可返回到可编辑的“代码”视图。

“实时代码”视图中显示的代码类似于从浏览器中查看页面源时显示的内容。

“标题”：设置文档的标题，即代码视图中<title>…</title>标签之间的内容。

：文件管理下拉菜单。

：在浏览器中预览、调试页面制作效果。

：刷新设计视图。

：W3C 验证。使用 W3C 联机验证服务，以确保标准网页设计的精确性。

：可视化助理下拉菜单。可以使用不同的可视化助理来设计页面。

：跨浏览器兼容性检查的下拉菜单。

：多屏幕预览。

借助Dreamweaver CS6新增的“多屏幕预览”功能，为智能手机、平板电脑和台式机进行设计。使用媒体查询支持，为各种不同设备设计样式并将呈现内容可视化。

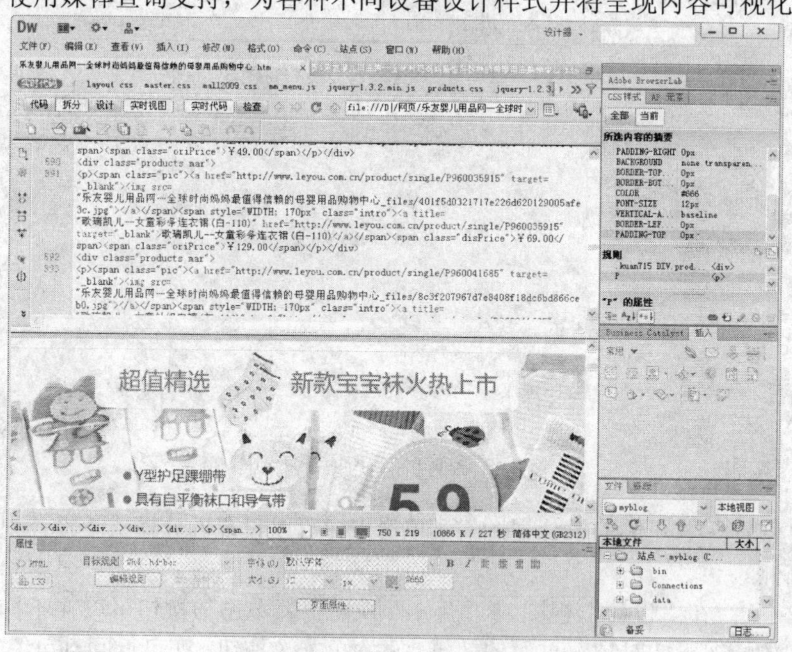

图2-10　查看页面的实时代码

从菜单栏中选择“查看”/“工具栏”/“文档”命令，可以打开或关闭文档工具栏。选择“查看”/“工具栏”/“标准”命令，可以打开或关闭Dreamweaver CS6的常用工具栏，如图2-11所示。

图2-11　常用工具栏

该工具栏中各个按钮图标的功能简述如下：

：单击该按钮，打开“新建文档”对话框。

：打开一个文档。

：打开 Adobe Bridge CS6，通过搜索元数据标签，为访问管理文件、应用程序和设置提供了中央控制。它也为访问 Adobe Stock 服务提供了支持。

：保存当前文档。

：保存所有打开的文档。

：打印代码。

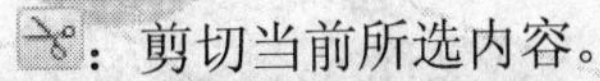

：剪切当前所选内容。

：复制当前所选内容。

：粘贴剪贴板中的内容。

：还原上一步操作。

：重做上一步操作。

2.2.3 “插入”面板

自Dreamweaver CS4开始，Dreamweaver将“插入”栏整合成了一个浮动面板。由于该面板是Dreamweaver页面设计中常用的一个面板，因此本书仍将其作为Dreamweaver界面组成的一部分进行介绍。

单击文档窗口右侧浮动面板组中的“插入”按钮，即可弹出以前熟悉的“插入”面板，如图2-12所示。

“插入”面板共有9类对象元素，包含一些最常用的项目：常用、布局、表单、数据、Spry、jQuery Mobile、InContext Editing、文本和收藏夹。“插入”面板的初始视图为“常用”面板，单击“插入”面板中“常用”面板右侧的倒三角形按钮，即可在弹出的下拉列表中选择需要的面板，从而在不同的面板之间进行切换，如图2-13所示。

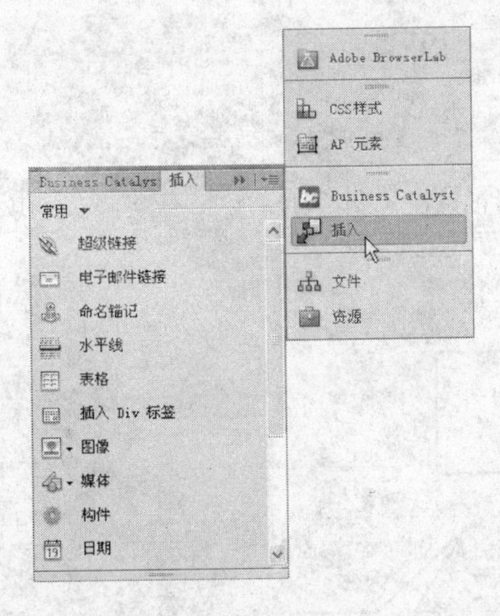

图2-12 “插入”面板

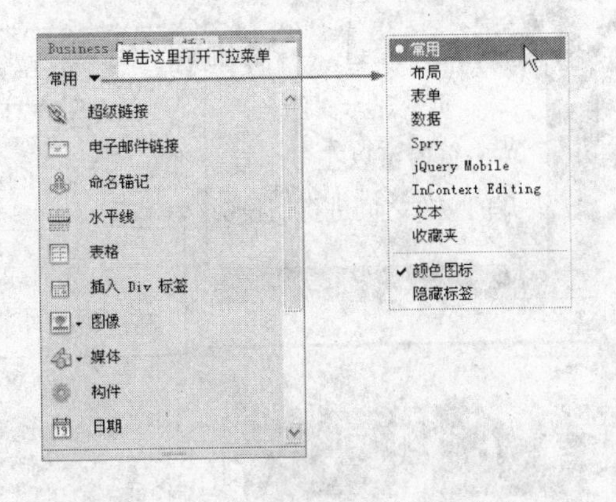

图2-13 在不同面板之间进行切换

如果要在文档中添加某一个对象，打开相应类别的插入面板，然后单击相应的图标即可。

默认状态下，“插入”面板中的对象图标以灰色显示，鼠标移动到图标上时显示为彩色。如果用户习惯于彩色图标，可以打开图2-13右图所示的下拉列表之后，单击“颜色图标”命令，即可以彩色显示对象图标，如图2-14所示。

如果单击下拉列表中的“隐藏标签”命令，即可只显示对象图标，如图2-15所示。

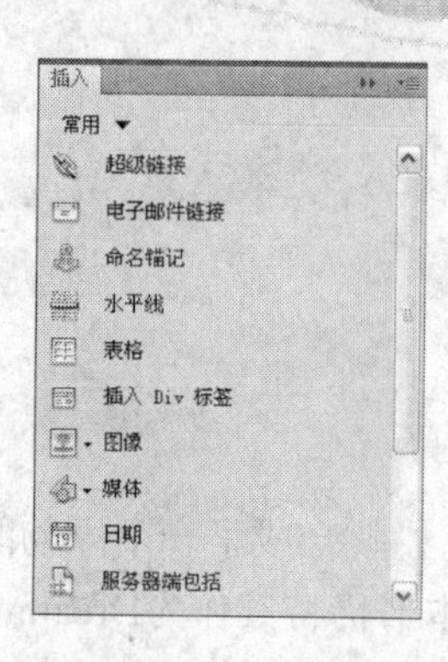

图2-14 以彩色图标显示的“常用”栏

图2-15 隐藏标签的“常用”栏

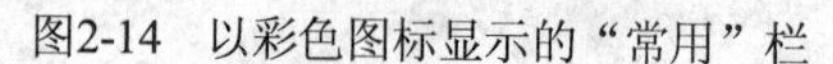

2.2.4 工作区

文档窗口是Dreamweaver的主工作区，用于显示当前创建或者编辑的文档，可以根据用户选择的显示方式显示不同的内容。图2-16所示的界面中显示设计或代码的区域即为工作区。

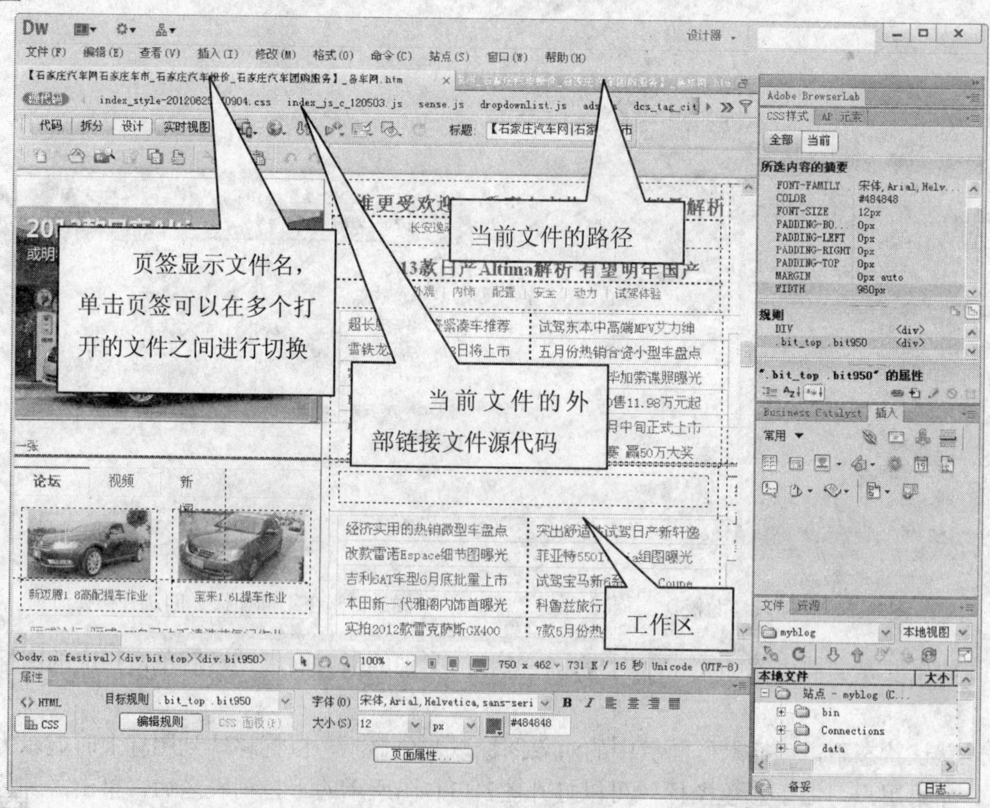

图2-16 文档窗口

整个文档窗口可以分为左右两个大的部分，左边是工作区域，右边是提供帮助的浮动面板组。展开右侧的浮动面板组之后，拖动两部分中间的分界栏可以调整左右两部分的宽度。

2.2.5 状态栏

Dreamweaver CS6的状态栏位于文档窗口底部，嵌有三个重要的工具：标签选择器、窗口大小弹出菜单和下载指示器，分别用于显示和控制文档源代码，显示页面大小，查看传输时间等，如图2-17所示。

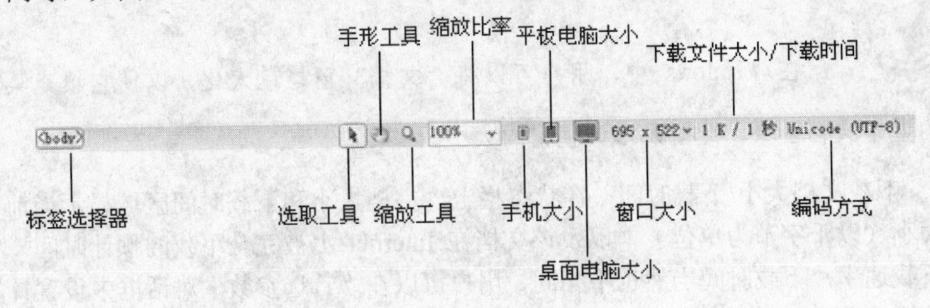

图2-17 状态栏

下面对状态栏中各个功能区进行简单介绍。

1．标签选择器　显示当前选定内容的标签的层次结构。单击该层次结构中的任何标签，可以选中页面上相应的区域。例如，单击 <body> 标签可以选择文档的全部正文。

2．选取工具　单击该图标可以启用/禁用手形工具。

3．手形工具　启用手形工具之后，在文档上单击并按下鼠标左键移动，可以在文档窗口中拖动文档。单击选取工具可禁用手形工具。

4．缩放工具和缩放比率　该工具只在“设计”视图下可见，用于设置文档的缩放比率，以便查看图形的像素精确度，轻松地选择小项目、使用小文本设计页面和设计大页面等等。

单击选中缩放工具之后，执行下列操作之一可以放大文档：

- 在页面上需要放大的位置单击，直到获得所需的放大比率。
- 在页面上需要放大的区域上拖出一个框，然后释放鼠标按钮。
- 从“缩放比率”弹出式菜单中选择一个预先设置的缩放比率。
- 在“缩放比率”文本框中键入一个缩放比率后按 Enter 键。

若要缩小文档，可以单击选中缩放工具之后，按下Alt (Windows) 键或 Option (Macintosh) 键的同时在页面上单击。

如果希望将页面上选定的内容填充整个文档窗口，可以在“缩放比率”弹出式菜单中选择“符合所选”命令；如果希望用整个页面填充文档窗口，则选择“符合全部”命令；如果希望页面显示的宽度与文档窗口的宽度相符，则选择“符合宽度”命令。

缩放文档后，单击状态栏上的选取工具，即可在缩放后的页面上进行编辑。

5．手机大小、平板电脑大小和桌面电脑大小　这一组工具按钮可以将文档窗口快速调整到合适的大小。单击手机大小按钮，可以将窗口大小调整到 480×800；单击平板电脑大小按钮，可以将窗口调整到 768×1024；单击桌面电脑大小按钮，可以将窗口宽度调整为1000，高度则根据当前窗口大小进行调整。

6．窗口大小　窗口大小弹出菜单仅在“设计”视图下可见，用于调整“文档”窗口的大小到预定义或自定义的尺寸，以像素为单位。通过“窗口大小”弹出菜单，网页设计者可以查看页面在不同分辨率下的视图显示情况。显示的窗口大小反映浏览器窗口的内部尺寸（不包括边框）。显示器大小列在括号中。例如，如果访问者可能按其默认配置在分辨率为640×480 的显示器上使用 Microsoft Internet Explorer 或其他浏览器，则设计页面时应使用“536 ×196（640 × 480，默认）”的大小。

注意：

在 Windows 中，用户可以将“文档”窗口最大化，以便它填充集成窗口的整个文档区域，此时无法调整它的大小。

7．下载文档大小/下载时间　在状态栏上，文档大小和下载时间区域显示当前编辑文档的大小（以千字节为单位），以及该文档在 Internet 上被完全下载的预计时间。针对不同的下载速率，下载时间当然也不相同，用户可以在“首选参数”对话框中设置计算下载时间的连接速度（以 KB/s 为单位）。

8．编码方式　该区域显示当前文档的文本编码。

2.2.6　属性面板

在Dreamweaver CS6中，选中某一个对象之后，“属性”面板将显示被选中对象的属性。用户还可以在属性面板中修改被选对象的各项属性值。属性面板如图2-18所示。

图2-18　属性面板

单击属性面板右上方的?图标，可以打开Adobe Dreamweaver CS6的帮助文件，并显示与当前操作相关的帮助信息。

单击属性面板右侧的图标，可以打开快速标签编辑器，编辑页面标签。

单击属性面板右上角的选项菜单按钮，在弹出的下拉列表中选择“关闭”或“关闭标签组”命令则可以在界面上隐藏属性面板。如果要显示属性面板，可以执行“窗口”/“属性”菜单命令。

属性面板一般分成上下两部分。不同的对象有不同的属性，因此选中不同对象时，属性面板显示的内容是不相同的。单击面板右下角的折叠按钮▵可以关闭属性面板的下部分，单击后效果如图2-19所示。

图2-19　下半部分折叠后的属性面板

此时折叠按钮▵变成展开按钮▿，单击此按钮可以重新打开属性面板的下部分。

2.2.7 浮动面板

在Dreamweaver CS6工作环境的右侧存在着许多浮动面板。启动Dreamweaver CS6后，有些浮动面板已经打开，更多的则没有显示。这些面板可以自由地在界面上拖动，也可以将多个面板组合在一起，成为一个选项卡组，在默认的情况下，Dreamweaver CS6中的浮动面板都是成组排列于工作环境的右侧，并且自动排齐。

在菜单栏中的“窗口”下拉菜单中单击面板名称可以打开或者关闭这些面板。例如，要打开“行为”面板可以执行“窗口”/“行为”命令。各个面板的功能：

CSS 样式：定义、编辑 CSS 样式。

CSS 过渡样式效果：创建 CSS 过渡效果。使用 CSS 过渡效果可将平滑属性变化应用于页面元素，以响应触发器事件，如悬停、单击和聚焦。

jQuery Mobile 色板：使用此面板可以在 jQuery Mobile CSS 文件中预览所有色板（主题），或从 jQuery Mobile Web 页的各种元素中删除色板。使用此功能还可将色板逐个应用于标题、列表、按钮和其他元素。

AP 元素：管理页面中的 AP 元素，如 AP 元素的显示与隐藏、堆叠顺序等。

数据库：新建、修改、删除数据库的连接。

绑定：管理数据集，添加各种变量等。

服务器行为：利用数据集生成各种服务器端的行为。

组件：管理预置的页面组件。

文件：管理本地计算机的文件及站点文件。

资源：管理站点资源，比如模板、库文件、各种媒体、脚本等。

代码片断：收集、分类一些非常有用的小代码，以便以后反复使用。

标签检查器：方便用户添加标签的各项属性、帮助书写代码，也可以帮助检查代码书写是否正确。

Business Catalyst：在 Dreamweaver 中构建并发布商业网站和功能强大的在线商店。在登录到 Business Catalyst 站点之后，可以直接在该面板中管理 Business Catalyst 模块。

行为：为页面元素添加、修改 Dreamweaver 预置的行为和事件。

结果：提供 HTML、CSS、ASP、JSP 等一系列代码的参考资料、查找和替换，验证是否有代码错误，检查各种浏览器对当前文档的支持情况，检验是否存在断点链接，生成显示站点报告，记录 FTP 登录和操作信息，以及站点服务器的测试结果。

历史记录：显示了从打开或者创建当前文档开始所执行的所有操作步骤，利用它可以撤销一个或者几个步骤，并可将选定步骤自动应用于其他页面元素或另存为命令，以便重复使用。

注意：

“历史记录”面板只有在设计视图中才能使用，在代码视图下，此面板是无效的。在代码视图中更改了文档，不会在“历史记录”面板中留下记录，当然也就无法撤销操作了。

框架：管理页面框架。

代码检查器：在单独的编码窗口中查看、编写或编辑代码，就像在“代码”视图中工作一样。还可以查看代码中所有 JavaScript 或 VBScript 函数的列表，并跳转到其中的任意函数。

扩展：在 Dreamweaver 中添加和管理扩展功能。

扩展功能是一些可以很容易地添加到 Dreamweaver 中的新功能，例如用于重新设置表格格式、连接到后端数据库或者帮助用户为浏览器撰写脚本的扩展功能。如果要查找 Dreamweaver 最新的扩展功能，可以登录Adobe Exchange Web 站点，网址为 www.adobe.com/go/dreamweaver_exchange_cn/。

注意：

在安装扩展功能前必须安装功能扩展管理器。功能扩展管理器是一个独立的应用程序，可用于安装和管理 Adobe 应用程序中的扩展功能。如果要在多用户操作系统中安装所有用户都能访问的扩展功能，必须以管理员身份（Windows）或 Root 身份（Mac OS X）登录。

从上面的介绍可以看出，Dreamweaver的面板综合起来功能极其强大。细心的读者可能会发现，Dreamweaver早期版本中存在的时间轴在Dreamweaver CS6中已不见踪影了。为了提升程序效能以及更容易开发和维护系统，Dreamweaver CS6在推出新技术的同时也拿掉了一些不常使用或普通用户不用的功能，时间轴就是其中之一。

Dreamweaver CS6三个重要的功能分别是网页设计、代码编写和应用程序开发，相应的浮动面板也可以这样分类。Dreamweaver CS6的浮动面板继承了以前版本的面板属性，可以方便地拆分和组合。下面以将“AP元素”面板从“CSS样式”面板组中拆分出来，然后合并到“插入”面板组为例，详细介绍拆分和组合面板的操作方法。

（1）选择“窗口”/“AP元素”命令，打开“AP元素”面板。

（2）单击“AP元素”面板的标签，按下鼠标左键，然后拖动到合适的位置，释放鼠标。此时“AP元素”面板成为一个独立的面板，可以在工作界面上随意拖动，如图2-20所示。

（3）单击“AP元素”面板的标签，按下鼠标左键，然后拖动到浮动面板组中“插入”面板的下方，此时，“插入”面板底端将显示一条蓝色的粗线，表示“AP元素”面板将到达的目的位置。释放鼠标，即可将“AP元素”面板重新排列在浮动面板中，如图2-21所示。

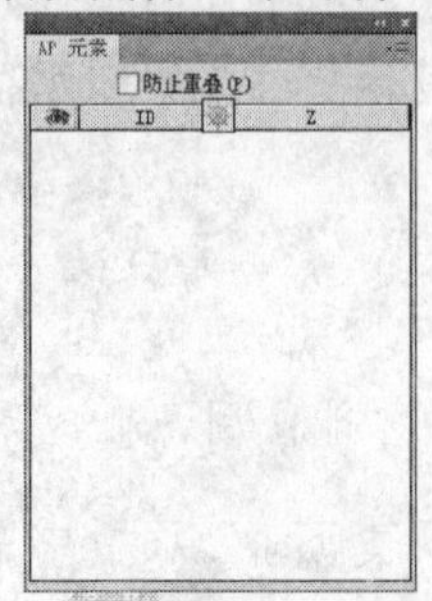

图2-20 分离出的“AP元素”面板

图2-21 组合AP元素面板

此时，单击浮动面板组中的“AP元素”面板，即可展开面板组，如图2-22所示。

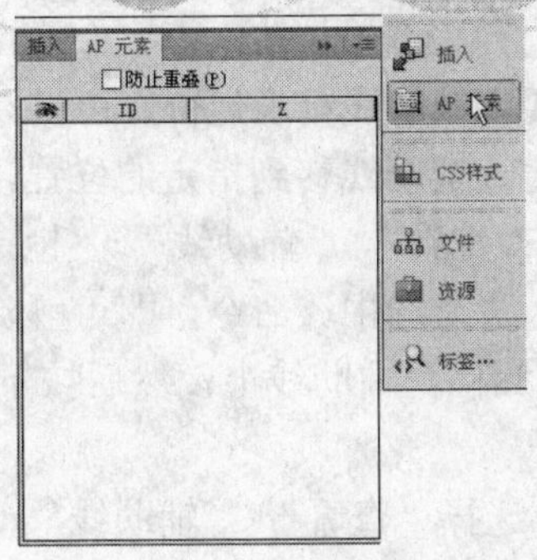

图2-22　展开面板组

从上图可看出，“AP元素”面板已和“插入”面板组合成一个面板，单击面板组顶端的标签，即可在“插入”面板和“AP元素”面板之间进行切换。

在实际使用中，用户应该根据自己的设计习惯，将常用的面板组合在一起，并放在适当的地方，以配置出最适合于个人使用的工作环境。

2.2.8　标尺、网格与辅助线

使用标尺、网格和辅助线可以很方便地布局对象，并能了解编辑对象的位置。

1. 标尺　选择“查看”/“标尺”/“显示”命令即可显示标尺。在文档编辑窗口拖动鼠标时，在标尺上能查看到当前鼠标位置的坐标。再次选择“查看”/“标尺”命令可以隐藏标尺。在“查看”/“标尺”命令的子命令中，还可以根据设计需要设置标尺的原点位置和单位。

2. 网格　网格是文档窗口中纵横交错的直线，通过网格可以精确定位图像对象。

选择“查看”/“网格”/“显示网格”命令，即可在文档编辑窗口中显示网格。

选择“查看”/“网格”/“靠齐到网格”命令，在文档中创建或移动对象时，就会自动对齐距离最近的网格线。

选择“查看”/“网格”/“网格设置”命令，在弹出的“网格设置”对话框中可以设置网格的参数，如颜色、间隔和线型。

3. 辅助线　使用辅助线可以更精确地排列图像，标记图像中的重要区域。将鼠标移到标尺上，按住鼠标左键并拖动到文档中合适的位置释放，可添加辅助线，如图2-23所示。

图2-23　添加辅助线

将辅助线添加到页面上之后，用户还可以根据需要对辅助线进行编辑。

（1）移动辅助线。将鼠标移到辅助线上，当鼠标指针变成双箭头时拖动辅助线，即可改变辅助线的位置。如果要将辅助线精确定位，可以双击辅助线，在弹出的对话框中输入辅助线的具体位置，即可将该辅助线移到指定的位置。

（2）锁定辅助线。选择“查看”/“辅助线”/“锁定辅助线”命令即可锁定辅助线，锁定后的辅助线不能被移动。再次选中该命令，即可解除对辅助线的锁定。

（3）删除辅助线。将鼠标移到辅助线上，然后按下鼠标左键将其拖动到文档范围之外即可。

（4）显示/隐藏辅助线。选择“查看”/“辅助线”/“显示辅助线”命令即可。

（5）对齐辅助线。选择“查看”/“辅助线”/“对齐辅助线”命令。在文档中创建或移动对象时，就会自动对齐距离最近的辅助线。

（6）编辑辅助线。选择“查看”/“辅助线”/“编辑辅助线”命令，在弹出的“辅助线”对话框中可以设置辅助线的各项参数，包括辅助线的颜色等。

2.3 文件操作

Dreamweaver的文件操作可以看作是制作网页的基本操作，它包括新建文件、打开文件、导入文件、保存和关闭文件、设置文档属性等。

2.3.1 新建、打开文件

创建新的网页文件，有以下两种方法：

（1）执行“文件”/“新建”命令，在弹出的如图2-24所示的“新建文档”对话框中，选择想要创建文件的类型和布局，然后单击“创建”按钮，即可创建新文件。

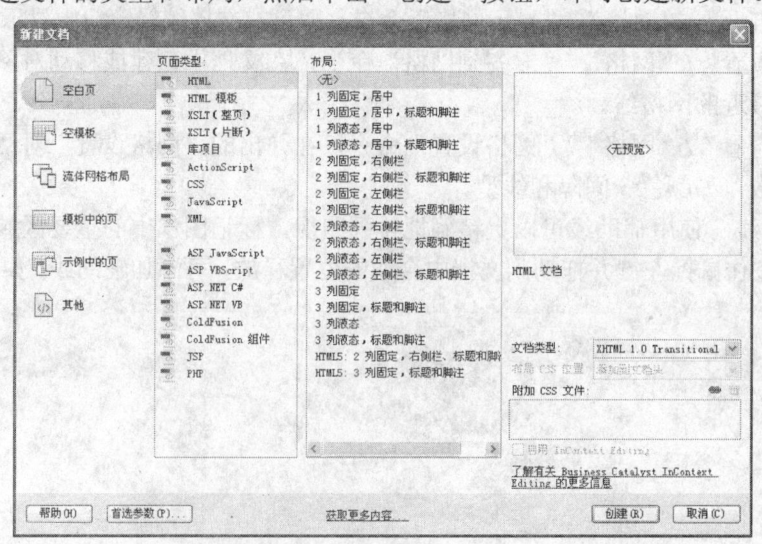

图2-24 “新建文档”对话框

Dreamweaver CS6 更新并简化了CSS起始布局，使用预定义的页面布局和代码模板，可以快速地创建出专业的页面。此外，用户还可以创建自己的 CSS 布局，并将它们添加到配置文件夹中。

Dreamweaver CS6新增了能够及时响应的流体网格布局，使用基于 CSS3 的流体网格生成 Web 页时，布局及其内容会自动适应用户的查看装置（无论台式机、绘图板或智能手机）从而创建跨平台和跨浏览器的兼容网页，提高工作效率。

（2）如果要基于模板创建文档，则先在“新建文档”对话框中单击“模板中的页”标签，切换到图2-25所示的对话框。在该对话框中单击选择模板的站点，然后再选择需要的模板文件。这时用户可以通过预览区域浏览所选择模板的样式，确定是否符合自己的要求。选择需要使用的模板后，单击“创建”按钮，即可基于选定的模板创建一个新文件。

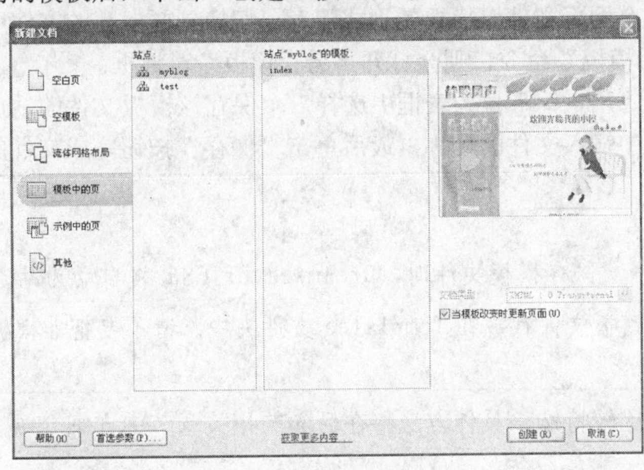

图2-25 “新建文档”对话框

如果要编辑一个网页文件，必须先打开该文件。Dreamweaver CS6可以打开多种格式的文件，如htm、html、shtml、asp、jsp、php、js、aspx、dwt、xml、lbi、as、css等。打开网页文件可以分为直接打开网页文件和在框架中打开网页文件两种。

（1）直接打开文件。选择“文件”/“打开”命令，弹出“打开”对话框。用户在文件名框中选择需要打开的文件，并单击“打开”按钮，即可打开该文件。用户也可在对话框中双击所需文件来打开。

如果Dreamweaver CS6还没有启动，可以右击要打开的文件，在弹出的菜单中执行“使用Dreamweaver CS6编辑”命令来打开文件。

（2）在框架中打开文件。如果已打开框架集文件，要在框架集中某一个框架打开文件，可以先把光标定位在需要打开文件的框架内，选择“文件”/“在框架中打开”命令，则会打开“选择HTML文件”对话框。在此方式下，只能打开以html为扩展名的文件。

2.3.2 导入文件

在Dreamweaver CS6中，可以直接导入XML文件、表格式数据、Word文档和Excel文档。

执行“文件”/“导入”命令下的子命令，然后找到需要导入的文件，单击“打开”命令，即可导入相应的文件。

2.3.3 保存、关闭文件

在Dreamweaver CS6中，保存网页文件的方法随保存文件的目的不同而不同。

如果同时打开了多个网页文件，则执行“文件”/“保存”或“文件”/“另存为”命令只保存当前编辑的页面。

若要保存打开的所有页面，则须执行“文件”/“保存全部”命令。

若是第一次保存该文件，则执行“文件”/“保存”命令会弹出“另存为”对话框。若文件已保存过，则执行“文件”/“保存”命令时，直接保存文件。

如果希望将一个网页文件以模板的形式保存，切换到要保存的文件所在的窗口，执行“文件”/“另存为模板”命令，则会打开“另存模板”对话框。

在该对话框的“站点”下拉列表框中选择一个保存该模板文件的站点，然后在“另存为”后面的文本框中输入文件的名称，最后单击“保存”按钮完成文件的保存。

提示：第一次保存模板文件时，Dreamweaver CS6 将自动为站点创建 Templates 文件夹，并把模板文件存放在 Templates 文件夹中。请不要把非模板文件存放到此文件夹中。

保存框架文件比较特殊，具体方法将在后面的相关章节中详细介绍。

2.3.4 设置文件属性

页面标题、背景图像和颜色、文本和链接颜色以及边距是每个Web文档的基本属性。一般情况下，新建一个网页文件后，其默认的页面属性都不符合设计需要。可以通过设置文件的页面属性来自定义页面外观。其操作步骤如下：

（1）在Dreamweaver中打开要修改页面属性的网页文件。

（2）选择“修改”/“页面属性”命令，在弹出的图2-26所示的对话框中对页面的外观、链接、标题/编码、跟踪图像进行设置。

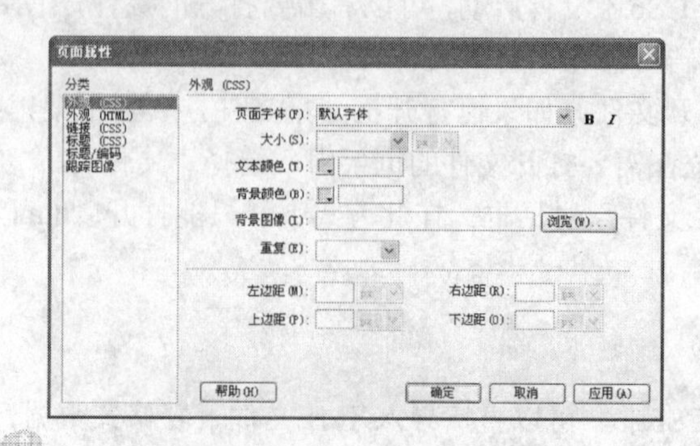

图2-26 “页面属性”对话框

（3）在“外观”分类中，可以设置页面字体、大小、颜色、背景颜色，图像、背景图像的填充方式和页边距。页边距是指页面文档主体部分与浏览器上、下、左、右边框的距离。

如果同时使用背景图像和背景颜色，下载图像时会先出现颜色，然后图像覆盖颜色。如果背景图像包含任何透明像素，则背景颜色会透过背景图像显示出来。

默认情况下，Dreamweaver 使用 CSS 指定页面属性。如果希望使用 HTML 标签，则必须在“首选参数”对话框的“常规”类别中取消对“使用 CSS 而不是 HTML 标签”选项的选择。如果选择使用 HTML 指定页面属性，属性面板仍然显示“样式”弹出式菜单，不过字体、大小、颜色和对齐方式控件将只显示使用 HTML 标签的属性设置，应用于当前选择的 CSS 属性值将是不可见的，且“大小”弹出式菜单也将被禁用。

（4）在“链接”分类中，可以定义链接的默认字体、字体、颜色以及链接文本不同状态下的颜色、修饰样式。

（5）在“标题”分类中，用户可以定义标题字体，并指定最多六个级别的标题标签使用的字体大小和颜色。

（6）在“标题/编码”分类中，用户可以指定页面在浏览器窗口或编辑软件窗口中显示的标题、所用语言的文档编码类型以及指定要用于该编码类型的 Unicode 范式。

（7）在“跟踪图像”分类中，用户可以指定跟踪图像及图像的透明度。

跟踪图像是Dreamweaver一个非常有效的功能，是放在文档窗口背景中的、使用各种绘图软件绘制的一个想象中的网页排版格局图，可以是JPEG、GIF 或 PNG 图像，从而可以使用户非常方便地定位文字、图像、表格、层等网页元素在页面中的位置。

跟踪图像仅在 Dreamweaver 中可见，也就是说，使用了跟踪图像的网页在用Dreamweaver编辑时不会再显示背景图案，但当使用浏览器浏览页面时，则显示背景图案，而跟踪图像不可见。

（8）设置完毕后，单击“确定”按钮关闭对话框。所做设置将应用于当前文件。

第 3 章　网站的构建与管理

Dreamweaver CS6 不仅提供网页编辑特性，而且带有强大的站点管理功能。用户可以首先在本地计算机的磁盘上创建本地站点，从全局上控制站点结构，管理站点中的各种文档，进行文档资源和链接等路径的正确设置，然后上传到服务器供浏览。

- 站点相关术语
- 构建本地站点
- 管理本地站点和站点文件
- 测试站点
- 站点发布
- 实例制作之将已有文件组织为站点

3.1 站点相关术语

在构建网站之前，需要了解几个与站点相关的基本概念。如Internet服务器、本地计算机、本地站点、远端站点。

3.1.1 Internet 服务器和本地计算机

Internet服务器是网络上一种为客户端计算机提供各种Internet服务（包括WWW、FTP、e-mail等）的高性能计算机，它在网络操作系统的控制下，将与其相连的硬盘、磁带、打印机、Modem及各种专用通讯设备提供给网络上的客户站点共享，也能为网络用户提供集中计算、信息发表及数据管理等服务。它的高性能主要体现在高速度的运算能力、长时间的可靠运行、强大的外部数据吞吐能力等方面。

一般来说，用户访问网站其实就是访问服务器里的资料。对于WWW浏览服务来说，Internet服务器主要用于存储用户所浏览的Web站点和页面。用户在浏览网页时，不需要了解它的实际位置，只需要在地址栏输入网址，按下回车键，就可以轻松浏览网页。

对于浏览网页的用户来说，他们所使用的计算机被称作本地计算机。本地计算机也可能成为服务器，只不过可能没有专业的服务器好，比如访问量过大可能就会出现瘫痪等。

本地计算机和Internet服务器之间通过各种线路（如电话线、ADSL、ISDN或其他缆线等）进行连接，以实现相互的通信。在连接线路中，可能会通过各种各样的中间环节。

3.1.2 本地站点与远端站点

在理解了Internet服务器和本地计算机的概念之后，了解远端站点和本地站点就很容易了。严格地说，站点是一种文档的磁盘组织形式，它由文档和文档所在的文件夹组成。设计良好的网站通常具有科学的结构，利用不同的文件夹，将不同的网页内容分门别类地保存。结构良好的网站，不仅便于管理，也便于更新。

在Internet上浏览网页，就是用浏览器打开存储于Internet服务器上的HTML文档及其他相关资源。基于Internet服务器的不可知特性，我们通常将存储于Internet服务器上的站点称作远端站点。

利用Dreamweaver CS6可以对位于Internet服务器上的站点文档直接进行编辑和管理。但这在很多时候非常不便，例如网络速度和网络的不稳定性等，都会对管理和编辑操作带来影响。此外，直接对位于Internet服务器上的文档和站点进行操作，必须始终保持同Internet的连接。

既然位于Internet服务器上的站点仍然是以文档和文件夹作为基本要素的磁盘组织形式，那么，能不能首先在本地计算机的磁盘上构建出整个网站的框架，编辑相应的文档，然后再将之放置到Internet服务器上呢？答案是可以的，这就是本地站点的概念。

利用Dreamweaver CS6，用户可以在本地计算机上创建出站点的框架，从整体上对站点全局进行把握。站点设计完毕之后，再利用各种上传工具，例如FTP程序，将本地站点上载到Internet服务器上，形成远端站点。

3.2 构建本地站点

下面以建立本地站点café的简单例子演示创建新站点的具体步骤：

01 启动Dreamweaver CS6，执行“站点”/“管理站点”命令，弹出“管理站点”对话框，如图3-1所示。如果还没有创建任何站点，则列表框是空的。

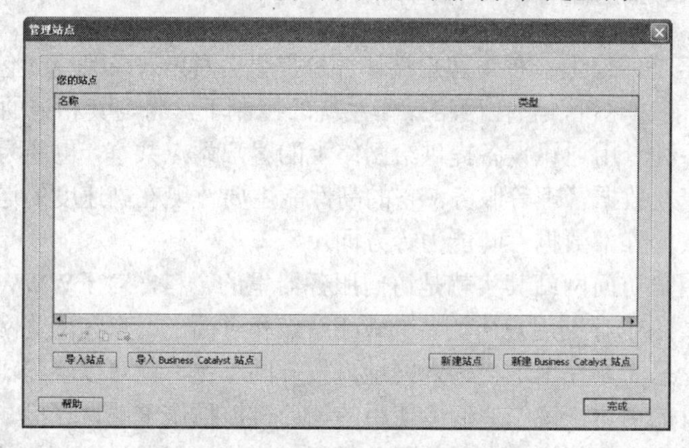

图3-1 “管理站点”对话框

与早期版本相比，Dreamweaver CS6的“管理站点”对话框给人焕然一新的感觉。在该面板中新增了创建或导入 Business Catalyst 站点功能，利用该功能，可以在 Dreamweaver 中创建新的 Business Catalyst 试用站点。

02 单击“新建站点”按钮，在弹出的下拉菜单中选择“站点”命令，或直接执行“站点”/“新建站点”命令，弹出图3-2所示的“站点设置”对话框。

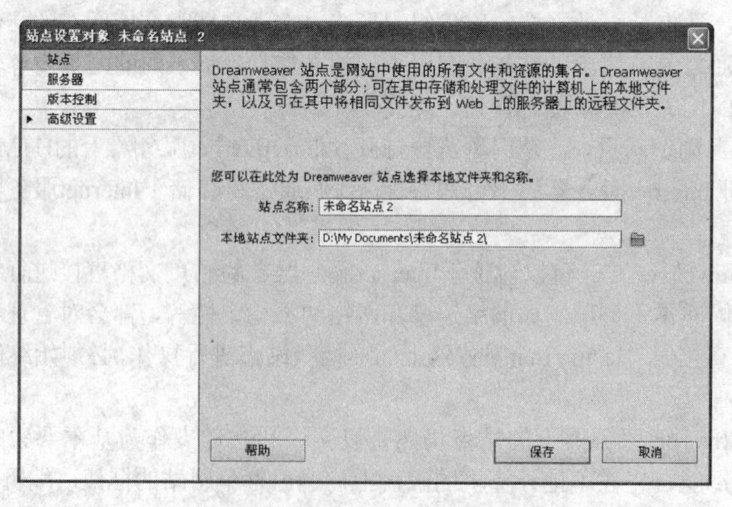

图3-2 “站点设置”对话框

03 输入站点名字café和本地站点文件夹路径，然后单击“保存”按钮，即可新建一个站点。

利用以上步骤可以将磁盘上现有的文档组织成一个站点，便于以后统一管理。例如，在计算机上的E:\café文件夹下有一个网站的网页，可以在“站点设置”对话框的“本地站点文件夹”右侧的文本框中键入E:\café，从而在本地磁盘上创建一个名为café的站点。

从这里也可以看出站点的概念同文档不同，文档可以是已经存在的，但是站点则是新创建的，换句话说，站点只是文档的组织形式。

如果需要对站点进行更详尽的设置，可以按照以下步骤操作。

04 单击“站点设置”对话框左侧的“高级设置”分类项，然后在其子菜单中选择“本地信息”，如图3-3所示。对话框中各选项的功能如下：

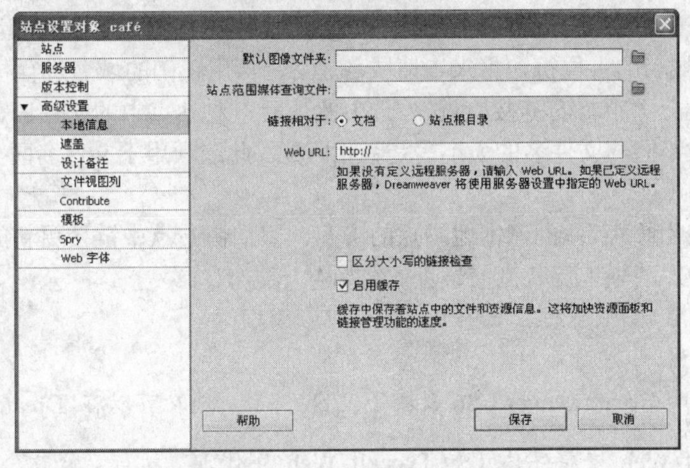

图3-3　本地信息

（1）“默认图像文件夹”：用于设置本地站点图像文件的默认保存位置。

（2）“站点范围媒体查询文件”：指定站点内所有包括媒体查询链接的页面的显示设置。

站点范围媒体查询文件充当站点内所有媒体查询的中央存储库。创建此文件后，从站点内必须使用此文件中的媒体查询才能显示的页面中链接到此文件。

媒体查询是向不同设备提供不同样式的一种方式，它为每种类型的用户提供了最佳的体验，使网站不仅在传统桌面系统上看起来不错，在各种尺寸的智能电话、平板电脑和其他移动设备上看起来也不错。作为CSS3规范的一部分，媒体查询扩展了media属性的角色，允许设计人员基于各种不同的设备属性（比如屏幕宽度、方向等）来确定目标样式。

媒体查询支持Internet Explorer (IE) 9及更高版本、Firefox 3.5及更高版本、Safari 3及更高版本、Opera 7及更高版本以及大部分现代智能电话和其他基于屏幕的设备。媒体查询的一个简单示例如下所示：

<link href="css/my mediaquery.css" rel="stylesheet" type="text/css" media="all and (max-width: 400px)" >

该示例的含义很明显：仅将样式表my mediaquery.css应用到宽度不超过400像素的设备。

（3）“链接相对于”：用于设置为链接创建的文档路径的类型，文档相对路径或根目录相对路径。

注意：

更改站点范围媒体查询文件不会影响链接到其他或以前站点范围媒体查询文件的文档。

（4）“Web URL”：用于设置本站点的地址，以便Dreamweaver CS6对文档中的绝对地址进行校验。

Web URL由域名和 Web 站点主目录的任何一个子目录或虚拟目录（而不是文件名）组成。如果 Dreamweaver 应用程序与 Web 服务器在同一系统上运行，则可以使用localhost作为域名的占位符，将来申请域名之后，再用正确的域名进行替换。

（5）“区分大小写的链接检查”：选中此项后，对站点中的文件进行链接检查时，将检查链接的大小写与文件名的大小写是否相匹配。此选项用于文件名区分大小写的 UNIX 系统。

（6）“启用缓存”：创建本地站点的缓存，以加快站点中链接更新的速度，同时在站点地图模式中，清晰地反映当前站点的结构。

注意：

Dreamweaver CS6 新增了 Web 字体。现在可以在 Dreamweaver 中使用有创造性的 Web 支持字体（如 Typekit Web 字体）。执行“修改”/“Web 字体”菜单命令即可将 Web 字体导入Dreamweaver 站点。如果要在当前站点中使用 Web 字体，则需要切换到“Web 字体”分类，指定 Web 字体文件的存储位置。

如果要创建动态网站，则还需要按以下步骤指定远程服务器和测试服务器。在Dreamweaver CS6中，用户可以在一个视图中指定远程服务器和测试服务器，从而使用户可以前所未有的速度快速建立网站，分阶段或联网站点甚至还可以使用多台服务器。

05 单击“服务器”类别，在图3-4所示的对话框中单击“添加新服务器”按钮➕，添加一个新服务器，如图3-5所示。

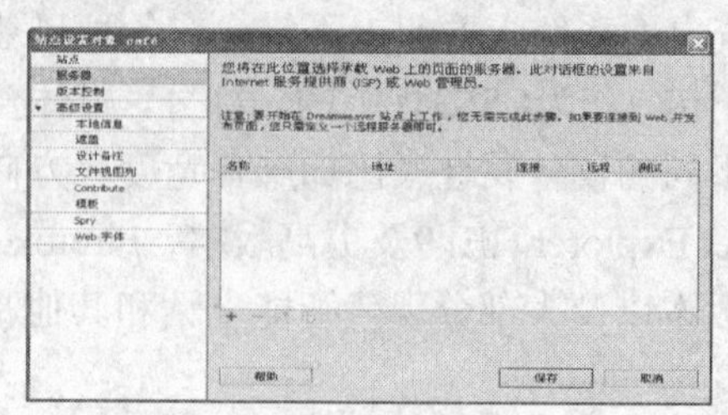

图3-4 “站点设置”对话框

06 在“服务器名称”文本框中，指定新服务器的名称。该名称可以是所选择的任何名称。

07 在“连接方法”弹出菜单中选择连接到服务器的方式，如图3-6所示。

如果选择“FTP”，则要在“FTP 地址”文本框中输入要将网站文件上传到其中的 FTP

服务器的地址、连接到 FTP 服务器的用户名和密码，然后在“根目录”文本框中输入远程服务器上用于存储公开显示的文档的目录（文件夹）。如果仍需要设置更多选项，可以展开“更多选项”部分，如图3-7所示。

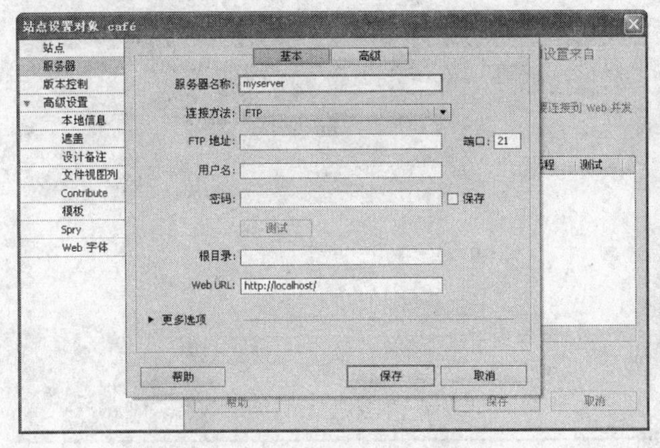

图3-5 “站点设置”对话框

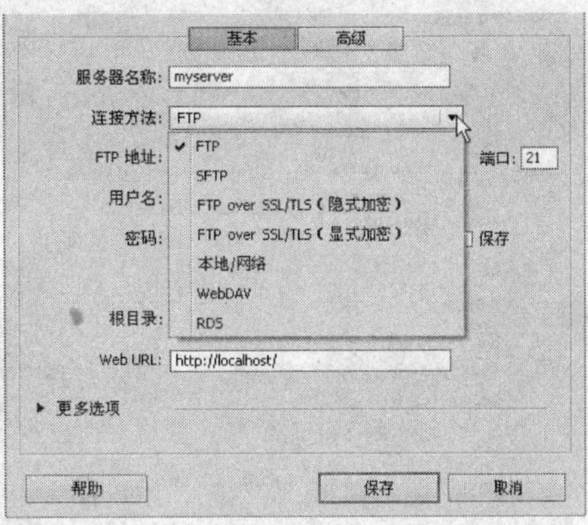

图3-6 选择连接到服务器的方法

FTP 地址是计算机系统的完整 Internet 名称，如 ftp.mindspring.com。应输入完整的地址，并且不要附带其他任何文本，特别是不要在地址前面加上协议名。如果不知道 FTP 地址，或不能确定应输入哪些内容作为根目录，应与服务器管理员联系。

注意：

端口 21 是接收 FTP 连接的默认端口。可以通过编辑右侧的文本框来更改默认端口号。保存设置后， FTP 地址的结尾将附加上一个冒号和新的端口号（例如， ftp.mindspring.com:29）。

08 如果选择连接方式为“本地/网络”，则单击“服务器文件夹”右侧的文件夹图标按钮，指定存储站点文件的文件夹所在的路径。

09 在“Web URL”文本框中，输入 Web 站点的 URL。

测试服务器的Web URL 由域名和Web站点主目录的任意子目录或虚拟目录组成。Dreamweaver 使用 Web URL创建站点根目录相对链接，并在使用链接检查器时验证这些链接。指定了Web URL，Dreamweaver才能使用测试服务器的服务来连接到数据库，并提供与数据有关的数据信息。

10 单击“保存”按钮关闭“基本”屏幕。然后在“服务器”类别中，指定刚添加或编辑的服务器为远程服务器、测试服务器，还是同时为这两种服务器，如图3-8所示。

在这里，需要提请读者注意的是，如果本地根文件夹位于运行 Web 服务器的系统中，则无需指定远程文件夹。这意味着该 Web 服务器正在您的本地计算机上运行。

创建动态站点的目的是开发动态页，Dreamweaver 还需要测试服务器的服务以便在进行操作时生成和显示动态内容。测试服务器可以是本地计算机、开发服务器、中间服务器或生产服务器。接下来的步骤设置测试服务器。

11 在“站点设置”对话框的“服务器”类别中单击“添加新服务器”按钮+，添加一个新服务器，或选择一个已有的服务器，然后单击“编辑现有服务器”按钮。

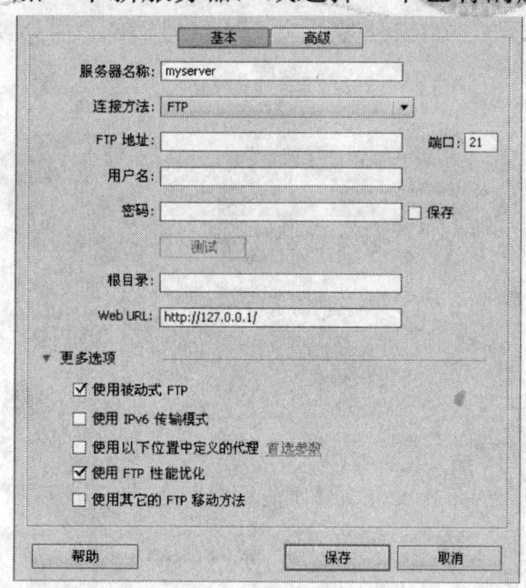

图3-7　设置浏览文件的地址

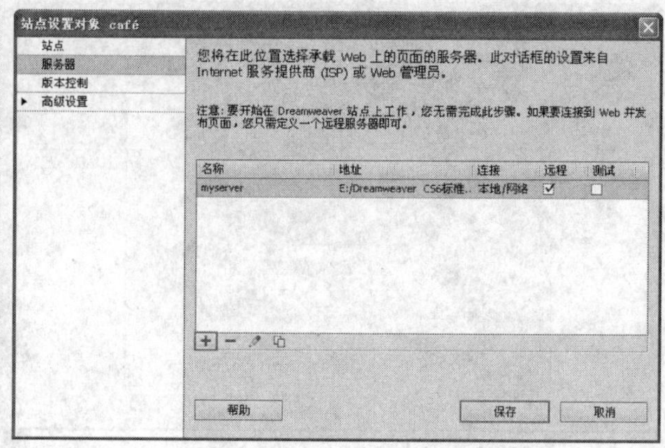

图3-8　服务器类型

12 在弹出的图3-5所示的对话框中根据需要指定“基本”选项，然后单击“高级”按钮，如图3-9所示。

> **注意:**
> 指定测试服务器时，必须在“基本”屏幕中指定 Web URL。

13 在测试服务器中，选择要用于 Web 应用程序的服务器模型，如图3-10所示。

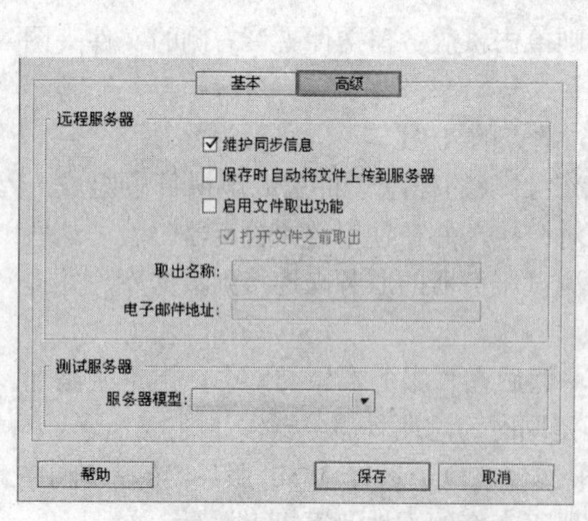

图3-9　设置远程服务器和测试服务器

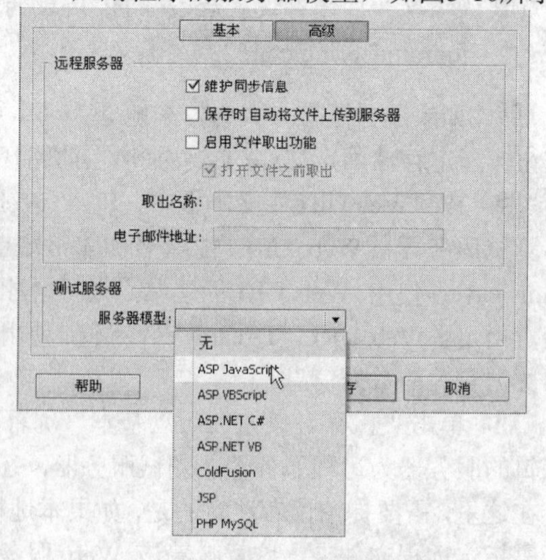

图3-10　选择服务器模型

14 单击“保存”按钮关闭“高级”屏幕。然后在“ 服务器”类别中，指定刚才作为测试服务器添加或编辑的服务器。

15 单击对话框中的“确定”按钮，返回“站点管理”对话框。这时对话框里列出了刚刚创建的本地站点。

> **提示：** 从 Dreamweaver CS6 开始，Dreamweaver 将不再安装 ASP.NET、ASP JavaScript 或 JSP 服务器行为。但 Dreamweaver CS6 对这些页面仍然提供实时视图、代码颜色和代码提示支持，且无需在“站点设置” 对话框中选择 ASP.NET、ASP JavaScript 或 JSP。

3.3　管理本地站点和站点文件

在Dreamweaver CS6中，可以对本地站点进行多方面的管理。利用“文件”面板，可以对本地站点的文件和文件夹进行创建、删除、移动和复制等操作。

3.3.1　管理站点

对站点的常用操作主要包括打开本地站点、编辑站点、删除站点以及复制站点。

1．打开本地站点

（1）执行“窗口”/“文件”命令，打开文件管理面板，如图3-11所示。

（2）单击文件管理面板左上角的下拉列表，从中选择需要的站点，如图3-12所示，即可打开相应的站点。

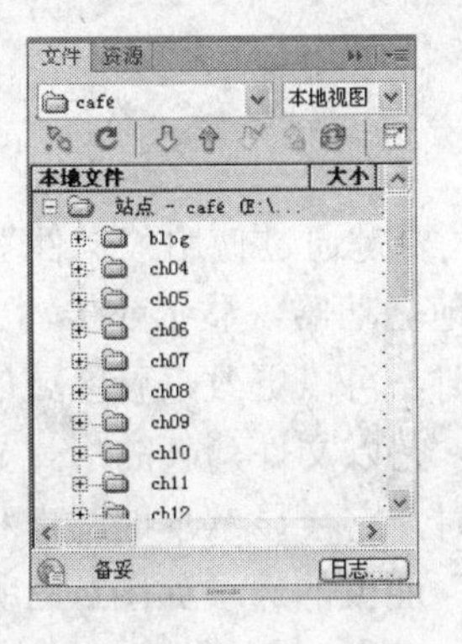

图3-11　“文件”管理面板

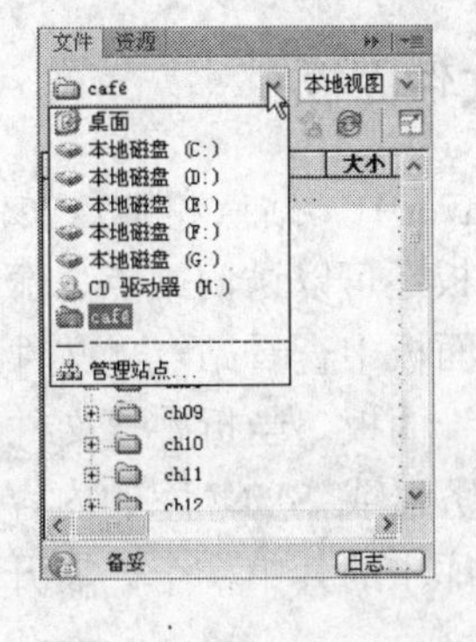

图3-12　选择站点

2．编辑站点　在创建了站点之后，如果对站点的某些定义不满意，还可以对站点属性进行编辑。方法如下：

（1）执行“站点”/“管理站点”命令，弹出“管理站点”对话框。

（2）选择需要编辑的站点，单击“编辑”按钮，弹出该站点的“站点设置”对话框。

（3）依照本章上一节中介绍的方法重新设置站点的属性。

编辑站点时弹出的对话框和创建站点时弹出的对话框完全一样，在此不再赘述。

3．删除站点　如果不再需要某个本地站点，可以将其从站点列表中删除，删除站点步骤如下：

（1）执行“站点”/“管理站点”命令，弹出“管理站点”对话框。

（2）选择需要删除的站点，单击“删除”按钮，弹出一个对话框，提示用户本操作不能通过执行“编辑”/“撤消”命令的办法恢复。

（3）单击“是”，即可删除选中站点。

提示： 删除站点实际上只是删除了 Dreamweaver 同该本地站点之间的关系。但是实际的本地站点内容，包括文件夹和文档等，仍然保存在磁盘相应的位置上。用户可以重新创建指向该位置的新站点。

4．复制站点　有时候可能希望创建多个结构相同或类似的站点，如果一个一个地创建，既浪费时间和精力，而且最终的页面布局也可能不一致。利用站点的复制特性则可以轻易解决这个问题。首先从一个基准站点上复制出多个站点，然后再根据需要分别对各个站点进行修改，能够极大地提高工作效率。复制站点的步骤如下：

（1）执行“站点”/“管理站点”命令，弹出“管理站点”对话框。

（2）选择需要复制的站点，单击“复制”按钮，即可将该站点复制。

新复制出的站点名称会出现在“管理站点”对话框的站点列表中。站点名称采用原站点名称后添加“复制”字样的形式。

若需要更改默认的站点名字，可以选中新复制出的站点，然后单击“编辑”按钮编辑站点名称等属性。

3.3.2　使用文件面板

在Dreamweaver中，站点和站点文件的管理主要是通过使用“文件”面板来实现的。借助“文件”面板还可以访问站点、服务器和本地驱动器，显示或传输文件。

在“文件”面板中查看站点、文件或文件夹时，可以更改查看区域的大小，还可以展开或折叠“文件”面板。当折叠“文件”面板时，它以文件列表的形式显示本地站点、远程站点、测试服务器或 SVN 库的内容。在展开时，它会显示本地站点和远程站点、测试服务器或 SVN 库中的其中一个。展开的“文件”面板的选项如图3-13所示。

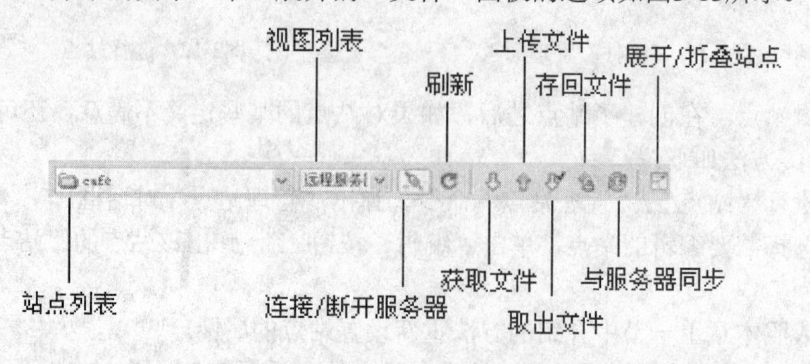

图3-13　展开的“文件”面板选项

1. 站点列表　在该列表中可以选择 Dreamweaver 站点并显示该

站点中的文件，还可以访问本地磁盘上的全部文件，类似于 Windows 的资源管理器。

2. 连接/断开远程服务器 用于连接到远程站点或断开与远程站点的连接。默认情况下，如果 Dreamweaver 已空闲 30 分钟以上，则将断开与远程站点的连接（仅限 FTP）。若要更改时间限制，可以在“首选参数”/“站点”面板中进行设置。

3. 刷新 用于刷新本地和远程目录列表。

4. 视图列表 本地视图 在该下拉列表中可以使站点视图在本地视图、远程服务器视图、测试服务器视图和存储库视图之间进行切换。在“首选参数”/“站点”面板中可以设置本地文件和远端文件哪个视图在左，哪个视图在右。

5. 获取文件 用于将选定文件从远程站点复制到本地站点。如果该文件有本地副本，则将其覆盖。

如果在“站点定义”对话框中已选中“启用文件取出功能”选项，则本地副本为只读，文件仍将留在远程站点上，可供其他小组成员取出。如果已禁用“启用文件取出功能”，则文件副本将具有读写权限。

6. 上传文件 将选定的文件从本地站点复制到远程站点。

如果所上传的文件在远程站点上尚不存在，并且已在“站点设置”对话框中选中了“启用文件取出功能”选项，则会以“取出”状态将该文件添加到远程站点。如果不希望以取出状态添加文件，则单击“存回文件”按钮。

7. 取出文件 用于将文件的副本从远程服务器传输到本地站点，并且在服务器上将该文件标记为取出。如果该文件有本地副本，则将其覆盖。

如果在“站点设置”对话框中没有选中“启用文件取出功能”选项，则此选项不可用。

8. 存回文件 用于将本地文件的副本传输到远程服务器，并且使该文件可供他人编辑。执行该操作之后，本地文件被标记为只读。

如果在“站点设置”对话框中禁用了“启用文件取出功能”选项，则此选项不可用。

9. 与服务器同步 同步本地和远程文件夹之间的文件。

10. 展开/折叠站点 展开或折叠按钮，以显示或隐藏本地和远端站点。

3.3.3 操作站点文件或文件夹

无论是创建空白的文件，还是利用已有的文件构建站点，都可能会需要对站点中的文件夹或文件进行操作。下面简要介绍利用“文件”面板对本地站点的文件夹和文件进行创建、删除、移动和复制等操作。

1. 新建/删除站点文件 在本地站点中新建文件或文件夹的操作步骤如下：

（1）执行“窗口”/“文件”命令，打开文件管理面板。

（2）单击“文件”面板左上角的下拉列表选择需要新建文件或文件夹的站点。

（3）单击“文件”管理面板右上角的选项按钮，选择“文件”/“新建文件”或“新建文件夹”命令新建一个文件或文件夹。

如果要从本地文件列表面板中删除文件，可以按照如下方法进行操作：

（1）执行“窗口”/“文件”命令，打开文件管理面板。

（2）单击“文件”面板左上角的下拉列表选择文件所在的站点。

（3）选中要删除的文件或文件夹。

（4）按Delete键，系统出现一个“提示”对话框，询问用户是否确定要删除文件或文件夹。

（5）单击“是”后，即可将文件或文件夹从本地站点中删除。

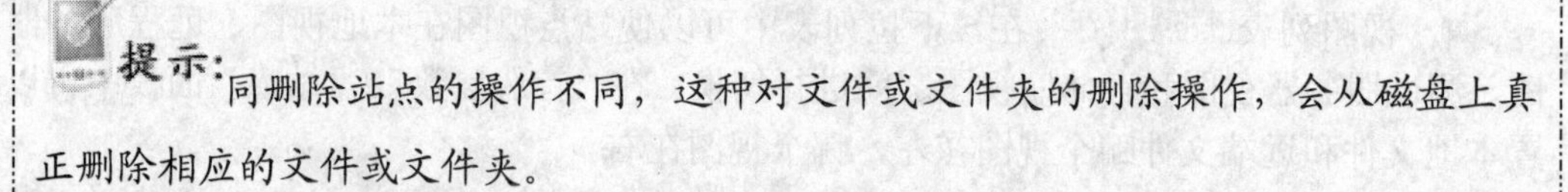

提示：同删除站点的操作不同，这种对文件或文件夹的删除操作，会从磁盘上真正删除相应的文件或文件夹。

2．重命名站点文件。

（1）执行“窗口”/“文件”命令，打开文件管理面板。

（2）单击“文件”面板左上角的下拉列表选择需要重命名的文件或文件夹所在的站点。

（3）在文件列表中选中需要重命名的文件或文件夹，然后单击文件或文件夹的名称，使其名称区域处于可编辑状态。

（4）输入文件或文件夹的新名称，然后单击面板空白区域，或按下Enter键，即可重命名文件或文件夹。

3．编辑站点文件。

（1）执行“窗口”/“文件”命令，打开“文件”管理面板。

（2）在“文件”管理面板左侧的下拉列表中选择需要编辑的文件所在的站点。

（3）双击需要编辑的文件图标，即可在Dreamweaver CS6的文档窗口中打开此文件，对文件进行编辑。

（4）文件编辑完毕保存后，即可对本地站点中的文件进行更新。

一般来说，可以首先构建整个站点，同时在各个文件夹中创建好需要编辑的文件，然后在文档窗口中分别对这些文件进行编辑，最终构建完整的网站内容。

4．移动/复制文件和文件夹。

（1）执行“窗口”/“文件”命令，打开“文件”管理面板。

（2）在“文件”管理面板左侧的下拉列表中选择需要移动或复制的文件所在的站点。

（3）如果要进行移动操作，选择“编辑”/“剪切”菜单命令；如果要进行复制操作，则执行“编辑”/“复制”菜单命令。

（4）选中目的文件夹，打开“编辑”/“粘贴”命令，即可将文件或文件夹移动或复制到相应的文件夹中。

此外，使用鼠标拖动也可以实现文件或文件夹的移动操作。方法如下：

（1）在“文件”面板的本地站点文件列表中选中要移动的文件或文件夹。

（2）按下鼠标左键拖动选中的文件或文件夹，然后移动到目标文件夹上，如图3-14所示，释放鼠标，即可将选中的文件或文件夹移动到目标文件夹中。

移动文件后，由于文件的位置发生了变化，其中的链接信息，特别是相对链接也应该相应发生变化。Dreamweaver CS6会打开如图3-15所示的对话框，提示用户是否要更新被移动文件中的链接信息。

单击“更新文件”对话框中的“更新”按钮，即可更新文件中的链接信息。

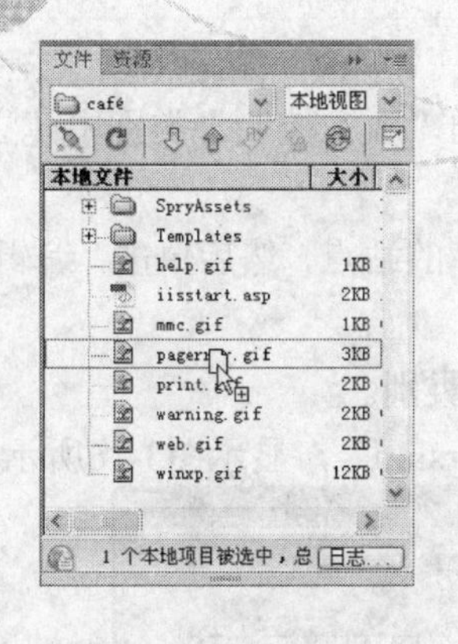

图3-14 移动文件/文件夹

图3-15 更新文件链接

5. 刷新本地站点文件列表　如果在Dreamweaver CS6之外对站点中的文件夹或文件进行了修改，则需要对本地站点文件列表进行刷新，才可以看到修改后的结果。刷新本地站点文件列表的一般步骤如下：

（1）执行“窗口”/“文件”命令，打开文件管理面板。

（2）单击“文件”面板左侧的下拉列表选择需要刷新文件列表的站点。

（3）单击“文件”面板上的“刷新”按钮，即可对本地站点的文件列表进行刷新。

3.3.4 存储库视图

自Dreamweaver CS4开始，在“文件”面板中已不见“地图视图”的踪影了，取而代之的是增加了版本控制功能的存储库视图。

Dreamweaver CS6集成了一个版本控制软件Subversion，可以提供更健全的文件版本控制、回滚等取出文件、存回文件的操作。Dreamweaver 虽然不是一个完整的 SVN 客户端，却使用户无需任何第三方工具或命令行界面，就可获取文件的最新版本，更改或提交文件。

下面简要介绍一下使用存储库视图时常用的一些操作。

1. 建立 SVN 连接　Subversion 是一种版本控制系统，它使用户组成员能够协作编辑和管理远程 Web 服务器上的文件。由于Dreamweaver CS6只是集成了Subversion客户端，因此在进行存储库视图操作之前，必须建立与 SVN 服务器的连接。

注意： Dreamweaver CS6 使用 Subversion 1.6.9 客户端库。更高版本的 Subversion 客户端库不向后兼容。如果读者更新第三方客户端应用程序（如 Tortoise SVN）以使用更高版本的 Subversion，则 Dreamweaver 将无法再与 Subversion 进行通信。

SVN 服务器是一个文件存储库，可供授权的用户组成员获取和提交文件，它与 Dreamweaver 中通常使用的远程服务器不同。使用 SVN 时，远程服务器仍是网页的“实时”服务器；SVN 服务器用于承载存储库，存储希望进行版本控制的文件。典型的工作流程是：在 SVN 服务器之间来回获取和提交文件，然后通过 Dreamweaver 发布到远程服务器。远程服务器的设置完全独立于 SVN 的设置。

与 SVN 服务器的连接是在“站点设置”对话框的“版本控制”类别中建立的。操作步骤如下：

（1）在“管理站点”对话框中选中需要设置存储库的站点，然后单击“编辑”按钮打开对应的“站点设置”对话框。

（2）在“站点设置”对话框中单击“版本控制”类别。

（3）在对话框的“访问”下拉菜单中选择“Subversion”，显示图3-16所示的对话框。

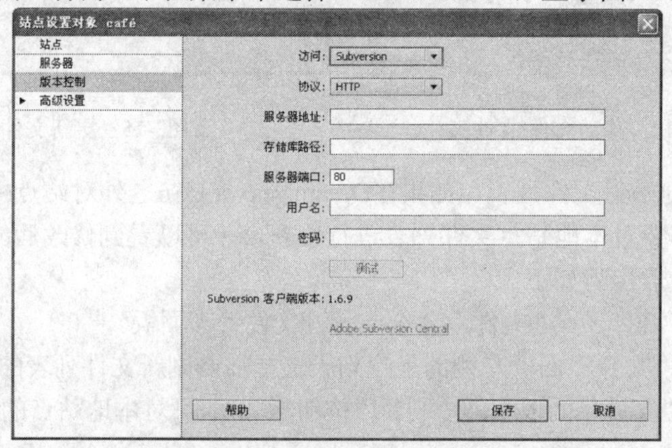

图3-16　设置版本控制选项

在开始此设置之前，必须获得对 SVN 服务器和 SVN 存储库的访问权限。有关 SVN 的详细信息，请访问 Subversion 网站，网址：http://subversion.tigris.org/。

（4）在“协议”下拉列表中选择协议。可选协议包括 HTTP、HTTPS、SVN 和 SVN+SSH。

（5）在“服务器地址”文本框中输入 SVN 服务器的地址。通常形式为：服务器名称.域.com。

（6）在“存储库路径”文本框中键入 SVN 服务器上存储库的路径。其形式通常类似于：/svn/your_root_directory，SVN 存储库根文件夹的命名由服务器管理员确定。

注意：

使用 SVN+SSH 协议要求具备特殊配置。有关详细信息，请访问 www.adobe.com/go/learn_dw_svn_ssh_cn。

（7）如果希望使用的服务器端口不同于默认服务器端口，则在“服务器端口”区域选择“非默认值”，并在文本框中输入端口号，否则保留默认设置。

（8）在“用户名”和“密码”文本框中分别输入 SVN 服务器的用户名和密码。

（9）设置完毕之后，单击“测试”按钮测试连接。然后单击“确定”按钮关闭对话框。

与SVN服务器建立连接后，即可在“文件”面板中查看 SVN 存储库。

2. 获取最新版本的文件　从 SVN 存储库中获取文件的最新版本时，Dreamweaver 会将该文件的内容和其相应的本地副本的内容进行合并。也就是说，如果您上次提交文件后，有其他用户更新了该文件，这些更新将合并到您计算机上的本地版本文件中。如果本地硬盘上不存在此文件，Dreamweaver 会径直获取该文件。

注意： 首次从存储库中获取文件时，应使用本地空目录，或使用所含文件与存储库中文件不同名的本地目录。如果本地驱动器包含的文件与远程存储库中的文件同名，Dreamweaver 不会在第一次尝试时，便将存储库文件装入本地驱动器。

获取最新版本文件的具体步骤如下：

（1）建立与SVN服务器的连接。

（2）在“文件”面板的视图下拉列表中选择“本地视图”。

（3）在文件列表中右键单击所需文件或文件夹，然后在弹出的快捷菜单中选择“版本控制”/“获取最新版本”命令。

为获取最新版本，还可以右键单击文件，然后在上下文菜单中选择“取出”命令，或者选择文件并单击“文件”面板上的“取出”按钮。由于SVN 不支持取出工作流程，所以此动作并不是传统意义上的实际取出文件。

3．提交文件　对网站文件进行修改之后，可将其提交到SVN，步骤如下：

（1）与SVN 服务器建立连接。

（2）在“文件”面板的“视图”列表中选择“存储库视图”。

（3）在文件列表中右键单击要提交的文件，然后在弹出的上下文菜单中选择“存回”命令，或单击“文件”面板上的“存回”按钮。

也可以在“本地视图”中右键单击要提交的文件，然后从弹出的上下文菜单中选择“存回”命令。

提示： 在“文件”面板的文件列表中，文件上的绿色选中标记表示此文件有更改，但尚未提交到存储库。

4．更新文件或文件夹的SVN状态　获取或提交文件之后，读者可以更新单个文件或文件夹的SVN 状态。此更新操作不会刷新整个显示。操作步骤如下：

（1）确保已成功建立 SVN 连接。

（2）在“文件”面板的“视图”下拉列表中选择“存储库视图”或“本地视图”。

（3）在显示的文件列表中右键单击存储库或本地文件中的任一文件夹或文件，然后从弹出的上下文菜单中选择“更新状态”，即可更新存储库或本地文件、文件夹的SVN状态。

5．锁定和解锁文件　由于存储库中的文件可能会在同一时间被一个或多个小组成员访问或修改，为避免您修改文件时，其他小组成员访问该文件，可以锁定文件。通过锁定SVN 存储库中的文件，可以让其他用户知道有用户正在处理该文件。此时，其他用户仍可在本地编辑文件，但必须等到您解锁该文件后，才可提交该文件。在存储库中锁定文件时，该文件上将显示一个开锁图标，而其他用户看到的是完全锁定的图标。

锁定和解锁文件的操作步骤如下：

（1）确保已与SVN服务器成功建立连接。

（2）在“文件”面板的“视图”下拉列表中选择“存储库视图”或“本地视图”。

（3）在显示的文件列表中右键单击存储库或本地文件中所需的文件，然后从弹出的上下文菜单中选择“锁定”或“解锁”命令。

6．向存储库添加新文件　如果希望将一个新文件添加到存储库，可以执行以下操作：

（1）确保已成功建立 SVN 连接。

（2）在“文件”面板的文件列表中选择要添加到存储库中的文件，然后单击右键，从弹出的快捷菜单中选择“存回”命令。

（3）确保要提交的文件已位于“提交”对话框中，然后单击“确定”按钮。

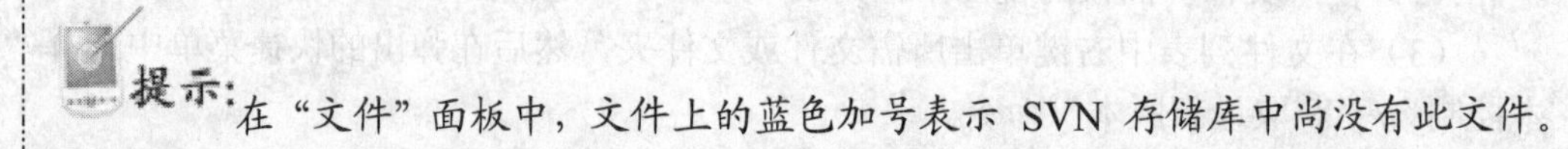

提示：在“文件”面板中，文件上的蓝色加号表示 SVN 存储库中尚没有此文件。

7．解析冲突的文件　如果您的文件与服务器上其他文件冲突，可以先编辑您的文件，然后将其标记为已解析。例如，如果您尝试存回的文件与其他用户的更改有冲突，SVN 将不允许您提交文件。此时，您可以从存储库中获取该文件的最新版本，手动更改工作副本，然后将您的文件标记为已解析，这样就可以提交了。

解析冲突的文件的具体操作步骤如下：

（1）与SVN服务器建立连接。

（2）在“文件”面板的“视图”下拉列表中选择“本地视图”。

（3）在显示的文件列表中右键单击要解析的文件，然后从弹出的上下文菜单中选择“版本控制”/“标记为已解析”命令。

3.4　测试站点

在将站点上传到服务器供广大用户浏览之前，建议先在本地对网站进行测试，以便尽早排查网站建设中可能存在的问题。例如，应该确保页面在目标浏览器中如预期的那样显示和工作，没有断开的链接，页面下载时间合理等。

3.4.1　管理网页链接

在建设网站的过程中，如果网站的页面很多，则链接出错的可能性会很大。同时，由于页面的重新设计或组织，所链接的页面很可能已被移动或删除。如果人力检查网页的链接是否正常，无疑是一件很麻烦的事，而且可能会遗漏一些隐蔽的链接。

有没有自动检查链接错误的方法呢？Dreamweaver CS6提供了一个很好的链接检查器，可以帮助用户检查网页链接，不但速度快而且准确。在发布网站之前先使用Dreamweaver CS6的链接检查器对网站文件进行检查，可以检查单个页面、一个文件夹、甚至整个站点，找出断开的链接、错误的代码和未使用的孤立文件等，以便进行纠正和处

理。

1．检查断开的链接　选择“文件”/“检查页”/“链接”命令，可以检查当前页面的链接。

选择“站点”/“检查站点范围的链接”菜单命令，Dreamweaver将自动检测当前站点中的所有链接。检查完毕，Dreamweaver会在“结果”面板的“链接检查器”页面显示检查结果，如图3-17所示。

如果发现了错误的链接，Dreamweaver会在“链接检查器”页面的文件窗格中列出链接错误所在的页面。双击检测到的一个结果，会自动打开相应的页面，并直接定位到错误的链接处，修改链接错误既快又方便。

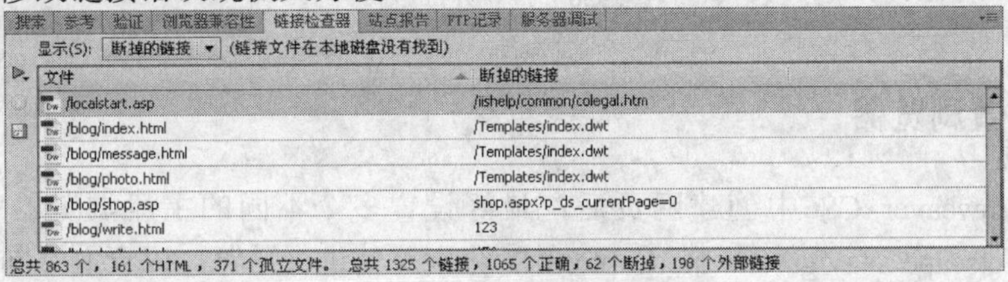

图3-17　链接检查结果

在“链接检查器”页面，用户还可以设置链接检查的范围，并将检查结果保存。单击对话框左侧的绿色三角形按钮，可以选择检测范围，如图3-18所示。

若要保存检测结果，可以单击对话框左侧的保存按钮。

2．检测无用文件　利用Dreamweaver CS6的链接检查功能，用户还可以检查站点中无用的文件并删除。检测无用文件的步骤如下：

（1）执行“站点”/“检查站点范围的链接”菜单命令。

（2）在“显示”后面的下拉列表框中选择“孤立文件”选项。

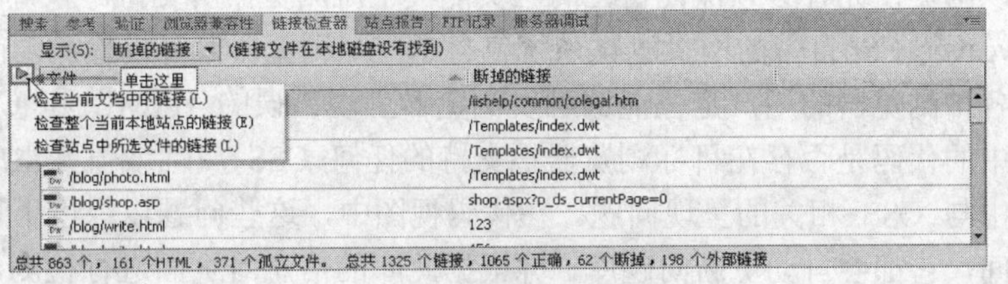

图3-18　设置检测范围

所有站点中无用的文件会列在“链接检查器”页面的文件窗格中，如图3-19所示。

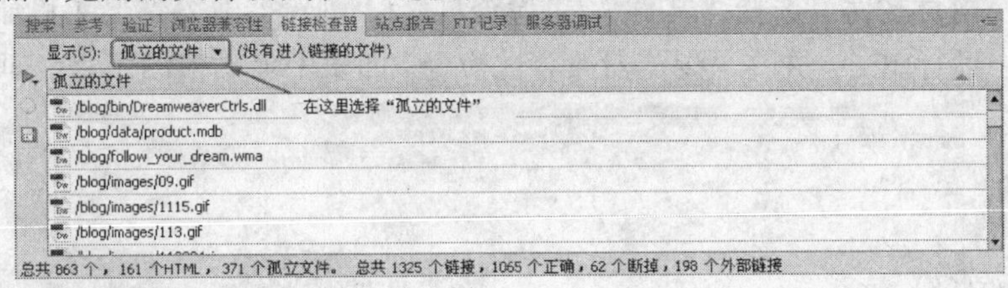

图3-19　孤立文件检查结果

将它们全部选中，按Delete键即可删除。

3．显示外部链接　利用Dreamweaver CS6的链接检查器，还可以查看当前站点中包含了哪些外部链接，但不会检查这些链接是否正确。

在“链接检查器”页面的“显示”下拉列表中选择“外部链接”选项，则对话框的窗格中将显示当前网站中使用的所有外部链接及相应的文件，如图3-20所示。

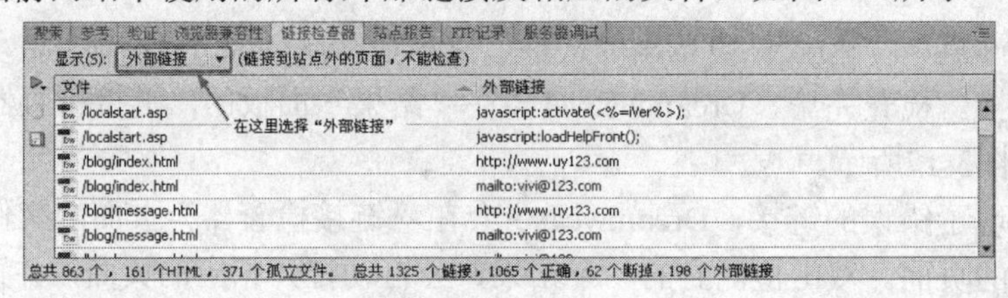

图3-20 查看外部链接

3.4.2 配置浏览器

在Dreamweaver CS6中创建网页后，最好设置多个不同的主流浏览器（如Internet Explorer、Netscape Navigator、NetCaptor等）分别对其进行预览，以查看不同浏览器用户的浏览效果。在Dreamweaver CS6中，按F12键可以在主浏览器中预览网页文件；按Ctrl+F12组合键可以在次浏览器中预览网页文件。通常情况下只要设置主浏览器和次浏览器即可。如果需要可以在“首选参数”对话框中设置多达20个浏览器。

3.4.3 检查浏览器的兼容性

目前网页浏览器的种类甚多，而应用在网页制作中的有些技巧，也并不是所有浏览器都能支持的。制作的网页上传之后，部分网页浏览者可能看不到网页实际的效果，甚至是一团糟。所以网页设计者必须保证自己的网页能被主流浏览器所支持。

Dreamweaver CS6自带的网页测试系统包含了一个浏览器兼容性检测功能（BCC），它可以帮助各种浏览器的用户定位能够触发浏览器呈现错误的 HTML 和 CSS 组合，还可测试文档中的代码是否存在目标浏览器不支持的任何 CSS 属性或值并生成报告，指出各种浏览器中与 CSS 相关的呈现问题。在代码视图中，这些问题以绿色下划线来标记。每隔一段时间，它都会自动更新问题库，并根据此库的信息对页面进行检测，并告知用户Adobe是否已对此问题作出修正。此外，Dreamweaver CS6的预览加入了默认的FIREFOX浏览器。

打开一个网页文件。选择“文件”/“检查页”/“浏览器兼容性”菜单命令，即可在打开的文件中运行BCC，并在“浏览器兼容性检查”面板中显示检测结果，如图3-21所示。

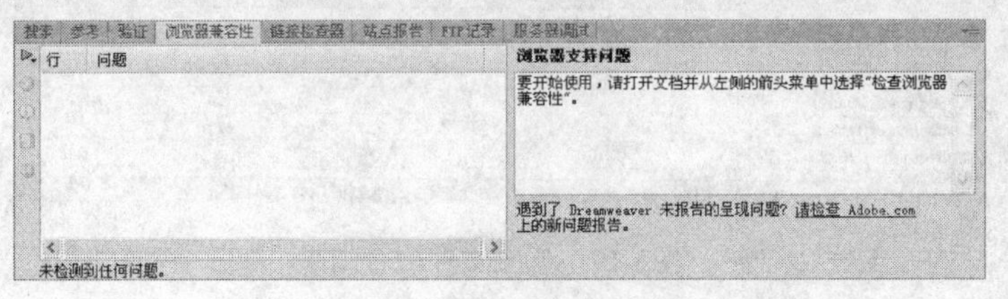

图3-21 检查浏览器兼容性

如果检查结果发现有浏览器不支持的地方，在测试结果窗口中能够看到是哪条语句有问题，以及该问题对哪些浏览器有影响。用户双击测试结果中的某行，即可自动定位到相应的代码行，做相应的修改即可。

默认情况下，BCC 功能对下列浏览器进行检查：Firefox 1.0及以上版本、Internet Explorer5.0及以上版本、Chrome 7.0及以上版本、Netscape Navigator 7.0和8.0、Opera 7.0、8.0 和 9.0 以及 Safari 1.0及以上版本。

3.5 站点发布

网站建好之后，下一步就将文件上传到服务器发布该站点。远程文件夹是存储文件的位置，这些文件用于测试、生产、协作和发布。Dreamweaver 将此文件夹称为远程站点。因此在发布站点之前，必须先配置远程站点，并能够访问远程 Web 服务器。

3.5.1 配置远程站点

（1）选择“站点”/“管理站点”命令，打开“管理站点”对话框。

（2）选中需要上传的站点，然后单击“编辑”按钮，在弹出的对话框左侧的“分类”中选择“服务器”项。

（3）单击“添加新服务器”按钮，在弹出的对话框的“连接方式”下拉列表中选择连接到远程站点的方式。

连接到 Internet 上的服务器的最常见方法是“FTP”。如果使用本地计算机作为 Web 服务器，则连接到本地计算机的最常见方法是“本地/网络”。如果不确定选择哪种方法，请询问服务器的系统管理员。本例选择“本地 / 网络”，如图3-22所示。

（4）切换到“高级”页面，设置远程站点文件的维护选项，如图3-23所示。

如果希望 Dreamweaver 自动同步本地和远端文件，则选中“维护同步信息”复选框。如果希望在保存文件时 Dreamweaver 自动将文件上传到远程站点，则选中“保存时自动将文件上传到服务器”复选框。如果希望激活“存回/取出”系统，则选中“启用文件取出功能”。

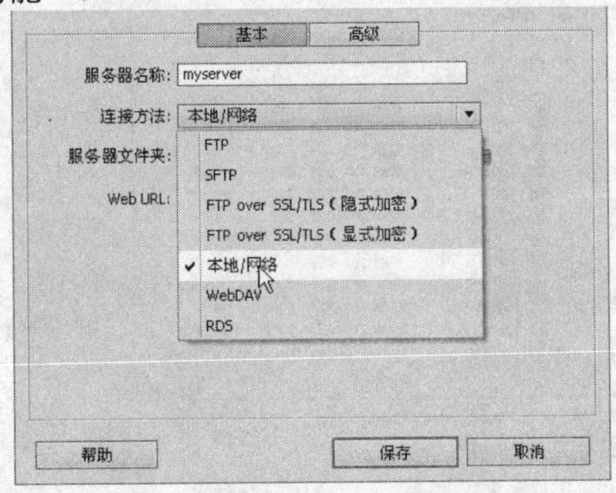

图3-22　配置服务器信息1

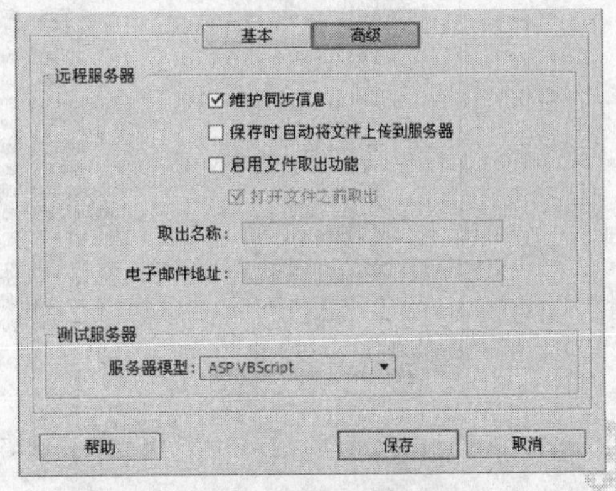

图3-23　配置服务器信息2

第3章　网站的构建与管理

（5）单击“保存”按钮，添加的服务器被添加到服务器列表中。选中“远程”对应的复选框，如图3-24所示。

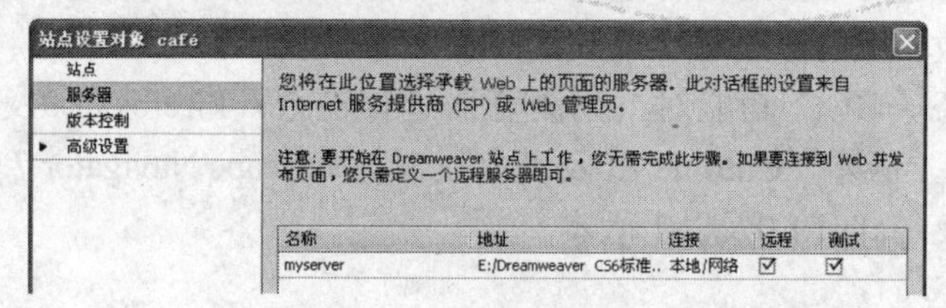

图3-24　服务器列表

（6）设置完毕，单击“保存”按钮关闭对话框，完成远程站点的配置。

3.5.2　上传、下载与同步更新

上传和下载是在互联网上传输文件的专门术语。一般来说，用户把自己计算机上的文件复制到远程计算机上的过程称作上传；相反，用户从某台远程计算机上复制文件到自己计算机上的过程，称作下载。

在正常的浏览过程中，用户经常会进行上传、下载操作。在设置好本地站点信息和远程站点信息后，就可以进行本地站点与远程站点间文件的上传与下载了。

1．上传站点文件　Dreamweaver CS6内置了强大的FTP功能，可以帮助用户便捷地实现对站点文件的上传和下载。利用Dreamweaver上传发布网站的具体操作步骤如下：

（1）依照本章上一节中介绍的步骤配置远程站点之后，单击“文件”面板工具栏中的“展开以显示本地和远端站点”按钮，以显示本地和远端站点，如图3-25所示。

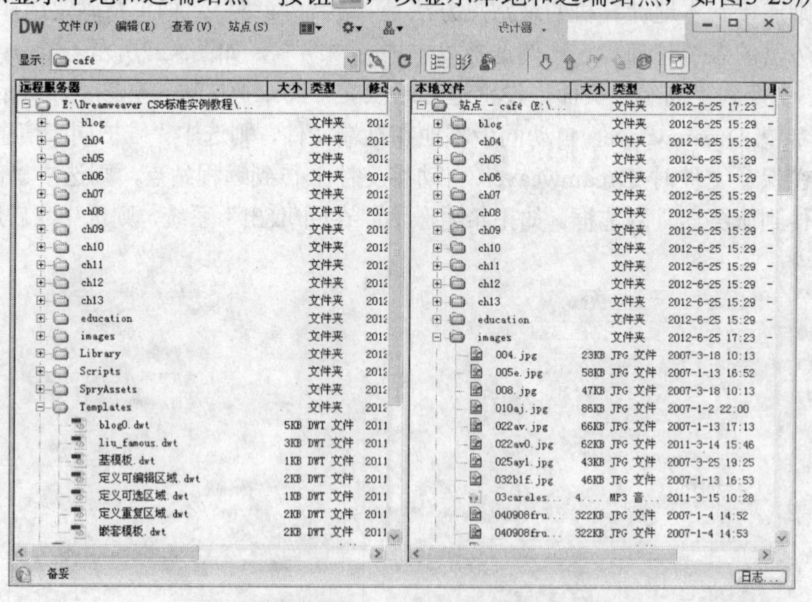

图3-25　显示本地和远端站点

（2）将本地计算机与Internet连通后，在展开的“文件”面板中打开要上传的站点，并单击“连接到远程服务器”按钮，将站点与远程服务器接通。接通后，“文件”面板的“远端站点”窗格中将显示远程服务器中的文件目录。

（3）在“文件”面板的“本地文件”窗格中选择本地文件夹，然后将它们拖动到“远端站点”窗格中的某个文件夹中。或从“本地文件”窗格中选择文件，然后单击“向远程服务器上传文件”按钮，Dreamweaver CS6会将所有站点文件上传到指定服务器的远程文件夹。

Dreamweaver CS6改善了 FTP 性能。利用对 jQuery Mobile 和 Adobe PhoneGap™ 框架的更新支持，可以便捷地建立移动应用程序。利用重新改良的多线程 FTP 传输工具和图像编辑功能，可以有效地设计、开发并发布网站和移动应用程序，节省上传大型文件的时间。

提示：如果要上传的文件尚未保存，可能会出现一个对话框（取决于用户在“首选参数”对话框的“站点”类别中设置的首选参数），提示用户在将文件上传到远端服务器之前进行保存。如果出现对话框，请单击“是”保存该文件，或者单击“否”将以前保存的版本上传到远端服务器上。

本地站点和远程web站点应该具有完全相同的结构，在这两种站点之间传输文件时，如果站点中不存在必需的文件夹，则Dreamweaver将自动创建这些文件夹。如果使用Dreamweaver创建本地站点，然后将全部内容上传到远程站点，则Dreamweaver能确保在远程站点中精确复制本地结构。

站点的发布是一个持续的过程，这一过程的一个重要部分是定义并实现一个版本控制系统，既可以使用Subversion，也可以使用外部的版本控制应用程序。

2．下载站点文件　执行以下操作之一可以下载站点文件：

◆ 在“远端站点”窗格中选择需要下载的文件，然后将它们拖动到“本地文件”窗格中的某个文件夹中。或在“远端站点”窗格中选择文件，然后单击“从远程服务器获取文件”按钮，即可下载文件。
◆ 在“文件”面板中右键单击要下载的文件，然后从上下文菜单中选择“获取”命令。

3．远程与本地站点同步　上传站点之后，可能会因为网页制作者的疏忽或多人编辑维护，出现本机网页文件和远程网页文件不一致的现象。利用Dreamweaver的站点同步功能可以轻松修正这种问题，方便对站点进行更新维护。其步骤如下：

（1）执行“站点”/“同步站点范围”菜单命令，打开“同步文件”对话框，如图3-26所示。

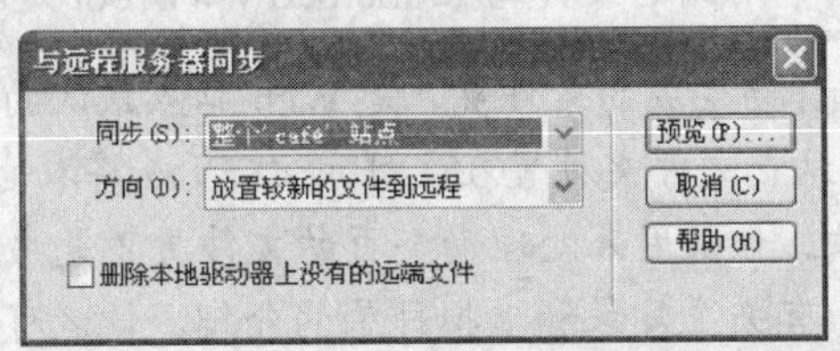

图3-26　同步文件

（2）在“同步”下拉列表框中选择同步的范围，如当前整个站点或当前选中文件。

（3）在“方向”下拉列表框中设置文件同步的方式。

（4）如果要将本地上没有的远程站点上的文件删除，则选中“删除本地驱动器上没有的远端文件”复选框。

（5）单击“预览”按钮显示更新设置预览对话框，如图3-27所示。

（6）如果存在需要更新的文件，选中该文件旁边的“上传”按钮，然后单击“确定”按钮。至此，远程与本机文件的同步完成。

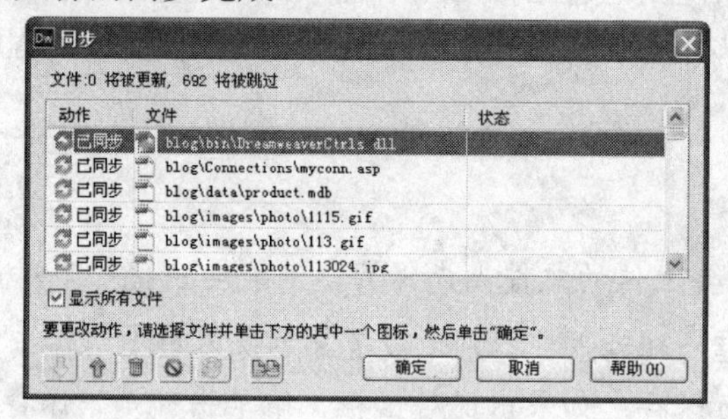

图3-27　同步预览

上传和下载操作不仅于此，利用其他的一些工具，例如FTP程序等，可以直接将Internet服务器上的站点结构及其中的文件下载到本地计算机，经过修改，又可以利用相应的工具将修改后的网页上载到Internet服务器上，实现对站点的更新。

创建网站并不是一件一劳永逸的事情，与其他媒体一样，网站也是一个媒体，同样需要经常更新维护才会起到既定的商业效果。不进行维护的网站很快就会因内容陈旧、信息过时而无人问津。因此建好网站之后，还需要实时对网站内容进行更新。

3.6　实例制作之将已有文件组织为站点

在本书第1章中已对个人网站实例进行了仔细规划，收集、制作了需要的站点资源，如LOGO、导航条背景、商品图片等，并建立了相应的文件夹目录结构。本节将这些已有的文件夹组织为一个站点。步骤如下：

01 启动Dreamweaver CS6，执行“站点”/“新建站点”命令，打开站点设置对话框。

注意：

本实例中用到的文件路径\inetpub\wwwroot\是在本地计算机系统中成功安装 IIS 服务器之后自动生成的文件夹，是 Web 站点默认的主目录。建议读者在创建站点时，最好将本地站点文件夹放置在主目录之下，或将本地站点文件夹定义为 Web 服务器中的虚拟目录。如果用来处理动态页的文件夹不是主目录或其任何子目录，则必须创建虚拟目录。有关主目录和虚拟目录的介绍，读者可以参阅本书第 13 章 13.3 节的介绍或相关书籍。

02 在“站点名称”后面的对话框中输入站点名称blog。

03 单击“本地站点文件夹”右侧的文件夹图标，浏览到c:\inetpub\wwwroot\blog\目录；或直接输入c:\inetpub\wwwroot\blog\。

04 同理，设置“默认图像文件夹”的路径为c:\inetpub\wwwroot\blog\images\。

05 在“链接相对于”栏，选择“文档”选项。在“Web URL”右侧的文本框中输入http://localhost/blog/。

如果制作静态站点，到这一步就完成了。由于本例需要制作动态页面，因此还需要创建虚拟目录、设置测试服务器。

06 创建虚拟目录。在要设置为虚拟目录的文件夹c:\inetpub\wwwroot\blog上单击鼠标右健，从弹出的快捷菜单中选择“属性”命令，打开“Web共享”选项卡。选中“共享文件夹”单选按钮，然后在弹出的“编辑别名”对话框中设置该文件夹的别名为blog。单击“确定”按钮关闭对话框。

07 单击“站点设置”对话框左侧的“分类”列表中的“服务器”，切换到对应的对话框。单击“添加新服务器”按钮+，依照本章3.5.1节所述步骤添加一个服务器，访问方式为“本地/网络”。

08 切换到“高级”页面，在“服务器模型”下拉列表中选择“ASP VBScript”。

09 单击“保存”按钮关闭“高级”屏幕，并在“服务器”类别中指定服务器类别为测试服务器，然后单击“确定”按钮，即可将指定文件夹定义为站点。

将文件夹目录结构组织为站点后，即可以将磁盘上现有的文档组织当作本地站点打开，便于以后统一管理。

Chapter 04

第 4 章　处理文字与图形

本章导读

网页讲求图文并茂，相得益彰。文字和图片具有一种相互补充的视觉关系，页面上文字太多，就显得沉闷，缺乏生气；页面上图片太多，缺少文字，势必会减少页面的信息容量。因此，最理想的效果是文字与图片的密切配合，互为衬托，既能活跃页面，又使页面有丰富的内容。

本章将介绍网页中文本与图形的相关操作。合理地在网页中运用这些操作，可以更生动直观、形象地表现设计主题，增强页面的视觉效果。

- 在网页中加入文本
- 在网页中应用图像
- 实例制作之插入日期时间

4.1 在网页中加入文本

网页作为一种传播信息的媒体，文字是传递信息的最重要的媒介。从网页最初的纯文字界面发展至今，文字仍是其他任何元素无法取代的重要构成。这首先是因为文字信息符合人类的阅读习惯，其次因为文字所占存取空间小，节省了下载和浏览时间。

在制作网页的时候，文本的创建与编辑占据了制作工作的很大部分内容。能否对各种文本控制手段运用自如，是决定网页设计是否美观、富有创意以及提高工作效率的关键。

4.1.1 插入文本

在Dreamweaver CS6中输入文本有以下几种方法：

（1）直接在 Dreamweaver 的文档窗口光标所在位置输入文本内容。

（2）在其他的应用程序或文档中复制文本，然后切换回Dreamweaver文档窗口，将光标插入到要放置文本的地方，再选择“编辑”/“粘贴”或“选择性粘贴”命令。

利用 Dreamweaver CS6的粘贴选项，可以保留所有源格式设置，也可以只粘贴文本，还可以指定粘贴文本的方式。

（3）使用“文件”/“导入”命令导入其他文档中的文本，如XML、表格式数据、word文档和Excel文档。

（4）从支持文本拖放功能的应用程序中拖放文本到 Dreamweaver CS6 的文档窗口。

4.1.2 设置文本属性

网页中的文字主要包括标题、信息、文字链接等几种主要形式。良好的文本格式，能够充分体现文档要表述的意图，激发读者的阅读兴趣。在文档中构建丰富的字体、多种的段落格式以及赏心悦目的文本效果，对于一个专业的网站来说，是必不可少的要求之一。

文本的大部分格式设置都可以通过属性设置面板实现。执行“窗口”/“属性”命令，即可打开属性设置面板，如图4-1所示。

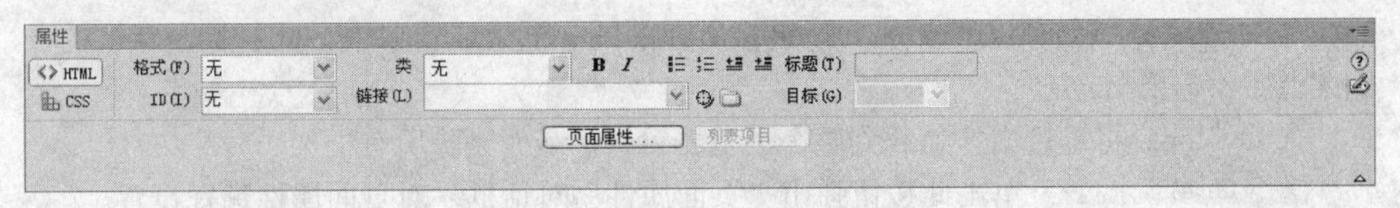

图4-1　文本属性设置面板

打开属性面板之后，单击面板左上角的 <> HTML 按钮，即可设置HTML格式，如图4-1所示。该属性设置面板中各个选项的功能简要介绍如下：

格式：设置所选文本的段落样式。

“无”是系统的默认设置，从光标所在行的左边开始输入文本，没有对应的 HTML 标识；“段落”表示将文本内容设置为一个段落；“标题 1”到“标题 6”用于设置不同级别的标题；“预先格式化的”用于预定义一个段落，使用该格式，可以在文本中插入多个空格，从而可以任意调整文本内容的位置。

ID：为所选内容分配一个 ID。如果已声明过 ID，则该下拉列表中将列出文档的所有未使用的已声明 ID。

类：显示当前应用于所选文本的类样式。如果没有对所选内容应用过任何样式，则弹出菜单显示“无”。 如果已对所选内容应用了多个样式，则弹出式菜单将显示当前页面所有使用过的样式。使用“样式”弹出菜单可执行以下操作：

（1）选择“无”，删除当前所选样式。

（2）选择要应用于所选内容的样式。

（3）选择“重命名”，可以重命名当前选定文本采用的样式。

（4）选择“附加样式表”，打开一个可以附加外部样式表的对话框。

链接：创建所选文本的超文本链接。有以下几种方式：

（1）单击文件夹图标浏览站点中的文件。

（2）直接键入文件 URL。

（3）将“指向文件”图标拖到“文件”面板中需要的文件。

（4）将文件从“文件”面板拖到“链接”文本框中。

B：将文本字体设置为粗体。

I：将文本字体设置为斜体。

：项目列表。选择需要建立列表的文本，并单击该按钮，即可建立无序列表。

：编号列表，用于建立有序列表。

：删除内缩区块，减少文本右缩进。

：内缩区块，增加文本右缩进。

标题(T)：为超级链接指定文本工具提示，即在浏览器中，当鼠标移到超级链接上时显示的提示文本。

目标(G)：指定链接文件打开的方式。

（1）_blank：将链接文件加载到一个新的、未命名的浏览器窗口。

（2）_parent：将链接文件加载到该链接所在框架的父框架集或父窗口中。如果包含链接的框架不是嵌套的，则链接文件加载到整个浏览器窗口中。

（3）_self：将链接文件加载到该链接所在的同一框架或窗口中。此目标是默认的，因此通常不需要指定它。

（4）_top：将链接文件加载到整个浏览器窗口，从而删除所有框架。

页面属性...：单击此按钮弹出“页面属性”对话框，对页面属性进行设置。

列表项目...：列表项的属性设置窗口。将光标放置在任意列表位置，则该按钮变为可用，单击该按钮，即可打开列表属性设置窗口，进行相应的设置。

单击属性面板左上角的 CSS 按钮，即可使用CSS规则格式化文本，如图4-2所示。

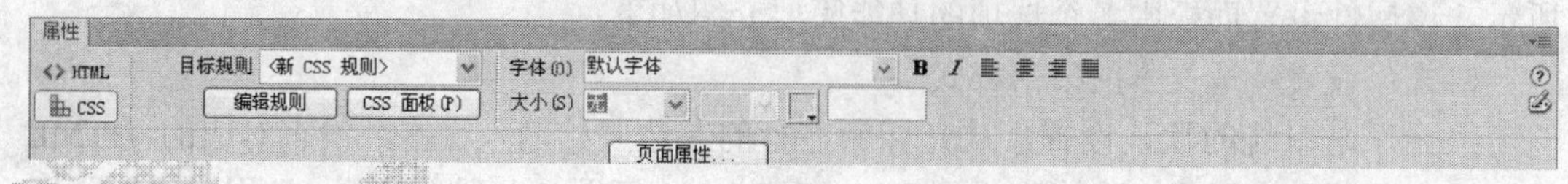

图4-2 CSS规则属性

目标规则：显示当前选中文本已应用的规则，或在 CSS 属性检查器中正在编辑的规则。

用户可以使用“目标规则”下拉菜单中的命令创建新的CSS 规则、新的内联样式或将现有类应用于所选文本。使用“目标规则”可以执行以下操作：

（1）将插入点放在已应用CSS规则的文本块中，可以查看文本块应用的CSS规则。

（2）从“目标规则”下拉列表中选择一个规则，即可应用于当前选中的文本。

（3）通过使用 CSS 属性检查器中的各个选项对已创建的规则进行更改。

> **注意：**
> 在创建 CSS 内联样式时，Dreamweaver 会将样式属性代码直接添加到页面的 body 部分。

编辑规则：单击该按钮可以打开目标规则的“CSS 规则定义”对话框进行修改。

如果从“目标规则”下拉列表中选择了“新建 CSS 规则”选项，然后单击“编辑规则”按钮， 则 Dreamweaver 会打开“新建 CSS 规则定义”对话框。

CSS 面板：单击该按钮可以打开“CSS 样式”面板，并在当前视图中显示目标规则的属性。

“字体”：设置目标规则的字体。如果字体列表中没有需要的字体，可以单击字体下拉列表中的“编辑字体列表”项，在弹出的对话框中设置需要的字体列表。

“大小”：设置目标规则的字体大小。Dreamweaver CS6 预置了 18 种字号。

▢：将所选颜色设置为目标规则中的字体颜色。

> **注意：**
> “字体”、“大小”、“文本颜色”、“粗体”、“斜体”和“对齐”属性始终显示应用于“文档”窗口中当前所选内容的规则属性。在更改其中的任何属性时，将会影响目标规则。

4.1.3 创建列表项

在编辑网页时，常常需要对同级或不同级的多个项目进行编号或排列，以显示多个项目间的层次关系，或使文本布局更有条理，这就需要用到列表。

在Dreamweaver中可以从已有的文本或者从文档窗口中的新文本创建项目列表和编号列表，列表还可以被嵌套。项目列表在各个项的前面没有数字，用不同的符号及缩进的多少来区分不同的层次；编号列表则需要通过数字及缩进区分不同的层次。

下面通过一个例子说明如何在文档中创建列表。操作步骤如下：

01 新建一个文档。在文档窗口中输入需要列表的文本，如图4-3a所示。

02 用鼠标选择除“李白文集”以外的其他项内容，单击属性设置面板中的☰按钮，则所有项目的左边都会加入一个“●”符号，这样所有项目都被当作无序列表的第一层。如图4-3b所示。

03 选择“山中问答”、“军行”两项，单击属性设置面板中的缩进按钮，使它们向右缩进，则这两项左边的“●”符号变成了“○”符号，表示它们在列表的第二层。同理设置其他项，最终效果如图4-3c所示。

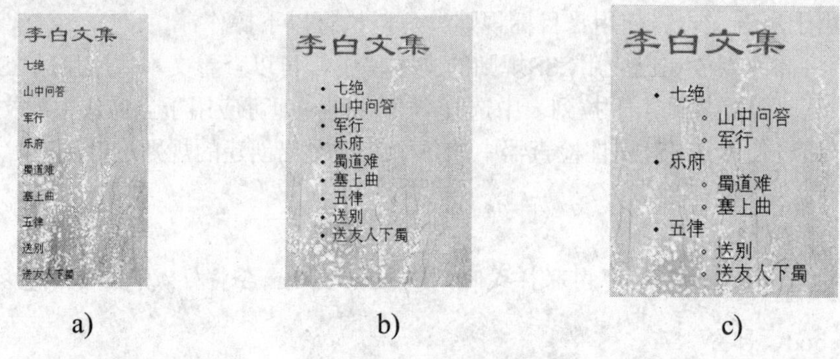

图4-3　设置项目列表

设置编号列表的方法与设置项目列表的方法相似。继续使用上例。

01 用鼠标选择除“李白文集”以外的其他内容，单击属性设置面板中的按钮，则所有项目左边都会加入数字，这样所有项目都被当作无序列表的第一层，如图4-4a所示。

02 选择“山中问答”、“军行”两项，单击属性设置面板中的缩进按钮，使它们向右缩进，则这两项左边会按顺序加入数字，表示它们是列表的第二层。同理设置其他项，如图4-4b所示。

此外，还可以将编号列表和项目列表混排。例如，在设置好编号列表后，如果选择列表的第二层，如“山中问答”、“军行”两项，单击属性设置面板中的项目编号按钮，则这两项左边的数字编号会变为项目编号，如图4-5所示。

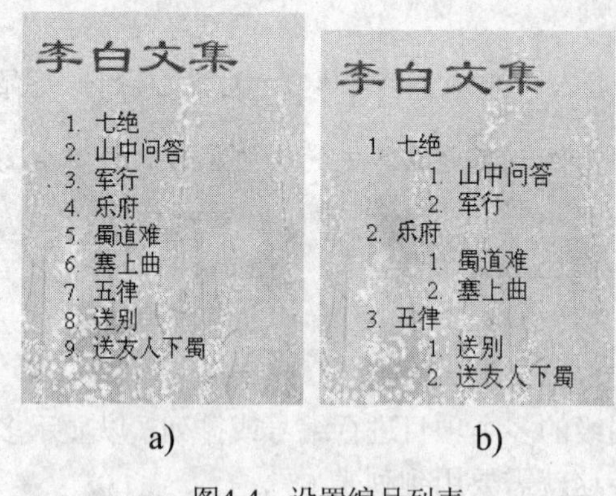

图4-4　设置编号列表

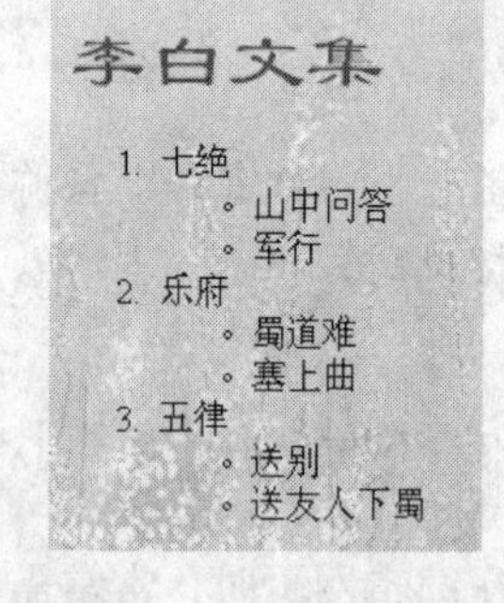

图4-5　编号列表、项目列表混排

4.1.4　插入日期

在网页中，经常会看到显示有日期且自动更新。Dreamweaver CS6为读者提供了插入日期的功能，使用它可以用任意格式在文档中插入当前时间，同时日期自动更新。下面通过一个简单的例子演示在文档中插入日期的操作方法。

01 将插入点放在文档中需要插入日期的位置，即“松鹤延年”下面如图4-6所示。

02 切换到“插入”栏中的“常用”面板，单击面板中的日期按钮，弹出“插入日期”对话框，如图4-7所示。

图4-6　插入日期前的效果

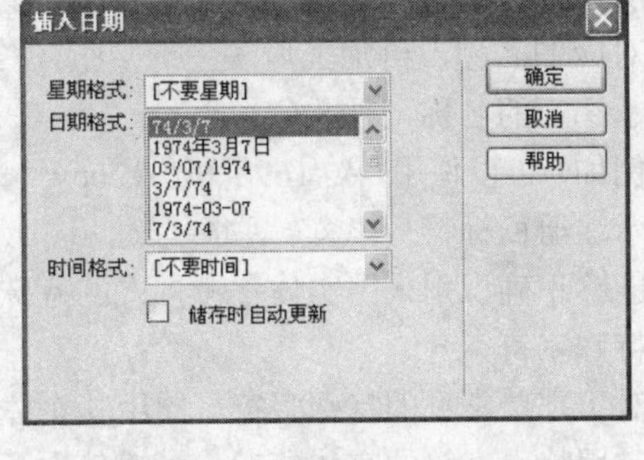

图4-7　“插入日期”对话框

03 在对话框中选择星期、日期、时间的显示方式。本例仅设置日期，且日期格式为“1974年3月7日”。

> **提示：** “插入日期”对话框中显示的日期和时间不是当前日期，也不反映访问者在查看站点时所看到的日期/时间。它们只是说明此信息的显示方式的示例。

04 如果读者希望插入的日期在每次保存文档时自动进行更新，可以选择对话框中的“储存时自动更新”复选框。本例也选择此项。

05 单击“确定”按钮，此时就在文档中插入了当前的日期。如图4-8所示。

06 选中插入的日期，在属性面板中调整日期显示的字体、大小和对齐方式，最终的效果如图4-9所示。

图4-8　插入日期后的效果

图4-9　最终效果

4.1.5　插入特殊字符

本节所说的特殊字符是指在键盘上不能直接输入的字符。一般来说，在HTML中一个特殊字符有两种表达方式，一种称作数字参考，另一种称作实体参考。

所谓数字参考，就是用数字来表示文档中的特殊字符，通常由前缀“&#”加上数值，再加上后缀“;”组成，其表达方式为：&#D;，其中D是一个十进制数值。

所谓实体参考，实际上就是用有意义的名称来表示特殊字符，通常由前缀“&”加上字符对应的名称，再加上后缀“;”组成。其表达方式为：&name；，其中name是一个用于表示字符的名称，且区分大小写。

例如，可以使用“©”和“©”来表示版权符号“©”；用“®”和“®”来表示注册商标符号“®”。很显然，这比数字要容易记忆得多。不过，并非所有的浏览器都能够正确识别采用实体参考方式的特殊字符，但是它们都能够识别出采用数字参考方式的特殊字符。

对于那些常见的特殊字符，使用其实体参考方式是安全的，在实际应用中，只要记住这些常用特殊字符的实体参考就足够使用了。对于一些特别不常见的字符，则应该使用数字参考方式。表4-1是常用的一些字符实体参考和数字参考。

表4-1　常见的字符及其参考

字符实体参考	字符数字参考	显示	字符实体参考	字符数字参考	显示
		（空格）	<	<	<
©	©	©	>	>	>
®	®	®	&	&	&
™	™	™	"	"	”
£	£	£	×	×	×
€	€	€	±	±	±
¥	¥	¥	·	¸	•
¢	¢	¢			
§	§	§			

尽管记忆字符的参考非常不易，但是在Dreamweaver CS6中插入特殊字符却非常简单。Dreamweaver在“插入”面板的“文本”面板上专门设置了常见的特殊字符按钮，只需要单击上面的按钮，即可插入相应的特殊字符。

打开“插入”面板，切换到“文本”插入面板，然后单击“字符：其他字符”图标右下角的下拉箭头，就可以看到Dreamweaver自带的常用特殊字符，如图4-10所示。

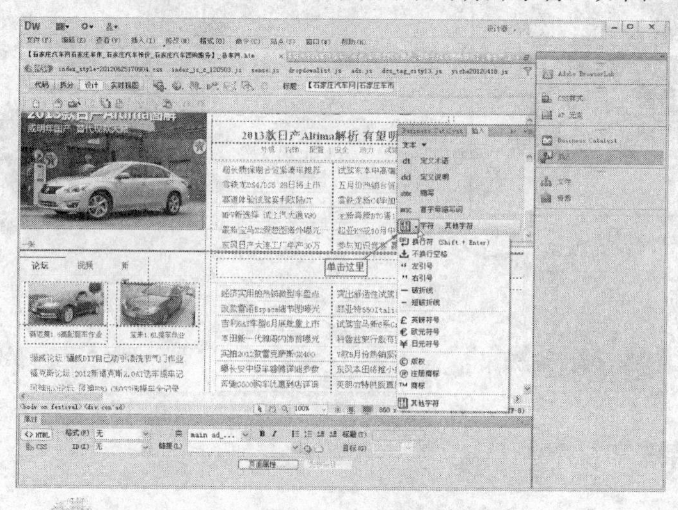

图4-10　查看特殊字符

如果在下拉菜单中没有找到需要的特殊字符，则单击下拉菜单中的“其他字符”按钮，打开“插入其他字符”对话框，即可查看其他特殊字符。如图4-11所示。

1．在网页中插入特殊字符　下面通过插入两个特殊字符“§”和“¶”的示例，向读者演示插入特殊字符的具体步骤。插入后的效果如图4-12所示。

01 在文档中将光标放置在需要插入特殊字符的位置，此时即放在文字“神山篇”的前面。切换到“插入”/“文本”面板，打开特殊字符弹出菜单。单击“其他字符”按钮，打开“插入其他字符”对话框。

02 在对话框中选择字符“§”，然后单击“确定”按钮，该符号就插入到文本中了。

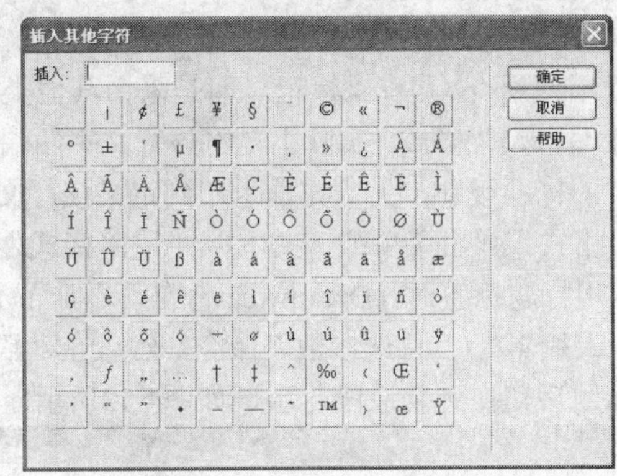

图4-11　“插入其他字符”对话框

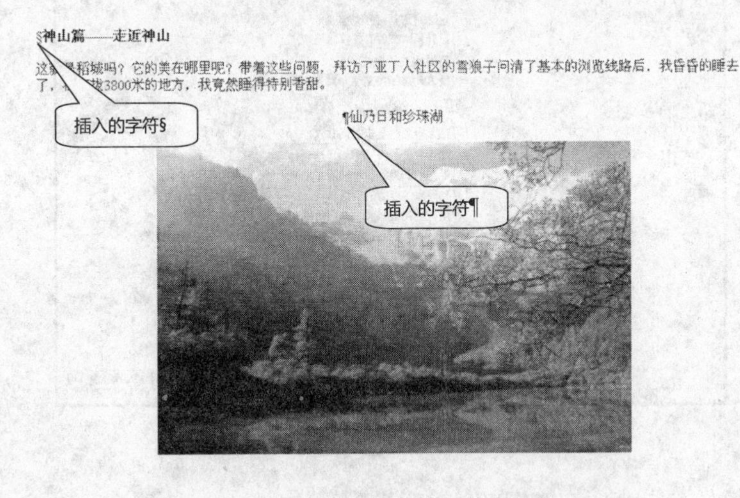

图4-12　插入特殊字符效果

03 同理，选择特殊字符¶，用同样的方法将其插入。

04 特殊字符和普通文本一样，也可以使用属性面板对其属性进行设置，例如设置字体、大小、颜色、样式等。

在文档中插入特殊字符后，特殊字符在设计视图和代码视图中的显示是不同的，在设计视图中显示的是所输入的字符，而在代码视图中显示的则是特殊字符的实体参考。

2．换行符　谈到特殊字符，有必要介绍一下在网页制作中常会用到的两个特殊字符：换行符和非间断空格符。

一个文本中通常包括了多个段落，所谓段落，就是一段格式上统一的文本。一般情况下，段落不能在一行中完全显示，而是由多行文字组成。在Dreamweaver中，文本具有自动换行功能，但是自动换行必须是在文本一行结束的时候才能够进行。在文档窗口中，每输入一段文字，按下Enter键后，就自动生成一个段落。按下Enter键的操作通常被称作硬回车，可以说，段落就是带有硬回车的文字组合。但是如果要在段落中实现强制换行的同时不改变段落的结构，就必须插入特殊字符面板中的换行符，或按下Shift + Enter组合键。

在HTML中，段落换行对应的标签是<p>和</p>，而换行符的标签是
。在Dreamweaver的文档窗口中，每按下一次Enter键，都会自动将输入的段落包围在<p>和</p>标记之中。例如以下的代码显示了一段文字：

```
<p>网页制作DIY系列－Dreamweaver CS6</p>
```

实际上，有时候可以不使用<p>和</p>标记，而是采用其他类型的标记来定义段落。例如，将一行文字设置为“标题1”格式，实际上是将该行文字两端添加<h1>和</h1>标记，它一方面定义了该行文字的标题级别，另一方面也起到定义该行文字为一个段落的作用。

使用属性面板中的“格式”弹出菜单或“文本”/“段落格式”子菜单可以应用标准段落和标题标签。对段落应用标题标签时，Dreamweaver自动添加下一行文本作为标准段落。若要更改此设置，请执行“编辑”/“首选参数”命令，然后在“常规”类别中的“编辑选项”下确保取消选中“标题后切换到普通段落”，如图4-13所示。

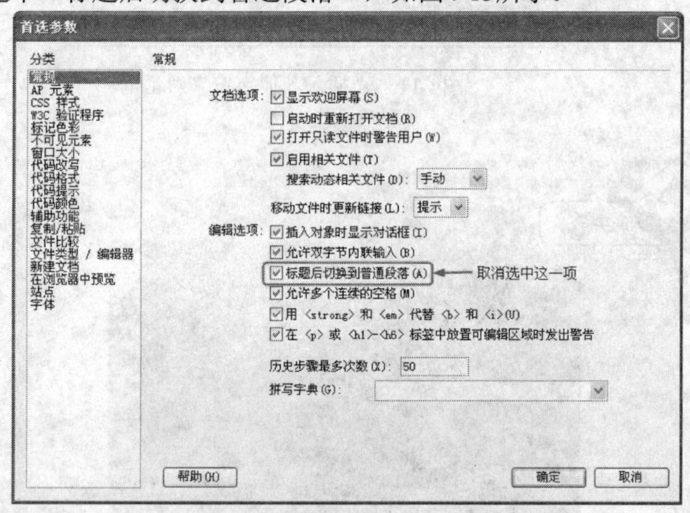

图4-13　参数设置对话框

若要插入换行符，可以执行以下操作之一：

单击“文本”面板中按钮。

执行“插入”/“HTML”/“特殊字符”/“换行符”命令。

按 Shift + Enter 组合键。

在代码视图中相应位置输入 HTML 标记
。

在浏览器视图中，用插入换行符换行和直接按Enter键换行的区别如图4-14所示。

3．不间断空格　在Dreamweaver 中，如果使用键盘上的Space键在文档中添加空格，会发现只能插入一个空格，即使多次按下Space键也无济于事，同时在代码视图中也没有相应的HTML标签。默认情况下，Dreamweaver CS6只允许字符之间包含一个空格。若要在两个字符之间添加多个空格，必须插入不间断空格。

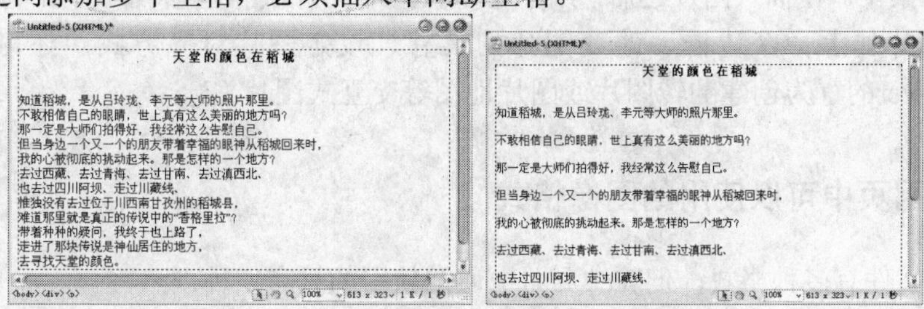

图4-14　不同换行方式在浏览器视图中的显示

若要在网页中插入不间断空格，请执行下列操作之一：

单击“文本”面板中特殊字符下拉菜单中的插入空格按钮，此时会弹出一个提示对话框，提示用户特殊字符可能在某些浏览器中无法显示。若选中“以后不再显示”复选框，则下次插入非间断空格时不再出现此对话框。

执行“插入”/“HTML”/“特殊字符”/“不换行空格”命令。

按 Ctrl + Shift + Space 组合键。

在代码视图中相应的位置输入“ ”。

在代码视图中，采用以上几种方式插入的非间断空格有其相应的HTML标签“ ”。

此外，用户可以通过设置Dreamweaver CS6的首选参数，从而可以在文档中添加连续空格。执行“编辑”/“首选参数”命令，然后在“常规”分类中选中“允许多个连续的空格”复选框，如图4-15所示。

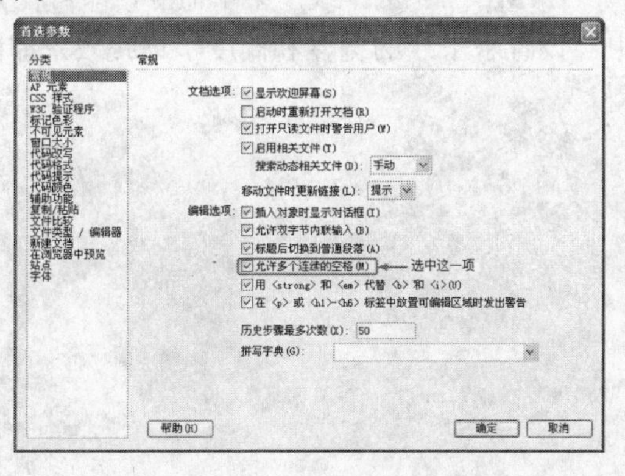

图4-15　“首选参数”对话框

4.2　在网页中应用图像

图像是网页中最主要的元素之一，图形的出现打破了网页初期单纯的文字界面，也带来了新的直观表现形式。图像不仅可以修饰网页，使网页美观，而且与文本相比，一幅合适的图片能够更直观地说明问题，使表达的意思一目了然。在很多网页中，图像占据了重要页面，有的甚至是全部页面。

在Dreamweaver CS6文档中，图片不仅可以直接放在页面上，也可以放在表格、表单以及AP元素中。在插入图片之后，用户可以直接对图片做一些修改，例如：为图片添加链接、给图片加上一个边框、改变图片的尺寸、设定图片对齐方式。还可以通过使用Dreamweaver的行为创建翻转图片或图片地图等交互式图片。

4.2.1 网页中可以使用的图像格式

图像文件有多种格式，但Web页面中通常使用的只有三种：

GIF（图形交换格式） 文件最多使用 256 种颜色，最适合显示色调不连续或具有大面积单一颜色的图像，例如导航条、按钮、图标、徽标或其他具有统一色彩和色调的图像。

JPEG（联合图像专家组标准） 该文件格式可以包含数百万种颜色，主要用于摄影或连续色调图像的高级格式。随着 JPEG 文件品质的提高，图片文件的大小和下载时间也会随之增加。通常可以通过压缩 JPEG 文件在图像品质和文件大小之间达到良好的平衡。

PNG（可移植网络图形） 这种文件格式是一种替代 GIF 格式的无专利权限制的格式，它包括对索引色、灰度、真彩色图像以及 alpha 通道透明的支持。

4.2.2 插入水平线

在对页面内容分栏时，常会使用水平线作为分界线，本书将水平线作为图像的一种进行介绍。在Dreamweaver中可以很便捷地插入水平线。

01 将插入点放在文档中需要水平线的位置，本例在图4-16中“春日”的上方。

02 单击“插入”/“HTML”/“水平线”菜单命令，即可在光标处插入一条水平线。

03 在属性面板中，设置水平线的宽度和高度，最终效果如图4-17所示。

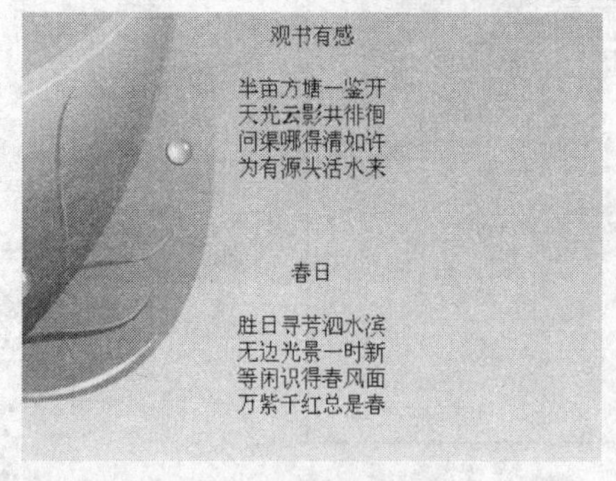

图4-16 插入水平线前的效果

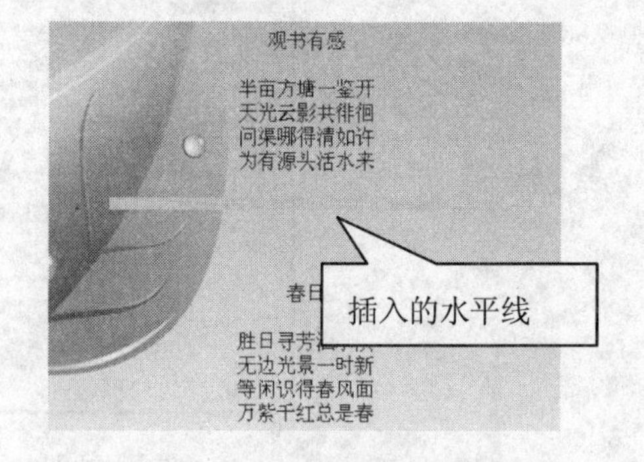

图4-17 插入水平线后的效果

4.2.3 插入图像

在网页中，图像通常用于添加图形界面（例如导航按钮）、具有视觉感染力的内容（例如照片）或交互式设计元素（例如鼠标经过图像或图像地图）。

在Dreamweaver文件中插入图片时，Dreamweaver会自动在网页的HTML源代码中生成对该图像文件的引用。为了保证引用的正确性，该图片文件必须保存在当前站点目录中。

如果所用的图片不在当前站点目录中，Dreamweaver将提示用户创建文档相对路径。

下面通过一个在网页中插入图片和文字的示例，让读者了解插入图片的具体步骤。

01 新建一个文档，单击“设计”按钮切换到设计视图。

02 执行“插入”/“图像”命令，或单击“常用”面板上的按钮，弹出“选择图像源文件”对话框。

03 在“选择图像源文件”对话框中选择所要插入图像的路径，或者直接在URL中输入所要插入图像的路径，此时可以看到图像的预览效果。

在该对话框中，选中“文件系统”可以选择一个图形文件；选中“数据源”可以选择一个动态图像源。单击“站点和服务器”可以从Web站点中选择图像文件。

04 选定图像后，单击“确定”按钮。如果选中的图像文件没有保存，那么Dreamweaver会弹出一个对话框，提示用户先保存文档。

05 单击“确定”按钮，此时将显示“图像标签辅助功能属性”对话框，在“替代文本”和“详细描述”文本框中输入值，然后单击“确定”。 该图像即可插入文档中。

06 在属性面板上单击 编辑规则 按钮，在弹出的“新建CSS规则”对话框中设置选择器类型为ID，然后输入选择器名称#imgstyle。此选择器名称将规则应用于所有 ID为“imgstyle”的 HTML 元素。单击“确定”按钮，在弹出的规则定义对话框中设置边框为6px，颜色为#000，类型为Solid。

07 在图片下方输入文本“但愿人长久，千里共婵娟”， 然后在属性面板上单击 编辑规则 按钮，在弹出的“新建CSS规则”对话框中设置选择器类型为“类”，选择器名称为.fontstyle0，单击“确定”按钮，在弹出的规则定义对话框中设置文本字体为“华文行楷”、大小为24，颜色为#F30，切换到“区块”分类，设置文本对齐方式为居中。

08 选中文字和图片，在属性面板上的“目标规则”下拉列表中选择.fontstyle0。保存文件，并用浏览器打开文件，即可得到图4-18所示的效果。

但愿人长久，千里共婵娟

图4-18　插入图像与文本的效果

4.2.4　插入图像占位符

图像占位符是在将最终图形添加到 Web 页面之前使用的临时图形。图像占位符不在浏览器中显示，在对 Web 页面进行布局时很有用，可以帮助用户在真正创建图像之前确定图像在页面上的位置，在发布站点之前，用做好的图像文件替换所有的图像占位符。

下面演示在页面中插入图像占位符的操作过程：

01 在文档窗口中需要插入图像占位符的位置单击鼠标，本例在图4-19所示的文档中间。

02 选择“插入”/“图像对象”/“图像占位符”菜单命令，或单击“常用”面板上图标右侧的倒三角形，在弹出的下拉菜单中选择图像占位符，弹出如图4-20所示的“图像占位符”对话框。

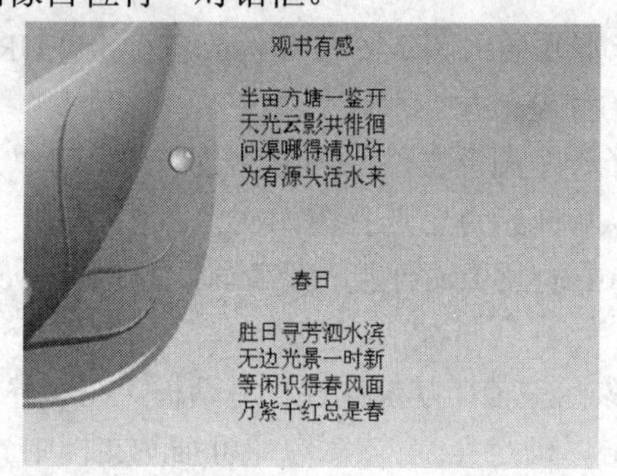

图4-19 插入图像占位符前的效果

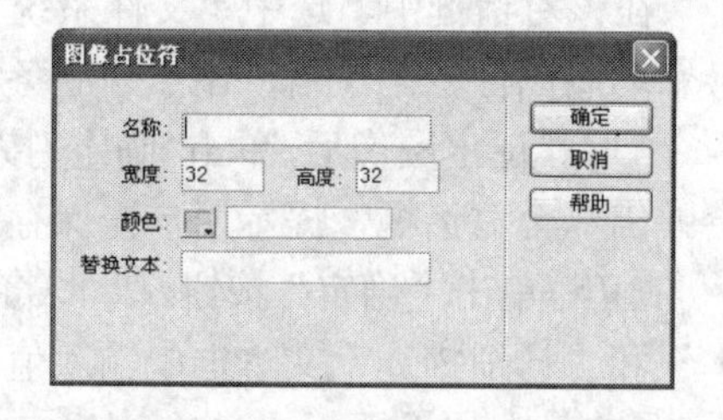

图4-20 “图像占位符”对话框

03 在“名称”文本框中键入该图像占位符的名称。本例键入logo_line。

04 在“宽度”文本框中输入占位符的宽度；在“高度”文本框中键入占位符的高度，本例分别设置为550和60。

05 单击颜色框，并从颜色选择器中选择一种颜色，本例选择果绿色（#99FF99）。

06 在“替换文本”文本框中输入图像在Web 页面上的文字描述，本例键入“logo”。

替换文本属于 HTML 代码，不会显示在页面上。对于大多数图像，提供替换文本是很重要的，使用屏幕阅读器或只显示文本的浏览器用户将鼠标移到图像占位符上，就可以访问这些图像提供的文本信息。

07 单击“确定”按钮。即可将图像占位符插入页面指定的位置。如图4-21所示。

插入图像占位符后，用户可以在属性面板中修改占位符的属性，以满足设计需要。如果在计算机上安装了Adobe Fireworks，还可以根据 Dreamweaver 图像占位符创建新的图形。下面通过一个简单示例演示创建新图形的操作过程。

01 继续上例。在文档窗口选中图像占位符。

02 在属性检查器中单击“创建”按钮。

此时，将启动Fireworks，并自动新建一个画布，尺寸大小与占位符图像相同。

03 在画布中创建并编辑图像。本例选择“文件”/“导入”命令，导入一幅透明GIF图片，并替换 Dreamweaver 中的占位符图像。最终效果如图4-22所示。

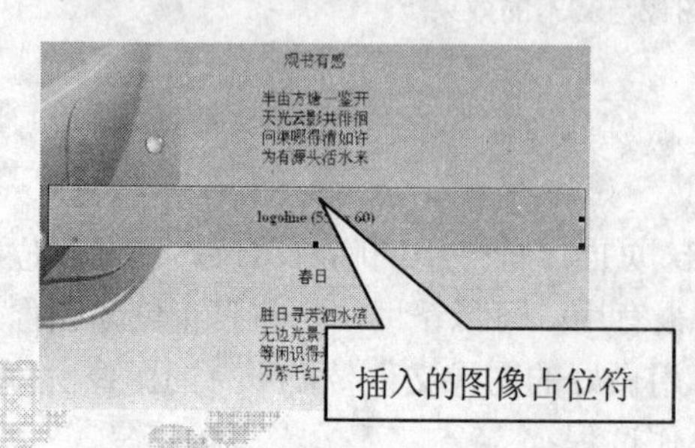

图4-21 插入图像占位符的效果

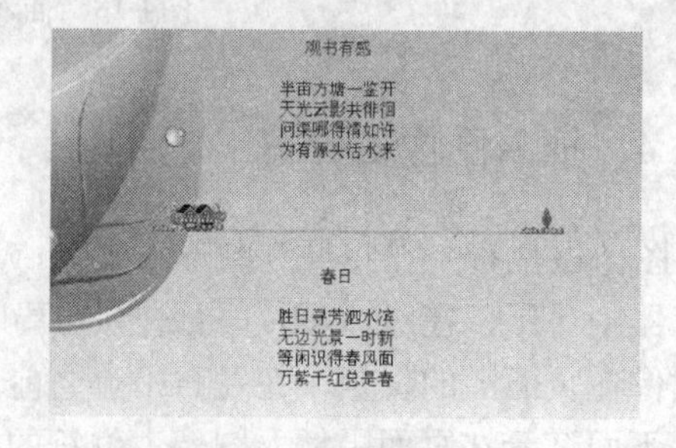

图4-22 创建图像的效果

> **注意：**
> 与在“设计”视图中看到的图像占位符不同，在浏览器中查看图像占位符时，不会显示占位符的名称和大小，而只显示占位符的替换文本。

4.2.5　设置图像属性

将图像插入文档之后，Dreamweaver会自动按照图像的大小显示，但在实际设计中，往往需要对图像的一些属性进行调整，如大小、边框、位置、对齐等等。这些操作可以通过图4-23所示的图像属性控制面板得以实现。

图4-23　图像的属性设置面板

下面简要介绍各个属性参数的功能和用法。

“ID”：图像名称。在使用 Dreamweaver 行为或脚本撰写语言（例如 JavaScript 或 VBScript）时可以利用该名称引用该图像。

“宽”、“高”：分别用于设置图像的宽度和高度，单位为像素。

此外，还可以直接通过鼠标拖动来改变图像的大小。首先在“文档”窗口中选择一个图像。图像的底部、右侧及右下角出现调整手柄。然后执行下列操作调整图像的大小：拖动右侧的控制点调整图像的宽度；拖动底部的控制点调整图像的高度；拖动底角的控制点同时调整图像的宽度和高度。

按住 Shift 键的同时用鼠标拖动底角的控制点，可以按比例缩放图像。默认情况下，“宽”和“高”右侧显示“切换尺寸约束”按钮，修改其中一个值，另一个值将约束比例缩放。单击该按钮，图标变为，即取消约束比例，此时可以单独修改图片的宽或高。

以可视方式最小可以将元素大小调整到8×8像素。若要将元素的宽度和高度调整到更小（例如1 x 1像素），则要在属性面板的“宽”和“高”中设置。

修改图像的“宽”和“高”以后，该文本框右侧将显示“重置为原始大小”按钮，若要将已调整大小的元素返回到原始尺寸，可以在属性检查器中删除“宽”和“高”域中的值，或者单击“重设大小”按钮。若要保留修改设置，可以单击“提交图像大小”按钮。

“源文件”：用于设置图像源文件的名称。

“链接”：用于设置图像链接的网页文件的地址。

“替换”：用于设置图像的说明性内容，可以作为图像的设计提示文本。

“类”：用于设置应用到图像的 CSS 样式的名称。

：启动在“文件类型/编辑器”首选参数中指定的图像编辑器，并打开选定的图像。

：打开“图像优化”对话框，优化图像。

Dreamweaver CS6简化了PSD优化流程。以前版本中的“图像预览”对话框修改为“图像优化”对话框。当更改“图像优化”对话框中的设置时，“设计”视图中会实时显示图像的预览。

：用于修剪图片，删去图片中不需要的部分。

：重新取样。当图片被调整大小后此按钮可用。用于向调整大小后的图片里增加或减少像素以提高图片质量。

：用于改变图片亮度和对比度。

：用于改变图片内部边缘对比度。

注意：

Dreamweaver CS6 的图像编辑功能仅适用于 JPEG 和 GIF 图像文件格式。其他图像文件格式不能使用这些图像编辑功能进行编辑。

：用于制作映射图。有关映射图的说明及制作方法，将在本书下章介绍。

4.2.6 设置外部编辑器

在网页制作过程中，可能常常需要编辑网页中的图像，以满足特定的设计需要。使用Dreamweaver CS6的“首选参数”对话框设定首选图像编辑器可以提高整个工作过程的效率。设置首选图像编辑器可以让读者在使用Dreamweaver的同时启用指定的编辑器修改编辑图像。其步骤如下：

（1）执行“编辑”/“使用外部编辑器编辑”菜单命令，即可打开图4-24所示的“首选参数”对话框。

（2）在“扩展名”列表中，选择要设置编辑器的文件类型后缀名。如果在扩展名一栏中没有发现需要的后缀名，可以单击列表顶部的+按钮，然后在“扩展名”列表中出现的空栏中输入所需的后缀即可。

（3）单击“编辑器”列表上方的+按钮，会弹出“选择外部编辑器”对话框，从中浏览选择所需的外部编辑器。

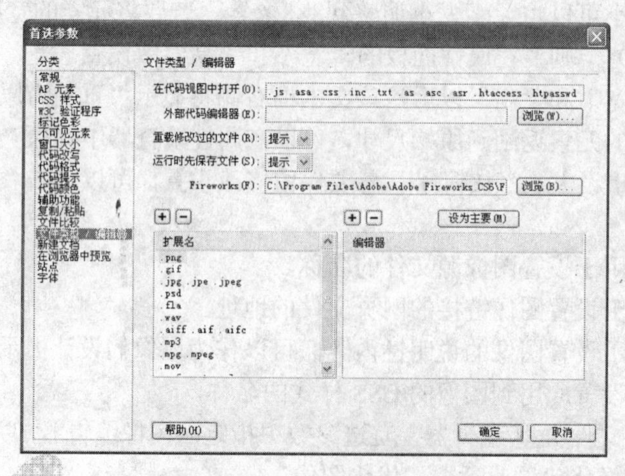

图4-24 设置外部编辑器

（4）单击 设为主要(M) 按钮，可将所选编辑器设置为指定类型图像的主要编辑器。

进行上述设置后，在Dreamweaver的文档窗口中选择需要编辑的图像文件，然后单击属性面板中的“编辑”按钮，就可以打开指定的编辑器对其进行编辑操作。在编辑器中修改图片之后，只需要简单地单击属性面板上的刷新图标，就可以自动更新Dreamweaver中的图片文件了。

4.2.7 插入鼠标经过图像

所谓鼠标经过图像，就是当鼠标移动到图像上面时，切换成另一幅图像，同时可以通过单击该图像，打开链接的网页。

一个鼠标经过图像其实是由两张图片组成的：页面显示的图像和鼠标经过时的图像。这两张图片应具有相同的尺寸，如果两张图片的尺寸不同，Dreamweaver CS6会自动将第二张图片的尺寸调整成第一张图片的尺寸。

下面通过创建一个鼠标经过图像，向读者演示创建鼠标经过图像的操作步骤。

01 在文档窗口中，将光标置于要插入鼠标经过图像的地方。

02 执行“插入”/“图像对象”/“鼠标经过图像”命令，或单击“插入”/“常用”面板上的下拉箭头，弹出图4-25所示的下拉菜单，在弹出菜单中单击“鼠标经过图像”，此时会弹出“插入鼠标经过图像”对话框，如图4-26所示。

图4-25 插入图像菜单

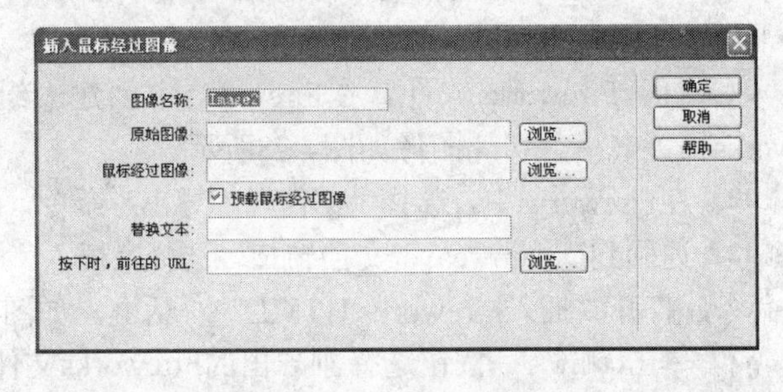

图4-26 插入翻转图像对话框

03 在“图像名称”栏中输入鼠标经过图像的名称。

04 在“原始图像”栏中输入初始图像的路径，或者单击“浏览”按钮，从弹出的对话框中浏览选择所需图像文件。

05 在“鼠标经过图像”栏中输入鼠标经过时要显示的图像的路径，或者单击“浏览”按钮，从弹出的对话框中浏览选择图像文件。

06 选中“预载鼠标经过图像”复选框，这样可以让图片预先加载到浏览器的缓存中，加快图片的下载速度。

07 在“替换文本”文本框中输入与图像交替的文本。在浏览器浏览该网页，当光标掠过图像时，就会显示这些文本。

08 在“按下时，前往的URL”文本框中输入链接的文件路径及文件名，表示在浏览时单击鼠标经过图像，会打开链接的网页。也可通过单击右边的“浏览”按钮，从弹出的文件选择窗口中选择合适的文件。

09 单击“确定”按钮，并保存文件。然后按下F12键查看效果，如图4-27所示。当光标没有移到图像上时，显示左边的图；当将光标移到图片上时，显示右边的图；移开光标，则又显示左边的图片。

图4-27 光标经过前后的图像效果

4.2.8 导入Fireworks HTML

Fireworks是国内比较流行的Web图形处理软件，与Dreamweaver能够高度整合。在Fireworks中可以将创建的分割图像、热点图像、翻转图像以及相应的链接和脚本导出，同时产生相应的HTML代码及图像。这些HTML代码可以轻松地导入到Dreamweaver中，以便让Dreamweaver结合其他功能进行总体规划并开发网站。

下面演示导入Fireworks HTML的方法和步骤。

01 打开Fireworks软件，在Fireworks中创建一组切片图像。具体创建方法请参考Fireworks相关书籍。切片图像如图4-28所示。

02 在Fireworks中，选择“文件”/“导出”命令，设置导出类型为“HTML和图像”。

03 返回到Dreamweaver文档窗口，选择“插入”/“图像对象”/“Fireworks HTML”菜单命令，打开“插入Fireworks HTML”对话框，如图4-29所示。

04 单击 浏览... 按钮选择刚导出的Fireworks文件。

05 如果希望将Fireworks HTML代码导入到Dreamweaver之后，删除Fireworks文件，则选中“插入后删除文件”复选框。

06 单击 确定 按钮导入指定的Fireworks HTML代码。导入后的页面预览效果如图4-30所示。

图4-28 Fireworks中设计的切片图像

图4-29 “插入Fireworks HTML”对话框

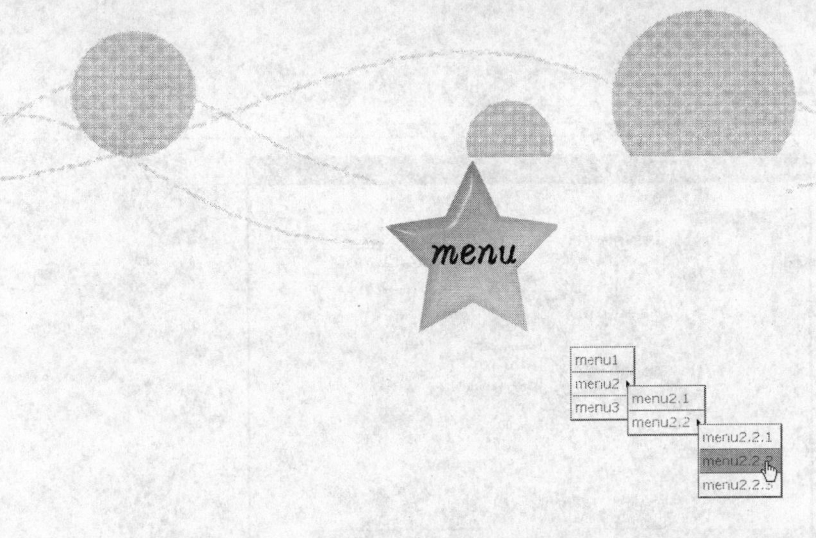

图4-30　导入的Fireworks HTML文件

4.3　实例制作之插入日期时间

在本例的导航栏中，浏览者可以实时查看当前的日期、星期及时间，且自动更新。效果如图4-31所示。

图4-31　日期时间显示效果

制作步骤如下：

01 新建一个HTML文档。

02 单击“插入”栏上的表格图标按钮，打开“表格”对话框。在页面中插入一个两行一列、宽度为200像素、边框为0的表格。

其中，第一行用于放置导航栏的图标和日期时间，第二行用于放置具体的导航项目。

在接下来的步骤中，为单元格设置背景图像。自Dreamweaver CS4开始，在单元格的属性面板中已找不到“背景图像”选项了。如果要设置表格或单元格的背景图像，需要使用CSS样式进行定义。

03 将光标置于第一行第一列的单元格中，然后单击其属性面板左上角的 CSS 按钮，在“目标规则”下拉列表中选择“新CSS规则”，并单击“编辑规则”按钮打开“新建CSS规则对话框”。

04 在“选择器类型”下拉列表中选择“类”， 在“选择器名称”中键入类名称，例如.background1，“规则定义”选择“仅限该文档”。然后单击“确定”按钮打开图4-32所示的规则定义对话框。

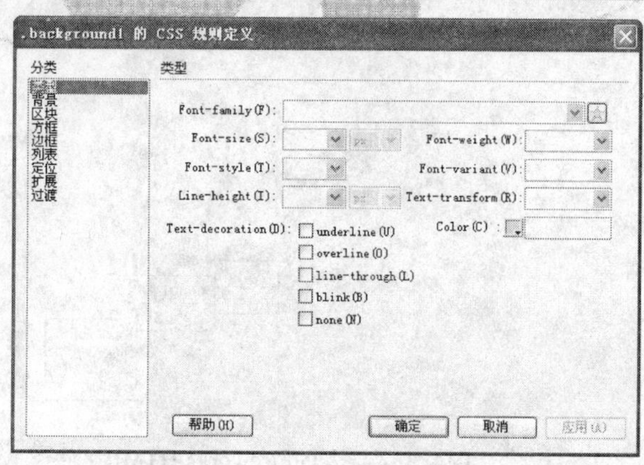

图4-32　规则定义对话框

05 在对话框左侧的“分类”列表中选择“背景”，然后单击“背景图像”右侧的“浏览”按钮，在弹出的资源对话框中选择喜欢的背景图片，单击“确定”按钮关闭对话框。

06 在单元格属性面板上调整单元格的高度。此时的页面效果如图4-33所示。

07 选中第一行的单元格，在属性面板的“水平”下拉列表中选择“居中对齐”。

08 单击“插入”栏上的图像按钮，打开“选择图像源文件”对话框。选择已在图像编辑软件中制作好的图标，然后单击“确定”按钮，将其插入到单元格中。此时的页面效果如图4-34所示。

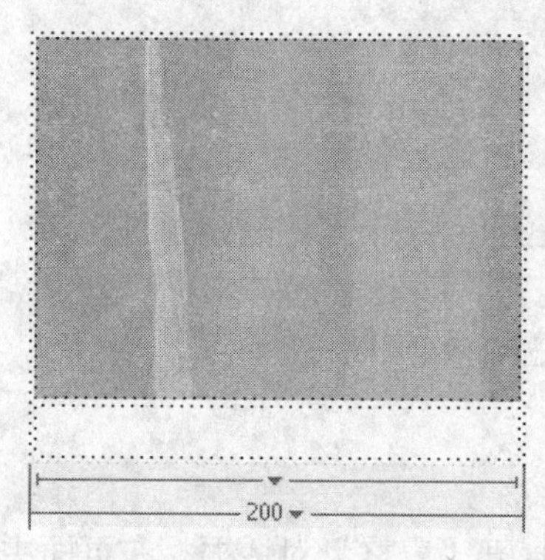

图4-33　插入两行一列的表格

图4-34　插入导航图标

09 将光标停留在插入的图片后，然后按下Shift键的同时按下Enter键，在单元格中插入一个软回车。

10 单击“插入”栏上的“日期”按钮，打开“插入日期”对话框。

11 在“星期格式”下拉列表中选择“Thursday”；“日期格式”选择“1974-03-04”；“时间格式”选择“10：18 PM”；然后选中“储存时自动更新”复选框。

12 单击“确定”按钮关闭对话框，即可在页面中插入日期、星期及时间，效果见图4-31。

第 5 章　制作超级链接

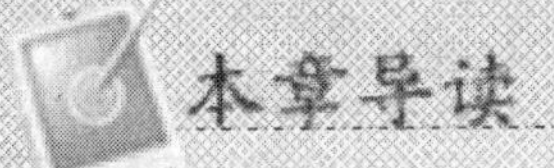

Internet 的核心就是超级链接(Hyperlink),没有链接,就不存在 World Wide Web。通过超级链接的方式可以使各个网页联结起来构成一个有机整体，使访问者能够在各个页面之间跳转。超级链接可以是一段文本，一幅图像或其他网页元素，当在浏览器中用鼠标单击这些对象时，浏览器可以载入一个指定的新页面，或者转到页面的其他位置。

- 认识超级链接
- 创建、管理链接
- 使用热点制作图像映射
- 实例制作之制作导航条

5.1 认识超级链接

超级链接由两部分组成，一部分是在浏览网页时可以看到的部分，称为超级链接载体，另一部分是所链接的目标。在浏览页面时，单击超级链接载体将会打开链接目标。超级链接载体可以是文本、图像；链接的目标可以是网页、图片、视频或声音和电子邮件地址等。例如：单击图5-1所示的产品图片或产品名称，可以打开图5-2所示的产品详细介绍页面。

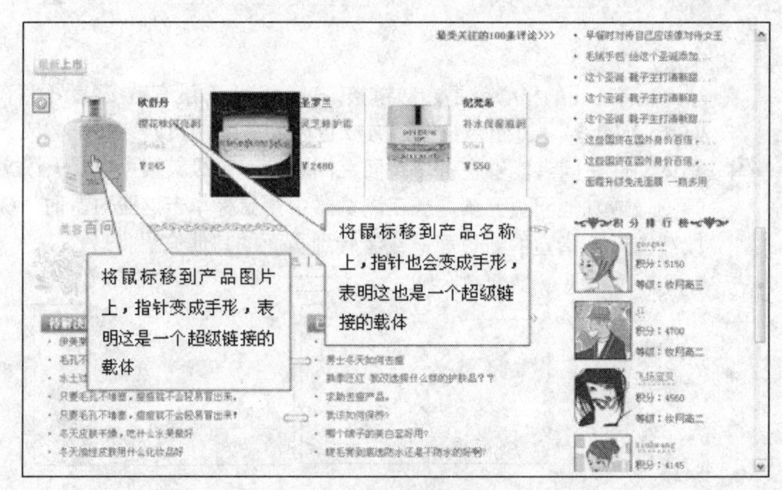

图5-1　单击超级链接的载体

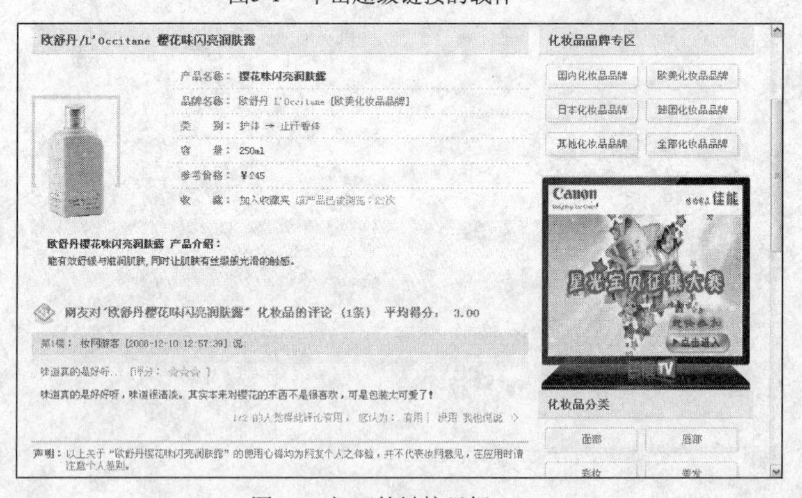

图5-2　打开的链接目标

在这里，产品图片或产品名称就是超链接载体，而打开的产品详情页面则是链接目标。

网页上的超级链接一般有三种：一种是绝对网址的超级链接，例如http://www.tsighua.edu.cn链接到清华大学的站点主页；第二种是相对网址的超级链接，例如将主页上的几个文字链接到本站点的其他页面上；还有一种是同一个页面的超级链接，也称为锚点。

了解了超级链接的基本概念和分类之后，接下来介绍其具体创建方法。

5.2 创建、管理链接

在Dreamweaver CS6中创建超级链接有多种方法，创建后，用户还可以随时对链接载体、链接目标和链接的打开方式进行修改。此外还可以通过URL面板统一管理网站中的所有超级链接。

5.2.1 创建文本超级链接

在网页上用到最多的是就是文本超级链接，例如单击文本，跳转到另一个页面。创建文本超级链接的方法很多，下面通过一个简单示例进行说明。

01 在文档窗口中选中需要建立链接的文本。例如页面上的http://www.sina.com.cn。

在一般的情况下，创建超级链接是通过在属性面板的“链接”文本框中完成的。

02 选择“窗口”/“属性”菜单命令打开属性面板。在“链接”后的文本框中输入链接目标,本例输入http://www.sina.com.cn。

操作完成后，可以看到被选择的文本变为蓝色，并且带有下划线。在浏览器中将光标标移到文本上时，光标变为手形，如图5-3所示。

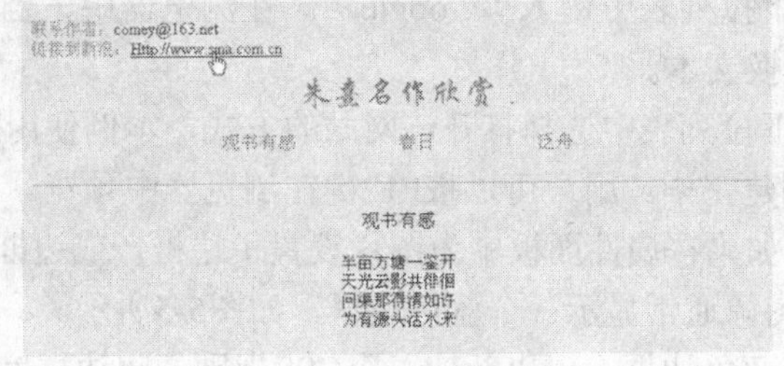

图5-3 超级链接效果

默认情况下，文本链接显示为蓝色，并加有下划线。用户可以选择“修改”/“页面属性”菜单命令，在“页面属性”面板的“链接”分类页面设置超级链接在各种状态下的颜色，以及选择是否显示下划线。

如果链接目标是计算机上的一个文件或图片，可以单击“链接”文本框右侧的文件夹图标□，打开“选择文件”对话框，查找并选择文件；或者选择“指向文件”图标⊕，并按下鼠标左键拖动到“文件”面板中一个现存的页面。

> **注意：**
> Dreamweaver 不支持扩展字符集（也被称为 High ASCII），所以在指定链接的 URL 时，不能包含扩展字符集，且完全的 URL 最多不能超过 255 个字符。此外，尽管大多数浏览器可以解释路径名或 URL 中的空格，但在 UNIX 应用中，空格会被变为%20，这将使得 URL 比较难看。

03 在“目标”下拉列表中选择打开链接目标的方式。即可创建超级链接。

此外，用户还可以通过执行“插入”/“超级链接”菜单命令，或直接单击“插入”栏

“常用”面板下的超级链接按钮，打开“超级链接”对话框设置选定文本的超级链接。

5.2.2 创建图片链接

很多情况下，为了去掉文本链接默认的下划线效果或美化页面，网页设计者会选择用图片代替文本创建超级链接，这种方式适用于所有能识别图形的浏览器。

创建图片链接的方法与创建文本链接大致相同，不同之处在于链接的载体是图片，而不是文本。下面演示创建图片链接的步骤。

01 选中需要创建链接的图片——图5-4所示的Google网徽。

图5-4 选定需要设置超级链接的图片

02 在属性面板的“链接”文本框中键入超级链接的URL。本例输入http://www.google.com.cn。

03 在“替换”下拉列表中键入“Google”。在浏览器中，当该图片没有下载时，在图片所在位置显示替换文本。

04 在“目标”下拉列表中选择打开该网站的方式，本例使用默认设置。

至此，图片链接创建完毕。用户可以按F12键在浏览器中预览。

使用图片链接时，如果在属性面板中为图片设置了边框，或边框值没有明确地指定为0，则浏览器中的链接图像通常显示一个蓝色边框，如图5-5所示。

如果不希望显示该蓝色边框，可以新建一个CSS规则，将边框宽度设置为0。

图5-5 设置了边框的图片链接

5.2.3 链接到命名锚点

通常情况下，当使用绝对地址或相对地址链接到一个Web页面时，浏览器都会重新载入并显示这个页面。如果网页的内容比较多，浏览者就必须通过滚动方式来查看当前屏幕以下的信息。使用命名锚点则可以立即响应浏览者单击锚点的事件，由于整个页面已被载入，所以浏览器只需移动到文档中的特定位置。这种技术使得用户能够迅速定位需要的主题或返回菜单，而无需手工来回滚动页面了。

命名锚点常用于长篇文章、技术文件等内容的网页，一般放置在网页中每个屏幕或每个主题之后，当用户单击某一个命名锚点时可以转到网页的特定段落，以方便阅读文章。

下面演示命名锚点的方法。

01 将光标放在欲设置锚点的位置，本例在图5-6所示的“观书有感”之前。

图5-6　指定插入锚点的位置

02 单击“插入”面板上的“常用”标签，然后选择命名锚记图标，打开“命名锚记”对话框。在“锚记名称”文本框中键入锚点的名称，本例输入“ml”。

注意： 锚点名称必须是惟一的，只能包含小写的ASCII字母和数字，且不能以数字开头。

03 单击“确定”按钮关闭对话框。在页面中指定的位置即可看到插入的命名锚点。效果如图5-7所示。

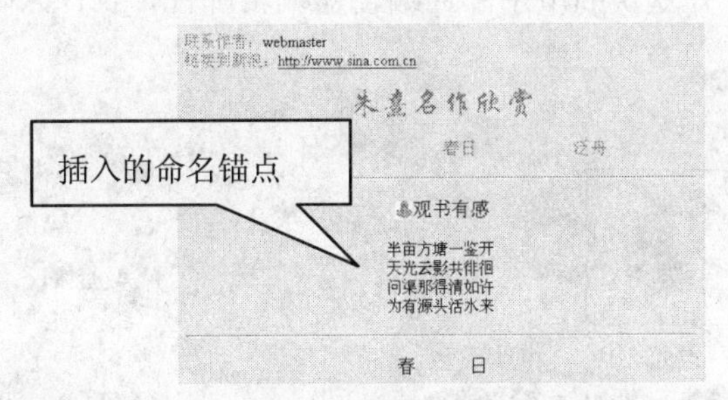

图5-7　插入的命名锚点

提示： 如果看不到锚记标记，选择“查看”/“可视化助理”/“不可见元素”命令。

04 选择要链接到命名锚点的文字。例如图5-7中的“观书有感”。然后在属性设置面板的“链接”文本框中输入锚点的名称，本例输入“#ml”。

注意： 在“链接”文本框中输入锚点名称时，需要在锚点名称前面添加一个特殊的符号“#”。例如：#top，其中，top为命名锚点。如果所链接的锚点不在当前文档中，则在“链接”文本框中首先要添加链接页面的URL，然后输入井号和锚点名称。例如，如果要在当前页面调用同一文件夹中的index.html页面上名为top的锚点，则应在“链接”文本框中输入index.html#top。

用户可以在当前页面或者另一页面中添加任意数量的命名锚点。命名锚点通常与目录或索引列表结合使用。

05 参照上面的步骤，在“春日”和“泛舟”两首诗之前也添加命名锚点，分别为“m2”和“m3”，然后为相应的文本添加超级链接，链接到命名锚点。

5.2.4 创建E-Mail链接

为了使访问者在访问站点时能轻松地在网络上与网络管理者取得联系，一个最简单的办法就是在页面的适当位置加上网络管理者E-mail地址的超级链接。只要访问者单击这个地址，就可以调用默认的电子邮件程序，并新建一个邮件窗口，给网络管理者发送电子邮件了。如果需要，用户还可以自定义发送主题、内容、抄送和暗送等。

下面通过一个简单例子演示创建E-Mail链接的步骤。

01 在文档窗口的设计视图中，选中需要创建E-Mail链接的文本或图像（如图5-8所示的邮箱图标）。

02 在属性面板的“链接”文本框中输入发件人的地址。本例输入mailto: webmaster@123.com。然后在“替换”文本框中键入替换文本“Email”。

03 保存文档，并按F12键预览页面。效果如图5-9所示。在浏览网页时，在该超级链接上单击鼠标，即可打开默认的电子邮件编辑器编辑邮件，收件人邮件地址自动填充为指定的电子邮件地址。

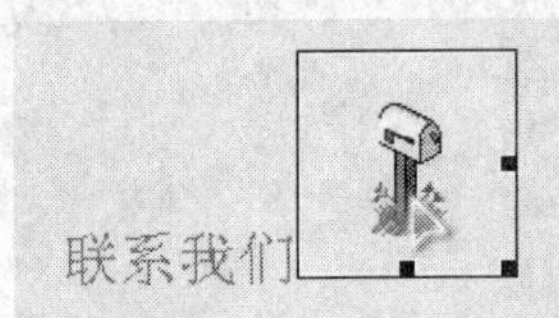

图5-8 选中要创建邮件链接的图片

图5-9 电子邮件链接

细心的读者可能已注意到了，在“链接”文本框中输入邮件地址时，和创建常规超级链接不同，在邮件地址前面必须添加“mailto:”，表示该超级链接是邮件链接。

如果没有选中任何文本或图像，用户可以通过“电子邮件链接”对话框在页面中插入E-Mail链接见下面的示例。

01 将插入点放置在需要添加邮件链接的位置。例如“联系作者：”之后。

02 单击“常用”面板中的电子邮件链接按钮，或者执行“插入”/“电子邮件链接”菜单命令，弹出“电子邮件链接”对话框。

03 在“文本”域中键入要显示在页面上的链接文本，本例输入webmaster; 在“E-mail”域中输入所要发送到的E-mail地址，本例输入webmaster@123.com。

04 单击“确定”按钮关闭对话框，并完成链接的创建。

05 保存文档，并按F12键在浏览器中预览。页面效果如图5-10所示。

在“文本”域中输入的文本显示为超级链接文本，当将光标移到该文本上时，状态栏显示该链接的具体地址mailto:webmaster@123.com。

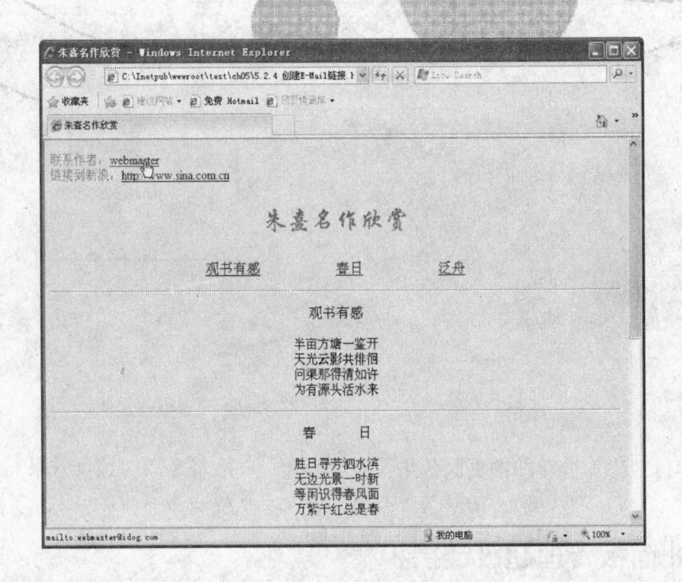

图5-10 页面效果

5.2.5 虚拟链接和脚本链接

虚拟链接也称为空链接，是指没有指定的链接，一般用于向页面上的文本或对象添加行为。虚拟链接主要包含以下两种格式：

- <a href=#>虚拟链接</a>
- <a href=javascript:;>虚拟链接</a>

第1种格式被单击时将返回到页面顶部，这种格式无法添加行为；第2种格式则不会发生任何动作，就好像根本没有单击一样。

如果为第2种虚拟链接添加了动作脚本，则执行相应的动作行为，此时的链接即为脚本链接。脚本链接可以执行JavaScript代码或调用JavaScript函数，用于在不离开当前网页的情况下给予访问者有关项目的补充信息。脚本链接也可用于在访问者选定特定项目时执行计算、表单验证和其它处理任务。

下面通过一个简单实例演示创建虚拟链接和脚本链接的方法及功能。

01 选择欲作为虚拟链接的文本，例如图5-11所示的“返回页面顶端”。

02 打开属性设置面板。在属性设置面板的“链接”文本框中输入“#”或“javascript:;”，用户要注意，javascript一词后依次有一个冒号和一个分号。

03 选择需要作为脚本链接的文本，例如图5-11所示的“进入VIP通道”。

04 在属性设置面板的“链接”文本框中输入脚本，如：JavaScript:alert('只有VIP会员方可进入！')。括号中的内容必须使用单引号，或在双引号前添加反斜杠进行转义，如JavaScript:alert(\"只有VIP会员方可进入！\")。

05 保存文档，按F12键在浏览器中浏览。

当把光标移动到虚拟链接或脚本链接上时，光标的形状变为手形，单击虚拟链接“返回页面顶端”后，页面会返回到顶端；单击脚本链接“进入VIP通道”后，会弹出一个警告框，显示“只有VIP会员方可进入！”，如图5-12所示。

图5-11　添加链接前的页面效果

图5-12　预览效果

5.2.6　使用URL面板管理超级链接

对于某些大型站点来说，处理所有超级链接资源的完整列表可能会变成很棘手的问题。利用Dreamweaver提供的URL面板，可以将所有链接资源归类在一起，为资源指定别名以指明用途，以便日后查找、维护资源。

URL的全称是Uniform Resource Locator（统一资源定位器）。从最简单的单一页面到复杂的综合站点，所有的资源内容都可以通过URL面板进行访问。下面通过两个简单例子演示新建URL和编辑URL的方法。

01 选择“窗口”/“资源”菜单命令，打开“资源”面板。

02 单击“资源”面板左侧的URLs按钮，切换到“URLs”面板，如图5-13所示。

“URLs”面板有两种视图：站点和收藏。站点视图如图5-13所示，在该面板下方的列表窗格中，列出了当前站点中使用的所有链接资源及类型，包括 FTP、gopher、HTTP、HTTPS、JavaScript、电子邮件（mailto）以及本地文件（file://）链接。

收藏视图用于收藏常用的资源。收藏资源并不作为单独的文件存储在磁盘上，它们是对“站点”视图列表中的资源的引用。“站点”视图和“收藏”视图的大多数操作都是相同的，不过有几种任务只能在“收藏”视图中执行。

03 单击“收藏”单选按钮，切换到“收藏”视图，如图5-14所示。

04 单击“收藏”视图右下角的“新建 URL”按钮，弹出“添加URL”对话框，如图5-15所示。

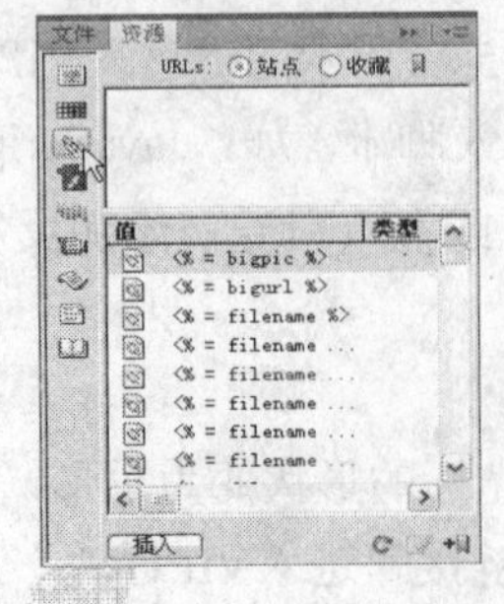

图5-13　站点视图

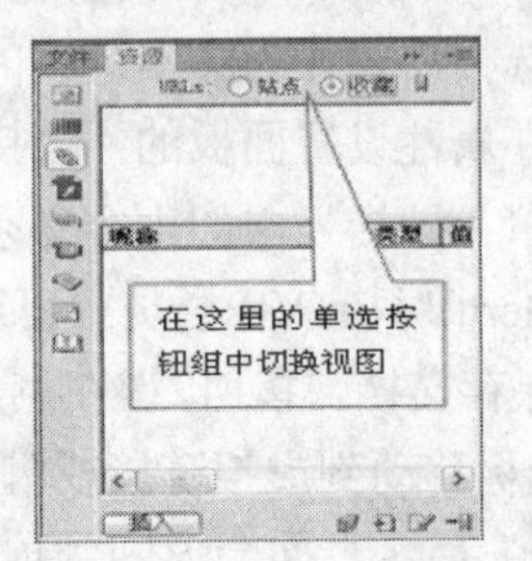

图5-14　收藏视图

05 在“添加 URL”对话框中输入 URL 以及昵称。本例在“URL”文本框中输入http://www.baidu.com；在“昵称”栏键入“百度搜索”。

06 单击“确定”关闭对话框。

此时，在“收藏”视图中可以看到新建的URL，视图下方的窗格中显示该URL的昵称为“百度搜索”，类型为“HTTP”，值为http://www.baidu.com，如图5-16所示。

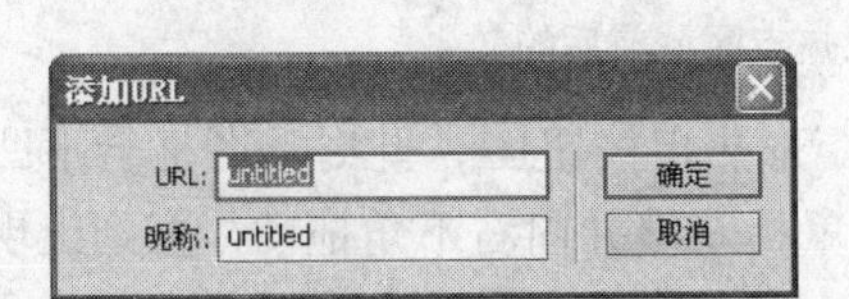

图5-15 “添加URL”对话框

图5-16 添加URL

07 在Dreamweaver文档窗口中选中要应用该URL的文本或图像，如图5-17所示。

08 在“URLs”面板的“收藏”视图中选中需要的URL，例如“百度搜索”，然后单击视图底部的“应用”按钮，即可将指定的URL应用到选定文本，如图5-18所示。

09 如果在第 07 步中没有选中文本，而是将插入点放在文本后面，则“收藏”视图底部的“应用”按钮变为“插入”按钮，单击该按钮，可在插入点处插入指定的链接文本，如图5-19所示。

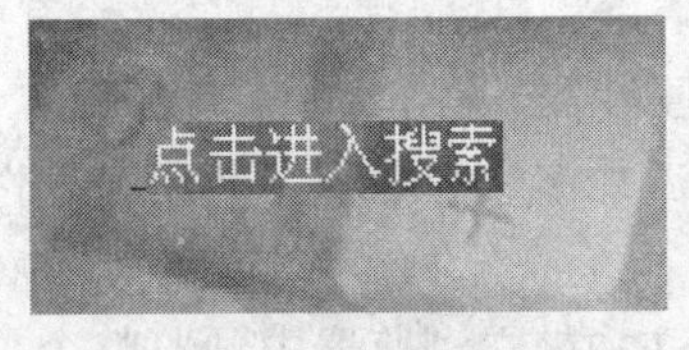

图5-17 选中文本

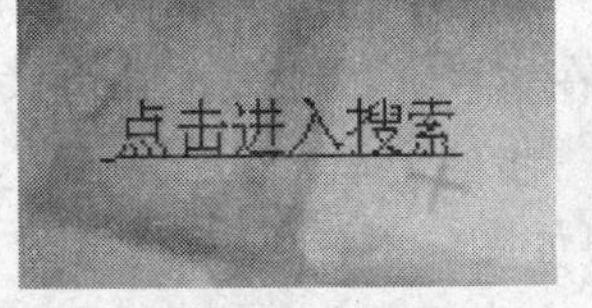

图5-18 应用URL

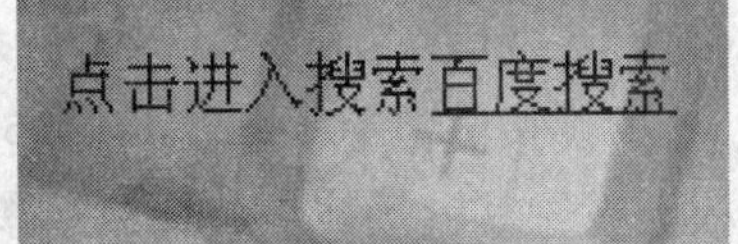

图5-19 插入URL

5.3 使用热点制作图像映射

在通常情况下，一个图像只能对应一个超级链接。在浏览网页的过程中，读者可能会遇到一个图像的不同部分建立了不同的超级链接，这就是图像映射，只要使用热点工具就可以轻松实现。

简单地说，图像映射就是将一幅图像用热点工具分割为若干个区域，并将这些子区域设置成热点区域，然后将这些不同的热点区域链接到不同的页面。当用户单击图像上不同热点区域时，就可以跳转到不同的页面。

下面通过一个实例说明如何创建图像映射。

01 新建一个文件。单击“插入”栏中的图像按钮，在文档窗口中插入一幅图像。

如图5-20左图所示。

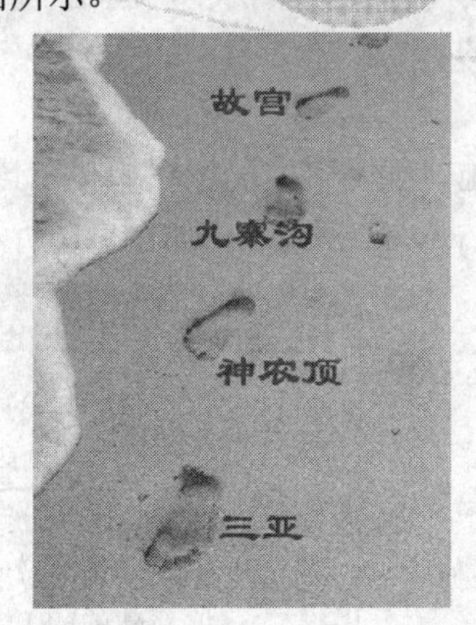

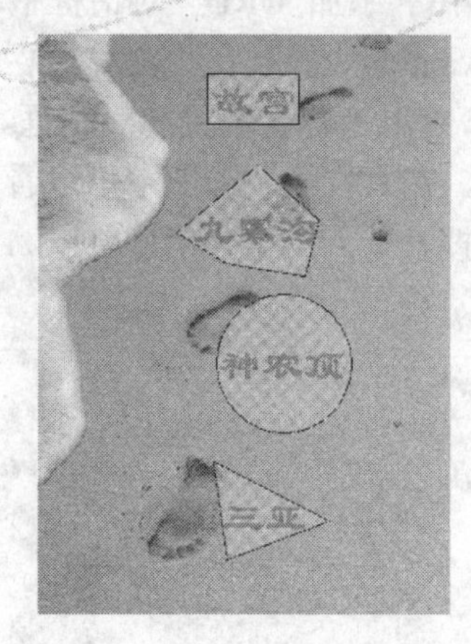

图5-20　插入热点区域前后的效果

02 选中图像，单击属性面板上的矩形热点按钮，此时该图标会下凹，表示被选中。在图像上的“故宫”两字左上角按下鼠标左键并向右下角拖动，直到出现的矩形框将“故宫”两个字包围后释放鼠标。这样第一个热点建立完成。此时热点区域会显示成半透明的阴影。

03 选中矩形热点，在属性面板中设置其链接目标、打开方式和替换文字。

04 选择圆形热点工具，在“神农顶”的左上角按下鼠标左键并向右下角拖动，将“神农顶”三个字包围后释放鼠标。然后在属性面板上设置其链接属性。

05 选择多边形热点工具，在“九寨沟”的左上角单击鼠标左键，加入一个定位点；再在左下角单击鼠标左键，加入第二个定位点，这时两个定位点间会连成一条直线。按同样的方法再添加三个定位点，此时五个定位点会连成一个五边形，将“九寨沟”三个字包围。

06 选中多边形热点区域，在属性面板中设置其链接属性。

07 按照第 **05** 步和第 **06** 步的方法，为“三亚”添加多边形热点。然后在属性面板上设置其链接属性。最终效果如图5-20右图所示。

08 执行“文件”/“保存”命令保存文档。然后按下F12键在浏览器中预览整个页面，当用户把鼠标移动到热点区域上时，鼠标的形状变为手形，并且在浏览器下方的状态栏中显示了链接的路径。当用户单击各个热点区域，则会打开相应的超级链接文件。

在绘制热点区域后，常常需要调整热点区域的大小和形状，以满足设计需要。

（1）在属性设置面板左下角单击调整热点工具按钮，然后单击需要调整大小的热点区域，此时被选中的热点区域周围会出现控制手柄。

（2）把鼠标放在这些小方块上，然后拖拉鼠标即可改变热点区域的大小或形状。

如果是矩形或多边形热点区域，如此操作会改变区域的形状；而对于圆形热点区域，上述操作只会改变形状的大小。

如果要改变热点区域的位置，可以选择热点调整工具，并在需要移动的热点区域单击，然后按下鼠标左键进行拖曳。但这种移动方式很难精确地将热点移动到需要的位置。此时用键盘的方向键可以以像素为单位移动热点位置。选中热点，按Shift +方向键，一次可以移动10个像素。如果直接按方向键，则一次只能移动一个像素。

5.4 实例制作之制作导航条

在上一章的实例制作中，已完成了导航条的一部分，本节将制作具体的导航项目并为导航项目添加超级链接。

01 将光标定位在图5-21所示的第二行单元格中，然后单击属性面板上的拆分单元格按钮，打开“拆分单元格”对话框。

02 在对话框中选中“行”，并在“行数”微调框中输入3，然后单击“确定”按钮，将第二行单元格拆分为3行。单击“插入”面板上的图像按钮，在打开的“选择文件”对话框中选中需要的图片，然后单击“确定”按钮插入图片。此时的页面效果如图5-22所示。

03 单击“编辑规则”按钮，在弹出的“新建CSS规则”对话框中指定选择器类型为“类”，选择器名称为.imgborder，定义规则的位置选择“新建样式表文件”。单击“确定”按钮，在弹出的对话框中设置新建样式表文件的名称和保存路径。然后在弹出的规则定义对话框中选择“边框”分类，并设置边框类型为none，宽度为0px。单击“确定”按钮关闭对话框。选中上一步插入的图像，在属性面板上的“类”下拉列表中选择imgborder。

图5-21 导航条效果

图5-22 拆分单元格并插入图片后的效果

04 在属性面板上为第三行的单元格设置背景图像，并在第四行的单元格中插入一幅图片，设置“类”为imgborder，然后调整单元格到合适的高度。此时的页面效果如图5-23所示。

05 打开“插入”浮动面板，并切换到“布局”面板。然后单击“布局”面板“标准”模式下的“绘制AP div”图标。此时，鼠标指针变成一个十字形。

06 按下Ctrl键的同时在第三行的单元格中按下鼠标左键并拖动，绘制五个AP元素。效果如图5-24所示。

07 将光标定位在第一个AP元素内，单击“插入”/“常用”面板上的图像按钮，在打开的“选择图像源文件”对话框中选择已在图像编辑软件中制作好的第一个导航项目，并设置其类为imgborder，然后单击“确定”按钮插入所需要的图片。

08 按照上一步的方法，在其他四个AP元素中插入导航项目，并调整AP元素的大小和位置。此时的效果如图5-25所示。

09 选中第一个导航项目图片，单击“链接”文本框右侧的“指向文件”图标，并按下鼠标左键拖动到“文件”面板中一个现存的页面write.html，然后释放鼠标，即可将选定的导航项目图片链接到指向的文件。

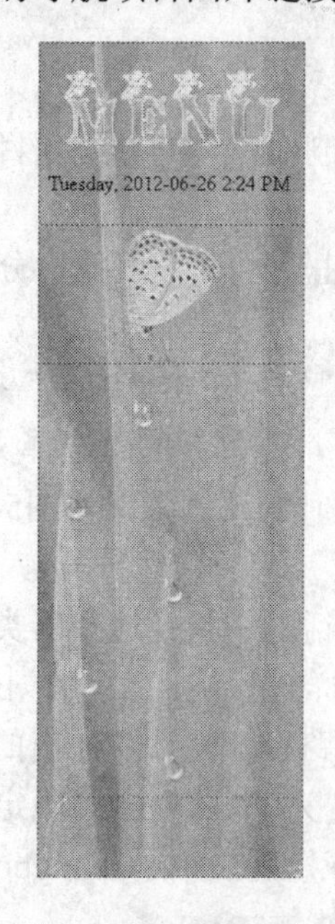

图5-23　设置表格背景

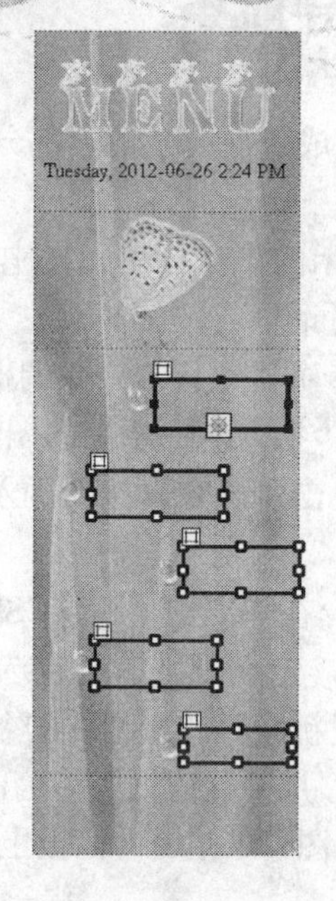

图5-24　绘制AP元素

图5-25　插入图片

10 在“目标”下拉列表中选择链接目标打开的方式。本例暂时保留默认设置，具体设置将在后面的章节中进行修改。

11 同理为其他三个导航图片添加超级链接，分别链接到shop.asp?index=0、xiangce.html、liuyan.html。

在这里初学者需要注意，在链接到shop.asp网页时，需要添加一个“？”后缀。我们通常见到的网页的后缀是.htm、.html、.shtml、.xml等，这是静态网页的常见形式。与此相对应的是动态网页，其网页 URL的后缀为.asp、.aspx、.jsp、.php、.perl、.cgi等形式，且在访问动态网页时，其网址中有一个标志性的符号——“?”，例如：http://www.pagehome.cn/ip/index.asp?id=1。在本例中，shop.asp就是一个动态网页。

动态网页中的“？”对搜索引擎检索存在一定的问题，搜索引擎一般不可能从一个网站的数据库中访问全部网页，或者出于技术方面的考虑，不去抓取网址中“？”后面的内容，因此采用动态网页的网站在进行搜索引擎推广时需要做一定的技术处理才能适应搜索引擎的要求。

12 选中第四个导航图片，即“友情链接”，在其属性面板的“链接“文本框中输入http://www.uy123.com/。

13 选中第二行单元格中插入的图片，即蝴蝶图片。打开属性面板，单击面板底部的多边形热点工具图标。

14 沿蝴蝶的边缘单击鼠标，绘制一个多边形热点区域，效果如图5-26所示。

15 在属性面板的“链接”文本框中输入网站首页的URL，即index.html；“目标”为_blank；在“替换”文本框中输入“返回首页”。

16 单击第四行单元格中插入的图片，在属性面板的“链接”文本框中输入“#”，在“类”下拉列表中选择imgborder。即为该图片创建了一个虚拟链接，且在浏览器中无边

框显示。在浏览器中单击此图片后，将返回到页面顶部。

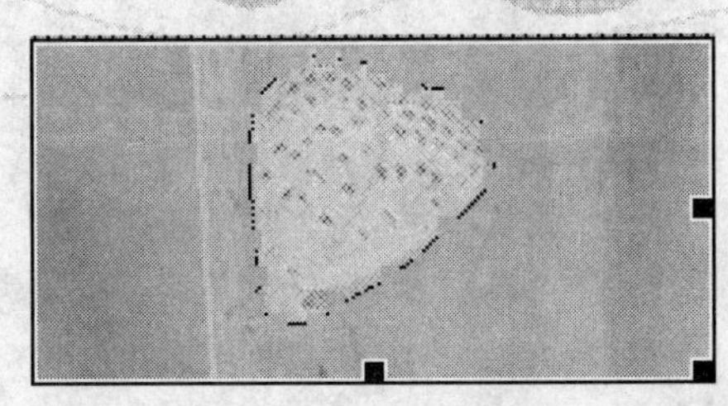

图5-26　多边形热点区域

17 保存文件，并按F12键在浏览器中预览效果、检查超级链接。

单击导航项目图片，即可切换到相应的页面。由于其他页面还未制作，因此是空白页面。单击导航条中的蝴蝶，可返回到主页；单击导航条底部的图片，可返回到页面顶端。

Chapter 06

第 6 章　HTML 与 CSS 基础

HTML 是网页的主要组成部分，网页基本上都是由 HTML 语言组成的，可以说 HTML 是网页的骨架。因此要制作出精彩的网页，必须从网页的基本语言学起，适当地了解一些 HTML 语言的知识，对开发网页是大有裨益的。

CSS 是 Cascading Style Sheets（层叠样式表单）的简称。顾名思义，它是一种设计网页样式的工具，可以加强网页修饰和增加网页个性。利用 CSS 样式，不仅可以将所有样式信息集中到页面的一个地方，而且还可以为其创建一个样式表文件，应用于多个页面。

- HTML 语言概述
- HTML 的语法结构
- 常用的 HTML 标签
- CSS 样式
- CSS 样式的应用

6.1 HTML语言概述

HTML是Hypertext Markup Language的首字母缩写，通常称作超文本标签语言，或超文本链接标示语言，它是基于SGML（Standard General Markup Language，标准通用标签语言）的一种描述性语言，由W3C（World wide Web Consortium，全球信息网协会）推出，并被国际标准ISO8879所认可。它是用于建立web页面和其他超级文本的语言，是WWW的描述语言。

1997年12月18日W3C推荐的HTML标准HTML 4.0倡导了两个理念：将文档结构和显示样式分离与更广泛的文档兼容性。由于同期CSS层叠样式表的配套推出，更使HTML和CSS的网页制作能力达到前所未有的高度。1999年12月，W3C网络标准化组织推出改进版的HTML4.01相当成熟可靠，一直沿用至今。HTML4.01比以前版本在国际化设置、提高兼容性、样式表支持以及脚、打印方面都有所提高。现在常提到的HTML4就是指HTML4.01。

HTML并不是真正的程序设计语言，它只是标签语言。使用HTML编写的网页文件是标准的ASCII文件，扩展名通常为.htm或.html。了解网页的用户可能听说过许多可以编辑网页的软件，事实上，用户可以用任何文本编辑器建立HTML页面，例如Windows的“记事本”程序。

HTML文本是由HTML命令组成的描述性文本，它能独立于各种操作系统平台（如UNIX，Windows等）。HTML命令可以说明文字、图形、动画、声音、表格、链接等。使用HTML语言描述的文件，需要通过WWW浏览器显示出效果，浏览器的主要作用就是解释超文本文件中的语言。当用浏览器打开网页时，浏览器先读取网页中的HTML代码，分析其语法结构，然后根据解释的结果，将单调乏味的文字显示为丰富多彩的网页内容，而不是显示事先存储于网页中的内容。正是因为如此，网页显示的速度同网页代码的质量有很大关系，保持精简和高效的HTML源代码是非常重要的。

近年来，用户可能经常在网络上看到“HTML5”。所谓HTML5，是针对HTML4而言的，简单地说，就是下一代的 HTML，是 W3C 与 WHATWG（Web Hypertext Application Technology Working Group）双方合作创建的一个新版本的 HTML，将成为 HTML、XHTML 以及 HTML DOM 的新标准，其前身名为Web Applications 1.0。HTML 5增加了更多样化的API，提供了嵌入音频、视频、图片的函数、客户端数据存储，以及交互式文档。下面我们来简单了解一下HTML5 中的一些有趣的特性：

- 用于绘画的 canvas 元素
- 用于媒介回放的 video 和 audio 元素
- 对本地离线存储的更好的支持
- 新的特殊内容元素，比如 article、footer、header、nav、section
- 新的表单控件，比如 calendar、date、time、email、url、search

HTML 5 通过制定如何处理所有 HTML 元素以及如何从错误中恢复的精确规则，改进了互操作性，并减少了开发成本。尽管HTML5 仍处于完善之中，推出正式规范仍需多年的努力，然而现在大部分现代浏览器已经具备了某些 HTML5 支持，例如Firefox、Chrome、Opera、Safari（版本4以上）及Internet Explorer 9（Platform Preview）已支持HTML5

技术。相信在不久的将来，网页设计师们就可以使用HTML5和CSS3设计页面代码更富有语义化，视听效果更炫的网页作品。

6.2 HTML 的语法结构

标准的HTML由标签和文件的内容构成，并用一组“<”与“>”括起来，且与字母的大小写无关。例如：

<img src="images/fantasy5float5.gif" width="90" height="51" /><b>买家须知</b>

在用浏览器显示时，标签<b>和</b>不会被显示，浏览器在文档中发现了这对标签，就将其中包容的文字（本例中是“买家须知”）以粗体形式显示。如图6-1所示。

图6-1 <b>标签的示例效果

关于标签，需要提请读者注意的是，它们是成双出现的。每当使用一个标签，例如<blockquote>，则必须用另一个标签</blockquote>将它关闭。但是也有一些标签例外，例如<input>标签。

严格地说，标签和标签元素不同，标签元素是位于“<”和“>”符号之间的内容，如上例中的“买家须知”；而标签则包括了标签元素和“<”和“>”符号本身。但是通常将标签元素和标签当作一种东西，因为脱离了“<”和“>”符号的标签元素毫无意义。在本章后面的小节中，不作特别说明时，将标签和标签元素统一称作“标签”。

一般来说，HTML的语法有以下3种表达方式：

<标签>对象</标签>；

<标签属性 1=参数 1 属性 2=参数 2>对象</标签>；

<标签>。

下面分别对这3种形式及嵌套标签进行介绍。

6.2.1 <标签>对象</标签>

这种语法结构显示了使用封闭类型标签的形式。大多数标签是封闭类型的，也就是说，它们成对出现。所谓成对，是指一个起始标签总是搭配一个结束标签，在起始标签的标签名前加上符号“/”便是其终止标签，如<head>与</head>。夹在起始标签和终止标签之间的内容受标签的控制。

例如：<i>网页设计DIY</i>，<i>和</i>之间的“网页设计DIY”受标签i的控制。标签i的作用是将所控制的文本内容显示为斜体，所以在浏览器中看到的“网页设计DIY”将是斜体字。

如果一个应该封闭的标签没有结束标签，则可能产生意想不到的错误，随浏览器不同，可能出错的结果也不同。例如，如果在上例中，没有以标签</i>结束对文字格式的设置，可能后面所有的文字都会以斜体字的格式出现。

注意：

并非所有 HTML 标签都必须成对出现，本书第 6.2.3 节将介绍这种非封闭类型的标签。建议读者在使用 HTML 标签时，最好先弄清标签是否为封闭类型的。

6.2.2 <标签 属性1=参数1 属性2=参数2>对象</标签>

这种语法结构是上一种语法结构的扩展形式，利用属性进一步设置对象的外观，而参数则是设置的结果。

每个HTML标签都可以有多个属性，属性名和属性值间是用“=”连接，构成一个完整的属性，例如<body bgcolor= "#FF0000 ">表示将网页背景色设置为红色。多个属性之间用空格分开，例如：

<font face= "隶书" size= "20 " color="#FF0000">爱就在你身边</font>

上述语句表示将“爱就在你身边”的字体设置为隶书，字号设置为20，颜色设置为红色，如图6-2所示。

爱就在你身边

图6-2 <font>标签的示例效果

6.2.3 <标签>

前面说过，HTML标签并非都成对出现。而这种不成对出现的标签称为非封闭类型标签。在HTML语言中，非封闭类型的标签不多，读者最常见的应该是换行标签
。

例如：在Dreamweaver CS6的代码视图的<body>与</body>标签之间输入<font face= "隶书" size= "5" color="#006600">溪水急著要流向海洋
浪潮却渴望重回土地 </font>， 在浏览器中的显示效果如图6-3所示。

溪水急著要流向海洋
浪潮却渴望重回土地

图6-3
标签的示例效果

使用换行标签使一行文字在中间换行，显示为两行，但结构上仍属于同一个段落。

6.2.4 标签嵌套

几乎所有的HTML代码都是上面三种形式的组合，标签之间可以相互嵌套，形成更为复杂的语法。例如，如果希望将一行文本同时设置粗体和斜体格式，则可以采用下面的语句：

<b><i>十里香</i></b>

在浏览器中的显示效果如图6-4所示：

用户在嵌套标签时需要注意标签的嵌套顺序，如果标签的嵌套顺序发生混乱，则可能会出现不可预料的结果。例如，对于上面的例子，也可以这样写成如下形式：

<i><b>十里香</b></i>

该语句在浏览器中的显示效果也如图6-5所示。但是，尽量不要写成如下的形式：

<i><b>十里香</i></b>

上面的语句中，标签嵌套发生了错误。用户切换到“设计”视图，可以看到其显示效果如图6-5所示。单击标签为黄色的文本块，在属性面板中可以看到相关的错误提示，提示用户这是一个无效的标签，因为这是一个交迭的或未关闭的标签。如图6-6所示。

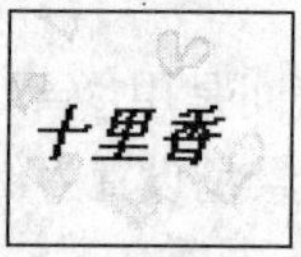

图6-4　标签嵌套的示例效果

图6-5　错误的标签嵌套示例效果

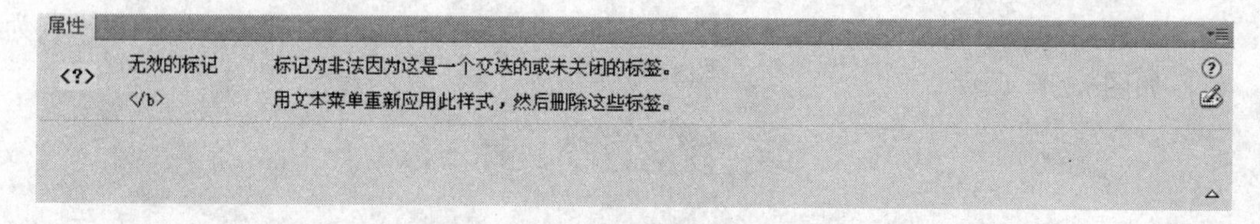

图6-6　
标签的示例效果

尽管这个错误的例子在大多数浏览器中可以被正确识别。但是对于其他的一些标签，如果嵌套发生错误的话，就不一定有这么好的运气了。为了保证文档有更好的兼容性，尽量不要发生标签嵌套顺序的错误。

6.3　常用的 HTML 标签

本节将详细介绍HTML中常用的一些标签。掌握这些标签的用法，对今后的网页制作可以起到事半功倍的效果。

6.3.1　文档的结构标签

在Dreamweaver CS6中创建了一个HTML文档后，如果切换到“代码”视图会发现，尽管新建文档的设计视图是空白的，但是其中已经有了不少源代码。在默认状态下，这些源代码如下所示：

```
<!DOCTYPE html PUBLIC "-//W3C//DTD XHTML 1.0 Transitional//EN" "http://www.w3.org/TR/xhtml1/DTD/xhtml1-transitional.dtd">
<html xmlns="http://www.w3.org/1999/xhtml">
<head>
<meta http-equiv="Content-Type" content="text/html; charset=utf-8" />
```

可能后面所有的文字都会以斜体字的格式出现。

> **注意：**
> 并非所有 HTML 标签都必须成对出现，本书第 6.2.3 节将介绍这种非封闭类型的标签。建议读者在使用 HTML 标签时，最好先弄清标签是否为封闭类型的。

6.2.2 <标签 属性1=参数1 属性2=参数2>对象</标签>

这种语法结构是上一种语法结构的扩展形式，利用属性进一步设置对象的外观，而参数则是设置的结果。

每个HTML标签都可以有多个属性，属性名和属性值间是用“=”连接，构成一个完整的属性，例如<body bgcolor= "#FF0000 ">表示将网页背景色设置为红色。多个属性之间用空格分开，例如：

<font face= "隶书" size= "20 " color="#FF0000">爱就在你身边</font>

上述语句表示将“爱就在你身边”的字体设置为隶书，字号设置为20，颜色设置为红色，如图6-2所示。

爱就在你身边

图6-2 <font>标签的示例效果

6.2.3 <标签>

前面说过，HTML标签并非都成对出现。而这种不成对出现的标签称为非封闭类型标签。在HTML语言中，非封闭类型的标签不多，读者最常见的应该是换行标签
。

例如：在Dreamweaver CS6的代码视图的<body>与</body>标签之间输入<font face= "隶书" size= "5" color="#006600">溪水急著要流向海洋
浪潮却渴望重回土地 </font>，在浏览器中的显示效果如图6-3所示。

溪水急著要流向海洋
浪潮却渴望重回土地

图6-3
标签的示例效果

使用换行标签使一行文字在中间换行，显示为两行，但结构上仍属于同一个段落。

6.2.4 标签嵌套

几乎所有的HTML代码都是上面三种形式的组合，标签之间可以相互嵌套，形成更为复杂的语法。例如，如果希望将一行文本同时设置粗体和斜体格式，则可以采用下面的语句：

```
<b><i>十里香</i></b>
```

在浏览器中的显示效果如图6-4所示：

用户在嵌套标签时需要注意标签的嵌套顺序，如果标签的嵌套顺序发生混乱，则可能会出现不可预料的结果。例如，对于上面的例子，也可以这样写成如下形式：

```
<i><b>十里香</b></i>
```

该语句在浏览器中的显示效果也如图6-5所示。但是，尽量不要写成如下的形式：

```
<i><b>十里香</i></b>
```

上面的语句中，标签嵌套发生了错误。用户切换到“设计”视图，可以看到其显示效果如图6-5所示。单击标签为黄色的文本块，在属性面板中可以看到相关的错误提示，提示用户这是一个无效的标签，因为这是一个交迭的或未关闭的标签。如图6-6所示。

图6-4　标签嵌套的示例效果　　　　图6-5　错误的标签嵌套示例效果

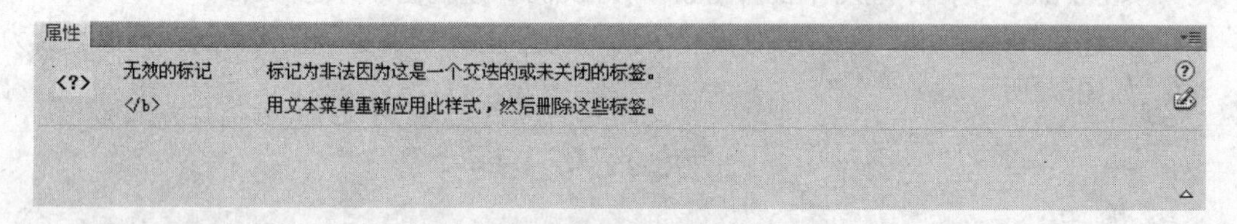

图6-6　
标签的示例效果

尽管这个错误的例子在大多数浏览器中可以被正确识别。但是对于其他的一些标签，如果嵌套发生错误的话，就不一定有这么好的运气了。为了保证文档有更好的兼容性，尽量不要发生标签嵌套顺序的错误。

6.3　常用的HTML标签

本节将详细介绍HTML中常用的一些标签。掌握这些标签的用法，对今后的网页制作可以起到事半功倍的效果。

6.3.1　文档的结构标签

在Dreamweaver CS6中创建了一个HTML文档后，如果切换到“代码”视图会发现，尽管新建文档的设计视图是空白的，但是其中已经有了不少源代码。在默认状态下，这些源代码如下所示：

```
<!DOCTYPE html PUBLIC "-//W3C//DTD XHTML 1.0 Transitional//EN" "http://www.w3.org/TR/xhtml1/DTD/xhtml1-transitional.dtd">
<html xmlns="http://www.w3.org/1999/xhtml">
<head>
<meta http-equiv="Content-Type" content="text/html; charset=utf-8" />
```

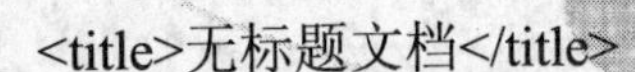

```
<title>无标题文档</title>
</head>
<body>
</body>
</html>
```

基本HTML页面以DOCTYPE开始，它声明文档的类型，且它之前不能有任何内容（包括换行符和空格），否则将使文档声明无效。

上面的代码包括了一个标准的HTML文件应该具有的4个组成部分。

1．<html>标签　<html>…</html>标签是HTML文档的开始和结束标签，告诉浏览器这是整个HTML文件的范围。

HTML文档中所有的内容都应该在这两个标签之间，一个HTML文档非注释代码总是以<html>开始，以</html>结束的。

2．<head>标签　<head>…</head>标签一般位于文档的头部，用于包含当前文档的有关信息，例如标题和关键字等，通常将这两个标签之间的内容统称作HTML的“头部”。

位于头部的内容一般不会在网页上直接显示，而是通过另外的方式起作用。例如，在HTML的头部定义的标题不会显示在网页上，但是会出现在网页的标题栏上。

3．<title>标签　<title>和</title>标签位于HTML文档的头部，即位于<head>和</head>标签之间，用于定义显示在浏览器窗口左上角的标题栏中的内容。

4．<body>标签　<body>…</body>用于定义HTML文档的正文部分，例如文字、标题、段落和列表等，也可以用来定义主页背景颜色。<body>…</body>定义在</head>标签之后，<html>…</html>标签之间。所有出现在网页上的正文内容都应该写在这两个标签之间。

<body>标签有6个常用的可选属性，主要用于控制文档的基本特征，如文本、背景颜色等。各个属性介绍如下：

background：该属性用于为文档指定一幅图像作为背景。

text：该属性用于定义文档中非链接文本的默认颜色。

link：该属性用于定义文档中一个未被访问过的超级链接的文本颜色。

alink：该属性用于定义文档中一个正在打开的超级链接的文本颜色。

vlink：该属性用于定义文档中一个已经被访问过的超级链接的文本颜色。

bgcolor：该属性用于定义网页的背景颜色。

例如，如果希望将文档的背景图像设置为主目录下的001.jpg，文本颜色设置为黑色，未访问超级链接的文本颜色设置为绿色，已访问超级链接的文本颜色设置为红色，正在访问的超级链接的文本颜色设置为蓝色，则可以使用如下的<body>标签：

```
<body background = "file:///C|/Inetpub/wwwroot/001.gif" text = "black" link = "green"
alink = "blue" vlink = "red">
```

在页面中输入文本，并创建超级链接后的页面预览效果如图6-7所示。

其中，页面背景图像为C:\Inetpub\wwwroot\001.gif；“body标签示例”为普通文本，显示为黑色；“链接一”为未访问过的链接，显示为绿色；“链接二”为已访问过的链接，显示为红色；“链接三”为正在访问的链接，显示为蓝色。

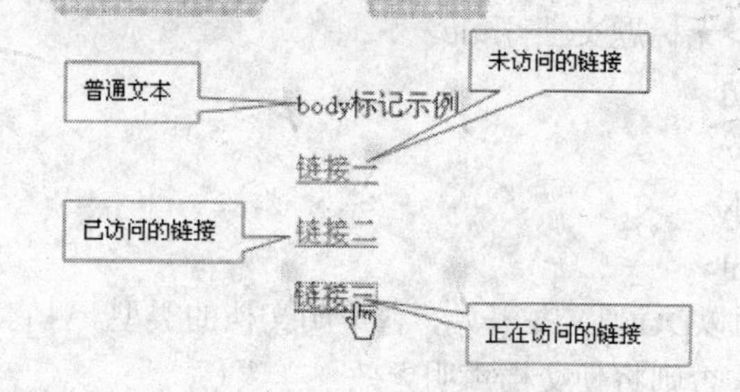

图6-7　<body>标签的示例效果

6.3.2　注释标签

HTML的客户端注释标签为<!--…-->，在这个标签内的文本都不会在浏览器窗口中显示出来，一般将客户端的脚本程序段放在此标签中，对于不支持该脚本语言的浏览器也可隐藏程序代码。

例如在上例中，将“链接三”标签为注释文本的语句如下：

```
<! -- <p><a href="index.html">链接三</a></p>-->
```

在Dreamweaver CS6的“代码”视图中，注释内容显示为灰色，如图6-8所示。

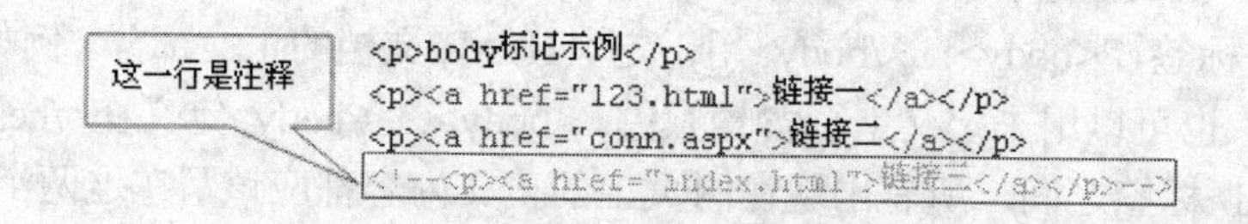

图6-8　注释标签示例效果

修改后的文件在浏览器中的预览效果如图6-9所示。

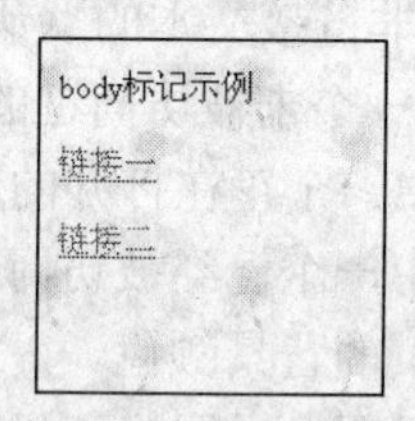

图6-9　注释标签示例效果

对比图6-6可以看出，被注释的文本不会在浏览器中显示。但如果是服务器端程序代码，即使在这个注释标签内也会被执行。

6.3.3　文本格式标签

文本格式标签用于控制网页中文本的样式，如大小、字体、段落样式等。

1．<font>标签　<font > ... </font>标签用于设置文本字体格式，包括字体、字号、颜色、字型等，适当地应用可以使页面更加美观。

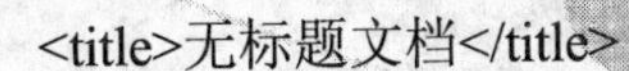

```
<title>无标题文档</title>
</head>
<body>
</body>
</html>
```

基本HTML页面以DOCTYPE开始，它声明文档的类型，且它之前不能有任何内容（包括换行符和空格），否则将使文档声明无效。

上面的代码包括了一个标准的HTML文件应该具有的4个组成部分。

1．<html>标签　<html>…</html>标签是HTML文档的开始和结束标签，告诉浏览器这是整个HTML文件的范围。

HTML文档中所有的内容都应该在这两个标签之间，一个HTML文档非注释代码总是以<html>开始，以</html>结束的。

2．<head>标签　<head>…</head>标签一般位于文档的头部，用于包含当前文档的有关信息，例如标题和关键字等，通常将这两个标签之间的内容统称作HTML的“头部”。

位于头部的内容一般不会在网页上直接显示，而是通过另外的方式起作用。例如，在HTML的头部定义的标题不会显示在网页上，但是会出现在网页的标题栏上。

3．<title>标签　<title>和</title>标签位于HTML文档的头部，即位于<head>和</head>标签之间，用于定义显示在浏览器窗口左上角的标题栏中的内容。

4．<body>标签　<body>…</body>用于定义HTML文档的正文部分，例如文字、标题、段落和列表等，也可以用来定义主页背景颜色。<body>…</body>定义在</head>标签之后，<html>…</html>标签之间。所有出现在网页上的正文内容都应该写在这两个标签之间。

<body>标签有6个常用的可选属性，主要用于控制文档的基本特征，如文本、背景颜色等。各个属性介绍如下：

background：该属性用于为文档指定一幅图像作为背景。

text：该属性用于定义文档中非链接文本的默认颜色。

link：该属性用于定义文档中一个未被访问过的超级链接的文本颜色。

alink：该属性用于定义文档中一个正在打开的超级链接的文本颜色。

vlink：该属性用于定义文档中一个已经被访问过的超级链接的文本颜色。

bgcolor：该属性用于定义网页的背景颜色。

例如，如果希望将文档的背景图像设置为主目录下的001.jpg，文本颜色设置为黑色，未访问超级链接的文本颜色设置为绿色，已访问超级链接的文本颜色设置为红色，正在访问的超级链接的文本颜色设置为蓝色，则可以使用如下的<body>标签：

```
<body background = "file:///C|/Inetpub/wwwroot/001.gif" text = "black" link = "green"
alink = "blue" vlink = "red">
```

在页面中输入文本，并创建超级链接后的页面预览效果如图6-7所示。

其中，页面背景图像为C:\Inetpub\wwwroot\001.gif；“body标签示例”为普通文本，显示为黑色；“链接一”为未访问过的链接，显示为绿色；“链接二”为已访问过的链接，显示为红色；“链接三”为正在访问的链接，显示为蓝色。

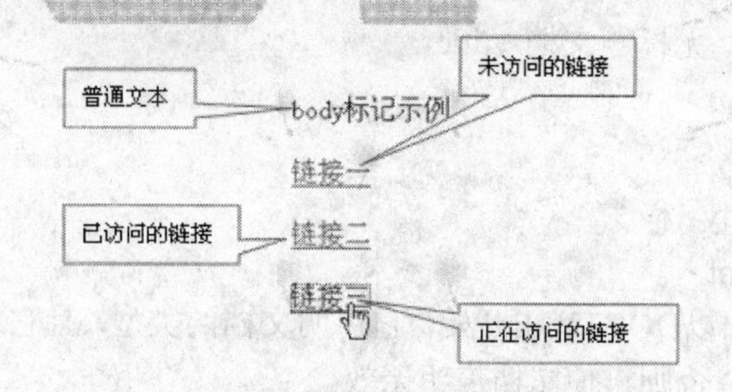

图6-7　<body>标签的示例效果

6.3.2　注释标签

HTML的客户端注释标签为<!--…-->，在这个标签内的文本都不会在浏览器窗口中显示出来，一般将客户端的脚本程序段放在此标签中，对于不支持该脚本语言的浏览器也可隐藏程序代码。

例如在上例中，将“链接三”标签为注释文本的语句如下：

```
<! -- <p><a href="index.html">链接三</a></p>-->
```

在Dreamweaver CS6的“代码”视图中，注释内容显示为灰色，如图6-8所示。

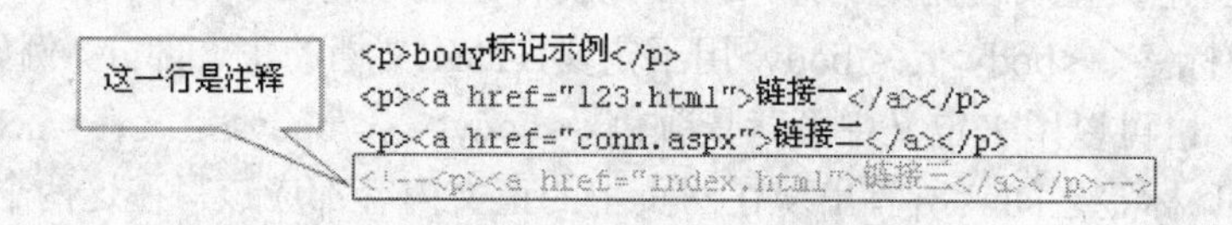

图6-8　注释标签示例效果

修改后的文件在浏览器中的预览效果如图6-9所示。

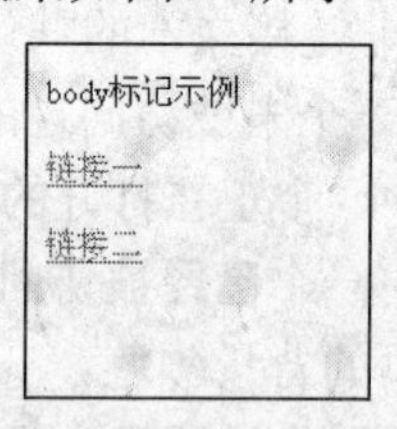

图6-9　注释标签示例效果

对比图6-6可以看出，被注释的文本不会在浏览器中显示。但如果是服务器端程序代码，即使在这个注释标签内也会被执行。

6.3.3　文本格式标签

文本格式标签用于控制网页中文本的样式，如大小、字体、段落样式等。

1．<font>标签　<font > ... </font>标签用于设置文本字体格式，包括字体、字号、颜色、字型等，适当地应用可以使页面更加美观。

font标签有3个属性：face、color和size。这3个属性可以自由组合，没有先后顺序。通过设置这3个标签属性，可以控制文字的显示效果。

face：用于设置文本字体名称，可以用逗号隔开多个字体名称。例如：<font face = "Times New Roman, Times, serif">Happy New Year</font>。

Size：用于设置文本字体大小，取值范围在-7 到 7 之间，数字越大字体越大。

Color：用于设置文本颜色，可以用 red、white 和 green 等助记符，也可以用 16 进制数表示，如红色为"#FF0000"。

使用示例：

```
<font face="华文彩云" size="7" color="black">欢迎光临</font>
```

上述语句在浏览器中的显示效果如图6-10所示：

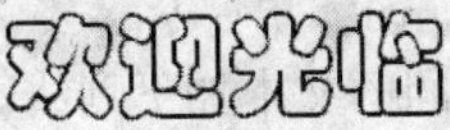

欢迎光临

图6-10　font标签示例效果

2．<b>、<i>、<em>、<h#>标签。

（1）<b>…</b>标签将标签之间的文本设置成粗体。

例如：Dreamweaver<b>DIY</b>教程，在浏览器中的预览效果如图6-11所示。

（2）<i>…</i>标签将标签之间的文本设置成斜体。

例如：请看<i>这边！</i>

（3）<em>…</em>标签用于将标签之间的文字加以强调。不同的浏览器效果有所不同，通常会设置成斜体。

例如：今天<em>零下</em>五度！

上述三个例子在浏览器中的显示效果如图6-11所示。

（4）<h#> ... </h#>（#=1, 2, 3, 4, 5, 6）标签用于设标题字体（Header），有 1 到 6 级标题，数字越大字体越小。标题将显示为黑体字。<h#>---</h#>标签自动插入一个空行，不必用<p>标签再加空行。和<title>标签不一样，<h#>标签里的文本显示在浏览器中。使用示例：

```
<h1>这是一级标题</h1>
<h2>这是二级标题</h2>
<h3>这是三级标题</h3>
<h4>这是四级标题</h4>
<h5>这是五级标题</h5>
<h6>这是六级标题</h6>
```

显示效果如图6-12所示。

3．<s>、<big>、<small>、<u>标签。

（1）<s>…</s>标签为标签之间的文本加删除线（即在文本中间加一条横线）。

例如：　<s>删除这一行</s>

（2）<big>…</big>标签使用比当前页面使用的字体更大的字体显示标签之间的文本。

例如：<font size=3>看起来<big>特别</big>漂亮！</font>

（3）<small>…</small>标签将使用比当前页面使用的字体更小的字体显示标签之间的文本。

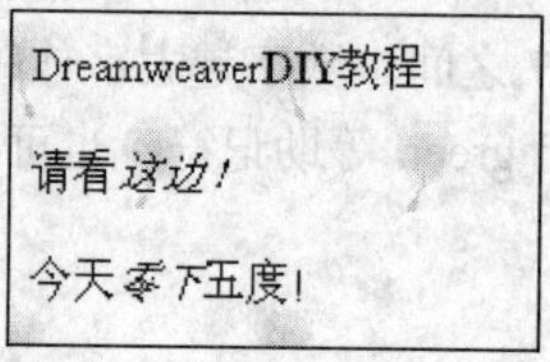

DreamweaverDIY教程

请看这边!

今天零下五度!

图6-11 标签示例效果

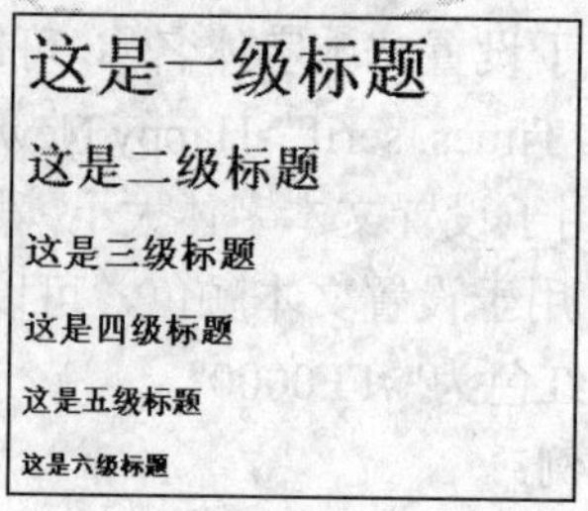

这是一级标题

这是二级标题

这是三级标题

这是四级标题

这是五级标题

这是六级标题

图6-12 h#标签示例效果

例如：字体< small >小一些</ small >更好！

（4）<u>…</u>标签为标签之间的文本加下划线。

例如：今天<u>天气</u>真好！

上述四个例子在浏览器中预览的效果如图6-13所示：

4．<pre>预格式化标签。

默认情况下，Dreamweaver会将两个字符之间的多个空格替换为一个空格，然后在浏览器中显示。<pre>…</pre>标签用于设定浏览器在输出时，对标签内部的内容几乎不做修改地输出。

例如，在Dreamweaver的代码视图中输入以下代码：

```
<pre>再别        康桥</pre>
再别      康桥
```

该示例在浏览器中的显示效果如图6-14所示。

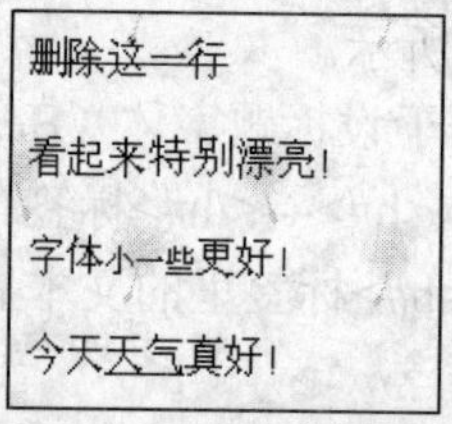

删除这一行

看起来特别漂亮!

字体小一些更好!

今天天气真好!

图6-13 标签示例效果

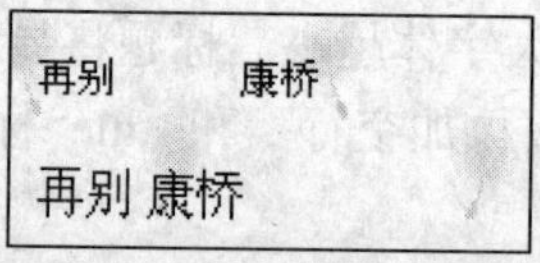

再别   康桥

再别 康桥

图6-14 pre标签示例效果

6.3.4 排版标签

1．
、<p>、<hr>标签。

（1）
标签用于在文本中添加一个换行符，它不需要成对使用。

例如：在这里换行
第二行！

（2）<p>…</p>标签用来分隔文档的多个段落。可选属性“align”有三个取值：

left：段落左对齐。

center：段落居中对齐。

color：段落右对齐。

例如：< p align=center>居中对齐</ p>

（3）<hr>标签用于在页面中添加一条水平线。

例如：水平线上<hr>水平线下！

上述三例在浏览器中的显示效果如图6-15所示：

在这里换行
第二行！

居中对齐

水平线上

水平线下！

图6-15　标签示例效果

2．<left>、<right>、<center>标签。

（1）<center>…</center>标签将标签之间的文本等元素居中显示。

例如：左<center>居中</center>左

（2）<left>…</left>标签将标签之间的文本等元素居左显示。

例如：<left>左对齐</left>

（3）<right>…</right>标签将标签之间的文本等元素居右显示。

使用示例：右<right >右对齐</ right>右

3．<sub>和<sup>标签。

（1）_…标签将标签之间的文本设置成下标。

例如：123是下标₁₂₃

（2）[…]标签将标签之间的文本设置成上标。

例如：456是上标⁴⁵⁶

上述两例在浏览器中的显示效果如图6-16所示：

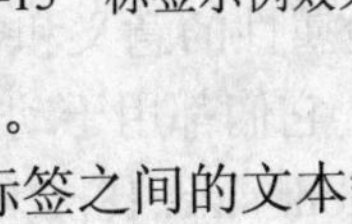

123是下标$_{123}$

456是上标^{456}

图6-16　标签示例效果

4．<div>和<span>标签

（1）<div > ... </div>用于块级区域的格式化显示。该标签可以把文档划分为若干部分，并分别设置不同的属性值，使同一文字区域内的文字显示不同的效果。常用于设置CSS样式。其常用格式如下：

<div align = 对齐方式 id = 名称 style = 样式 class = 类名 nowrap>…</div>

其中，对齐方式可以为center、left和right；id用于定义本div区域的名称，用在动态网页编程中；style用于定义样式；class用于赋予类名；nowrap说明不能折行，默认是不加nowrap，也就是可以折行。

例如：

<div>第一段文本，默认左对齐显示</div>

<div align = center style = "color: purple" id = "another">

第二段文本，文字颜色为紫色，且居中显示。

```
</div>
```

上例在浏览器中的显示效果如图6-17所示。

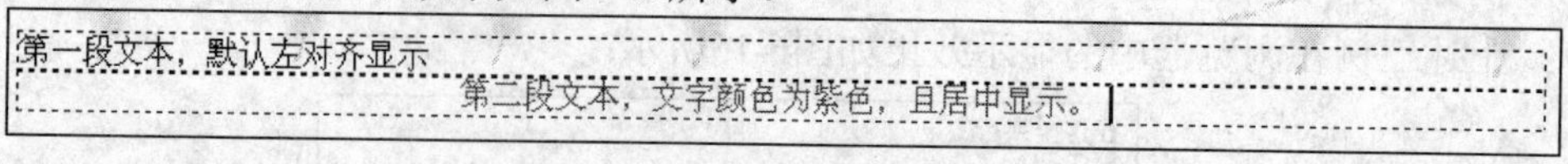

第一段文本，默认左对齐显示
第二段文本，文字颜色为紫色，且居中显示。

图6-17 Div标签示例效果

（2）<span>…</span>用于定义内嵌的文本容器或区域，主要用于一个段落、句子甚至单词中。其格式为：

```
<span id = 名称 style = 样式 class = 类名>……</span>
```

<span>标签没有align属性，其他属性的意义和<div>标签类似，不再赘述。<span>标签同样在样式表的应用方面特别有用，它们都用于动态HTML。

例如：<span style = "color: red; font-size: 18pt">18点大小的红色字体</span>

Div标签和span标签的区别在于，div是一个块级元素，可以包含段落、标题、表格，乃至诸如章节、摘要和备注等。而span是行内元素，span的前后是不会换行的，它纯粹是应用样式。下面以一个实例来说明这两个属性的区别。

1）新建一个HTML文档，并设置文档的背景图像。

2）切换到“代码”视图，在<body>和</body>标签之间输入以下代码：

```
<span>第一个span</span>
<span >第二个span</span>
<span >第三个span</span>

<div>第一个div</div>
<div>第二个div</div>
<div>第三个div</div>
```

3）保存文件，切换到“设计”视图，可以查看到页面效果如图6-18所示。

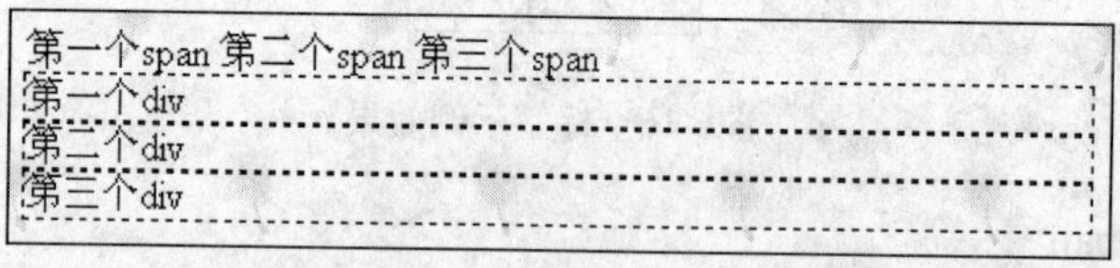

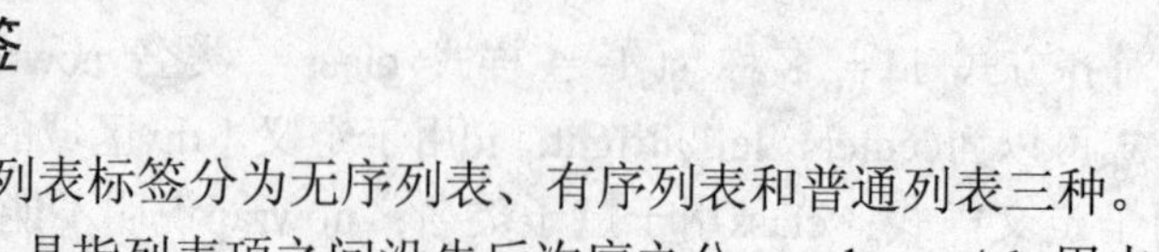

第一个span 第二个span 第三个span
第一个div
第二个div
第三个div

图6-18 Div和span标签比较示例效果

6.3.5 列表标签

在HTML中，列表标签分为无序列表、有序列表和普通列表三种。

1．无序列表　是指列表项之间没先后次序之分。<ul>…</ul>用来标签无序列表的开始和结束。其标签格式为：<ul><li>...</ul>。其中每一个<li>标签表示一个列表项值。

例如：

```
<ul>
```

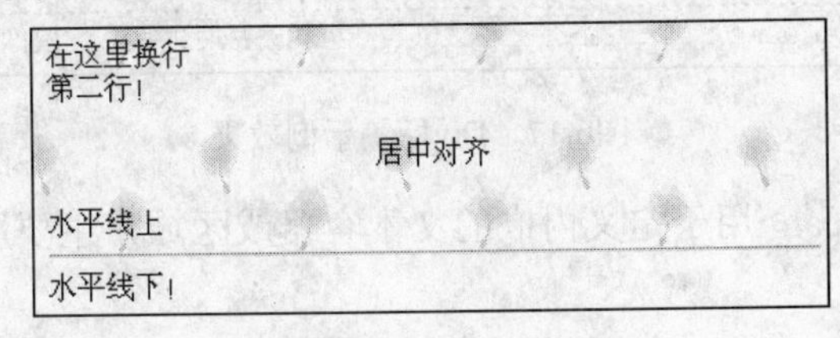

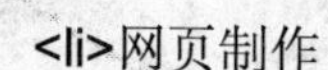

```
<li>网页制作
<li>程序设计
<li>网络管理
</ul>
```

此例在浏览器中的显示效果如图6-19左图所示。

2．有序列表

有序列表与普通列表不同之处在于有序列表存在序号。<ol>…</ol>用于标签有序列表的开始和结束。有序列表有一个属性“type”，其值的功能介绍如下：

type=1：表示用数字给列表项编号，这是默认设置。

type=a：表示用小写字母给列表项编号。

type=A：表示用大写字母给列表项编号。

type=i：表示用小写罗马字母给列表项编号。

type=I：表示用大写罗马字母给列表项编号。

例如：

```
<ol>
    <li>网页制作
    <li>程序设计
    <li>网络管理
</ol>
```

该示例在浏览器中的显示效果如图6-19右图所示。

- 网页制作
- 程序设计
- 网络管理

1. 网页制作
2. 程序设计
3. 网络管理

图6-19　无序列表和有序列表的效果

3．普通列表　普通列表通过<dl><dt>...<dd>...</dl>的形式实现，通常用于排版。其中，<dl>…</dl>标签用于创建一个普通的列表；<dt>…</dt>用于创建列表中的上层项目；<dd>…< /dd>用于创建列表中最下层的项目。< dt>…< /dt>和< dd>…< /dd>都必须放在< dl>…< /dl>标志对之间。

如下实例代码：

```
<dl>
  <dt>网页制作
    <dd>FLASH
    <dd>FIREWORK
  <dt>程序设计
    <dd>JAVASCRIPT
    <dd>VBSCRIPT
</dl>
```

上述代码在浏览器中的显示效果如图6-20所示。

```
网页制作
    FLASH
    FIREWORK
程序设计
    JAVASCRIPT
    VBSCRIPT
```

图6-20　普通列表效果

6.3.6　表格标签

通过表格可以将数据内容分门别类地显示出来，从而使网页显得整齐美观。在HTML中制作表格是一件很容易的事。

1. <table>标签　表格由<table>…</table>标签构成。<table>标签还有很多属性用于控制表格的显示效果。表格的常用参数分别介绍如下：

align：设置表格与页面对齐方式，取值有 left、center 和 right。

cellpadding：设置表格的一个单元格内数据和单元格边框间的边距，以像素为单位。

cellspacing：设置单元格之间的间距，以像素为单位。

<table>…</table>用于标志表格的开始和结束。表格的常用参数分别介绍如下：

background：设置表格的背景图像。

bgcolor：设置表格的背景颜色。

border：设置表格的边框。如果不设置该属性，或将该属性的值设置为 0，则表示不显示表格的边框线。

width：设置表格的宽度，单位默认为像象素，也以使用百分比形式。

height：设置表格的高度，单位默认为像素，也以使用百分比形式。

例如，下面的代码绘制了一个宽为300像素、边框为1、背景色为果绿色、边距均为2，有3行3列的表格。

```
<table width="300" border="1" cellspacing="2" cellpadding="2">
  <tr>
    <td bgcolor="#99CC33"> </td>
    <td bgcolor="#99CC33"> </td>
    <td bgcolor="#99CC33"> </td>
  </tr>
  <tr>
```

```
<li>网页制作
<li>程序设计
<li>网络管理
</ul>
```

此例在浏览器中的显示效果如图6-19左图所示。

2．有序列表

有序列表与普通列表不同之处在于有序列表存在序号。<ol>…</ol>用于标签有序列表的开始和结束。有序列表有一个属性“type”，其值的功能介绍如下：

type=1：表示用数字给列表项编号，这是默认设置。

type=a：表示用小写字母给列表项编号。

type=A：表示用大写字母给列表项编号。

type=i：表示用小写罗马字母给列表项编号。

type=I：表示用大写罗马字母给列表项编号。

例如：

```
<ol>
    <li>网页制作
    <li>程序设计
    <li>网络管理
</ol>
```

该示例在浏览器中的显示效果如图6-19右图所示。

• 网页制作
• 程序设计
• 网络管理

1. 网页制作
2. 程序设计
3. 网络管理

图6-19　无序列表和有序列表的效果

3．普通列表　普通列表通过<dl><dt>...<dd>...</dl>的形式实现，通常用于排版。其中，<dl>…</dl>标签用于创建一个普通的列表；<dt>…</dt>用于创建列表中的上层项目；<dd>…< /dd>用于创建列表中最下层的项目。< dt>…< /dt>和< dd>…< /dd>都必须放在< dl>…< /dl>标志对之间。

如下实例代码：

```
<dl>
  <dt>网页制作
    <dd>FLASH
    <dd>FIREWORK
  <dt>程序设计
    <dd>JAVASCRIPT
    <dd>VBSCRIPT
</dl>
```

上述代码在浏览器中的显示效果如图6-20所示。

网页制作
　　FLASH
　　FIREWORK
程序设计
　　JAVASCRIPT
　　VBSCRIPT

图6-20　普通列表效果

6.3.6　表格标签

通过表格可以将数据内容分门别类地显示出来，从而使网页显得整齐美观。在HTML中制作表格是一件很容易的事。

1．<table>标签　表格由<table>…</table>标签构成。<table>标签还有很多属性用于控制表格的显示效果。表格的常用参数分别介绍如下：

align：设置表格与页面对齐方式，取值有 left、center 和 right。

cellpadding：设置表格的一个单元格内数据和单元格边框间的边距，以像素为单位。

cellspacing：设置单元格之间的间距，以像素为单位。

<table>…</table>用于标志表格的开始和结束。表格的常用参数分别介绍如下：

background：设置表格的背景图像。

bgcolor：设置表格的背景颜色。

border：设置表格的边框。如果不设置该属性，或将该属性的值设置为 0，则表示不显示表格的边框线。

width：设置表格的宽度，单位默认为像象素，也以使用百分比形式。

height：设置表格的高度，单位默认为像素，也以使用百分比形式。

例如，下面的代码绘制了一个宽为300像素、边框为1、背景色为果绿色、边距均为2，有3行3列的表格。

```
<table width="300" border="1" cellspacing="2" cellpadding="2">
  <tr>
    <td bgcolor="#99CC33"> </td>
    <td bgcolor="#99CC33"> </td>
    <td bgcolor="#99CC33"> </td>
  </tr>
  <tr>
```

```
    <td bgcolor="#99CC33"> </td>
    <td bgcolor="#99CC33"> </td>
    <td bgcolor="#99CC33"> </td>
  </tr>
  <tr>
    <td bgcolor="#99CC33"> </td>
    <td bgcolor="#99CC33"> </td>
    <td bgcolor="#99CC33"> </td>
  </tr>
</table>
```

上述代码在浏览器中的显示效果如图6-21所示。

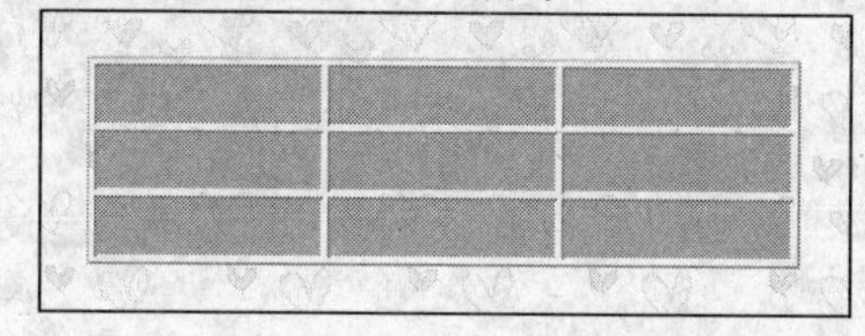

图6-21 <table>标签示例效果

2．<tr>、<td>和<th>标签。

（1）<tr>…</tr>标签用于标志表格一行的开始和结束。

<tr>的常用参数分别介绍如下：

align：设置行中文本在单元格内的对齐方式，取值有 left、center 和 right。

background：设置行中单元格的背景图像。

bgcolor：设置行中单元格的背景颜色。

（2）<td>…</td>用于标志表格内单元格的开始和结束。<td>标签应位于<tr>标签内部。

<td>的常用参数分别介绍如下：

align：设置行内容在单元格内的对齐方式，取值有 left、center 和 right。

background：设置单元格的背景图像。

bgcolor：设置单元格的背景颜色。

width：设置单元格的宽度，单位为像素。

height：设置单元格的高度，单位为像素。

（3）<th>…</th>的作用与<td>大致相同，主要用于标志表格内表头的开始和结束，且其中的文本自动以粗体显示。

<th>标签的常用属性如下：

colspan：设置<th>…</th>内的内容应该跨越几列。

rowspan：设置<th>…</th>内的内容应该跨越几行。

3．<colspan>和<rowspan>标签。

<colspan>和<rowspan>标签用于合并单元格，分别表示跨多列合并和跨多行合并。例如，下面的代码：

```
<table width="300" border="1" align="center" cellpadding="2" cellspacing="2">
```

```
    <tr>
      <th width="83" scope="col">名称</th>
      <th colspan="2" scope="col">参数</th>
    </tr>
    <tr>
      <td>123</td>
      <td width="119">qwe</td>
      <td width="70">zxc</td>
    </tr>
    <tr>
      <td>456</td>
      <td>asd</td>
      <td>fgh</td>
    </tr>
  </table>
```

该表格包含3行3列，第一行设置了跨两列的合并形式。该表格在浏览器中的效果如图6-22所示。

名称	参数	
123	qwe	zxc
456	asd	fgh

图6-22　表格合并列的效果

6.3.7　框架标签

框架将网页页面分成几个窗口，不同的窗口可链接不同的URL。一个页面中的所有框架标签要放在一个总的html文档中，这个文档只记录了该框架是如何划分的，而不会显示任何其他的资料，所以不必放入<body>标签中。在浏览器中预览框架页面时，必须先读取这个html文档。

1. <frameset>标签　<frameset>...</frameset>标签用于在页面中创建可以在同一浏览器窗口中显示多个网页的区域。<frameset>标签在多窗口页面中的地位就相当于<body>在普通单窗口页面中的地位，在页面中用<frameset>…</frameset>标志页面主体部分的起止位置。同时，<frameset>标签决定了如何划分窗口，以及每个窗口的位置和大小。

<frameset>...</frameset>标签常用的属性介绍如下：

rows：用于分割上下窗口，大小用占窗口高度的百分比，或像素值表示。

cols：用于分割左右窗口，大小用占窗口宽度的百分比，或像素值表示。

frameborder：用于设置框架是否有边框，取值为 yes 或 no。

border：用于设置框架边框的厚度。

Framespacing：设定框架与框架间的保留空白的距离，默认值是 0。

常见框架子窗口的划分方式有两种：百分比划分方式和像素值划分方式。用百分比方式划分时，将框架的各子域按其占上一级父区域大小的百分比来划分。如有下面的代码：

```
<frameset rows=30%,*>
<frame src="Acol.html" frameborder=1>
<frameset cols=30%,*>
    <frame src="Bcol.html" frameborder=0>
    <frame src="Ccol.html" frameborder=0>
</frameset>
</frameset>
```

上面的代码表示将窗口划分为上下两部分，上部分占整个窗口高度的30%，下部分占整个窗口高度的70%。然后将下部分的窗口分为左右两个子窗口，左右子窗口分别占下窗口宽度的30%和70%。如图6-23所示。

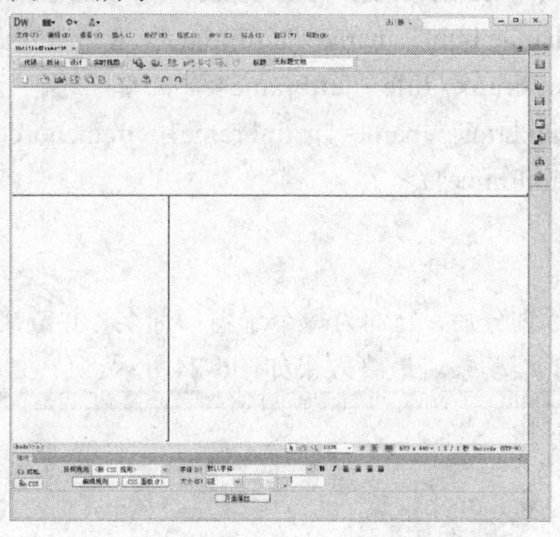

图6-23　按百分比划分窗口的效果

按像素值大小划分框架时，框架中的各子区域按照指定的像素值来设定各子区域窗口的大小。例如下面的代码：

```
<frameset rows=60，600>
<frame src="Acol.html" frameborder=1>
<frameset cols=80,*>
    <frame src="Bcol.html" frameborder=0>
    <frame src="Ccol.html" frameborder=0>
</frameset>
</frameset>
```

上面的代码先将窗口分为上下两部分，上窗口的高度为60像素，下窗口的高度为600像素；然后将下窗口分为左右两个子窗口，左子窗口的宽度为80像素，其他的部分为右子窗口。

2．<frame>标签　用<frameset>标签把窗口分割好后，各子窗口的属性用HTML的<frame>标签来定义，所以<frameset>标签中必须包含<frame>标签，用以定义各子窗口的属性。

<frame> ... </frame>标签的常用属性介绍如下：

name：用于设置框架名称。

scrolling：用于设置框架是否有滚动条，取值为 yes 有滚动条，取值为 no 则没有滚动条，取值为 auto 则根据需要自动设置，默认值是 auto。

src：用于指定该框架的 HTML 等页面文件，若不设此参数则框架内没有内容。

通过设置每个子区域的src属性值，可以在不同的子窗口中打开不同的页面。例如下面的代码：

```
<frameset rows="59,*" cols="*" frameborder="no" border="0" framespacing="0">
  <frame src="top.html" name="topFrame" frameborder="yes" scrolling="No" noresize="noresize" id="topFrame" title="topFrame" />
    <frameset cols="80,*" frameborder="no" border="0" framespacing="0">
      <frame src="change.html" name="leftFrame" frameborder="yes" scrolling="No" noresize="noresize" id="leftFrame" title="leftFrame" />
      <frame src="sici.html" name="mainFrame" frameborder="yes" scrolling="yes" id="mainFrame" title="mainFrame" />
    </frameset>
</frameset>
```

上述代码将窗口进行划分后，分别为每个子窗口命名，并链接相应的页面文件。此外，还为右下的子窗口设置了滚动条。最终效果如图6-24所示。

图6-24　框架效果

3．<noframe>标签　<noframe>…</noframe>标签用于设置当浏览器不支持框架技术时显示的文本。通常的做法是在此标签之间放置提示用户浏览器不支持框架的信息。例如下面的代码：

```
<frameset rows=30%,*>
<frame src="Acol.html" frameborder=1>
<frameset cols=30%,*>
    <frame src="Bcol.html" frameborder=0>
    <frame src="Ccol.html" frameborder=0>
<noframe>对不起，您的浏览器不支持框架。</noframe>
```

常见框架子窗口的划分方式有两种：百分比划分方式和像素值划分方式。用百分比方式划分时，将框架的各子域按其占上一级父区域大小的百分比来划分。如有下面的代码：

```
<frameset rows=30%,*>
<frame src="Acol.html" frameborder=1>
<frameset cols=30%,*>
    <frame src="Bcol.html" frameborder=0>
    <frame src="Ccol.html" frameborder=0>
</frameset>
</frameset>
```

上面的代码表示将窗口划分为上下两部分，上部分占整个窗口高度的30%，下部分占整个窗口高度的70%。然后将下部分的窗口分为左右两个子窗口，左右子窗口分别占下窗口宽度的30%和70%。如图6-23所示。

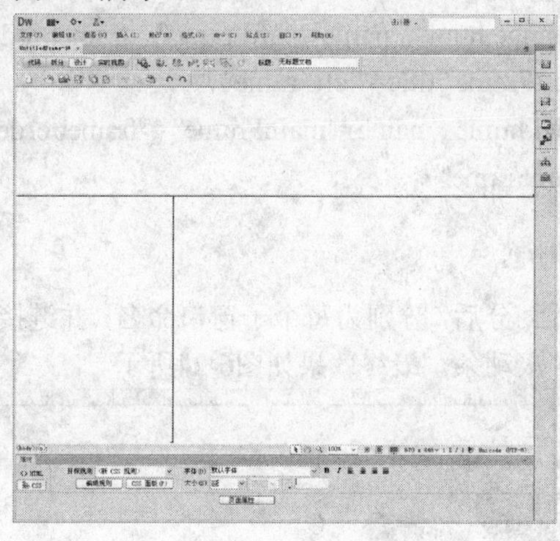

图6-23　按百分比划分窗口的效果

按像素值大小划分框架时，框架中的各子区域按照指定的像素值来设定各子区域窗口的大小。例如下面的代码：

```
<frameset rows=60，600>
<frame src="Acol.html" frameborder=1>
<frameset cols=80,*>
    <frame src="Bcol.html" frameborder=0>
    <frame src="Ccol.html" frameborder=0>
</frameset>
</frameset>
```

上面的代码先将窗口分为上下两部分，上窗口的高度为60像素，下窗口的高度为600像素；然后将下窗口分为左右两个子窗口，左子窗口的宽度为80像素，其他的部分为右子窗口。

2．<frame>标签　用<frameset>标签把窗口分割好后，各子窗口的属性用HTML的<frame>标签来定义，所以<frameset>标签中必须包含<frame>标签，用以定义各子窗口的属性。

<frame> ... </frame>标签的常用属性介绍如下：

name：用于设置框架名称。

scrolling：用于设置框架是否有滚动条，取值为 yes 有滚动条，取值为 no 则没有滚动条，取值为 auto 则根据需要自动设置，默认值是 auto。

src：用于指定该框架的 HTML 等页面文件，若不设此参数则框架内没有内容。

通过设置每个子区域的src属性值，可以在不同的子窗口中打开不同的页面。例如下面的代码：

```
<frameset rows="59,*" cols="*" frameborder="no" border="0" framespacing="0">
  <frame src="top.html" name="topFrame" frameborder="yes" scrolling="No" noresize="noresize" id="topFrame" title="topFrame" />
  <frameset cols="80,*" frameborder="no" border="0" framespacing="0">
    <frame src="change.html" name="leftFrame" frameborder="yes" scrolling="No" noresize="noresize" id="leftFrame" title="leftFrame" />
    <frame src="sici.html" name="mainFrame" frameborder="yes" scrolling="yes" id="mainFrame" title="mainFrame" />
  </frameset>
</frameset>
```

上述代码将窗口进行划分后，分别为每个子窗口命名，并链接相应的页面文件。此外，还为右下的子窗口设置了滚动条。最终效果如图6-24所示。

图6-24　框架效果

3. <noframe>标签　<noframe>…</noframe>标签用于设置当浏览器不支持框架技术时显示的文本。通常的做法是在此标签之间放置提示用户浏览器不支持框架的信息。例如下面的代码：

```
<frameset rows=30%,*>
<frame src="Acol.html" frameborder=1>
<frameset cols=30%,*>
    <frame src="Bcol.html" frameborder=0>
    <frame src="Ccol.html" frameborder=0>
<noframe>对不起，您的浏览器不支持框架。</noframe>
```

```
</frameset>
</frameset>
```

上面的代码首先划分了窗口，如果用户的浏览器不支持框架技术，则用户看到的是“对不起，您的浏览器不支持框架”。

4．<iframe>标签　<iframe> ... </iframe> 标签用于在网页中设置浮动帧网页。常用的主要属性有src和name属性。其中属性src用于设置浮动帧的初始页面的URL。name属性用于设置浮动帧窗口的标识名称，如下例代码：

```
<iframe src="yulinling.html" name="window">
    Here is a Floating Frame
</iframe>
<br><br>
<a href="dingfengbo.html" target="window">Load A</A><BR>
<a href="hechongtian.html" target="window">Load B</A><BR>
<a href="yebanle.html" target="window">Load C</A><BR>
```

如果用户的浏览器不支持框架技术，则显示<iframe>…</iframe>标签间的文字“Here is a Floating Frame”；如果支持，则显示<iframe>标签的src属性指定的页面。点击Load A、Load B 或Load C文字链接，则在浮动帧区域中显示相应的链接文件，如图6-25所示。

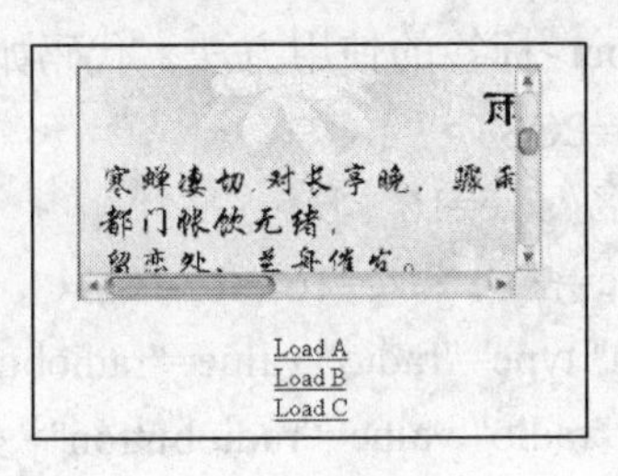

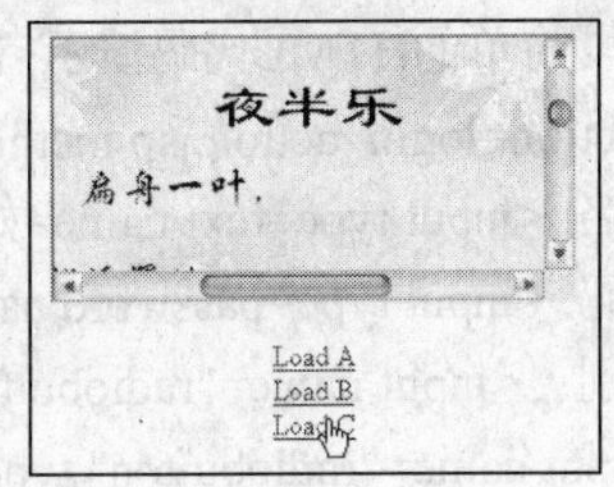

图6-25　iframe标签示例效果

6.3.8　表单标签

表单是HTML文档中用于向用户显示信息，同时获取用户输入信息的界面。当数据输入完毕后，单击“提交”按钮，即可将表单内的数据提交到服务器，服务器端根据输入的数据做相应的处理。表单的应用相当广泛，登录注册、网上查询等功能都离不开表单。

表单中有多种表单控件对象，如文本框、复选框、单选按钮等。每个表单以<form>标签开始，以</form>结束，表单中的各种表单对象都要放在这两个标签之间。

1．<form>标签　<form>…</form>标签用于表示一个表单的开始与结束，并且通知服务器处理表单的内容。其参数分别介绍如下：

name：用于指定表单的名称。

action：指定提交表单后，将对表单进行外理的文件路径及名称（即 URL）。

method：用于指定发送表单信息的方式，有 GET 方式（通过 URL 发送表单信息）和 POST 方式（通过 HTTP 发送表单信息）。POST 方式适合传递大量数据，但速度较慢；GET 方式适合传送少量数据，但速度快。

2．<input>标签　<input>标签用于在表单内放置表单对象。此标签不需成对使用。它有一个type属性，对于不同的type属性值，<input>标签有不同的属性。例如，当type=text（文本域表单对象，在文本框中显示文字）或type=password（密码域表单对象，在文本框中显示*号代替输入的文字，起保密作用）时<input>标签的属性如下：

size：文本框在浏览器的显示宽度，实际能输入的字符数由 maxlength 参数决定。

maxlength：在文本框最多能输入的字符数。

当type=submit（提交按钮，用于提交表单）或type=reset（重置按钮，用于清空表单中用户已输入的内容）时<input>标签的属性如下：

value：在按钮上显示的标签。

当type=radio（单选钮）或type=checkbox（复选钮）时<input>标签参数介绍如下：

value：用于设定单选钮或复选钮的值。

checked：可选参数，若带有该参数，则默认状态下该按钮是选中的。同一组 radio 单选钮（name 属性相同）中最多只能有一个单选钮带 checked 属性。复选钮则无此限制。

当type=image（图像）时<input>标签参数介绍如下：

src：图像文件的名称。

alt：图像无法显示时的替代文本。

align：图像对象的对齐方式，取值可以是 top、left、bottom、middle 和 right。

下面通过一段简单的HTML代码演示<input>标签的使用方法。代码如下：

```
<form action=login_action.jsp method=POST>
    姓名: <input type=text name=姓名  size=16><br>
    密码: <input type=password name=密码  size=16><br>
    性别：<input name="radiobutton" type="radio" value="radiobutton">男
    <input name="radiobutton" type="radio" value="radiobutton">女<br>
    爱好：<input type="checkbox" name="checkbox" value="checkbox">运动
    <input type="checkbox" name="checkbox2" value="checkbox">音乐<br>
    图像：<input name="imageField" type="image" src="dd.gif" width="16"
            height="16" border="0"><br>
    <input type=submit value="发送"><input type=reset value="重设">
</form>
```

上述代码在浏览器中的显示效果如图6-26所示。

图6-26　input标签的示例效果

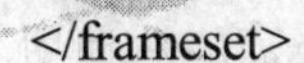

```
</frameset>
</frameset>
```

上面的代码首先划分了窗口，如果用户的浏览器不支持框架技术，则用户看到的是“对不起，您的浏览器不支持框架”。

4．<iframe>标签　<iframe > ... </iframe> 标签用于在网页中设置浮动帧网页。常用的主要属性有src和name属性。其中属性src用于设置浮动帧的初始页面的URL。name属性用于设置浮动帧窗口的标识名称，如下例代码：

```
<iframe src="yulinling.html" name="window">
    Here is a Floating Frame
</iframe>
<br><br>
<a href="dingfengbo.html" target="window">Load A</A><BR>
<a href="hechongtian.html" target="window">Load B</A><BR>
<a href="yebanle.html" target="window">Load C</A><BR>
```

如果用户的浏览器不支持框架技术，则显示<iframe>…</iframe>标签间的文字“Here is a Floating Frame”；如果支持，则显示<iframe>标签的src属性指定的页面。点击Load A、Load B 或Load C文字链接，则在浮动帧区域中显示相应的链接文件，如图6-25所示。

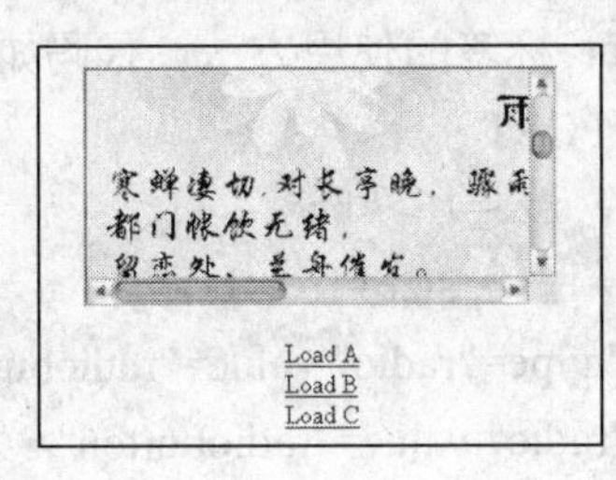

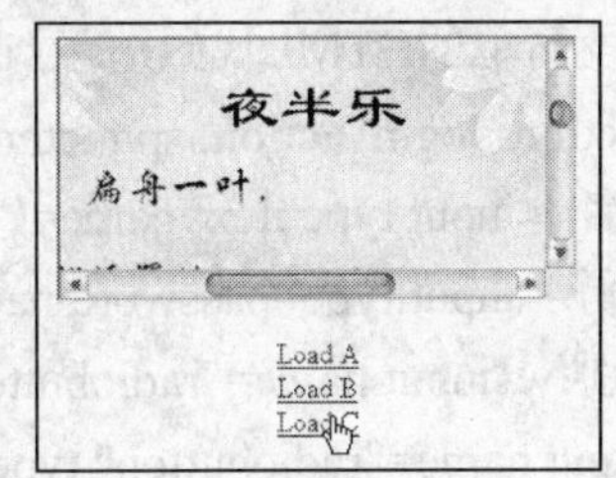

图6-25　iframe标签示例效果

6.3.8　表单标签

表单是HTML文档中用于向用户显示信息，同时获取用户输入信息的界面。当数据输入完毕后，单击“提交”按钮，即可将表单内的数据提交到服务器，服务器端根据输入的数据做相应的处理。表单的应用相当广泛，登录注册、网上查询等功能都离不开表单。

表单中有多种表单控件对象，如文本框、复选框、单选按钮等。每个表单以<form>标签开始，以</form>结束，表单中的各种表单对象都要放在这两个标签之间。

1．<form>标签　<form>…</form>标签用于表示一个表单的开始与结束，并且通知服务器处理表单的内容。其参数分别介绍如下：

name：用于指定表单的名称。

action：指定提交表单后，将对表单进行外理的文件路径及名称（即 URL）。

method：用于指定发送表单信息的方式，有 GET 方式（通过 URL 发送表单信息）和 POST 方式（通过 HTTP 发送表单信息）。POST 方式适合传递大量数据，但速度较慢；GET 方式适合传送少量数据，但速度快。

2．<input>标签　<input>标签用于在表单内放置表单对象。此标签不需成对使用。它有一个type属性，对于不同的type属性值，<input>标签有不同的属性。例如，当type=text（文本域表单对象，在文本框中显示文字）或type=password（密码域表单对象，在文本框中显示*号代替输入的文字，起保密作用）时<input>标签的属性如下：

size：文本框在浏览器的显示宽度，实际能输入的字符数由 maxlength 参数决定。

maxlength：在文本框最多能输入的字符数。

当type=submit（提交按钮，用于提交表单）或type=reset（重置按钮，用于清空表单中用户已输入的内容）时<input>标签的属性如下：

value：在按钮上显示的标签。

当type=radio（单选钮）或type=checkbox（复选钮）时<input>标签参数介绍如下：

value：用于设定单选钮或复选钮的值。

checked：可选参数，若带有该参数，则默认状态下该按钮是选中的。同一组 radio 单选钮（name 属性相同）中最多只能有一个单选钮带 checked 属性。复选钮则无此限制。

当type=image（图像）时<input>标签参数介绍如下：

src：图像文件的名称。

alt：图像无法显示时的替代文本。

align：图像对象的对齐方式，取值可以是 top、left、bottom、middle 和 right。

下面通过一段简单的HTML代码演示<input>标签的使用方法。代码如下：

```
<form action=login_action.jsp method=POST>
    姓名: <input type=text name=姓名  size=16><br>
    密码: <input type=password name=密码  size=16><br>
    性别：<input name="radiobutton" type="radio" value="radiobutton">男
    <input name="radiobutton" type="radio" value="radiobutton">女<br>
    爱好：<input type="checkbox" name="checkbox" value="checkbox">运动
    <input type="checkbox" name="checkbox2" value="checkbox">音乐<br>
    图像：<input name="imageField" type="image" src="dd.gif" width="16"
            height="16" border="0"><br>
    <input type=submit value="发送"><input type=reset value="重设">
</form>
```

上述代码在浏览器中的显示效果如图6-26所示。

图6-26　input标签的示例效果

3．<select>和<option>标签　<select>…</select>标签用于在表单中插入一个列表框对象。它和<option></option>标签一起使用，<option>标签用于为列表框添加列表项。<select>标签的常用属性简要介绍如下：

name：指定列表框的名称。

size：指定列表框中显示多少列表项（行），如果列表项数目大于 size 参数值，那么通过滚动条来滚动显示。

multiple：指定列表框是否可以选中多项，默认下只能选择一项。

<option>标签的参数有两个可选参数，介绍如下：

selected：用于设定在初始时本列表项是被默认选中的。

value：用于设定本列表项的值，如果不设此项，则默认为标签后的内容。

在 Dreamweaver 的“代码”视图的<body>…</body>标签之间输入以下代码：

```
<form action=none.jsp method=POST>
<select name=fruits size=3 multiple>
        <option selected>足球
        <option selected>蓝球
        <option value=My_Favorite>乒乓球
        <option>羽毛球
</select><p>
<input type=submit><input type=reset>
</form>
```

保存文档，按F12键在浏览器中查看显示效果，如图6-27所示。

4．<textarea>标签　<textarea>…</textarea>标签的作用与<input>标签的type属性值为text时的作用相似，不同之处在于，<textarea>显示的是多行多列的文本区域，而<input>文本框只有一行。<textarea>和</textarea>之间的文本是文本区域的初始文本。<textarea>标签的常用属性如下：

name：指定文本区域的名称。

rows：文本区域的行数。

cols：文本区域的列数。

wrap：用于设置是否自动换行，取值有 off（不换行，是默认设置）、soft（软换行）和 hard（硬换行）。

在 Dreamweaver 的“代码”视图的<body>…</body>标签之间输入以下代码：

```
<form action=/none.jsp method=POST>
    <textarea name=comment rows=5 cols=20>
    在这里输入要查询的内容
    </textarea>
    <br>
    <input type=submit><input type=reset>
</form>
```

保存文档，按F12键在浏览器中预览显示效果，如图6-28所示。

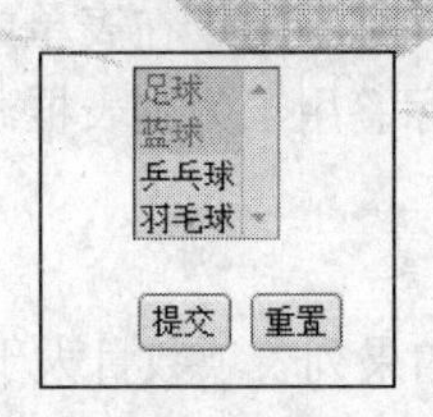

图6-27　示例效果

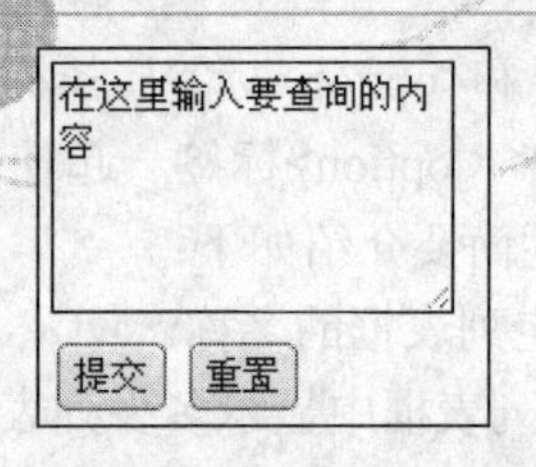

图6-28　示例效果

6.3.9　其他标签

1．<img>标签　图像可以使页面更加生动美观，、富有生机。在HTML文档中插入图像通过<img>标签实现，该标签除src属性是不可缺省的以外，其他属性均为可选项。其属性如下所示：

src：用于指定要插入图像的地址和名称。

alt：用于设置当图像无法显示时的替换文本，或载入图像后，将光标移到图像上时显示的提示文本。

align：用于设置图像和页面其他对象的对齐方式，取值可以是 top，middle 和 bottom。

border：用于设置图像的边框厚度，以像素为单位。

vspace：用于设置图像与其他图像或页面对象的垂直边距，以像素为单位。

hspace：用于设置图像与其他图像或页面对象的水平边距，以像素为单位。

width 和 height：用于设置图片的宽度和高度。

使用示例：

```
<img src="new.gif" width="20" height="20" border="1">
```

<img>标签还可用于在网页中插入影像片断，例如：

```
<img src="url.gif" dynsrc="url.avi">
```

Dynsrc：设置播放视频的 AVI 文件。例如上面的语句使用 url.avi 文件来播放。

Src：指定作为视频的封面的图片。例如上面的语句指定用 url.gif，即：在浏览器尚未完全读入 AVI 文件时，先在 AVI 播放区域显示 url.gif。

Start：设置何时开始播放 AVI。其值为 fileopen, mouseover，且默认值是 #=fileopen，即在链接到含本标签的页面时开始播放 AVI；而 mouseover 是指当把光标移到 AVI 播放区域之上时才开始播放 AVI，例如：

```
<img src="SAMPLE-S.GIF" dynsrc="SAMPLE-S.AVI" start=mouseover>
```

用户也可以同时设置两者，例如：<img start=fileopen,mouseover>。

Controls：用于在视频窗口下附加 MS－WINDOWS 的 AVI 播放控制条。

例如：<img src="SAMPLE-S.GIF" dynsrc="SAMPLE-S.AVI" controls>

Loop：设置循环播放。

例如：<img src="SAMPLE-S.GIF" dynsrc="SAMPLE-S.AVI" loop=3>表示循环播放3次。

2．<a>标签　HTML最显著的优点就在于它支持文档的超级链接，可以很方便地在不同文档以及同一文档的不同位置之间跳转。HTML是通过链接标签<a>实现超级链接的。

<a>标签是封闭性标签，其起止标签之间的内容即为锚标。<a>标签有两个不能同时使用的属性href和name，此外还有target属性等，分别介绍如下：

（1）href用于指定目标文件的URL地址或页内锚点。当超级链接的一个起点要链接到锚点时，应采用如下的格式：

<a　herf="#...">...</a>。herf属性值的#号后的省略号为命名锚点的名字。<a>标签使用此属性后，在浏览器中单击锚标，页面将跳转到指定的页面或本页中指定的锚点位置。例如：

<a href="url">点击这里</a>

表示当单击链接文本“点击这里”时，会打开url所指向的文件页面。

<a herf="http://www.tom.com/abc/002.htm#abc">锚点</a>

表示当点击链接起点文字“锚点”时，将会打开http://www.tom.com/abc/002.htm文件，并定位到该页面中命名为abc锚点的特定位置。

（2）name用于标识一个目标，该目标终点是一个文件中指明的特定的地方。这种链接的终点就称为命名锚点。

例如：<a name="name">text</a>

（3）target：用于设定打开新页面所在的目标窗口。如果当前页面使用了框架技术，还可以把target设置为框架名。

例如：<a herf="http://www.tom.com/abc/002.htm#abc"　target=main>锚点链接</a>

表示当点击链接起点文字“锚点链接”时，将链接的页面在名为main的框架中打开。

3．<meta>标签　<meta>标签是实现元数据的主要标签，它能够提供文档的关键字、作者、描述等多种信息，在HTML的头部可以包括任意数量的<meta>标签。<meta>标签是非成对使用的标签，它的参数介绍如下：

name：用于定义一个元数据属性的名称。

content：用于定义元数据的属性值。

scheme：用于解释元数据属性值的机制。

http-equiv：可以用于替代name属性，HTTP服务器可以使用该属性来从HTTP响应头部收集信息。

charset：用于定义文档的字符解码方式。使用示例：

```
<meta name = "keywords" content = "comey制作">
<meta name = "description" content = " comey制作">
<meta http-equiv="Content-Type" content="text/html; charset=gb2312">
```

4．<link>标签　也称作外部样式表，它是把CSS写到一个扩展名为CSS的文件中，主要用于多个页面排版风格的统一控制，避免对单个页面重复地设置CSS样式。<link>是一个非封闭性标签，只能在<head>...</head>中使用。

<link>标签定义了文档之间的包含。在HTML的头部可以包含任意数量的<link>标签。<link>标签带有很多参数，下面介绍的是一些常用的参数：

href：用于设置链接资源所在的URL。

title：用于描述链接关系的字符串。

rel：用于定义文档和所链接资源的链接关系，可能的取值有Alternate，Stylesheet，Start，

Next，Prev，Contents，Index，Glossary，Copyright，Chapter，Section，Subsection，Appendix，Help 和 Bookmark 等。如果希望指定不止一个链接关系，可以在这些值之间用空格隔开。

rev：用于定义文档和所链接资源之间的反向关系。其可能的取值与 rel 属性相同。

例如，<link rel="Shortcut Icon" href="soim.ico">，表示将浏览器地址栏里面的e图标替换为href属性指向的图标，当收藏该页时候，收藏夹里的图片也将随之改变。

<link href="css.css" rel="stylesheet" type="text/css">表示把文档和一个CSS文档连接起来，在网页中应用css.css文件作为其外部样式。

5．<base>标签　是一个非封闭性的基链接标签，定义文档的基础URL地址。在文档中所有的相对地址形式的URL都是相对于这里定义的URL而言的。一篇文档中的<base>标签不能多于一个，必须定义在标签<head>与</head>之间，并且应该在任何包含URL地址的语句之前。<base>标签的属性简要介绍如下：

href：指定了文档的基础 URL 地址。该属性在<base>标签中是必须存在的。

target：target 属性同框架一起使用，它定义了当文档中的链接被点击后，在哪一个框架集中展开页面。如果文档中超级链接没有明确指定展开页面的目标框架集，则使用这里定义的地址代替。

例如，如果在HTML文档的头部定义了<base href = http://www.microsoft.com target="_blank">，则单击链接<a href="document.html" target="_self">document</a>，将打开http://www.microsoft.com/document.html文件，也就是在相对路径的文件前加上基链接指向的地址。如果目标文件中的链接没有指定target属性，就用base标签中的target属性。

6．<bgsound>标签　用于在网页中添加背景音乐。其常用到src和loop两个属性。

其中，src属性用于设置所加载的背景音乐的URL地址；loop属性用于设置背景音乐播放的循环次数，当其属性值设置为-1时表示背景无限制循环播放，至到页面被关闭。

例如，<bgsound src="sound.wav" loop=3></bgsound>表示添加网页相同目录下的sound.wav文件作为背景音乐，并设置循环播放次数为3次。

7．<style>标签　<style>…</style>标签用于在网页当前文档中创建样式，也叫嵌入样式表，它把CSS直接写入到HTML的head部分，这是CSS最为典型的使用方法。

在<style>标签中可以创建多个不同的命名样式。文档内容可以直接运用这些定义好的样式，例如：

```
<style type="text/css">
<!--
body {
     background-image: url(2004116234509589.gif);
     background-repeat: repeat;
}
a:link {
     color: #006600;
     text-decoration: none;
}
a:visited {
```

```
        text-decoration: none;
        color: #660000;
}
a:hover {
        text-decoration: none;
}
a:active {
        text-decoration: none;
        color: #0000FF;
}
-->
</style>
```

在上面的代码中，<style>标签定义了5个样式。分别用于设置页面背景图像、未访问过的链接颜色、已访问过的链接颜色、当前链接和活动链接颜色。如果要在文本中应用上述样式，可以在文字修饰标签中应用class属性和属性值。例如：

```
<font class=a:active>我的主页</font>
```

8．<marquee>字幕标签　<marquee> ... </marquee>标签用于在页面中设置滚动字幕。其常用的属性如下：

- direction：用于设置字幕的滚动方向，属性值可设置为 left 和 right。
- behaviorscroll：用于设置字幕的滚动方式，属性值可设置为 slide、alternate。
- loop：用于设置字幕的滚动时的循环次数，属性值可设置为整数，若未指定则循环不止（infinite）。
- scrollamount：用于设置字幕滚动的速度，属性值为整数。
- scrolldelay：用于设置字幕滚动的延迟时间，属性值为整数。

例如：

```
<marquee loop=3 width=50% behavior=slide scrolldelay=500 scrollamount=100>刚刚风无意吹起！</marquee>
```

6.4 CSS 样式

在网页制作过程中，可能经常需要在多个文档中应用一些相同的、复杂的段落或字符特效，并且还要嵌入某种样式的图像效果。使用CSS样式可以轻松解决这个问题。

CSS是一组能控制文档范围内文本外观的格式化属性集合，是一个包含了一些CSS标签，以.css为文件名后缀的文本文件。它是一种设计网页样式的工具，在标准的网页设计中负责网页内容(XHTML)的表现。与传统的HTML样式相比，CSS样式有以下特点：

1．将格式和结构分离　利用CSS样式，不必再把繁杂的样式定义编写在文档中，可以将所有有关文档的样式全部脱离出来，在行定义，在标题中定义，甚至作为外部样式文件供HTML调用，控制多篇文档的文本格式，具有很好的易用性和扩展性，同时HTML仍可以保持简单明了的特性。

2．以前所未有的能力控制页面布局　HTML语言对页面总体上的控制很有限，如精确定位、行间距或字间距等，而这些控制通过CSS可轻松实现。

3．制作体积更小，网页下载更快　CSS只是简单的文本，它不需要图像，不需要执行程序，不需要插件。使用层叠样式表可以减少表格标签及其他加大HTML体积的代码，减少图像使用量从而控制文件大小。

4．轻松地同时更新多个网页　在没有CSS的时代，如果想更新整个站点中所有主体文本的字体，就必须一页一页地修改网页，费时且容易出错。而CSS主旨就是将格式和结构分离，网页设计者可以将站点上所有的网页都指向单一的一个CSS文件，只要修改CSS文件中的某一行，那么整个站点都会随之发生改变。

5．良好的兼容性　CSS的代码有很好的兼容性，也就是说，即使某些用户的浏览器不支持CSS，在浏览采用了CSS的网页时，浏览器会忽略CSS定义的格式，从而不影响用户浏览。

Dreamweaver CS6提供了对CSS样式创作的完美支持，无需编写代码即可实施 CSS 最佳做法。用户可以直接在“属性”面板中新建 CSS 规则，并在样式级联中清晰、简单地显示每个属性的相应位置，从而可以更方便地为元素来控制和删除样式。

在Dreamweaver CS6中，执行“窗口”/“CSS样式”命令，即可打开“CSS样式”面板，如图6-29所示。

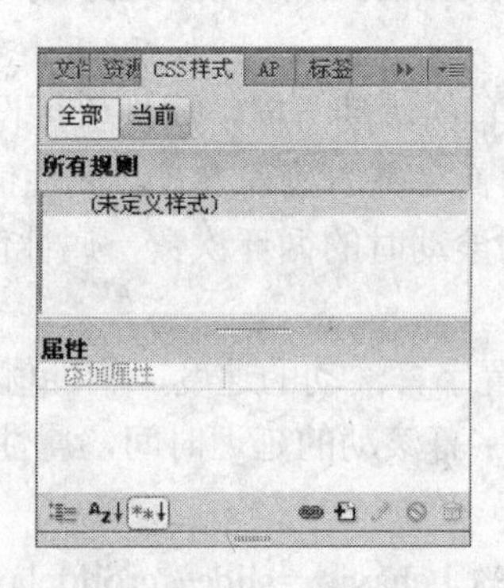

图6-29　“CSS样式”浮动面板

在浮动面板上可以选择两种模式的视图，选择“全部”模式，则列出整份文件的CSS规则和属性；选择“当前”模式，则显示当前选取页面元素的 CSS 规则和属性。

6.4.1　基本语法规范

CSS是一种对Web文档添加样式的简单机制，属于表现层的布局语言。CSS样式的定义代码一般书写在HTML文档的头部，通常由一系列的样式规则组成，以告诉浏览器如何呈现一个文档。将样式规则加入到HTML文档中有很多方法，最简单的启动方法是使用HTML的<style>标签。

CSS样式表每个规则的组成包括一个选择器（通常是一个HTML的元素，例如body、p或em）和该选择器所接受的样式。定义一个元素可以使用多个属性，每个属性带一个值，共同描述选择器应该如何呈现。样式规则组成如下所示：

选择器 {属性1: 值1; 属性2: 值2}

下面看一个典型的CSS语句：

```
p {COLOR:#FF0000;BACKGROUND:#FFFFFF}
```

其中，p称之为“选择器”(selectors)，用于指明该语句是要给p定义样式；一对大括号{}用于样式声明；大括号中的COLOR和BACKGROUND称为“属性”(property)，不同属性之间用分号分隔；#FF0000和#FFFFFF是属性的值(value)。

单一选择器的复合样式声明应该用分号隔开。例如，以下是一段定义了H1和H2元素的颜色和字体大小属性：

```
<HEAD>
<TITLE>第一个CSS例子</TITLE>
<STYLE TYPE="text/css">
H1 { font-size: x-large; color: red }
H2 { font-size: large; color: blue }
</STYLE>
</HEAD>
```

上述的样式表告诉浏览器用加大号的红色字体显示一级标题；用大号的蓝色字体显示二级标题。

如果要将多个选择器声明为相同的样式，为了减少样式表的重复声明，可以使用组合的选择器声明。例如，将文档中所有标题的颜色设置为红色，字体为sans-serif，可以通过以下组合给出声明：

```
H1, H2, H3, H4, H5, H6 { color: red; font-family: sans-serif }
```

此外声明样式时，还可以用空格隔开两个或更多的单一选择器，这种选择器称为关联选择器。由于层叠顺序的规则，它们的优先权比单一的选择器大，例如：

```
p em { background: red }
```

这个例子中关联选择器是p em。这个值表示段落中的强调文本会是红色背景；而标题的强调文本则不受影响。

下面分别介绍样式表的各个组成部分。

1. 选择器　任何html元素都可以是一个CSS的选择器，选择器仅仅是指向特别样式的元素。根据声明的不同，可把选择器分为四类，分别介绍如下：

（1）类：创建可作为“类”属性应用于文本范围或文本块的自定义样式。它由用户给定样式表元素名称，并且可以在整个 HTML 中被调用。

“类”可以看作是为样式规则命名的选择器。一个html元素的选择器可以有不同的“类”，因而允许同一元素有不同的样式。在CSS中，用一个点开头表示类别选择器定义，例如：

```
.14px {color : #f60 ;font-size:14px ;}
```

这个方法比较简单灵活，可以随时根据页面需要新建和删除。例如在不同的段落使用不同颜色的文本：

```
p.red { color: red }
p.green { color: green }
```

以上的例子建立了red和green两个类，供不同的段落使用。如果要将样式应用于指定的网页元素，用class="类别名"的方法指明元素使用的样式类，例如：

<p class=red>第一段文本</p>

则段内文本使用p.red类样式。每个选择器在某一时刻只允许使用一个类。

声明类时，也可以不指定具体元素，例如：

```
.cn01 { font-size: small }
```

在这个例子，名为cn01的类可以被用于任何元素。

（2）标签：用于重新定义一个特定 HTML 标签的默认格式。单击“CSS”面板中“标签”下拉列表框，可以看到所有的 HTML 标识符，从中选择一个标识符，或直接输入一种 HTML 标识符，如<BODY>，<H1>等，重新进行定义。样式一经定义就在整个 HTML 文件中通用。

例如，链接文本默认情况下均显示为蓝色，且有下划线。以下代码重新定义了<a>标签，设置链接文本的字体族为Verdana, Arial, Helvetica, sans-serif；大小为12；颜色为红色。

```
a {
    font-family: Verdana, Arial, Helvetica, sans-serif;
    font-size: 12px;
    font-style: normal;
    color: #FF0000;
}
```

（3）复合内容：用于定义组合样式（两个或两个以上 CSS 元素组合）以及具有特殊序列号（ID）的样式元素。选择器提供了四种给定的组合样式，分别是 a:active（激活的链接）；a:hover（当前链接）； a:link（链接）； a:visited（访问过的链接）。通过对这 4 个元素的定义可以在网页中非常方便地制作有个性的超级链接。

例如，以下代码设置链接文本的字体为隶书；字体大小为14px；颜色为绿色。

```
a:link {
    font-family: "隶书";
    font-size: 14px;
    color: #006600;
}
```

（4）ID：选择器用于个别地定义每个元素的成分。这种选择器应该尽量少用，因为它具有一定的局限。指定 ID 选择器时，其名字前面要有指示符“#”，例如：

```
#myid{ text-indent: 3em }
```

使用ID选择器的方式如下：

<p id=myid>文本缩进3em</p>

2．属性、值和注释　为选择器指定属性是为了具体设置选择器某方面外观。属性包括颜色、边界和字体等。属性值是一个属性接受的指定。下面着重说一下颜色值和字体的属性值。

颜色值可以用RGB值写，例如：color : rgb(255,0,0)；也可以用十六进制写，例如

color:#FF0000。如果十六进制值是成对重复的可以简写，效果一样。例如:#FF0000可以写成#F00。但如果不重复就不可以简写，例如#FC1A1B必须写满六位。

关于字体，Web标准推荐如下字体定义方法：

body { font-family : "Lucida Grande", Verdana, Lucida, Arial, Helvetica, 宋体,sans-serif; }

字体按照所列出的顺序选用。

在上例中，如果用户的计算机包含有Lucida Grande字体，文档将被指定为Lucida Grande。如果没有，则被指定为Verdana字体，如果也没有Verdana，就指定为Lucida字体，依此类推；其中，Lucida Grande字体适合Mac OS X；Verdana字体适合所有的Windows系统；Lucida适合UNIX用户；宋体适合中文简体用户，如果所列出的字体都不能用，则调用系统字体sans-serif。

样式表里面的注释使用与C语言编程中一样的约定方法，即使用/*…*/指定。例如以下代码就是CSS1注释的一个例子：

```
/* COMMENTS CANNOT BE NESTED */
```

3. 伪类和伪元素　是特殊的类和元素，能自动地被支持CSS的浏览器所识别。伪类区别于不同种类的元素，例如visited links（已访问的连接）和active links（可激活连接）描述了两个定位锚（anchors）的类型。伪元素指元素的一部分，例如段落的第一个字母。伪类或伪元素规则的定义形式与选择器相似，如下所示：

```
伪类{ 属性: 值 }
伪元素{ 属性: 值 }
```

伪类和伪元素不是用html的class属性指定。一般的类可以与伪类和伪元素一起使用，例如下面的形式：

```
选择器.类: 伪类 { 属性: 值 }
选择器.类: 伪元素 { 属性: 值 }
```

常用的伪类和伪元素如下：

（1）定位锚伪类。伪类可以指定 a 元素以不同的方式显示链接、已访问链接和可激活链接。CSS 中用四个伪类来定义链接的样式，分别是：a:link、a:visited、a:hover 和 a : active，例如：

```
a:link{font-weight : bold ;text-decoration : none ;color : #c00 ;}
a:visited {font-weight : bold ;text-decoration : none ;color : #c30 ;}
a:hover {font-weight : bold ;text-decoration : underline ;color : #f60 ;}
a:active {font-weight : bold ;text-decoration : none ;color : #F90 ;}
```

以上语句分别定义了链接、已访问过的链接、光标停在上方时、按下鼠标时的样式。

注意：

在 CSS 中定义链接样式时，必须按以上顺序书写，否则显示效果可能会和预想的不一样。

（2）首行伪元素。通常报纸上的文章首行都会以全部大写的粗体展示。使用 CSS1

的首行伪元素可以轻松实现这个功能。首行伪元素可以用于任何块级元素，例如 P、H1 等等。以下是一个首行伪元素的例子：

P:first-line{font-variant: small-caps;font-weight: bold}

（3）首个字母伪元素。首个字母伪元素用于加大显示每个单词的首字母。一个首个字母伪元素可以用于任何块级元素，例如：

P:first-letter{font-size: 300%; float: left}

则段落中首字母会比普通字体加大三倍。

6.4.2 创建CSS样式

层叠样式表是W3C用来加强HTML标签在显示网页文件上的不足之处而规划的，所以在用法上基本与HTML并无两样，只是加强了原来HTML中样式的功能。下面通过一个简单实例介绍创建CSS样式的方法步骤。

01 将插入点放在文档中。在CSS样式面板中，单击面板右下角区域中的“新建CSS样式”按钮。

02 在弹出的图6-30所示的“新建CSS规则”对话框中选择CSS样式表的类型。本例选择“标签”。

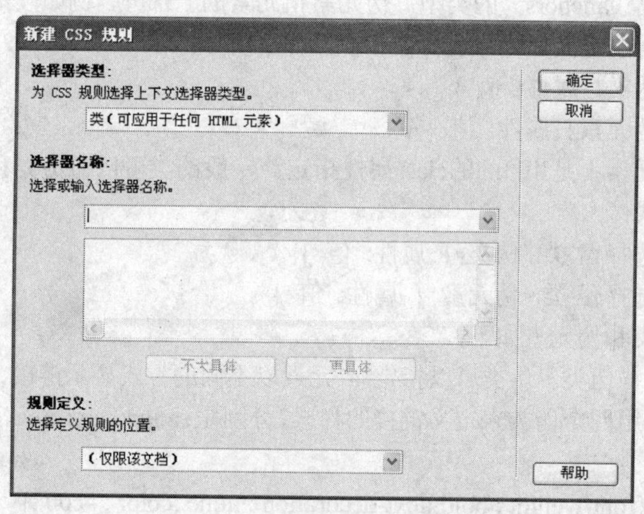

图6-30 “新建CSS规则”对话框

在Dreamweaver CS6中可以定义以下四种类型的CSS样式：

（1）类：创建可作为类属性应用于文本范围或文本块的自定义样式，可应用于任何HTML元素。选择该项后输入选择器名称。类名称必须以英文字母或句点（.）开头，不可包含空格或其他标点符号。

（2）标签：重定义特定HTML标签的默认格式。选择该项后要在“选择器名称”区域输入一个HTML标签，或从下拉列表中选择一个HTML标签。

（3）复合内容：为具体某个标签组合或所有包含特定Id属性的标签定义格式。选择该项后，需要在“选择器”域中输入一个或多个HTML标签，或从弹出式菜单中选择一个标签。弹出菜单中提供的选择器包括a:active、a:hover、a:link和a:visited。

（4）ID：仅用于一个HTML元素，个别地定义该元素的成分。ID名称必须以英文字母开头，可在名称前添加“#”，不应包含空格或其他标点符号。

03 在“选择器名称”下方的下拉列表中选择“h1”。

04 在“规则定义”下方的下拉列表中选择定义样式的位置。本例选择“仅限该文档”。若要创建外部样式表，请选择“新建样式表文件”；若要在当前文档中嵌入样式，请选择“仅限该文档”。

05 单击“确定”按钮，出现图6-31所示的“CSS规则定义”对话框。

06 在对话框中设置新CSS样式选项，类型定义如图6-31所示：字体为“方正彩云简体”，大小为60像素，颜色为#09C。然后在分类栏选择“区块”，在打开的页面设置文本对齐方式为“居中”。设置完毕后单击“确定”按钮。

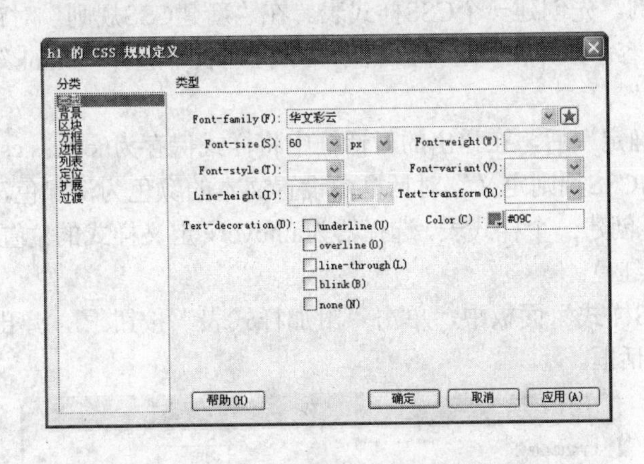

图6-31 “CSS规则定义”对话框

至此， CSS样式创建完毕，应用该样式前后页面的效果如图6-32所示。

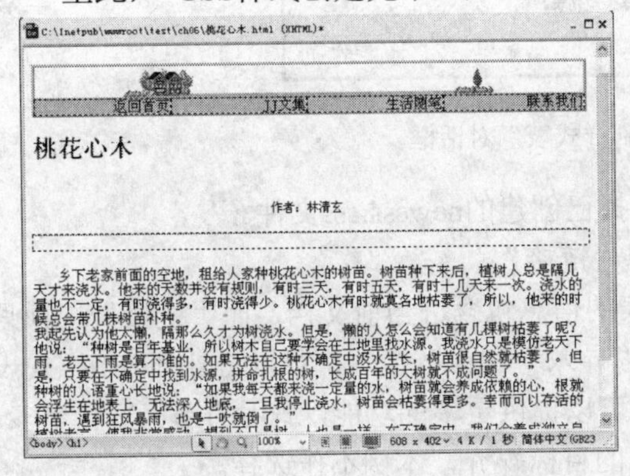

图6-32 应用新规则前后的效果

在Dreamweaver CS6中还可以将多个 CSS 类应用于单个元素。选择一个元素，执行以下操作之一打开“多类选区”对话框，然后选择所需类。可以从多个访问点打开“多类选区”对话框：

- 在HTML 属性面板的“类”下拉列表中选择“应用多个类”。
- 在CSS 属性检查器的“目标规则”弹出菜单中选择“应用多个类”。

- 在“文档”窗口的底部的标记选择器上单击鼠标右键，在弹出的快捷菜单中选择“设置类”/“应用多个类”。

应用多个类之后，Dreamweaver 会根据选择创建新的多类。

6.4.3 链接外部CSS表

所谓外部CSS样式表，指的是一个包含样式和格式规范的外部文本文件。对一个外部CSS 样式表进行编辑后，所有同该 CSS 样式表链接的文档都会根据所作的修改自动进行更新。

下面演示链接/导入一个外部样式表的操作步骤。

01 继续上例。先创建一个CSS样式表。在“新建CSS规则”对话框中选择CSS样式的类型为“复合内容”，并在“选择器名称”下拉列表中选择“a:link”。定义样式的位置选择“新建样式表”。

02 单击“确定”后，在弹出的对话框中将样式保存为newcss.css。单击“确定”，在打开的“a:link的CSS规则定义”对话框中设置文本的颜色为深绿色，无修饰。

03 同理，再创建一个样式表，选择器为a:hover，定义样式的位置选择“newcss.css”，字号为20，颜色为红色。

04 在“CSS样式”面板中，单击“附加样式表”按钮，弹出图6-33所示的“链接外部样式表”对话框。

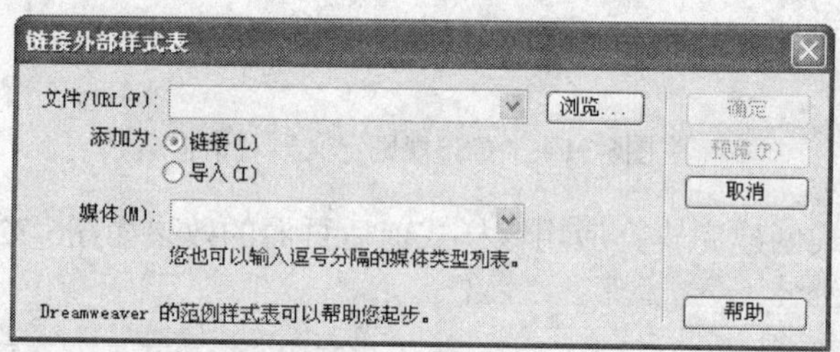

图6-33 “链接外部样式表”对话框

05 单击对话框中的“浏览”按钮，选择已创建的newcss.css文件。

06 选择样式表的添加方式。本例选择“链接”。

如果选择“导入”，会将外部CSS样式表的信息包含进当前文档，而“链接”选项只读取和传送信息，不会载入样式信息。虽然“导入”和“链接”都可以将外部CSS样式表中的所有样式调用到当前文档中，但“链接”可以提供更多的功能，适用的浏览器也更多。

07 在“媒体”下拉列表中指定样式表的目标媒介，本例不作选择。

08 单击“确定”按钮，将所需的样式应用于当前页面。

09 选中文档中的“林清玄”，在属性面板的“链接”文本框中键入相应的链接URL。

10 保存文档。按F12键在浏览器中预览页面。

至此，外部样式表newcss.css已经分配给当前的文档，效果如图6-34所示。

在浏览器中预览该页面时，链接文本显示为深绿色；当将鼠标指针移到链接文本上时，链接文本显示为红色，且字体大小为20号。

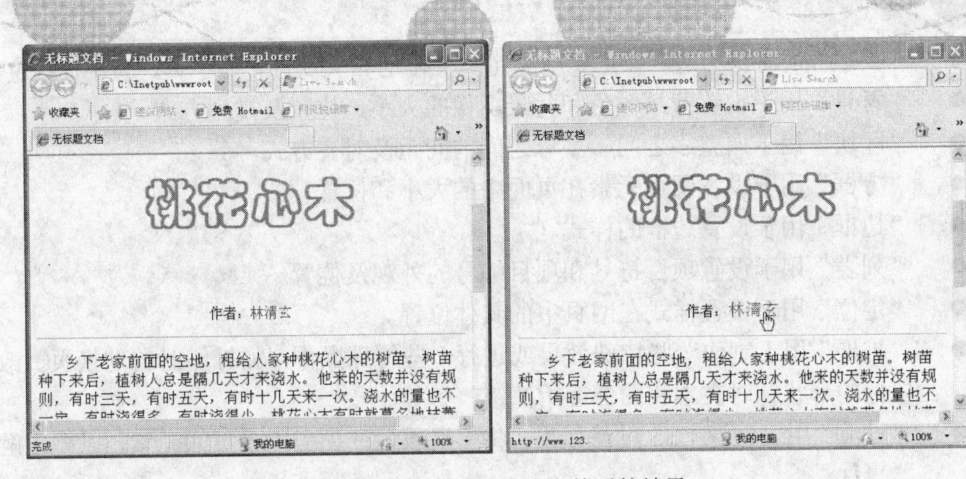

图6-34　链接外部样式表前后的效果

6.4.4　编辑CSS样式

Dreamweaver CS6提供了多种方式对样式表进行管理。如果要编辑某个样式表，请执行以下操作之一：

- 单击文本属性面板左上角的 CSS 按钮，在“目标规则”下拉列表中选择要编辑的 CSS 样式，然后单击 编辑规则 按钮；
- 执行“窗口”/“CSS 样式”命令打开“CSS 样式”面板，在样式列表中双击要修改的样式；
- 在“CSS 样式”面板中选中要修改的样式，然后单击“CSS 样式”面板底部的“编辑样式”按钮，打开“CSS 规则定义”对话框；
- 执行“窗口”/“CSS 样式”命令打开“CSS 样式”面板，单击面板下方的属性值，当属性值区域变为可编辑状态时，直接对选中的属性进行修改，如图 6-35 所示。

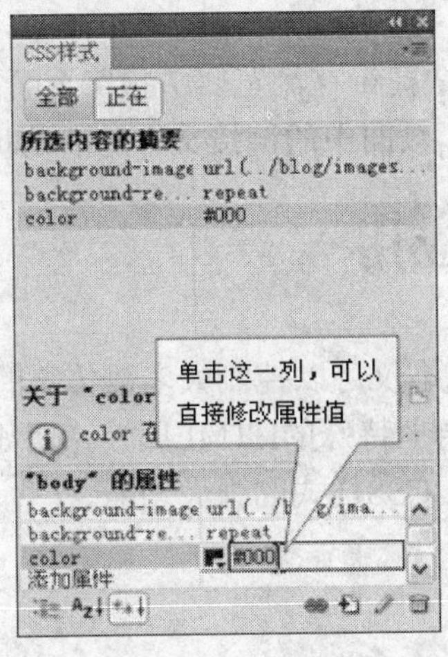

图6-35　直接修改属性值

“CSS规则定义”对话框的分类列表中共有如下9个选项，选择其中一个选项时，面板右边会显示当前选项对应的参数。

- “类型”是默认的选项，主要用于定义文本的相关属性，如字体、大小、颜色等。
- “背景”用于设置背景颜色和背景图像的大小、位置及排列方式。
- “区块”用于调整字之间、字母之间的间距及对齐方式。
- “方框”用于设置网页元素在页面中的大小和位置。
- “边框”用于设置边框的样式。
- “列表”用于设置项目符号和项目编号的外观及位置。
- “定位”用于设置样式在网页中的具体位置。
- “扩展”用于制作一些特殊效果或进行一些特殊操作，如打印时自动换页、改变鼠标的形状、对文本和图像应用滤镜，等等。
- “过渡”用于创建 CSS 过滤效果，将平滑属性变化应用于页面元素，以响应触发器事件。

6.4.5 实例制作之创建样式表

默认状态下，超级链接的文本显示为蓝色，并标记有下划线。为页面美观，使文本与页面其他元素融合，个人网站为页面定义了样式表，步骤如下：

01 打开将作为主页的index.html。目前还只制作了导航条。

02 选择“窗口”/“CSS样式”菜单命令，打开“CSS样式”面板。单击该面板右下角的“新建CSS规则”按钮，弹出“新建CSS规则”对话框。

03 在对话框中，选择CSS样式的类型为“复合内容”，并在“选择器名称”下拉列表中选择“a:link”，定义样式的位置选择“新建样式表”。

04 单击“确定”后，在弹出的对话框中将样式保存为newcss.css。单击“确定”，在打开的“a:link的CSS规则定义”对话框中设置文本的颜色为绿色，无修饰。

05 同理，再创建一个样式表，选择器为a:hover，定义样式的位置选择“newcss.css”，字号为18，颜色为桔红色。

06 保存文档。按F12快捷键在浏览器中预览页面。

以上两个CSS样式定义了页面中的链接文本的活动状态和鼠标指针经过时的状态。

6.5 CSS 样式的应用

HTML文档中的CSS样式不仅可以控制大多数传统的文本格式属性，例如字体、字号和对齐方式等，还可以定义一些特殊的HTML属性，例如定位、特别效果和鼠标轮替等。下面通过两个简单的实例演示CSS样式的强大功能。

6.5.1 变化的鼠标

在网页中，鼠标指针可以根据需要而发生形状上的各种变化。例如，移动到链接文字上时，会显示为手形；移到正文上时，显示为指针。下面通过一个简单实例演示如何通过CSS来改变鼠标指针的样式，使鼠标指针移到不同的元素上时，显示不同的形状。

01 新建一个HTML文档。执行“修改”/“页面属性”命令，弹出页面属性对话框。

02 单击“浏览”按钮选择背景图像。由于背景图像没有填满整个窗口，Dreamweaver会自动平铺（重复）背景图像，如图6-36所示。

下面使用CSS样式表禁用图像平铺。

03 执行“窗口”/“CSS样式”命令，打开“CSS样式”浮动面板。

04 单击“CSS样式”面板上的“新建CSS规则”按钮，在弹出的“新建CSS规则”对话框的“选择器类型”下拉列表中选择“类（可应用于任何HTML元素）”，在“选择器名称”文本框中键入“.background”，在“规则定义”下拉列表中选择“仅限该文档”，然后单击“确定”按钮关闭对话框。

05 在“CSS样式定义”对话框的“分类”列表框中，选择“背景”选项。单击“浏览”按钮，选择图像文件。单击“重复”下拉列表框下拉箭头，选择“不重复”。然后单击“确定”按钮。

06 在文档窗口的状态栏中右击<body>标签，并从弹出的快捷菜单中选择“设置类”子菜单中的.background。应用样式后的效果如图6-37所示。

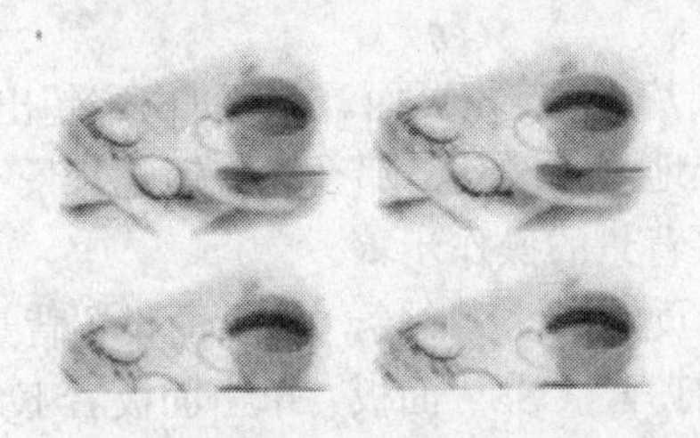

图6-36　图像平铺效果

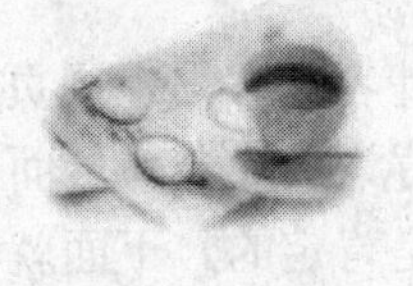

图6-37　禁用图像平铺效果

07 在文档窗口中输入如下内容：“鼠标效果”，并在属性面板中将这段文字设置为一级标题。然后在文档窗口中输入如下内容：“请把鼠标移到相应的位置查看效果。”

08 选择“插入”/“布局对象”/“AP Div”命令，或单击“布局”插入面板上的“绘制AP Div”的图标，在文档窗口插入4个AP元素，在对应的属性设置面板中设置它们的“CSS-P元素名称”分别为apDiv1、apDiv2、apDiv3及apDiv4。

09 在4个AP元素中分别输入“文本”、“等待”、“指针”及“求助”。然后新建CSS规则，使文本居中显示。输入文本内容后的文档显示如图6-38所示。

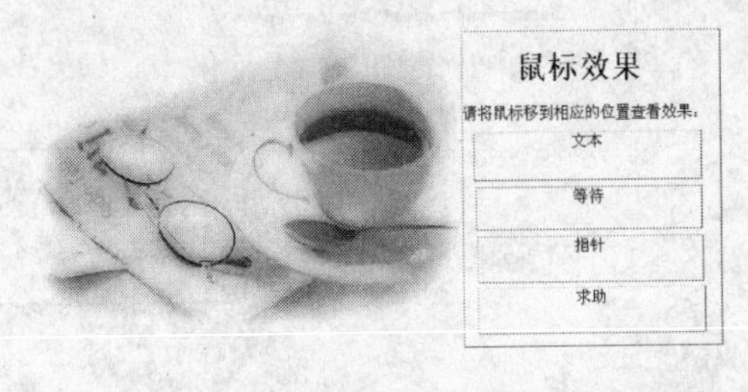

图6-38　文档窗口显示效果

10 打开“CSS样式”面板。单击该面板右上角的选项菜单按钮，从打开的下拉菜单中选择“新建CSS样式”命令，弹出“新建CSS样式”面板。

11 在该面板中选择“ID”选项，然后在“名称”文本框中输入#apDiv1，最后选中面板底部的“仅限该文档”选项。

12 设置完成后单击按钮“确定”进行确认，并打开“CSS规则定义”对话框。单击对话框左侧“分类”列表框中的“扩展”选项，切换到扩展设置面板中。

13 打开“光标”选项后面的下拉列表框，选择Text，表示当鼠标移动到该文本上时变为选择文本的形状I。

14 通过同样的方法为其他3个AP元素设置对应的鼠标指针形状。

15 设置完成后单击“确定”按钮，进行确认并关闭该面板，返回到文档窗口。打开文件菜单，选择保存命令，将该文档保存。按F12键进行预览网页，当把鼠标指针移动到文字“手形”上时，鼠标指针将变成手的形状；当把鼠标移动到其他文本上时，鼠标指针将变为对应形状。

需要注意的是，有些CSS样式只有在预览时才能看到显示效果，例如本例中的CSS样式。

6.5.2 背景不跟随内容滚动

很多网页设计者都习惯在网页中添加背景图片，以美化页面。当网页内容超出一屏时，拖动滚动条时，背景图片会与页面内容相对静止地一起滚动，那么能否锁定背景不跟随内容滚动呢，答案是肯定的。下面就演示固定网页背景的操作步骤。

01 新建一个页面，然后单击“修改”/“页面属性”命令，为页面设置背景图像。

02 在页面中输入需要的文本内容。然后打开“CSS”面板，单击面板右下角的“新建CSS规则”图标，进入“新建CSS规则”对话框。

03 在“选择器类型”下拉列表选择“标签”，在“选择器名称”下拉列表中选择“body”。单击“确定”按钮打开“body的CSS规则定义”对话框。

04 在左侧的“分类”列表中选择“背景”，然后在右侧的参数面板中设置“Background-attachment”为“fixed”，如图6-39所示。

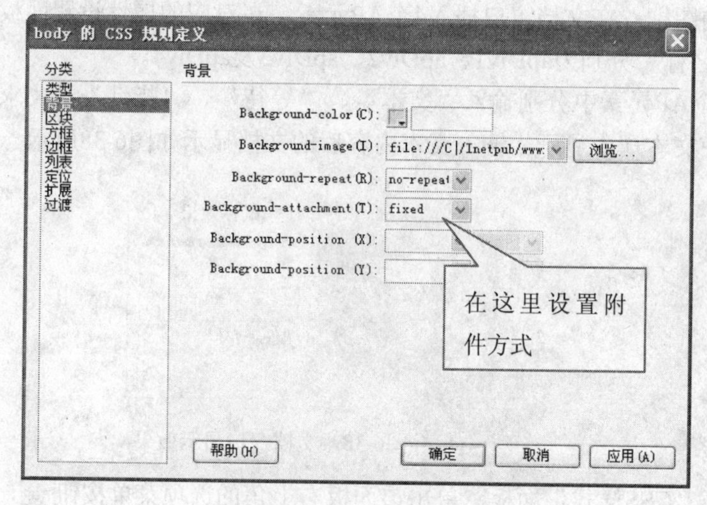

图6-39 设置“附件”参数

05 保存文档。按F12键在浏览器中预览页面效果如图6-40所示。

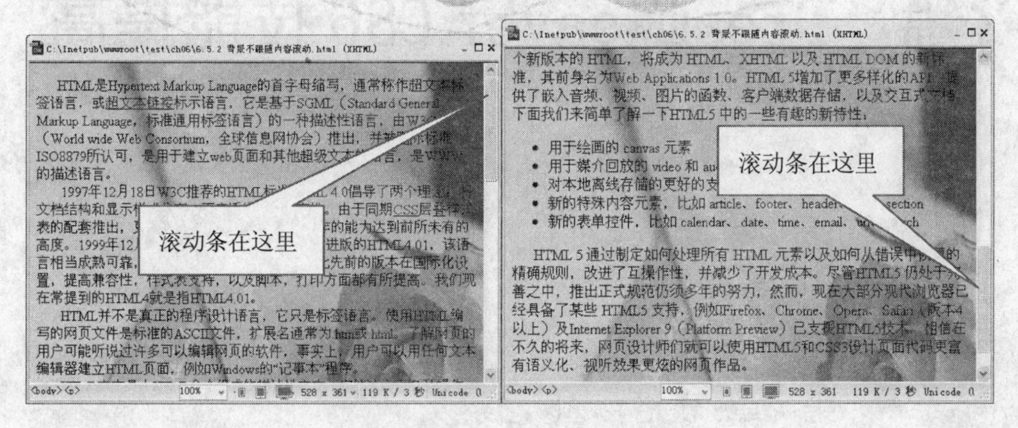

图6-40　背景固定的页面效果

拖动浏览器窗口右侧的滚动条，页面内容滚动，但页面背景始终保持不动。

第2篇　Dreamweaver CS6技能提高

- 第7章　表格与AP元素
- 第8章　创建框架网页
- 第9章　应用表单
- 第10章　Dreamweaver的内置行为
- 第11章　制作多媒体网页
- 第12章　统一网页风格
- 第13章　动态网页基础

Chapter 07

第 7 章　表格与 AP 元素

本章导读

在网页设计的众多环节中，页面布局是最为重要的环节之一。表格是用于网页布局设计的常用工具，它不但能够记载表单式的资料，规范各种数据，输入列表式的文字，而且还用来排列文字和图形；它还可以与 AP 元素相互转换，在整个网页元素空间编排上都发挥重要作用。合理布局表格，会使网页更具有自己的个性特点，又便于管理和修改。

AP 元素是 Dreamweaver 中最有价值的对象之一。所谓 AP 元素，就是绝对定位元素，是分配有绝对位置的 HTML 页面元素，它是由层叠样式表发展而来的，由于 AP 元素可以放置在网页中的任何位置，从而能有效地控制网页中的对象。

- 设置表格和单元格属性
- 表格常用操作
- AP 元素常用操作
- AP 元素与表格相互转换
- 实例制作之精确定位元素

7.1 创建表格

在Dreamweaver中，利用表格可以方便地将数据、文本、图片规范显示在页面上，使网页更加美观、有条理。在HTML中，表格是很多优秀站点设计的整体标准，用表格格式化的页面在不同平台，不同分辨率的浏览器里都能保持布局和对齐。

不过，表格有一个小小的缺陷：它会使网页显示的速度变慢。因为在浏览器中，一般的文字是逐行显示的，即从服务器上传过来多少内容，就显示多少内容，以方便浏览。而使用表格就不同了，表格一定要等到整个表格的内容全部下载完成之后，才能在客户端的浏览器上显示出来。因此，在多重嵌套的表格布局中，页面打开速度会比较慢。

尽管如此，表格在网页布局中仍扮演着很重要的角色，是网页设计者必须掌握的一个强大的工具。下面我们就介绍表格一些常用的操作。

表格由三个基本部分组成：行、列和单元格。在表格中，被线条分开的一个一个小格被称为单元格，其中可插入文字、图像等对象；分隔单元格的线条被称为边框；位于水平方向上的一行单元格称作一行，位于垂直方向上的一列单元格称作一列。单元格是表格的基本组成部分。

下面以在网页中插入一个3行3列的表格为例，演示在网页中创建一个表格的具体操作步骤。本例执行以下操作：

01 在“插入”/“常用”面板上单击插入表格图标按钮，或选择“插入”/“表格”菜单命令，打开图7-1所示的“表格”对话框。

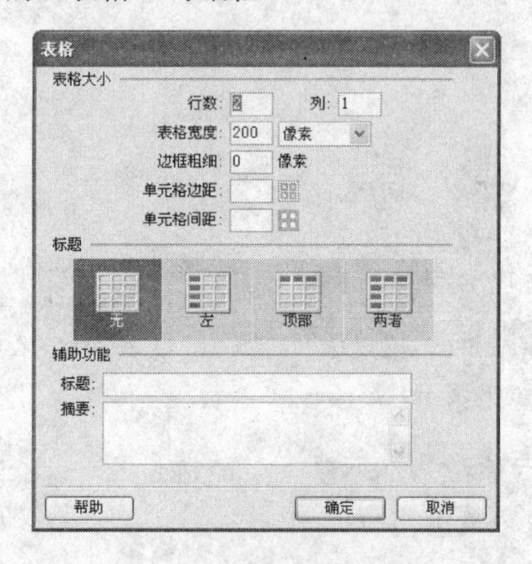

图7-1 “表格”对话框

02 在“行数”文本框中输入表格的行数3。在“列数”文本框中输入表格的列数3。

03 在“表格宽度”后面的文本框中键入表格的宽度，然后在其后的下拉列表框中选择计量单位。如果选择的单位为“百分比”，则会按照浏览器的视窗宽度来调整表格相对的百分比宽度。本例为默认设置。

04 在“边框粗细”后面的文本框中输入表格的边框厚度，以像素为单位。设置为0时不显示边框。本例选择2。

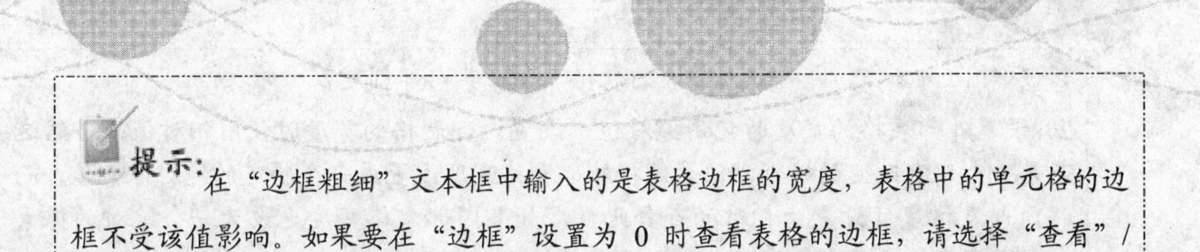

提示：在“边框粗细”文本框中输入的是表格边框的宽度，表格中的单元格的边框不受该值影响。如果要在“边框”设置为 0 时查看表格的边框，请选择“查看”/“可视化助理”/“表格边框”菜单命令。

05 在“单元格边距”文本框中键入单元格中的内容与边框的间距。本例设置为2。

06 在“单元格间距” 后的文本框中键入表格中单元格间的距离，相当于设置单元格的边框厚度。本例设置为2。

07 在“页眉”栏选择页眉显示方式，有四个选项分别是：“无”、“左”、“顶部”和“两者”，其具体效果见相应的图标。本例选择“无”。

08 在“标题”文本框输入标题“第一张表格”。

09 在“对齐标题”后面的下拉列表中选择表格标题的对齐方式：“顶部”（标题在表格上方）、“底部”（标题在表格下方）、“左”（标题在表格左边）、“右”（标题在表格右边）和“默认”（标题在表格上方即同“顶部”选项）。本例选择“顶部”。

10 在“摘要”栏键入表格的说明等信息，对表格的显示无影响。

11 单击“确定”按钮完成插入表格，最终制作结果，如图7-2所示。

提示：如果插入表格时对行、列及单元格边距等参数进行了设置，则下一次插入表格时，“表格”对话框将保留最近一次创建表格时使用的设置。

嵌套表格技术可以实现复杂的布局设计。所谓嵌套表格，就是在一个表格的单元格内包含另一个表格。可以像对非嵌套表格一样对嵌套表格进行格式设置，但是其宽度受它所在单元格的宽度的限制。

若要在表格单元格中嵌套表格，可以单击现有表格中的一个单元格，再在单元格插入表格。例如，在图7-2所示的3行3列的表格的中间单元格中插入一个2行3列的表格就形成一个如图7-3所示的嵌套表格。

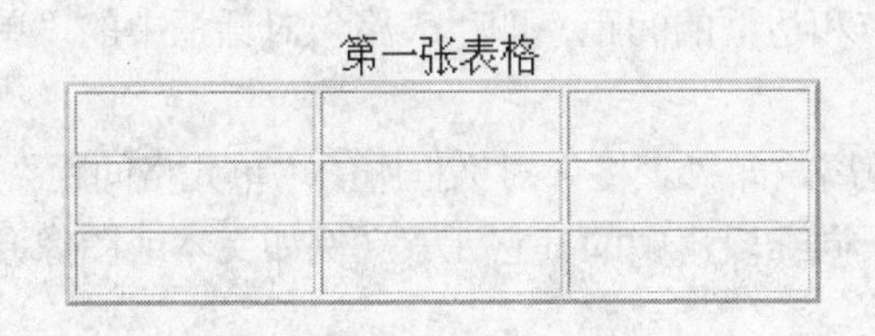

图7-2　插入表格

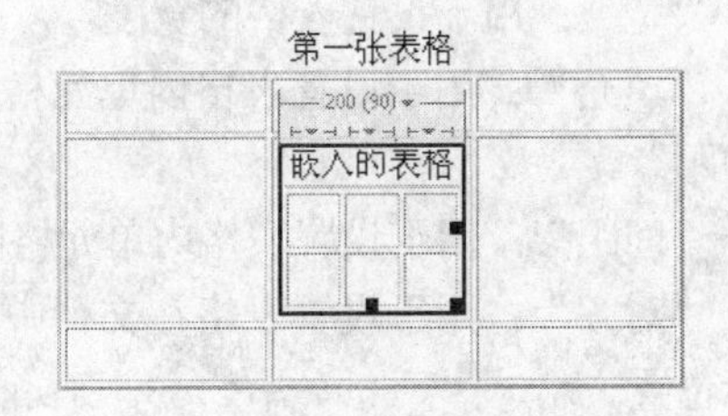

图7-3　嵌套表格

在页面上绘制多个表格或嵌套表格时，Dreamweaver自动控制，不允许表格重叠。

提示：制作嵌套表格应遵循以下两个原则：

1、从外向内工作。即先建立最大的表格，再在其内部创建较小的表格。

2、设置外部表格的宽度时使用绝对值，设置内部表格的宽度时使用相对值。当然这不是一个不容改变的规则，但最好将外部表格宽度设置成一个特定的绝对像素值，而将内部表格宽度设置为相对的百分比数，如果内部表格宽度也设为一个绝对的像素值，那么表格的每部分宽度都一定要计算精准。

在文档中插入表格后，可以在表格中输入各种数据。输入数据或插入图像的方法是先将光标放置在需要插入数据的单元格中，然后直接输入数据或插入图像即可。

提示： 在表格中加入文本后，如果要在表格文字前加入空格，可以通过组合键 Ctrl + Shift + Space 进行输入。

7.2 设置表格和单元格属性

选中表格或单元格后，即可在对应的属性面板上修改选定的表格元素的属性。表格属性面板中的绝大多数属性与“表格”对话框中的参数相同，不再赘述。下面简要介绍一些没有介绍过的属性。

选中表格，执行“窗口”/“属性”命令，展开表格属性面板，如图7-4所示。

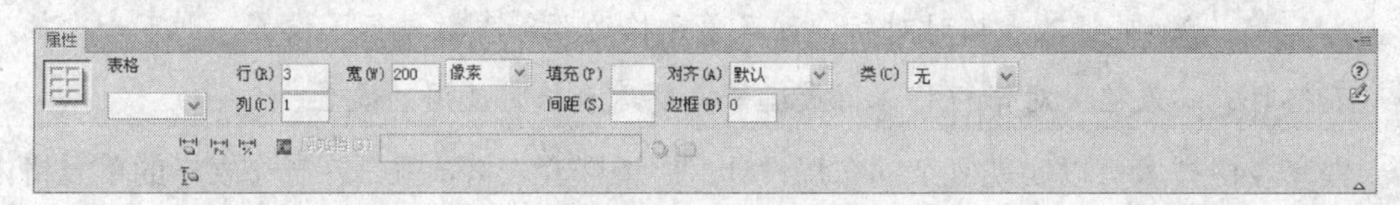

图7-4 表格属性面板

对表格属性面板的各选项功能说明如下：

“表格”：用于设置表格的名称。

“行”和“列”：用于设置表格的行数和列数。

“宽”：用于设置表格的宽度。

“填充”：用于设置表格内单元格的内容和边框的间距，即“表格”对话框中的“单元格边距”。

“间距”：用于设置表格内单元格间的距离，即“表格”对话框中的“单元格间距”。

“对齐”：用于设置表格在文档中相对于同一段落中的其它元素（例如文本或图像）的显示位置。

“类”：用于设置应用于表格的 CSS 样式。

“边框”：设置边框的宽度。

：清除列宽，单击此按钮将表格的列宽压缩到最小值，但不影响单元格内元素的显示。表格在清除列宽前后的效果如图 7-5 所示。

：清除行高，单击此按钮将表格的行高压缩到最小值，但不影响单元格内元素的显示。将图 7-5 右图清除行高后的效果如图 7-6 所示。

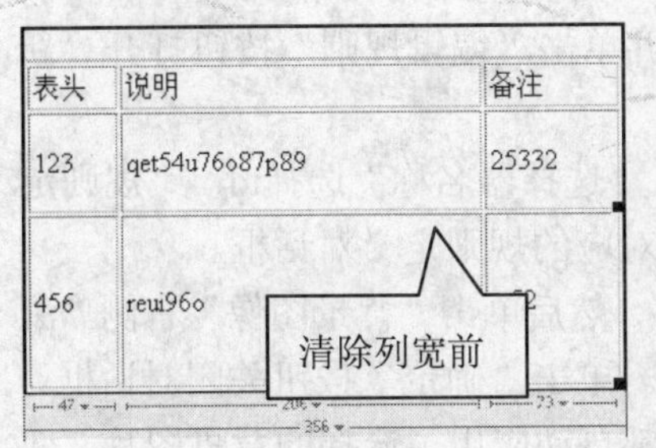

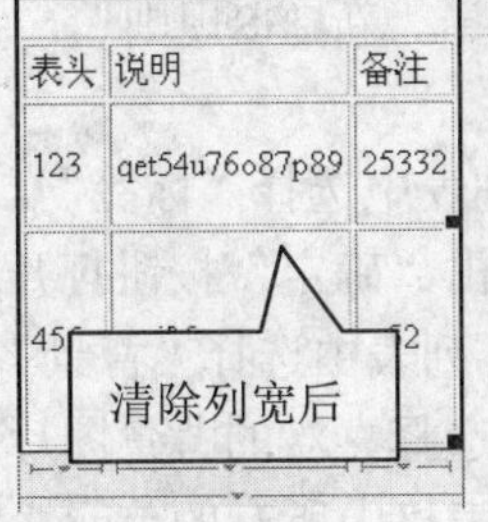

图7-5　清除列宽前后

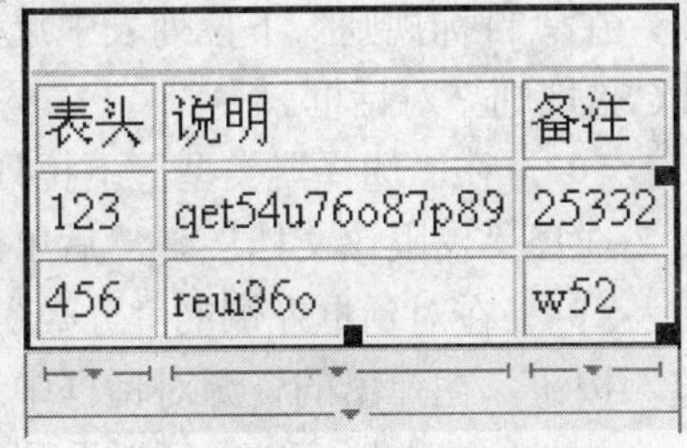

图7-6　清除行高

[Px图标]：将表格宽度的单位转化为像素（即固定大小）。

[%图标]：将表格宽度的单位转化为百分比（即相对大小）。

如果要设置单元格的属性，则选中单元格，执行“窗口”/“属性”命令展开单元格属性面板进行修改，如图7-7所示。

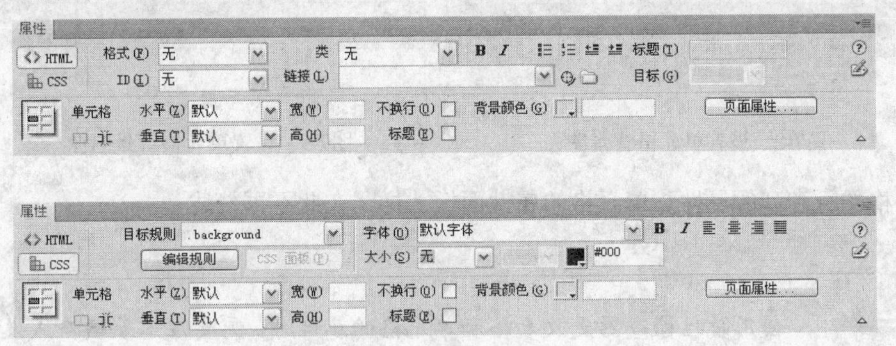

图7-7　单元格属性面板

单元格属性面板分为图7-7所示的HTML和CSS两个面板，每一个面板又分为两部分。HTML属性面板的上部分用于设置单元格内文本内容的基本属性，各选项功能不再赘述（请见第4章的相应部分）。下部分用于设置单元格的属性，各选项功能简要说明如下：

“水平”：设置单元格内容的水平对齐方式。

“垂直”：设置单元格内容的垂直对齐方式。

“宽”和“高”：设置单元格的宽度和高度。

“不换行”：单元格按需要增加列宽以适应文本，而不是在新的一行上继续文本。

“标题”：设置单元格为标题单元格。标题单元格内的文字将以加粗黑体显示。

“背景颜色”：用于设置单元格的背景颜色。

[合并图标]：将多个单元格合并为一个单元格，选中多个单元格时可用。

[拆分图标]：将选定单元格拆分为多行或多列。

自Dreamweaver CS4开始，用户不能直接在属性面板上设置表格或单元格的背景图像了。如果希望将图像设置为表格或单元格的背景，就要用到表格属性的CSS设置面板。

在Dreamweaver CS6中通过新建CSS规则设置表格和单元格背景图像的一般操作步骤：

01 执行“插入”/“表格”菜单命令，在弹出的“表格”对话框中设置表格的宽度为300像素，行数为3，列数为3，边框粗细为1。

02 将光标置于第一行第一列的单元格中，然后单击其属性面板左上角的 CSS 按钮，在“目标规则”下拉列表中选择“新CSS规则”，并单击“编辑规则”按钮打开“新建CSS规则”对话框。

03 在“选择器类型”下拉列表中选择“标签”，“选择器名称”选择td，“规则定义”选择“仅限该文档”。然后单击“确定”按钮打开对应的规则定义对话框。

04 在对话框左侧的“分类”列表中选择“背景”，然后单击“背景图像”右侧“浏览”按钮，在弹出的资源对话框中选择喜欢的背景图片。单击“确定”按钮关闭对话框。

此时，在文档窗口中可以看到表格中所有的单元格都自动应用了选择的背景图片。效果如图7-8所示。

如果希望不同的单元格应用不同的背景图像，则选中要设置背景图像的单元格之后，在上述步骤中的第 03 步中的“选择器类型”下拉列表中选择“类”，然后在“选择器名称”中键入名称，如.background1。效果如图7-9所示。

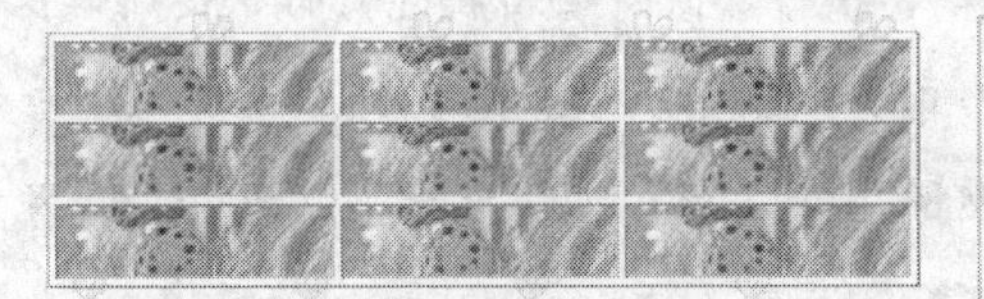

图7-8 设置单元格背景图像

图7-9 设置单元格背景图像

表格的行和列的属性与单元格的属性面板一样，在此不再赘述。

注意：

使用属性检查器更改表格和单元格的属性时，需要注意表格格式设置的优先顺序：单元格格式设置优先于行格式设置，行格式设置又优先于表格格式设置。例如，如果将单个单元格的背景颜色设置为蓝色，然后将整个表格的背景颜色设置为黄色，则蓝色单元格不会变为黄色，因为单元格格式设置优先于表格格式设置。

7.3 表格常用操作

Dreamweaver的表格功能影响着当前Web页设计的流行趋势。拖放表格设置尺寸、简便的行列组合、单元格与表格的复制与粘贴，以及表格数据的导入导出和排序，使用户在很短的时间内完成大量的表格任务成为可能。这些表格编辑特性已在Dreamweaver中得到了很大的体现。

7.3.1 选择表格元素

在对表格进行操作之前，必须先选中表格元素。在Dreamweaver中，用户可以一次选中整个表格、一行表格单元、一列表格单元或者几个连续的或不连续的表格单元。

1．选择整个表格 选择表格可以执行以下操作之一：

（1）将光标放置在表格的任一单元格中，然后单击文档窗口底部的<table>标记；

（2）执行“修改”/“表格”/“选择表格”命令；

（3）在表格的边框线上单击；

选取了整个表格之后，表格的周围会出现黑色的控柄，如图7-10所示。

2．选中一行或一列单元格　选择一行或一列单元格可以执行以下操作之一：

（1）将光标放置在一行表格单元的左边界上，或将光标放置在一列表格单元的顶端，当指针变为黑色箭头时单击鼠标；

（2）单击一个表格单元，横向或纵向拖动鼠标可选择一行或一列表格单元。

选中一行和一行表格单元的效果如图7-11所示。

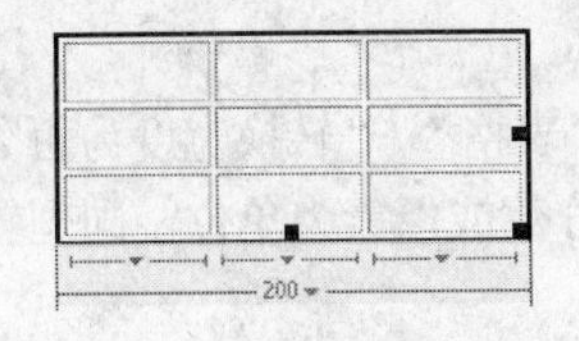

图7-10　选中整个表格

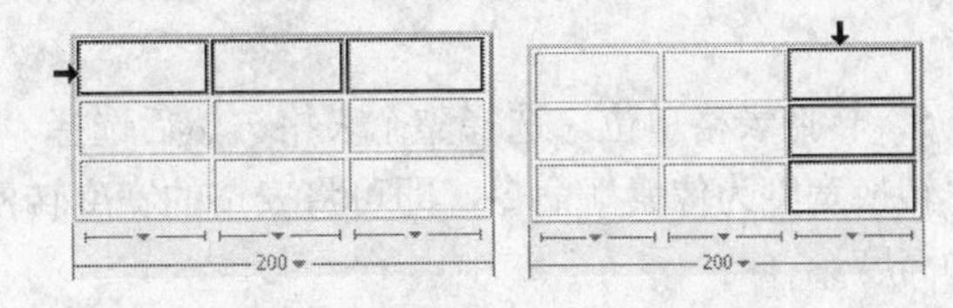

图7-11　选中一行、一列表格单元

3．选中多个连续的表格单元。

（1）单击一个表格单元，然后纵向或横向拖动鼠标到另一个表格单元；

（2）单击一个表格单元，然后按住Shift键单击另一个表格单元，所有矩形区域内的表格单元都被选择。

4．选中多个连续的表格单元后的效果如图7-12所示。选中多个不连续的表格单元按住Ctrl键，单击多个要选择的表格单元。选中多个不连续的表格单元后的效果如图7-13所示。

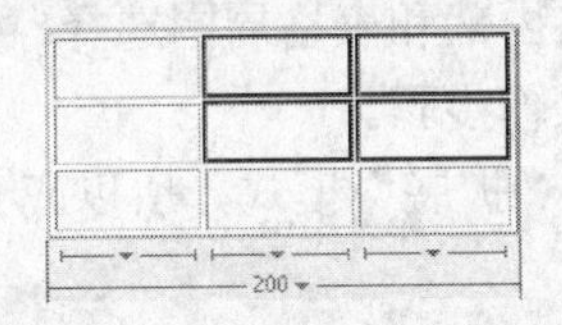

图7-12　选中多个连续表格单元

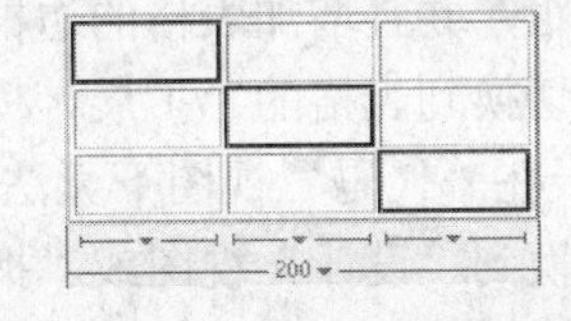

图7-13　选中多个不连续表格单元

7.3.2　调整表格的尺寸、行高和列宽

在网页制作过程中，调整表格和单元格的大小是经常性的操作。

1．调整表格的大小　选中表格后，在表格周围的黑色控柄上按下鼠标左键，并沿相应的方向拖动，即可调整表格的大小。

（1）拖动右下角的手柄，可以在两个方向上同时调整表格的大小；

（2）拖动表格底边框上的手柄，可以调整表格的高度；

（3）拖动右边框上的手柄，可以调整表格的宽度。

当调整整个表格大小时，其中的所有单元格大小会按比例缩放。如果表格的单元格被指定了明确的宽度和高度，则调整表格大小会在文档窗口中更改单元格的可视大小，但不会更改这些单元格的实际宽度和高度。

2．将表格的宽度或高度减到最小　选择整个表格，然后选择“修改”/“表格”/“清除单元格宽度”或“清除单元格高度”命令，对所有单元格的宽度、高度进行压缩，直到内容最多的单元格与上下左右边界之间没有空隙为止。

3. 调整行高　将光标放在行的底边框上，当光标变为上下箭头时，拖动光标。通过拖动行的底边线改变行的高度时，如果该行不是最下面的行，则相邻行的高度自动调整，使表格的总高度不变；如果是表格的最下面的行，则表格的总高度发生变化，所有行按比例变高或变窄。

4. 调整列宽　将光标放在列的右边框上，当光标变为左右箭头时，拖动光标。通过拖动列的右边线改变列的宽度时，如果该列不是最右边的列，则相邻列的宽度自动调整，使表格的总宽度不变；如果是表格的最右边列，则表格的总宽度发生变化，所有列按比例变宽或变窄。

5. 转换表格单位　选择整个表格，然后选择“修改”/“表格”/“转换宽度为百分比”或“转换宽度为像素”命令，即可将表格的宽度转换为以百分数或像素为单位，同理转换表格的高度。

此外，用户还可以通过属性面板上的“宽”和“高”属性设置表格的大小、行高及列宽。

7.3.3　使用扩展表格模式

表格是在标准模式下直接插入的，其最初的用途是显示表格式数据。虽然它也能任意改变大小和行列，但在页面中编辑表格和表格中的数据并不方便。本节中将介绍Dreamweaver CS6中的扩展表格模式。“扩展表格”模式临时向文档中的所有表格添加单元格边距和间距，并且增加表格的边框，便于在表格内部和表格周围选择。

下面演示切换到表格的“扩展”模式下的具体操作步骤。

01 由于在“代码”视图下无法切换到表格的“扩展”模式，所以应先将当前文档窗口的视图切换到“设计”视图或“拆分”视图。

02 在文档窗口插入一个表格，如图7-14所示。

03 执行以下操作之一：

- 执行“查看”/“表格模式”/“扩展表格模式”菜单命令。
- 按下 Alt + F6 快捷组合键。
- 在“插入”面板的“布局”类别中，单击“扩展”按钮，如图 7-15 所示。

图7-14　标准模式下的表格

图7-15　切换到扩展模式

此时，弹出“扩展表格模式入门”对话框，单击“确定”按钮，文档窗口的顶部会出现“扩展表格模式”标记，且文档窗口工作区中的所有表格自动添加了单元格边距与间距，

并增加了表格边框，如图7-16所示。

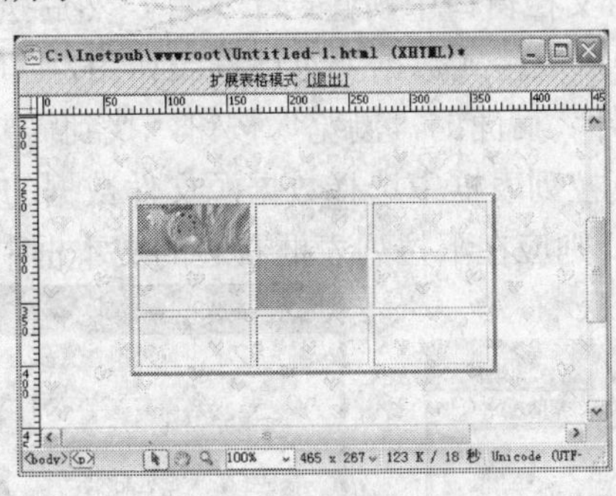

图7-16　表格的扩展模式

利用扩展模式，用户可以选择表格中的项目或者精确地放置插入点。例如可以将插入点放置在图像的左边或右边，从而避免无意中选中该图像或表格单元格。

> **注意：**
> 扩展表格模式不像浏览器那样显示表。一旦选择了表格中的某个对象或放置了插入点，移动表元素或调整表元素的大小之前，就应该返回到“设计”视图的“标准”模式下进行编辑。诸如调整大小之类的一些可视操作在“扩展表格”模式中不会产生预期结果。

如果要退出扩展表格模式，可以执行以下操作之一：

- 单击文档窗口顶部“扩展表格模式”右侧的“退出”。
- 执行“查看”/“表格模式”/“标准模式”菜单命令。
- 在“插入”面板的“布局”类别中，单击“标准”按钮。
- 按下 Alt + F6 快捷组合键。

7.3.4　表格数据的导入与导出

在实际工作中，有时需要把其他应用程序（如Microsoft Excel）建立的表格数据发布到网上。如果重新在Dreamweaver中插入表格和数据，可以想像这是一件很枯燥、烦琐的事。如果表格数据庞大，势必花费不少时间和精力。幸好Dreamweaver有导入表格式数据的功能，用户只需要把表格数据保存为带分隔符格式的数据，然后导入到Dreamweaver中，即可用表格重新对数据进行格式化，这样大大地方便了网页制作的过程，节省了制作表格的时间并有效地保证数据的准确性。同样，用户也可以把在Dreamweaver中制作好的表格数据导出为文本文件。

1. 导入表格式数据　Dreamweaver可以把许多应用程序的表格数据导入并生成自己的表格，只要是以分隔符格式（如制表符、逗号、冒号、分号或其他分隔符）保存的数据均可以导入其中，并且重新格式化为表格。

下面演示将文本文件数据导入为表格数据的具体操作。

01 从记事本中创建一组带分隔符格式的数据，如图7-17所示。

02 在Dreamweaver文档窗口中新建一个文件，然后执行“文件”/“导入”/“表格式数据”命令，弹出“导入表格式数据”对话框。如图7-18所示。

03 单击“数据文件”后面的“浏览”按钮，找到需要导入的数据源文件。

04 在“定界符”下拉列表框中选择数据源文件数据的分隔方式。本例选择“逗号”。如果选择了“其它”，则应在下拉列表框右边的文本框中输入分隔表格数据的分隔符。

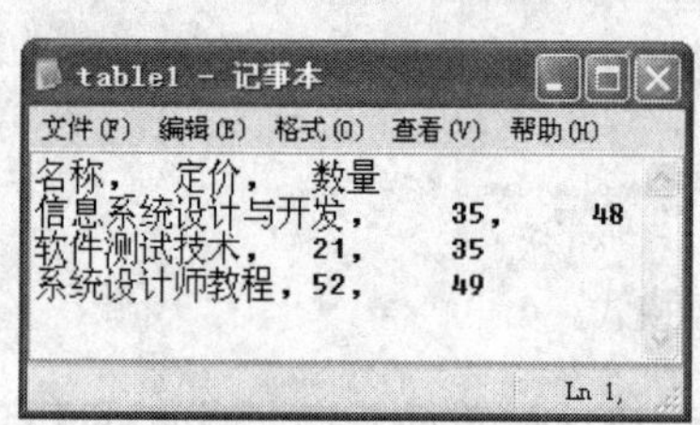
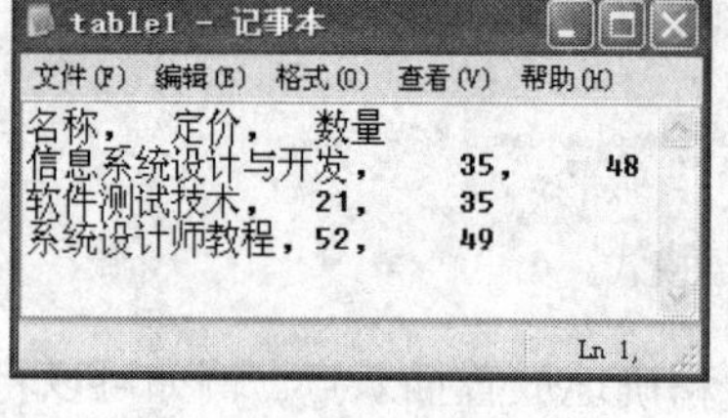

图7-17 数据文件

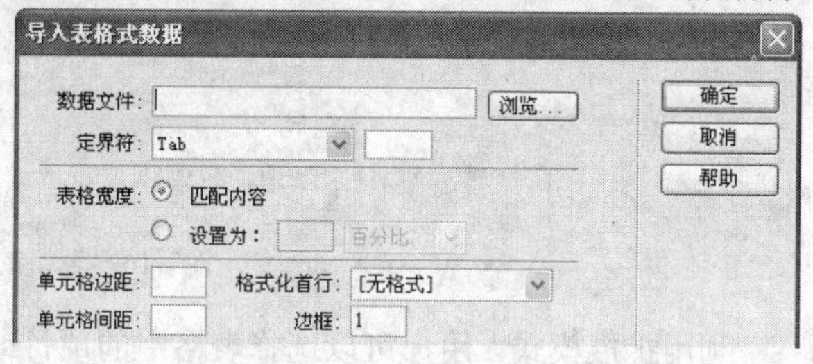

图7-18 “导入表格式数据”对话框

注意：

如果不指定文件所使用的分隔符，文件将不能正确导入，则数据也不能在表格中正确格式化。

05 在“表格宽度”区域设置表格的宽度。如果选中“匹配内容”，则跟据数据长度自动决定表格宽度。如果选中“设置为”，则可在右侧的文本框中输入表格宽度数值，并可在下拉列表中选择宽度的计量单位。本例选中“匹配内容”。

06 设置单元格边距和单元格间距，并将边框设置为1。

07 在“格式化首行”下拉列表中选中“粗体”选项。

08 单击“确定”按钮，即可导入表格数据，效果如图7-19所示。

名称	**定价**	**数量**
信息系统设计与开发	35	48
软件测试技术	21	35
系统设计师教程	52	49

图7-19 导入数据后的效果

2．导出表格数据

在Dreamweaver中，还可以将表格数据导出到文本文件中，相邻单元格的内容由分隔符隔开。可以使用的分隔符有逗号、冒号、分号或空格。导出必须是整个表格，不能选取表格的一部分导出。如果只需要表格中的某些数据，则应创建一个新表格，将所需要的信息复制到新表格中，再将新表格导出。

下面通过一个简单实例演示将表格数据导出为文本文件的具体操作步骤。

01 在Dreamweaver文档窗口中创建一个表格，并在表格中输入数据。如图7-20所示。

02 将光标放置在该表格中或选中该表格，然后执行“文件”/“导出”/“表格”命令，弹出“导出表格”对话框。如图7-21所示。

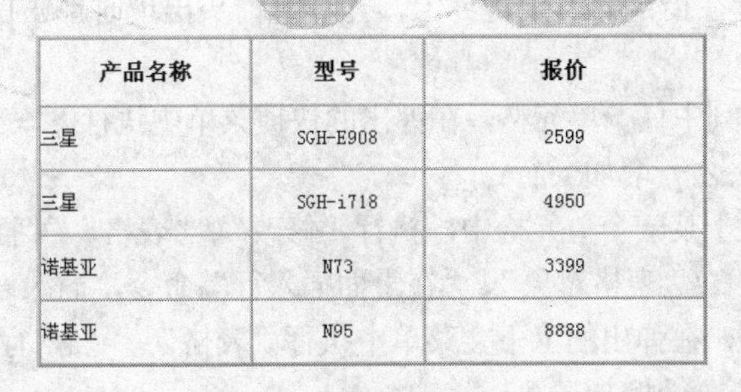

产品名称	型号	报价
三星	SGH-E908	2599
三星	SGH-i718	4950
诺基亚	N73	3399
诺基亚	N95	8888

图7-20　表格数据

03 在“定界符”下拉列表框中选择一种表格数据输出到文本文件后的分隔符。其中“Tab”表示使用制表符作为数据的分隔符，该项是默认设置；“空白键”表示使用空格作为数据的分隔符，“逗点”表示使用逗号作为数据的分隔符；“分号”表示使用分号作为数据的分隔符；“冒号”表示使用冒号作为数据的分隔符。本例使用默认设置。

04 在“换行符”下拉列表框中选择一种表格数据输出到文本文件后的换行方式。其中“Windows”表示按Windows系统格式换行；“Mac”表示按苹果公司的系统格式换行；“UNIX”表示按UNIX的系统格式换行。本例使用默认设置。

05 设置完成之后，单击“导出”按钮，弹出“表格导出为”对话框。在保存文件窗口中输入一个文件名，可以不使用扩展名，也可以使用一个文本类型的扩展名，本例键入table1.txt。然后单击“保存”按钮完成表格数据导出。

06 使用“记事本”应用程序打开该文件，内容如图7-22所示。

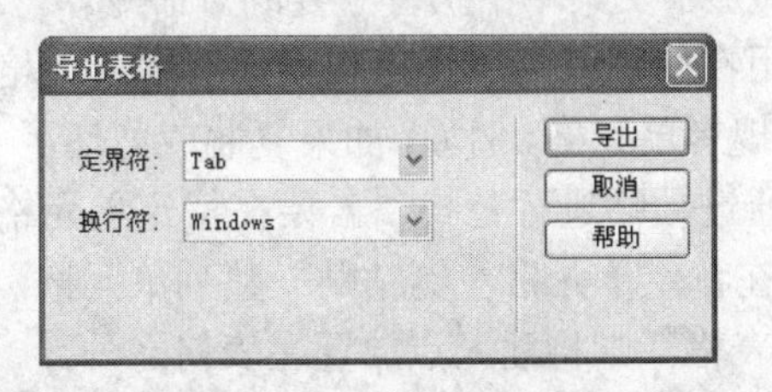

图7-21　表格数据

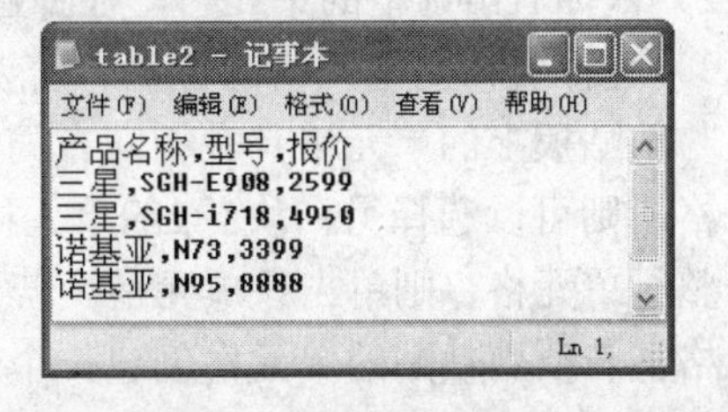

图7-22　表格数据文件

7.3.5　增加、删除行和列

在Dreamweaver CS6中增加、删除行或列也非常简单，下面简要介绍增加、删除行和列的操作步骤。

1．执行以下方法之一删除一行：

（1）将光标定位于要删除行中任一单元格中，执行“修改”/“表格”/“删除行”命令。

（2）将光标放置在指定行的左边界上，当黑色箭头出现时单击鼠标选中该行，然后按Delete 键删除行。

（3）右击要删除行中任一单元格，在弹出的快捷菜单中执行 “表格”/“删除行”命令。

2．执行以下方法之一删除一列：

（1）把光标定位于要删除列中任一单元格中，执行“修改”/“表格”/“删除列”命令。

（2）将光标放置在指定列的上边界上，当黑色箭头出现时单击鼠标选中该列，然后按Delete键删除列。

（3）右击要删除列中任一单元格，在弹出的快捷菜单中执行 “表格”/“删除列”命令。

3．执行以下方法之一增加一行：

（1）将光标定位于某一个单元格中，执行“修改”/“表格”/“插入行”命令。

（2）执行“插入”/“表格对象”/“在上面插入行”命令，插入一行。

（3）右击单元格，在弹出的上下文菜单中执行“表格”/“插入行”命令，插入一行。

4．执行以下方法之一增加一列：

（1）将光标定位于单元格中，执行“修改”/“表格”/“插入列”命令，插入一空列。

（2）执行“插入”/“表格对象”/“在左边插入列”命令，插入一空列。

（3）右击单元格，在弹出的上下文菜单中执行“表格”/“插入列”命令，插入一空列。

7.3.6 复制、粘贴与清除单元格

在Dreamweaver CS6中，用户可以非常灵活地复制及粘贴单元格，并保留这些单元格的格式，也可以只复制和粘贴单元格中的内容。可以一次只复制及粘贴一个单元格，也可以一次复制及粘贴一行、一列乃至多行多列单元格。

下面简要介绍复制、粘贴单元格内容的操作步骤。

（1）选择表格中的一个或多个单元格。所选的单元格必须是连续的，并且形状必须为矩形。

（2）鼠标右击选中的单元格，在弹出的上下文菜单中执行“复制”命令。

（3）选择要粘贴单元格的位置。若要用在剪贴板的单元格替换现有的单元格，应选择一组与剪贴板上的单元格具有相同布局的现有单元格。例如，如果复制或剪切了一块3×2的单元格，则可以选择另一块3×2的单元格通过粘贴进行替换。若要在特定单元格所在行粘贴一整行单元格，则单击该单元格。若要在特定单元格左侧粘贴一整列单元格，则单击该单元格。若要用粘贴的单元格创建一个新表格，则将插入点放置在表格之外。

（4）把光标定位于目标表格的单元中，鼠标右击目标单元格，在弹出的上下文菜单中执行“粘贴”命令，完成粘贴。

在粘贴多个单元格时，剪贴板中的内容必须和粘贴目的地的表格或表格中选择段的结构是相同的，否则将弹出一个对话框，提示无法完成粘贴操作。

注意：

如果剪贴板中的单元格不到一整行或一整列，并且单击某个单元格然后粘贴剪贴板中的单元格，则所单击的单元格和与它相邻的单元格可能（根据它们在表格中的位置）被粘贴的单元格替换。

若要清除单元格中的内容，可以执行以下操作步骤：

（1）选择一个或多个单元格中的内容，且这些单元格不构成一行或一列。

（2）执行“编辑”/“清除”菜单命令，或直接按键盘上的Delete键。

如果选定的多个单元格为一行或一列，则执行上述操作后，将从表格中删除整个行或列，而不仅仅是单元格中的内容。

7.3.7 合并、拆分单元格

在一般的情况下，表格纵横方向单元格的大小一致，而在网页设计中，表格的布局是多样的，所以必须对其中的一些单元格进行合并或拆分。在Dreamweaver中，可以合并任意数量的相邻单元格，但整个选中区域必须是矩形的；也可以将一个单元格拆分为任意数量的行或者列。

下面演示这些操作的具体步骤。

01 在文档中插入图7-23所示的表格。

02 选中所要合并的单元格“合并”和“单元格”。

03 通过以下方法之一合并选中的单元格：

单击属性面板中的 按钮，合并单元格。

执行“修改”/“表格”/“合并单元格”命令，合并单元格。

鼠标右击选中的单元格，在弹出的上下文菜单中执行“表格”/“合并单元格”命令，合并单元格。

操作完成后，原来的两个单元格就合并为一个，如图7-24所示。

04 同样办法合并单元格“Adobe”和“Dreamweaver”，操作的结果如图7-25所示。

合并	单元格	13	14
Adobe	Dreamweaver	23	24
31	拆分单元格	33	34
41	DIY教程	43	44

图7-23　插入表格

合并单元格		13	14
Adobe	Dreamweaver	23	24
31	拆分单元格	33	34
41	DIY教程	43	44

图7-24　合并单元格

05 光标定位于“拆分单元格”单元格，通过以下方法之一打开“拆分单元格”对话框，如图7-26所示。

单击属性面板中的 按钮，拆分单元格。

执行“修改”/“表格”/“拆分单元格”命令，拆分单元格。

鼠标右击选中的单元格，在弹出的上下文菜单中执行“表格”/“拆分单元格”命令，拆分单元格。

06 在对话框中选择“把单元格拆分为列”，在“列数”文本框中输入2。单击“确定”完成单元格拆分，结果如图7-27所示。

合并单元格		13	14
AdobeDreamweaver		23	24
31	拆分单元格	33	34
41	DIY教程	43	44

图7-25　合并单元格（2）

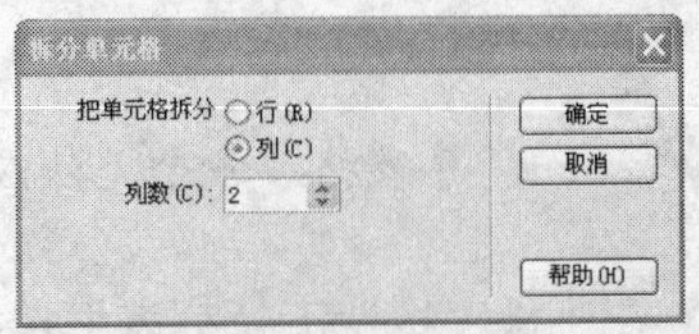

图7-26　“拆分单元格”对话框

此外，调整行或列的跨度也可以实现合并、拆分表格的效果。增加行或列的跨度就是将邻近的单元格的行或列合并，使选中单元格的高或宽扩展到原来的两倍；减少行或列的跨度，就是将邻近单元格的行或列进行拆分，使选中单元格的高或宽缩小到原来的一半。

07 光标定位于“14”单元格，然后选择“修改”/“表格”/“增加行宽”命令，即可将“14”和“24”单元格合并。同理，再次执行“增加行宽”命令两次，即可将表格最右列合并为一列，效果如图7-28所示。

<table>
<tr><td colspan="3">合并单元格</td><td>13</td><td>14</td></tr>
<tr><td colspan="3">AdobeDreamweaver</td><td>23</td><td>24</td></tr>
<tr><td>31</td><td>拆分单元格</td><td></td><td>33</td><td>34</td></tr>
<tr><td>41</td><td colspan="2">DIY教程</td><td>43</td><td>44</td></tr>
</table>

图7-27　拆分单元格

<table>
<tr><td colspan="3">合并单元格</td><td>13</td><td rowspan="4">14243444</td></tr>
<tr><td colspan="3">AdobeDreamweaver</td><td>23</td></tr>
<tr><td>31</td><td>拆分单元格</td><td></td><td>33</td></tr>
<tr><td>41</td><td colspan="2">DIY教程</td><td>43</td></tr>
</table>

图7-28　增加行宽的效果

08 将光标定位于“拆分单元格”单元格，然后选择“修改”/“表格”/“增加列宽”命令，即可将“拆分单元格”和其右侧相邻的单元格合并。同理，再次执行“增加列宽”命令，然后将光标定位在单元格“31”中，执行“增加列宽”命令，即可将表格第三行的前三个单元格合并为一行，效果如图7-29所示。

<table>
<tr><td colspan="2">合并单元格</td><td>13</td><td rowspan="4">14243444</td></tr>
<tr><td colspan="2">AdobeDreamweaver</td><td>23</td></tr>
<tr><td colspan="3">31拆分单元格33</td></tr>
<tr><td>41</td><td>DIY教程</td><td>43</td></tr>
</table>

图7-29　增加列宽效果

7.3.8　表格数据排序

在表格中输入内容时，常常需要对表格数据进行排序。Dreamweaver提供了表格排序的功能，可以对一个基于单列内容的简单表格排序，也可以对基于双列内容的较为复杂的表格排序。但是不能排序那些包含colspan或者rowspan属性的表格，也就是那些包含有合并单元格的表格。

下面演示表格排序的具体的步骤。

01 将光标放置在需要排序的表格中，然后选择“命令”/“排序表格”命令，打开“排序表格”对话框，如图7-30所示。

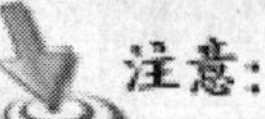

注意：

排序表格”命令无法应用至使用直行合并或横列合并的表格。

02 在“排序按”下拉列表框选择需要进行排序的列。本例选择“列3”。

03 在“顺序”下拉列表框中设置表格内容排序列顺序。其后的下拉列表框中有两个选项，其中“升序”表示按字母或数字升序排列；“降序”表示按字母或数字降序排列。

本例选择“按数字顺序”且“升序”。

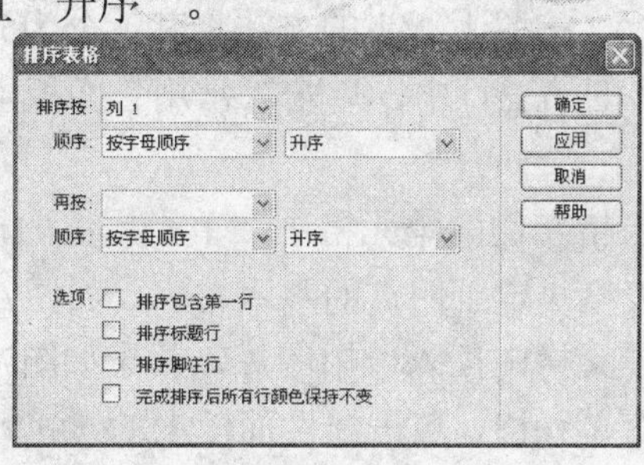

图7-30 “排序表格”对话框

04 在“再按”下拉列表框中选择第二个需要进行排序的列。本例选择“列4”，“按数字顺序”且“降序”。

05 如果第一行不是标题，可以选中“排序包含第一行”，表示排序时包括第一行。本例不选择此项。

06 选中“完成排序后所有行颜色保持不变”，然后单击“确定”按钮，完成操作。排序前后的表格如图7-31所示。

产品名称\销量	第一季度	第二季度	第三季度	第四季度
键盘	12	46	80	23
鼠标	23	57	80	45
音箱	24	55	14	57

产品名称\销量	第一季度	第二季度	第三季度	第四季度
键盘	12	46	80	23
音箱	24	55	14	57
鼠标	23	57	80	45

图7-31 排序前后的表格

注意：
当列的内容是数字时，选择“按数字顺序”。如果按字母顺序对一组由一位或两位数组成的数字进行排序，则会将这些数字作为单词进行排序（排序结果如 1、10、2、20、3、30），而不是将它们作为数字进行排序（排序结果如 1、2、3、10、20、30）。

7.4 表格布局实例

在Dreamweaver中，表格主要应用于网页布局和内容定位上。下面通过一个实例让读者更清楚地认识表格布局的操作方法。本例具体步骤如下：

01 新建一个HTML文档，并设置其背景图像。

02 单击“常用”面板上的“表格”按钮，在文档中插入一个2行1列、宽度为750像素的表格。然后在属性面板上设置表格的对齐方式为“居中对齐”。

03 选取表格第二行的单元格，单击属性面板中的“拆分”按钮将其拆分为两行。

04 选取表格的第二行，按照上一步的方法将其拆分为5列。

05 将光标定位在表格的第三行中，单击“常用”面板上的“插入表格”图标，插入一个一行两列的表格。

06 将光标放在嵌套表格左侧的单元格中，单击属性面板上的拆分按钮，将单元格拆分为3行。此时绘制出的表格决定了网页的基本布局，如图7-32所示。

07 在表格最上面的单元格中插入一幅图片，效果如图7-33所示。

08 选中第二行的所有单元格，单击属性面板上的CSS按钮，然后在“目标规则”下拉列表中选择“新CSS规则”，然后单击“编辑规则”按钮打开规则定义对话框。

09 在“选择器类型”下拉列表中选择“类”，在“选择器名称”中键入.fontcolor，在“规则定义”下拉列表中选择“仅限该文档”。然后单击“确定”按钮打开对应的规则定义对话框。

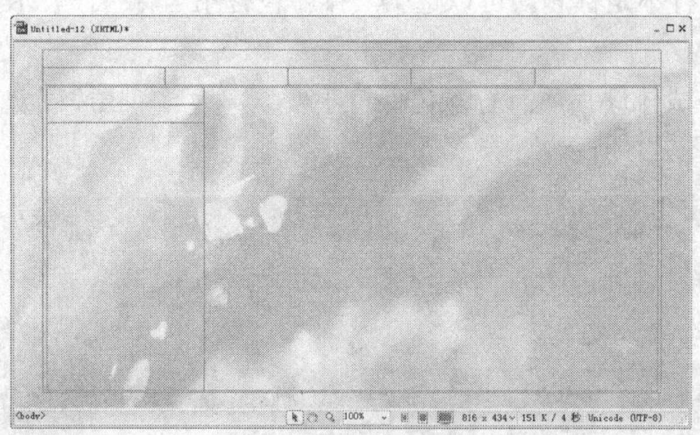

图7-32　表格布局

10 在对话框左侧的分类列表中选择“背景颜色”，然后单击颜色井右下角的下拉箭头，在弹出的颜色面板中选择绿色。

11 在对话框左侧的分类列表中选择“类型”，然后单击颜色井右下角的下拉箭头，在弹出的颜色面板中选择白色。

12 在对话框左侧的分类列表中选择“区块”，然后在“文本对齐”下拉列表中选择“居中”。单击“确定”按钮关闭对话框。

13 在第二行单元格中输入导航标题，此时的页面效果如图7-34所示。

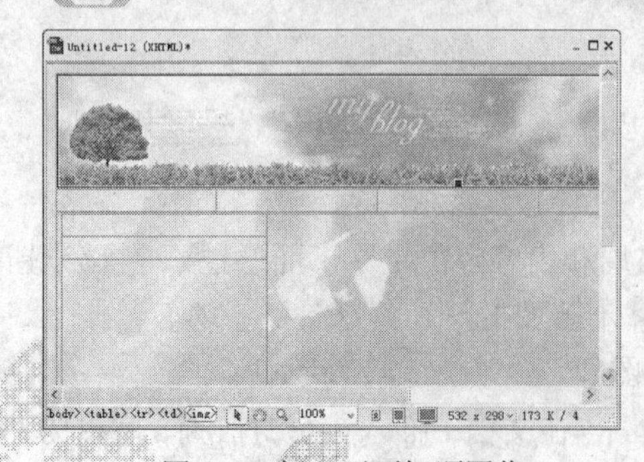

图7-33　插入网页标题图像

图7-34 在单元格中输入内容

14 选取左下角的单元格，按照第（8）到（10）的步骤新建一个CSS规则，为单元格设置背景图像。

15 在单元格中键入页面分栏内容，然后新建CSS规则设置文本格式。效果如图7-35所示。

16 在右下角的单元格中输入文本，并设置文本的格式。

17 保存文档，按下F12键，即可预览网页的最终效果，如图7-36所示。

本例主要讲解表格布局页面的方法，所以页面中的链接文本并没有设置，有兴趣的读者可以进一步完善。

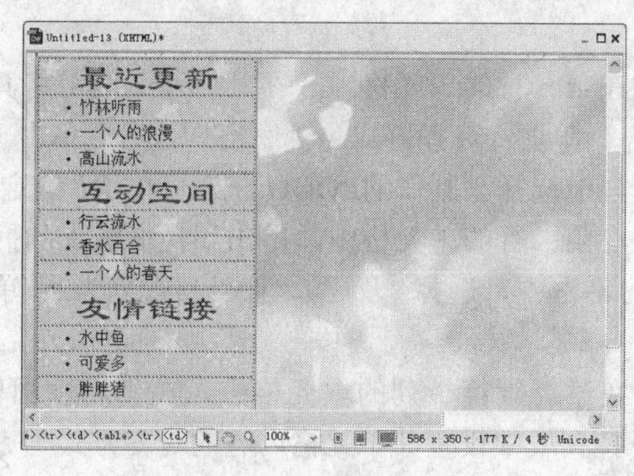

图7-35　插入单元格背景及文本

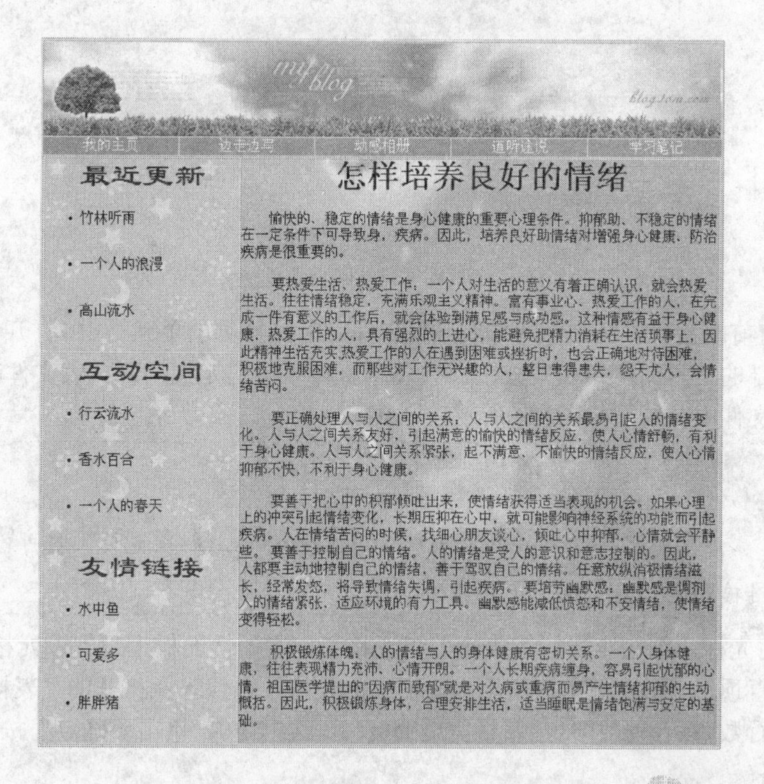

图7-36　网页制作最终效果

7.5 实例制作之使用表格布局主页

在前面的几章中，已制作了个人网站实例的导航条、“伊人风尚”页面，并创建了页面样式表。本节将使用表格制作主页，步骤如下：

01 打开个人网站实例的主页index.html。

02 单击“常用”面板上的表格图标按钮，在打开的“表格”对话框中设置表格的行数为2，列数为1，表格宽度为700像素，边框为0。单击“确定”按钮插入一个2行1列的表格。选中表格，在属性面板上设置表格“间距”和“填充”均为0，对齐方式为“居中对齐”。

03 将光标定位在第一行的单元格中，在其属性面板上将其单元格内容的水平对齐方式设置为“居中对齐”，垂直对齐方式为“底部”。然后单击“常用”面板上的图像按钮，在打开的对话框中选择已制作的LOGO图像，单击“确定”按钮插入图像。

04 将光标定位在第二行的单元格中，单击属性面板上的拆分单元格按钮，在打开的“拆分单元格”对话框中，选择“列”，且“列数”为2。单击“确定”按钮，将第二行拆分为两列。

05 将光标放置在第二行第一列的单元格中，在其属性面板上设置其宽度为200像素。然后在“水平”下拉列表中设置其单元格内容的对齐方式为“居中对齐”，在“垂直”下拉列表中选择“顶端”。此时的页面效果如图7-37所示。

图7-37 网页效果

06 将前面章节中已制作的导航条插入第一行第一列的单元格中。打开“CSS面板”，单击面板底部的“附加样式表”按钮，将前面章节中已定义的样式表文件imgborder.css链接到当前文件中。效果如图7-38所示。

> 提示：如果不链接外部样式表文件 imgborder.css，则预览页面时可以看到，添加了超级链接的图片显示有蓝色边框。

07 将光标定位在第二行第二列的单元格中，在属性面板上设置单元格内容水平居中对齐，垂直顶端对齐。单击“常用”面板上的表格按钮，在打开的“表格”对话框中设置表格的行数为4，列数为1，表格宽度为98%，边框为0。单击“确定”按钮插入一个4行1列的表格。

08 将光标定位在第一行的单元格中，在其属性面板上，将单元格内容的水平对齐

方式设置为“居中对齐”。

09 单击属性面板上的 CSS 按钮，然后在“目标规则”下拉列表中选择“新CSS规则”，然后单击“编辑规则”按钮打开规则定义对话框。

10 在“选择器类型”下拉列表中选择“标签”，在“选择器名称”中选择h1，在“规则定义”下拉列表中选择“仅限该文档”，然后单击“确定”按钮打开对应的规则定义对话框。

11 在对话框左侧的分类列表中选择“类型”，然后在“字体”下拉列表中选择“编辑字体列表”，在弹出的“编辑字体列表”对话框右下角的“可用字体”列表框中选择“方正粗倩简体”。然后单击«按钮将其添加到字体列表中，并单击“确定”按钮关闭对话框。

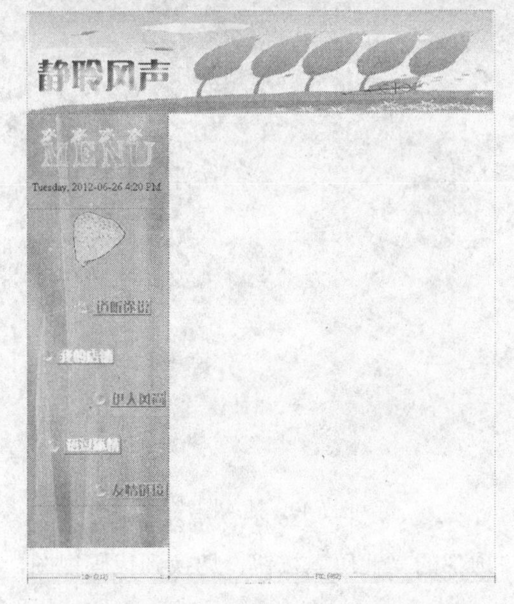

图7-38　插入导航条的效果

12 在规则定义对话框的“字体”下拉列表中选择“方正粗倩简体”，在“字号”下拉列表中选择“xx-large”，然后单击颜色井右下角的下拉箭头，在弹出的颜色面板中选择#999。单击“确定”按钮关闭对话框。

13 在第一行单元格中输入文本“欢迎光临我的小屋”。在属性面板上单击 <> HTML 按钮，在“格式”下拉列表中选择“标题1”，即可将上一步定义的样式表应用到文本。

14 将光标放置在输入的文本后，然后按下Shift + Enter组合键插入一个软回车。

15 单击“常用”面板上的图像图标按钮，在打开的对话框中选择一条水平分割线，单击“确定”按钮插入图像。在属性面板上设置图片宽度为480像素，效果如图7-39所示。

图7-39　插入文本和分割线的效果

16 选中第二行的单元格，单击“常用”面板上的图像图标按钮，在打开的对话框中选择已在图像编辑软件中制作好的图片，单击“确定”按钮插入图像。效果如图7-40所示。

17 将光标定位在第三行的单元格中，单击“常用”面板上的图像图标按钮，在打开的对话框中选择已制作好的水平分割图片，单击“确定”按钮插入图像。

18 在第四行的单元格中输入文本，并新建一个CSS规则设置文本颜色为#333。然后选中文本，双击“CSS样式”面板中“所选内容的摘要”列表中的属性值。打开“CSS规则定义”对话框。

19 在“分类”中选择“区块”，并在“文本对齐”下拉列表中选择“居中”。然后单击“应用”按钮应用样式，单击“确定”按钮关闭对话框。

图7-40　插入图片的效果

20 单击文档窗口顶部的“代码”按钮，切换到代码视图，在选中的代码之前添加以下代码：

```
<marquee behavior="scroll" direction="up" hspace="0" height="220" vspace="10"
 loop="-1" scrollamount="1" scrolldelay="60">
```

如图7-41所示。

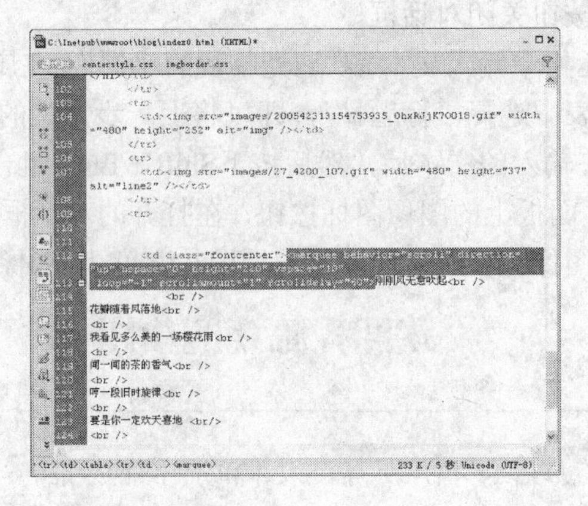

图7-41　添加代码

21 在选中的代码末尾加上</marquee>。然后单击“设计”切换到“设计”视图。

22 保存文档，并按F12键在浏览器中预览效果，如图7-42所示。

图7-42　主页正文区域预览效果

正文区域底部的文本向上循环移动，形成跑马灯效果。

7.6　创建 AP 元素

AP元素在很多的绘图软件和图像软件中都有相应的定义，同样在Dreamweaver中也有自己相应的定义，只不过Dreamweaver将其进行了可视化操作。利用Dreamweaver，用户可以在不进行任何JavaScript或HTML编码的情况下控制AP元素是显示还是隐藏；配合行为的使用，还可轻松制作出动态效果。此外，AP元素还可以和表格互相转换，将AP元素和表格综合利用起来，可以更好地实现图文混排。

简而言之，Dreamweaver CS6中的AP元素有如下优点：

1.能够精确定位　在页面中插入一个AP元素之后，可以很方便地在属性设置面板中指定它的大小及在页面中的绝对坐标，并且AP元素与AP元素之间的定位也相当精确，几乎可以不通过属性栏，直接用眼观看就可以了。

2．插入自如　在页面的某处插入一段文本或一幅图片，如果用表格来实现，可能会将表格拆分得乱七八糟，最后还可能因定位不好，在浏览器中预览不尽如人意。如果用AP元素就方便多了，随便画一个AP元素，可以插入任何网页对象，然后拖到合适的地方，绝对精确！

3．加速浏览　这一点是相对表格而言的。本章开头提到，在IE浏览器中一个表格只有完全被下载完之后，才能显示其内容，如果这个表格很大，或嵌套的层次比较复杂，往往会让浏览者长时间等待。运用AP元素制作的网页可以进行像素级的定位，并且使用不同版本的浏览器浏览网页内容时也不会出现上述的问题。

4．可叠加　表格是不能重叠的，而AP元素可以重叠。利用这一特性，可以达到各种微妙的效果。例如，可以在一个AP元素中放置背景图像，然后在该AP元素的前面放置第二个AP元素，它包含带有透明背景的文本，这样就可以制作AP元素渐入和渐出的动画。

在Dreamweaver中可以使用插入、拖动等多种方法创建AP元素和嵌套AP元素。所谓嵌套AP元素，就是在一个AP元素中的AP元素，嵌套的AP元素随着父AP元素移动并且继承父AP元素的可见性。下面通过一个简单实例演示在文档中创建AP元素和嵌套AP元素的具体步骤。

01 新建一个HTML文档。设置好页面属性后，单击“插入”面板上的“布局”标签，切换到“布局”面板。

02 单击“布局”面板中的“绘制AP Div”图标，此时鼠标将会变成十形状。

03 在文档窗口中需要插入AP元素的位置，按下鼠标左键拖出一个矩形AP元素。如图7-43所示。

用户也可以将光标放置在文档窗口中需要插入AP元素的位置，然后执行“插入”/“布局对象”/“AP Div”菜单命令，插入一个默认大小的AP元素。

提示： 如果需要绘制多个 AP 元素，在单击“绘制 AP Div”图标之后，按住 Ctrl 键的同时在文档窗口中绘制一个 AP 元素，只要不释放 Ctrl 键，就可以连续绘制多个 AP 元素。

04 绘制嵌套AP元素，有三种方法。

❶ 在“首选参数”对话框中启用AP元素嵌套功能，并确保“AP元素”面板上的“防止重叠”复选框没有选中，然后将光标放置在已绘制的AP元素内部，用本例前三个步骤的方法绘制一个AP元素，新绘制的AP元素将自动嵌套在先创建的AP元素中。

默认情况下，在“首选参数”对话框中禁用了AP元素嵌套功能，可以采用接下来的第二种方式。

❷在绘制子AP元素的同时，按下键盘上的Alt键。

先创建的AP元素成为父AP元素，在父AP元素内创建的AP元素成为子AP元素，如图7-44所示。

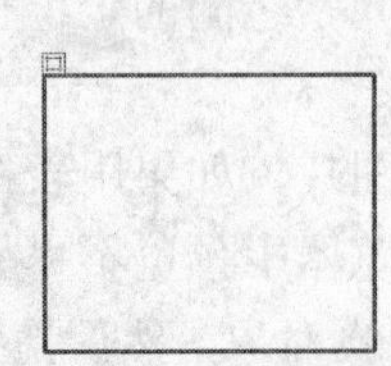

图7-43　绘制的AP元素

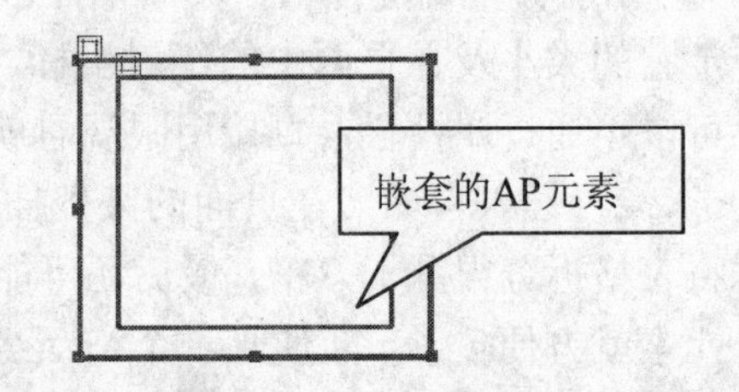

图7-44　嵌套的AP元素

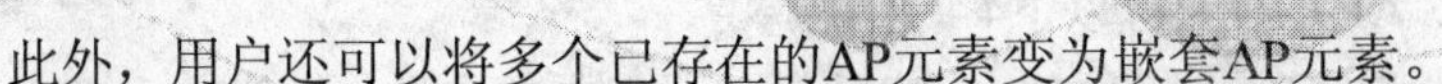

此外，用户还可以将多个已存在的AP元素变为嵌套AP元素。

❸执行“窗口”/“AP元素”菜单命令，调出“AP元素”管理面板。然后在AP元素列表中选中将作为子元素的AP元素，按住Ctrl键将该AP元素拖动到父AP元素上，释放鼠标即可，如图7-45所示。

在“AP元素”管理面板中可以看出apDiv2是apDiv1的子元素，apDiv3是apDiv2的子元素，如图7-46所示。

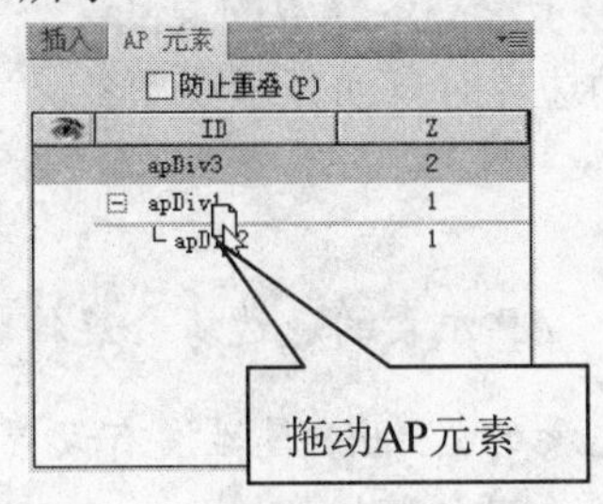

图7-45　将apDiv3拖至apDiv2上

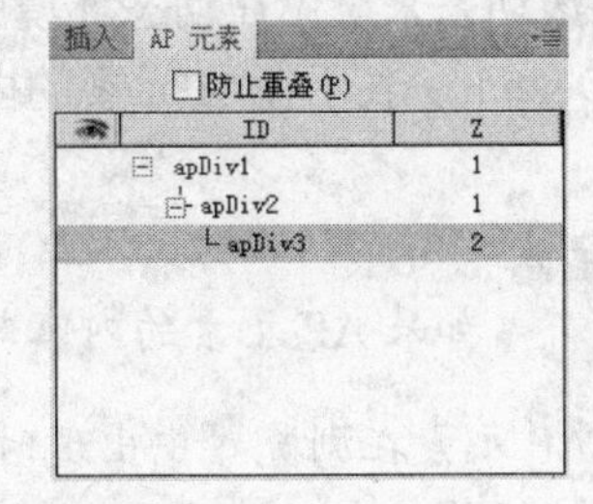

图7-46　嵌套AP元素在管理面板的显示

与Dreamweaver中的其他对象一样，在设计视图中选中了一个AP元素后，即可在属性面板上修改AP元素的外观，如图7-47所示。

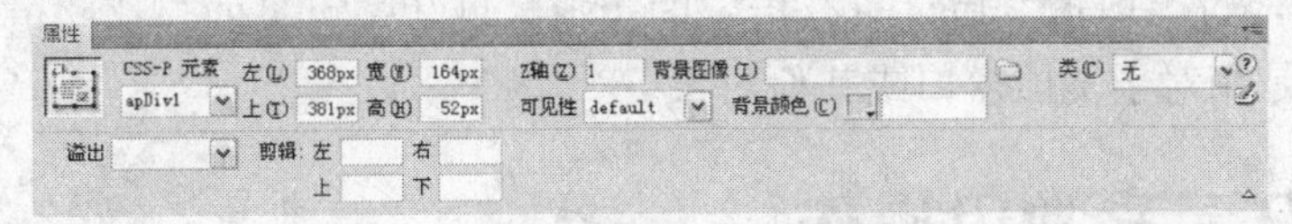

图7-47　AP元素属性设置面板

该面板中各个属性的作用简要介绍如下：

“CSS-P 元素”：用于设置 AP 元素的名字，名字只能使用英文字母及数字，且只能使用字母开头。

“左”和“上”：用于指定 AP 元素的左边框（和顶部）相对于页面或父 AP 元素的位置。

“宽”和“高”：分别用于指定 AP 元素的宽度和高度。

“Z 轴”：用于指定 AP 元素的 Z-编号（或堆叠顺序号）。

Z轴编号较大的AP元素出现在编号较小的AP元素的上面。编号可以为正数，可以为负数，也可以是0。如果AP元素不重叠，则该值没有实际用途，可以在AP元素管理面板中修改AP元素的序列值。

“可见性”：用于控制 AP 元素的初始显示状态。可使用脚本语言（如 JavaScript）控制 AP 元素的可见性和动态显示 AP 元素的内容。

该属性有4个选项，其中“Default”表示不指定AP元素的可见性属性，但多数浏览器把该项默认为“Inherit”（继承）；“Inherit”表示继承父AP元素的可见性属性；“Visible”表示显示AP元素的内容，忽略父AP元素是否可见；“Hidden”表示隐藏AP元素的内容，忽略父AP元素是否可见。

“背景图像”和“背景颜色”：分别用于设置 AP 元素的背景图像。

“类”：用于设置 AP 元素中的内容所使用的 CSS 样式。

“溢出”：用于设置 AP 元素的内容超过了它的大小以何种方式进行显示。

该选项仅适用于CSS AP元素。有以下4个选项：

（1）Visible：表示增加AP元素的大小，AP元素向下或向右扩大，以便AP元素的所有内容都可见；

（2）Hidden：表示保持AP元素的大小，并剪切掉超出AP元素范围的任何内容，不显示滚动条；

（3）Scroll：表示给AP元素添加滚动条，不管内容是否超过了AP元素的大小，特别是通过提供滚动条来避免在动态环境中显示和不显示滚动条导致的混乱；

（4）Default：表示在AP元素的内容超过它的边界时自动显示滚动条。

> **注意：**
> 如果AP元素的内容超过指定大小，AP元素的底边缘会延伸以容纳这些内容。当AP元素在浏览器中出现时，如果AP元素的“溢出”属性没有设置为“visible”，那么底边缘将不会延伸，超出的那部分内容将自动被剪切掉。

“剪辑”：用于设置AP元素的可见区域，指定左侧、顶部、右侧和底边坐标可在AP元素的坐标空间中定义一个矩形（从AP元素的左上角开始计算）。

AP元素经过“剪辑”后，只有指定的矩形区域才是可见的。这些值都是相对于AP元素本身，不是相对于文档窗口或其他对象。

7.7 AP元素常用操作

在Dreamweaver某个页面中创建的所有 AP 元素都显示在“AP 元素”面板中，这为用户提供了一种对网页的对象进行有效控制的手段。

执行“窗口”/“AP元素”菜单命令，即可以打开AP元素管理面板（见图7-47）。

AP元素显示为按Z轴顺序排列的名称列表。若创建AP元素时使用AP元素的默认属性，则首先创建的AP元素出现在列表的底部，最后创建的AP元素出现在列表的顶部。嵌套的AP元素显示为连接到父AP元素的名称。

默认情况下，AP元素可以重叠。如果在AP元素管理面板中选择了“防止重叠”复选框，则绘制、拖动AP元素时无法使AP元素重叠。如果是在创建AP元素之后才选中此选项，则不影响已重叠的AP元素。

此外需要注意的是，即使选择了“防止重叠”复选框，有些操作也可能导致两个AP元素重叠。例如，使用菜单插入AP元素，修改AP元素的边距，都有可能导致AP元素重叠加或嵌套，此时需要在文档窗口中拖动重叠的AP元素，使它们分离。

使用“AP元素”面板还可以更改AP元素的可见性，嵌套或堆叠AP元素，以及选择一个或多个AP元素等。下面分别进行说明。

7.7.1 激活、选择AP元素

如果需要在AP元素中插入对象，必须先激活AP元素。将鼠标在AP元素内的任何地方

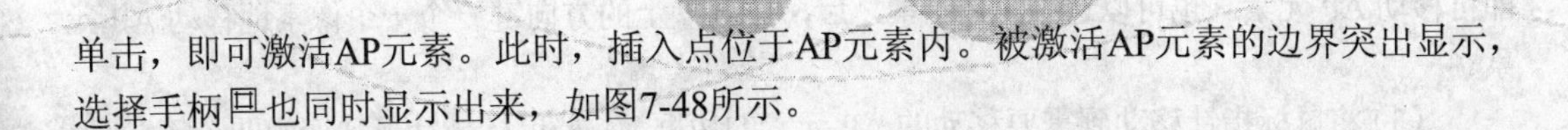

单击，即可激活AP元素。此时，插入点位于AP元素内。被激活AP元素的边界突出显示，选择手柄▣也同时显示出来，如图7-48所示。

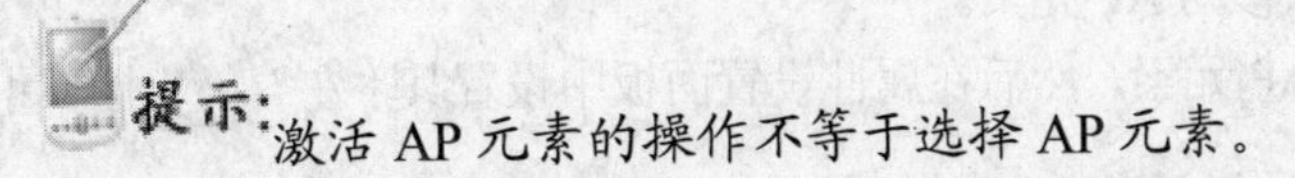

提示： 激活 AP 元素的操作不等于选择 AP 元素。

如果要对AP元素进行移动、调整大小等操作，必须先选中AP元素。选择AP元素可以分为选择一个AP元素和选择多个AP元素，它们的操作不尽相同，下面分别进行介绍。

1．选择一个AP元素　要选择一个AP元素可使用如下方法之一：

（1）在“AP 元素”面板中单击该 AP 元素的名称。

（2）单击一个 AP 元素的选择柄▣。如果“选择柄”不可见，可在该 AP 元素中的任意位置单击以显示该选项柄。

（3）单击一个 AP 元素的边框。

（4）在设计视图底部单击 AP 元素的标签，它表示 AP 元素在 HTML 代码中的位置。如果 AP 元素代码标记不可见，执行“查看”/“可视化助理”/“不可见元素”命令。

选中后的 AP 元素边框上会出现实心的蓝色手柄，如图 7-49 所示。

2．选择多个AP元素　有时需要对多个AP元素进行操作，比如使多个AP元素顶部对齐，或使它们的宽度和高度相同，就需要选择多个AP元素。如果要选择多个AP元素，可执行以下操作之一：

（1）先在文档窗口中选择一个 AP 元素，然后按住 Shift 键，再用鼠标单击其他 AP 元素的边框，则可以同时选择多个 AP 元素。

（2）调出 AP 元素管理面板，先用鼠标选择一个 AP 元素的名字，然后按住 Shift 键，再用鼠标单击其他 AP 元素的名字，则也可以同时选择多个 AP 元素。

当多个AP元素被选择时，最后选择的AP元素的手柄以实心突出显示，其他AP元素的手柄以空心显示，如图7-50所示。

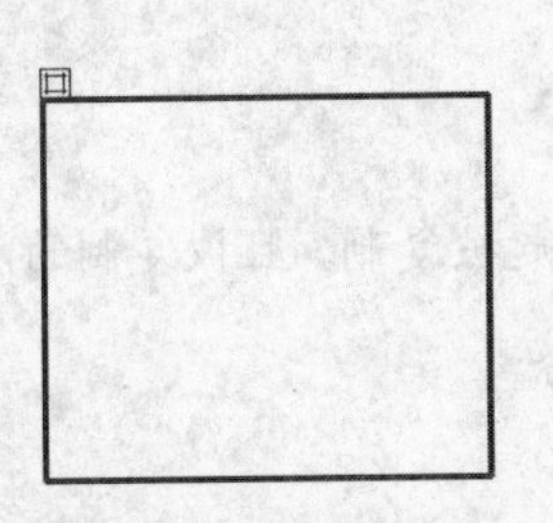

图7-48　激活的AP元素

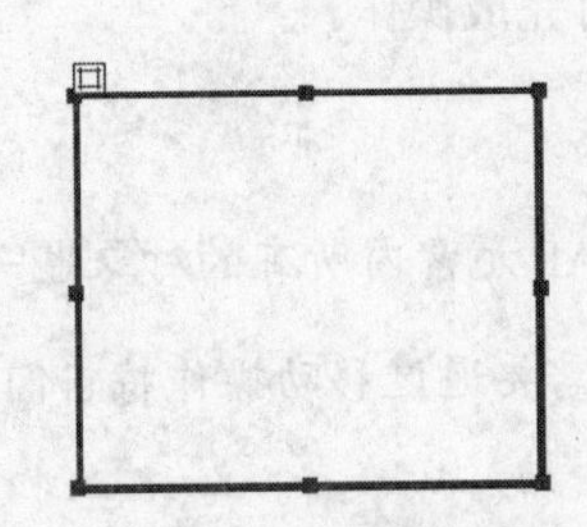

图7-49 选中的AP元素

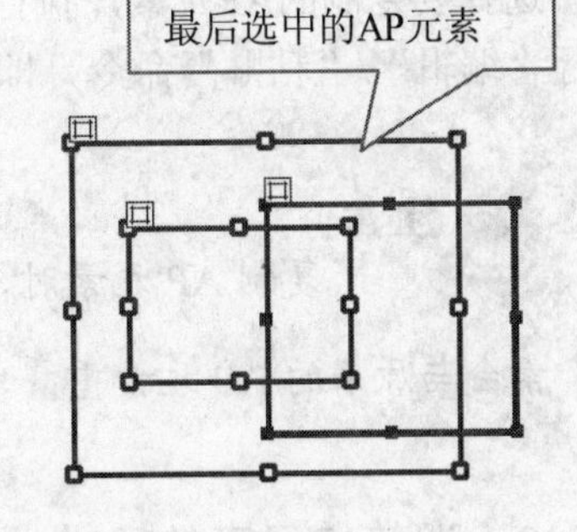

图7-50 选中的多个AP元素

7.7.2　移动、对齐、复制AP元素

在使用AP元素布局页面时，常需要移动和对齐AP元素。下面简要介绍这些操作。

（1）若要在文档窗口中移动一个AP元素，可执行以下操作之一：

（2）先选择一个 AP 元素，然后在该 AP 元素的选择手柄▣上按下鼠标左键并拖动鼠标，

即可移动 AP 元素。也可以选中 AP 元素之后，按键盘上的方向键一个一个像素地移动 AP 元素。

（3）将鼠标指针移动到需要移动的 AP 元素的边框上，档鼠标指针形状变为四个箭头时，按住鼠标左键拖动鼠标，即可以移动 AP 元素。

在设计视图选中要移动的 AP 元素，然后在属性设置面板中设置其“左”、“上”属性的数值。

提示： 如果选择了多个 AP 元素，在任一个被选择的 AP 元素的手柄上按下鼠标左键并拖动，可移动所有选中的 AP 元素。如果使用了嵌套 AP 元素，则没有选择的子元素也会因其父元素的移动而移动。

使用“修改”/“排列顺序”子菜单下的“左对齐”、“右对齐”、“对齐上缘”或“对齐下缘”等对齐命令，可以按指定方式对齐选中的多个AP元素。

例如，对图7-51左图中的AP元素执行“顶对齐”命令后的效果如图7-51右图所示。

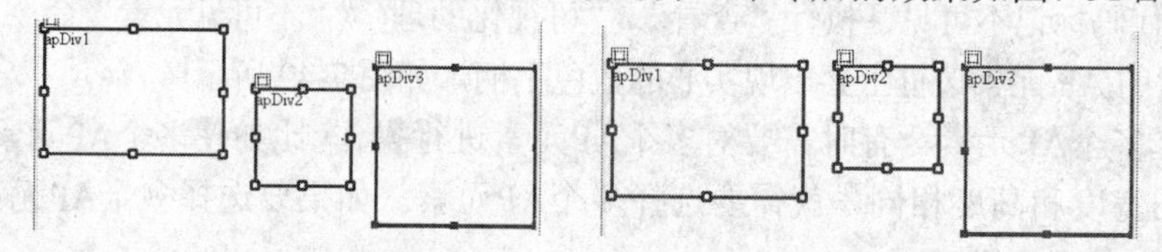

图7-51　AP元素顶对齐前后的效果

在文档窗口中，使用网格也可以精确定位AP元素。如果启用了网格的吸附功能，则在移动AP元素时，AP元素自动与最近的网格线对齐。如果选择了“防止重叠”复选框，且吸附功能可能导致两个AP元素重叠，则AP元素不是被吸附到网格，而是被吸附到最靠近的AP元素的边缘。在制作版面相似的页面时通过复制已制作好的AP元素可简化制作过程。

选择要复制的AP元素，执行“编辑”/“拷贝”命令。然后取消被选择的AP元素，并执行“编辑”/“粘贴”命令，即可完成操作。

注意： 复制 AP 元素时，AP 元素内所有的对象也一起被复制，且被复制的 AP 元素会与原来的 AP 元素重叠，需要通过移动操作将它们分离。

7.7.3　调整AP元素的尺寸

在文档窗口中对AP元素进行操作时，常常需要调整AP元素的大小。在Dreamweaver中，可以通过拖动调整单个AP元素的大小，也可以菜单命令同时调整多个AP元素的大小以使其具有相同的宽度和高度。

手工拖动调整AP元素的大小比较方便。选中AP元素后，将鼠标指针移动到AP元素边框上的蓝色实心手柄上，当鼠标指针变为垂直或水平双向箭头时，按住鼠标左键拖动鼠标，可以调整AP元素的高度或宽度；当鼠标指针变为斜向双箭头时，按住鼠标左键斜向上或斜向下拖拉鼠标，则可以同时调整AP元素的高度及宽度。这种方式比较难以准确地确定AP元素的大小。

在AP元素的属性设置面板中直接设置属性宽和高的具体数值，可以比较精确地确定AP元素的大小。

如果要同时调整多个AP元素的大小，使其具有相同的宽度和高度，可以选中多个AP元素，之后执行“修改”/“排列顺序”/“设成宽度相同”或“设成高度相同”菜单命令。该操作可将所有选定的AP元素调整为最后一个选定的AP元素（手柄以蓝色实心突出显示）的宽度或高度。

用户也可以在选定多个AP元素之后，在属性面板中输入宽度和高度值，这些值将被应用于所有选定的AP元素。

提示： 选择 AP 元素后，在想要扩展的方向上同时按下键盘上的 Ctrl 键和箭头键，可以一次一个像素地调整 AP 元素的大小。

7.7.4 设置AP元素的堆叠顺序

AP元素的运用使设计者在处理图像时能够在很多个界面上进行，从而大大提高了设计者的工作效率，可以设计出效果更丰富的网页。此外，AP元素体现了网页技术从一个二维空间向三维空间的一种延伸，即AP元素Z轴的概念，也就是AP元素的堆叠顺序。改变AP元素的堆叠顺序，可以改变AP元素的显示效果。改变AP元素的堆叠顺序的两种操作方法。

01 新建一个文档，单击“插入”/“布局”面板中的“绘制AP Div”图标，在文档设计视图中插入一个AP元素。

02 光标定位在AP元素内，单击“插入”栏“常用”面板中的插入图像的图标，在AP元素里插入一张图像。

03 按同样方法再创建两个AP元素，并在AP元素中插入图像。此时的页面效果如图7-52所示。

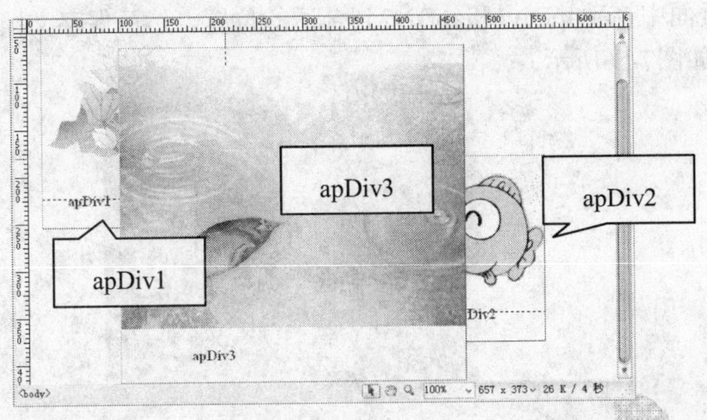

图7-52 页面效果

04 打开AP元素管理面板，选中需要调整堆叠顺序的AP元素apDiv1，将apDiv1的Z列值变为4。此时的AP元素管理面板如图7-53所示。此时的页面效果如图7-54所示。

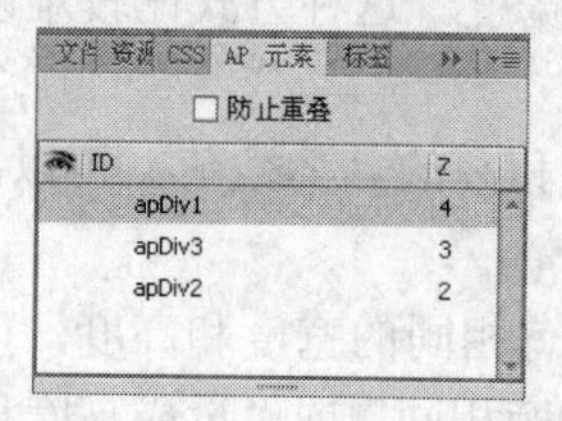

图7-53　修改apDiv1的Z列值

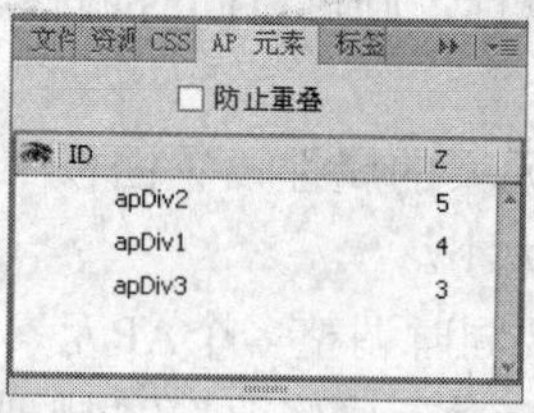

图7-54　修改apDiv2的Z列值

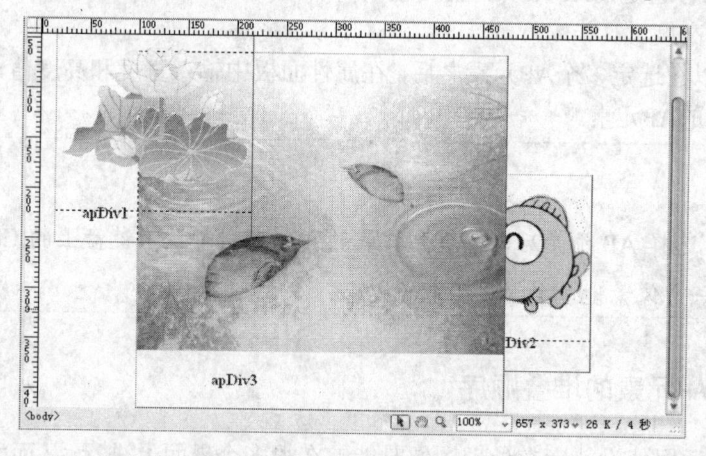

图7-55　页面效果

05 在AP元素管理面板中选中apDiv2，单击Z列，输入一个比apDiv3的堆叠顺序号大的数值，本例输入5，apDiv2在堆叠顺序中往上移动，停留在apDiv1之上。如图7-55所示。

如果输入一个较小的数字，则AP元素在堆叠顺序中往下移动。

> **注意：**
> 网页的 Z 列值为 0。如果某 AP 元素的 Z 列值为负值，表示该 AP 元素在网页之下，网页的内容可能会覆盖该 AP 元素所包含的内容。

06 在页面中拖动apDiv1和apDiv2到合适的位置，然后保存文档，按F12键在浏览器中预览，效果如图7-56所示。

图7-56　实例效果

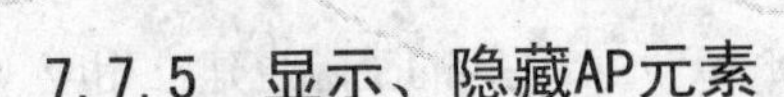

7.7.5 显示、隐藏AP元素

在Dreamweaver中，通过AP元素显示或隐藏网页中的某个元素非常方便。

在 AP 元素管理面板中选择需要改变可见性的 AP 元素，单击对应的眼睛图标，即可在可见与不可见之间切换。其中睁开的眼睛表示 AP 元素可见；闭上的眼睛表示不可见；没有眼睛表示继承其父 AP 元素的可见性。如果没有父 AP 元素，则继承文档主体的可见性，总是可见的。

如果要同时改变所有AP元素的可见性，直接单击眼睛列最上端的眼睛图标即可，如图7-57所示。

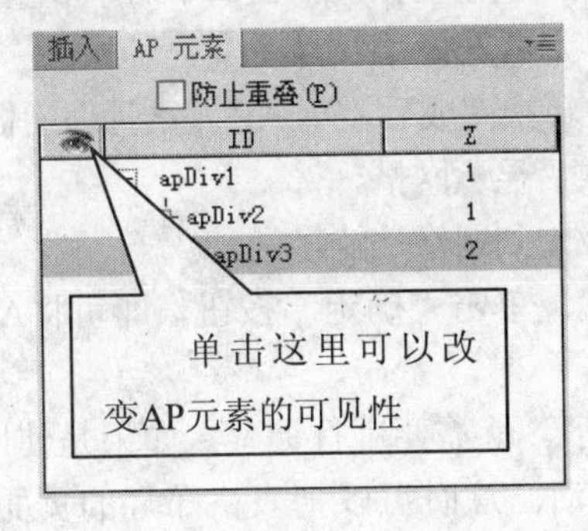

图7-57 同时改变AP元素的可见性

7.8 AP 元素与表格相互转换

与表格相比，使用AP元素可以更方便、精确地定位页面元素。所以在网页制作过程中，可以先用AP元素快速创建复杂的页面布局，然后再将AP元素布局转换为表格布局，以供不支持AP元素定位技术的一些早期浏览器浏览。同样，一些使用表格布局的页面如果希望利用AP元素的灵活性，也可以把表格转换成AP元素。

下面通过两个简单实例演示AP元素与表格相互转换的方法和效果。

01 在页面上绘制多个不重叠的AP元素，并编辑内容，如图7-58所示。保存文档。

02 执行"修改"/"转换"/"将AP Div转换为表格"命令，弹出"将AP Div转换为表格"对话框，如图7-59所示。

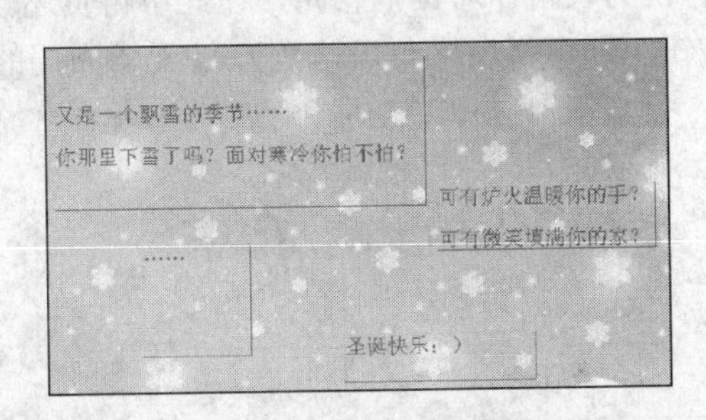

图7-58 AP元素布局效果

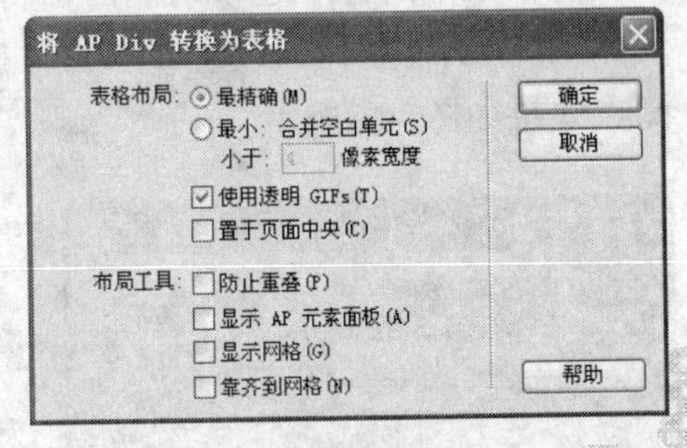

图7-59 "转换AP元素为表格"对话框

对话框中各参数的功能介绍如下：

“最精确”：为每一个 AP 元素建立一个表格单元，同时 AP 元素之间的空隙也建立相应的单元格。

“最小：合并空白单元”：当 AP 元素之间的距离小于设定的值时，则这些空隙不生成独立的单元格，它们被合并到较近的 AP 元素生成的单元格中。

最小值可以改变，系统默认最小值为4个像素。选择该项生成的表格的空行、空列最少。

“使用透明 GIFs”：生成表格的最后一行用透明的 GIF 文件格式填充，这样在不同的浏览器中可以确保表格以相同的列宽显示。

“置于页面中央”：生成的表格将在文档窗口中居中放置。

“防止重叠”：防止 AP 元素重叠。

“显示 AP 元素面板”：转换完成后显示 AP 元素管理面板。

“显示网格”：转换完成后显示网格。

“靠齐到网格”：启用吸附到网格功能。

03 本例保留默认设置。单击“确定”按钮，即可将AP元素布局的页面转换为表格布局，效果如图7-60所示。

如果对页面布局不满意了，就需要进行调整。如果是使用表格布局的页面，调整时没有使用AP元素布局的页面灵活。这时可以把表格布局的页面转换为AP元素布局的页面，再进行调整。

01 在文档窗口中制作一张表格，如图7-61所示。

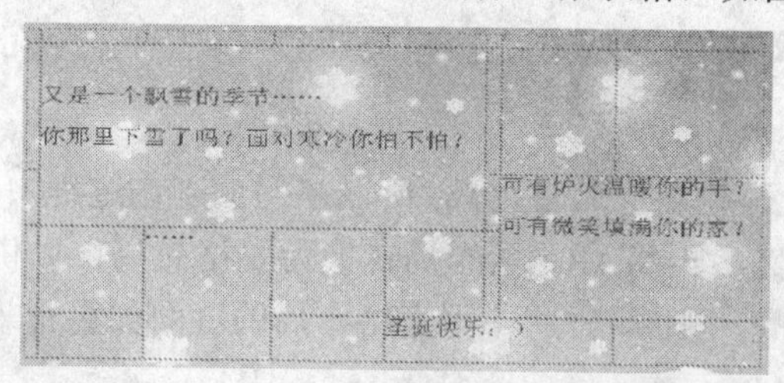

图7-60 AP元素转换为表格后的效果

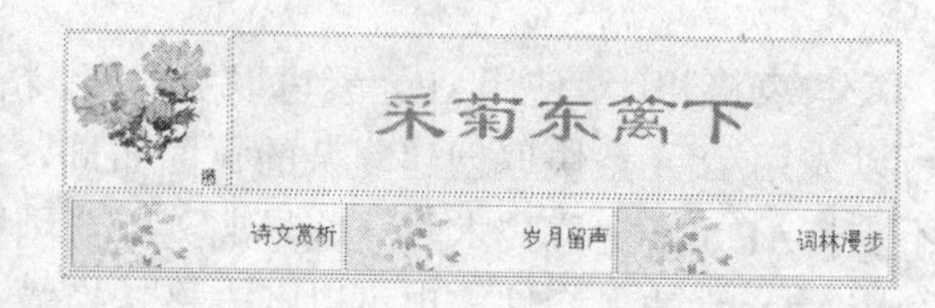

图7-61 待转换的表格

02 执行“修改”/“转换”/“将表格转换为AP Div”命令，弹出“将表格转换为AP Div”对话框，如图7-62所示。

该对话框中的各个选项功能与“将AP Div转换为表格”对话框相同，在此不再赘述。

03 本例使用默认设置。单击“确定”按钮，即可将表格布局转换为AP元素布局的页面。效果如图7-63所示。

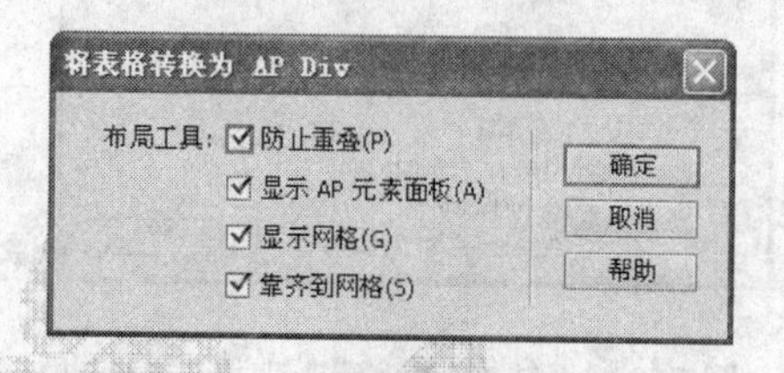

图7-62 “将表格转换为AP Div”对话框

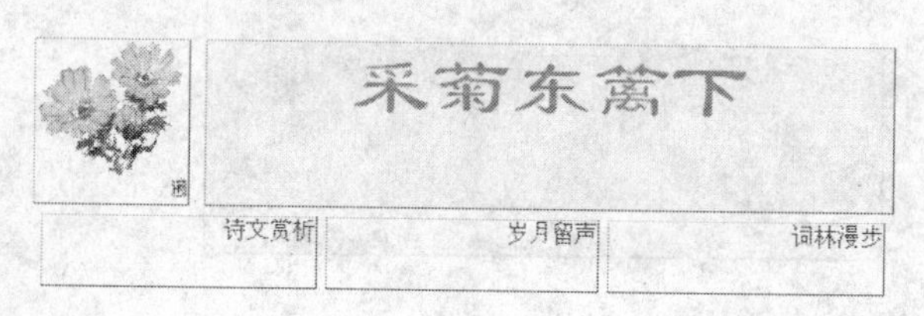

图7-63 转换为AP Div的页面布局

使用“将表格转换为AP Div”命令转换表格时，位于表格外的页面元素也会放入AP元素中。表格中的空单元格不会转换为AP元素，除非它们具有背景颜色。

注意：

在模板文档或基于模板创建的文档中，不能将 AP 元素和表格进行相互转换。如果确实需要转换，应在将文档存为模板之前进行转换。

7.9 AP 元素的应用实例

AP元素在网页设计中占有十分重要的地位，不仅可以精确定位网页元素，还可以配合表单和动作制作出许多经典的特效。下面将用一个简单实例演示AP元素的简单特效。

上网时常遇到这样的网页，在页面上只显示一张图片，当用户把鼠标移动到另一张图片或文本链接上时，图片被替换，当用户把鼠标从图片上移开时，再次显示原来的图片。本例最终效果如图7-64所示。

当鼠标移动到右侧的图片上时，左侧的图片被隐藏，显示另一幅图片，如图7-65所示。鼠标离开图片时，再次显示原来的图片。

图7-64　实例效果1

图7-65　实例效果2

本例的具体制作步骤如下：

01 启动Dreamweaver CS6，新建一个文档，设置标题为“流金岁月”并保存。

02 单击“插入”/“布局”面板中的“绘制AP Div”的图标，在文档设计视图中拖动鼠标绘制一个AP元素。将光标定位在AP元素中，输入文字“流”，并在属性面板中调整AP元素大小、位置，然后新建CSS规则设置AP元素的背景颜色及文本格式。

03 按照第 02 的方法再插入三个AP元素，在属性面板上设置不同的颜色，并分别输入“金”、“岁”和“月”。

04 在AP元素管理面板上根据需要设置四个AP元素的堆叠顺序，并进行排列。完成后的效果如图7-66所示。

05 单击插入AP元素的图标，在文档设计视图中再插入一个AP元素，使用默认名称apDiv5。

06 将光标放置在AP元素内，单击插入图像的图标输入一幅图像，调整图像大小及位置，并在AP元素管理面板中，将其拖到最底端。效果如图7-67所示。

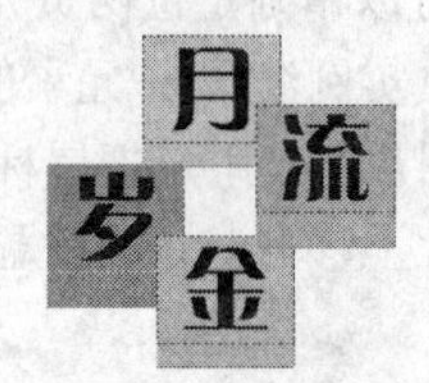

图7-66　AP元素排列效果1

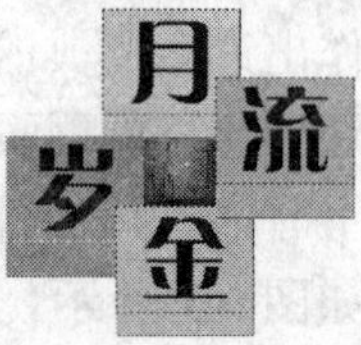

图7-67　AP元素排列效果2

07 单击插入AP元素的图标，在页面左侧再插入一个AP元素apDiv6。在AP元素中插入一幅图像，并调整图像的大小和位置，如图7-68所示。

图7-68　页面效果

08 打开AP元素管理面板，单击AP元素apDiv6左侧的眼睛图标，使之闭眼。

09 在AP元素apDiv6所在的位置绘制一个与apDiv6大小一致的AP元素，使用默认名称apDiv7，然后在其中插入一幅图像。

10 打开AP元素管理面板，单击apDiv7左侧的眼睛图标，使之闭眼；单击apDiv6左侧的眼睛图标，使其可见。

11 用鼠标单击AP元素apDiv5，执行“窗口”/“行为”命令，打开行为面板。

12 单击行为面板左边的加号（+）按钮，从弹出的下拉菜单中执行“显示-隐藏元素”命令，弹出“显示-隐藏元素”对话框。

13 在对话框中的元素列表中选择AP元素apDiv6，然后单击“隐藏”按钮；选择apDiv7，然后单击“显示”按钮。单击“确定”按钮关闭对话框。

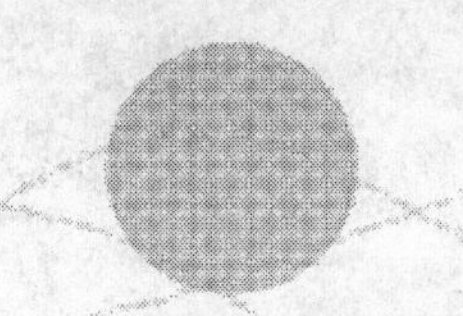

14 单击事件下拉列表按钮，从弹出的事件列表菜单中选择OnMouseOver。

15 为AP元素apDiv5添加第二个“显示-隐藏元素”行为。在“显示-隐藏元素”对话框中选择AP元素apDiv7，然后单击“隐藏”按钮；选择apDiv6，然后单击“显示”按钮。单击“确定”按钮关闭对话框后，设置事件为OnMouseOut。

16 保存文档，按F12键预览效果。

7.10 实例制作之精确定位元素

上一章中已经基本完成了主页的制作，在浏览器中预览时会发现，当缩放窗口时，使用AP元素定位的导航项目图片位置始终保持不变，但相对于整个页面来说，页面布局就变得有些混乱了，如图7-69所示。

本节将把AP元素布局的导航条转换为表格布局，以精确布局页面。步骤如下：

01 按住Shift键选中要转换为表格的五个AP元素。

02 执行“修改”/“转换”/“将AP Div转换为表格”菜单命令，打开“将AP Div转换为表格”对话框。

03 在“表格布局”区域选择“最精确”，且取消选中“使用透明GIFs”。然后在“布局工具”区域选中“防止重叠”复选框。

图7-69　页面效果

04 单击“确定”按钮关闭对话框，并将选中的AP元素转换为表格，如图7-70所示。

由于导航图片的背景是透明的，且有两张导航图片的文本颜色为白色，因此不可见。

05 选中转换出来的表格，在属性面板上设置其宽度为212像素，然后将其插入到原来导航图片所在的单元格中，设置单元格内容水平居中对齐，垂直顶端对齐。选中表格第一行，将其删除。切换到“布局”插入面板，将光标定位在表格第一行，单击“在上面插入行”按钮添加一行，并在属性面板上设置单元格高度为30。

06 调整其他单元格的宽度和高度，使单元格中的导航图片处于适当的位置。完成后的效果如图7-71所示。

图7-70　转换后的表格

图7-71　表格效果

07 保存文档，并按F12键在浏览器中预览，效果如图7-72所示。

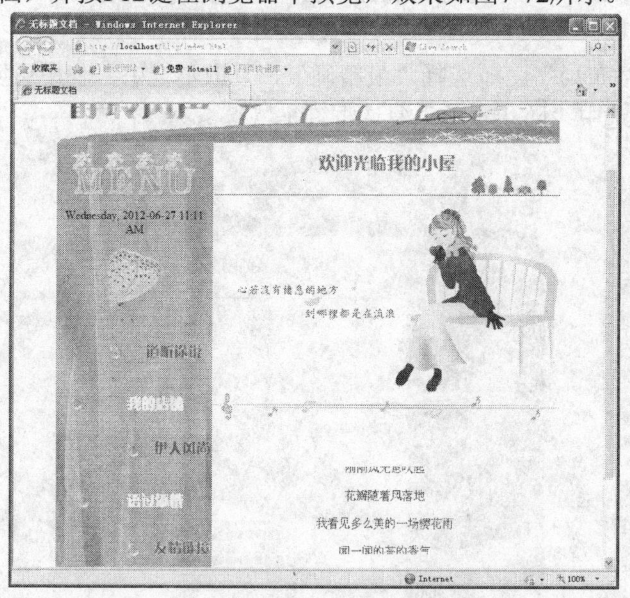

图7-72　页面效果

此时无论怎样调整窗口的大小，导航图片的位置始终相对不变，从而保持整个页面布局的整洁。

提示： 本例是为了举例说明 AP 元素转化为表格的效果，在实际应用中，这种方式经常与预想的效果有出入，建议读者不要采取这种方式创建表格定位元素。

Chapter 08

第 8 章　创建框架网页

本章导读

通常一个站点中有很多东西是相同的。例如每一个页面都有相同的页面广告条，相同的导航栏，这样访问者才能自由地访问这个站点。如果为每个页面都创建这些相同的内容，在增大工作量的同时，也浪费了宝贵的网络空间，使用框架可以轻松解决这些问题。

学习要点

- 创建框架和框架集
- 选择框架和框架集
- 保存框架集和框架
- 实例制作之使用框架显示页面

8.1 框架概述

什么是框架呢？框架是网页中特有的内容，在编辑网页的窗口中，框架是窗口的一部分。它将一个Web页面分成多个不同的HTML页面，其中每一个HTML页面都是独立的，都具有初始显示的URL页面，都可以控制框架的布局和属性。在打开框架中的某一个超链接时，只在目标框架中显示链接的内容，整个页面可以保持不变，从而使用户能够一次浏览更多的内容，或方便用户在文章内容和导航内容之间进行切换。换句话说，框架可以将多个HTML文档组合在一起，共同显示在一个屏幕上。在浏览器中，每一个框架都是独立的浏览器。

框架由两个主要部分组成：框架集和单个框架。所谓框架集，就是定义网页结构与属性的HTML 页面，这其中包含了显示在页面中框架的数目，框架的尺寸，装入框架的页面的来源，以及其他一些可定义的属性的相关信息。框架集页面不会在浏览器中显示，它只用于存放页面中框架如何显示的信息。单个框架是指在网页上定义的一个区域。

一般情况下，框架网页由边框、滚动条和其中显示的框架文件组成。下面我们简要介绍一下框架网页的这三个组成部分，便于读者更好地理解本章的内容。

1．边框　是相邻框架间的分隔线。边框线有两个属性：粗细和颜色。用户可以根据需要调整边框的粗细和颜色，以增加视觉效果。

2．滚动条　当框架中的内容比较多，不能一屏完全显示时，就需要用滚动条来控制滚动页面，以便显示网页其他部分的内容。

3．框架文件　前面提到过，框架是网页上的一个显示区域，每个框架都可以不受页面上其他框架的影响显示一个独立的页面。这个在框架内打开的网页文件即为框架文件。

当然，使用框架也有缺点。例如，与表格相似，可能难以实现不同框架中网页元素的精确定位；测试导航可能很耗时间；各个带有框架的页面的URL不显示在浏览器中，因此访问者可能难以将特定页面设为书签。

总而言之，使用框架布局页面可以方便地表现出页面的层次结构，如果与其他布局工具配合使用，扬长避短，可以实现复杂、精美的版面设计。

8.2 创建框架和框架集

在Dreamweaver CS6中创建框架有两种方法：使用Dreamweaver的预设框架，或通过拆分操作自定义框架。

8.2.1 使用预置框架

选择一个预置的框架将自动地建立所有需要的框架集和框架来创建布局，这也是向页面中插入框架布局的最简便的方法。

Dreamweaver CS6为读者提供了13种预定义好的框架，可以让读者很容易地从中选择想要创建的框架的类型。下面通过演示使用预设框架创建网页的具体步骤。

01 新建一个HTML页面，并在其中键入文本。

02 执行“插入”/“HTML”/“框架”菜单命令，弹出“框架类型”下拉菜单，如图8-1所示。

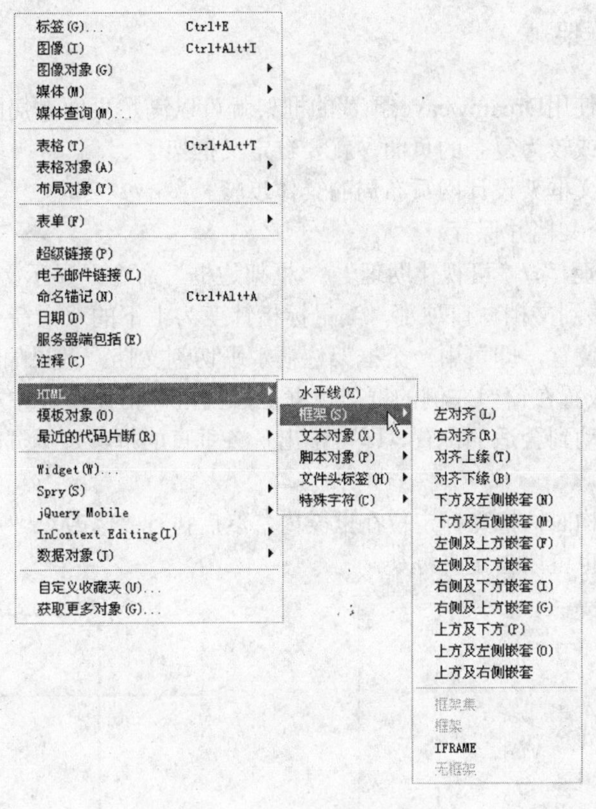

图8-1 预置的框架类型

03 在预置的框架类型中单击需要的框架。本例选择“上方及左侧嵌套”。此时会弹出“框架标签辅助功能属性”对话框，提示用户为每一个框架指定一个标题。

如果不希望每次插入框架时都弹出这个对话框，可以在“首选参数”对话框的“辅助功能”分类中取消选择“框架”。

04 本例保留“框架标签辅助功能属性”对话框中的默认设置。单击“确定”按钮关闭对话框，即可在文档窗口的设计视图中插入指定的框架，如图8-2所示。

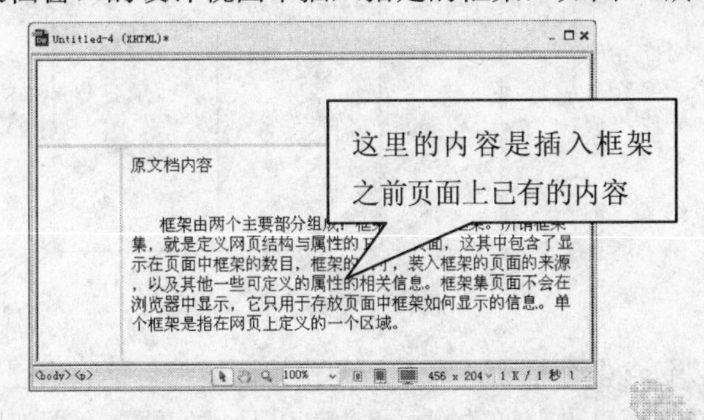

图8-2 插入框架后的效果

如果插入框架之后，框架边框不可见，执行“查看”/“可视化助理”/“框架边框”命令，即可使文档窗口中的框架边框可见。

8.2.2 自定义框架

通常情况下，使用Dreamweaver预置的框架就可以满足页面布局的需要。如果要使用框架设计个性化，或较为复杂的页面，就要自定义框架了。

下面演示自定义框架设计网页布局的具体步骤。

01 新建一个文档并保存。

02 执行“查看”/“可视化助理”/“框架边框”命令，显示文档窗口的框架边框。

03 将鼠标移到文档窗口顶部，当鼠标指针变为上下的双向箭头时，按下鼠标左键向下拖动到合适的位置，即可用一个框架边框水平切割文档，效果如图8-3所示。

04 将光标放置在窗口左侧的框架边框上，当鼠标指针变成左右双向箭头时，按下鼠标左键并向右拖动到合适的位置，即可拖出一条垂直的框架边框分割页面。此时的页面效果如图8-4所示。

在修改框架结构时，把光标定位在框架内，然后执行“修改”/“框架集”菜单命令下的拆分框架命令，也可以自定义框架。

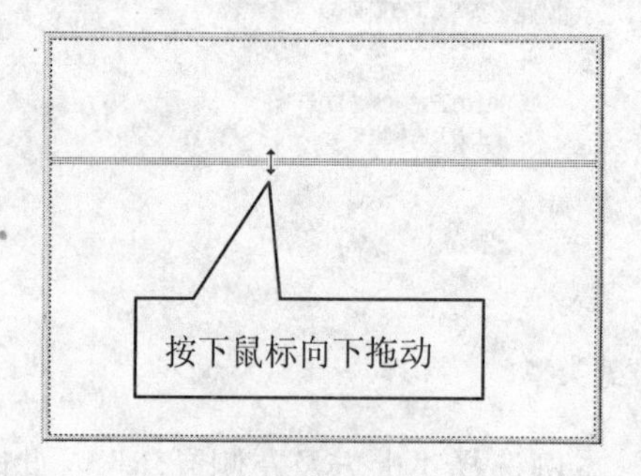

图8-3 拖动框架边框

图8-4 拖动框架边框

05 将光标定位在右下框架中，执行“修改”/“框架集”/“拆分右框架”命令，即可将右下框架拆分为两个区域，如图8-5所示。

图8-5 拆分右框架的效果

一个网页可以包含多个框架，每个新创建的框架都包括它自己的框架集HTML文档和框架文档。框架文档可以是普通的网页，也可以是另外的一个框架网页，如果框架中包含的网页是一个框架网页，则形成了框架的嵌套。例如，上例创建的框架就是一个嵌套框架。简单地说，嵌套框架就是一个框架中的框架。大多数网页使用的框架都是嵌套框架。

8.2.3 noframe和iframe

由于早期版本的浏览器不支持框架，当页面中含有框架时，浏览器就不能正确显示页面的内容，这时必须编辑一个无框架文档，当不支持框架的浏览器载入框架体文件时，浏览器只会显示出无框架内容。

编辑无框架内容的具体操作步骤如下：

01 新建一个文档，并在文档中插入一个框架集，然后执行“修改”/“框架集”/“编辑无框架内容”命令。

02 此时，当前的文档内容会被清除，正文区域的上方出现“无框架内容”字样。在状态栏中也出现了一个<noframe>标签，如图8-6所示。

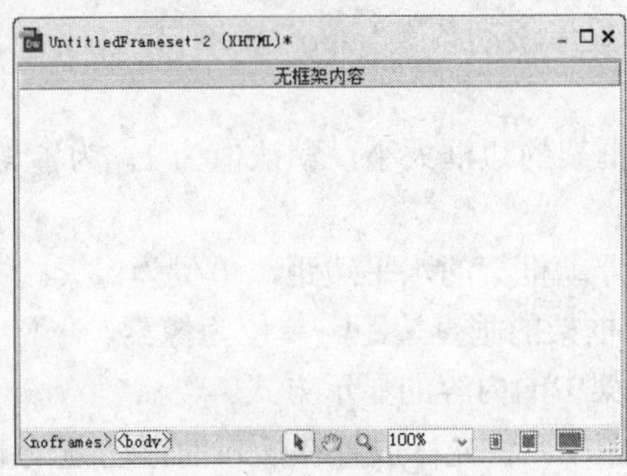

图8-6　编辑noframes内容

可以在该窗口中输入文本、插入图像、编辑表格、制作表单等内容，但是不能在该窗口中创建框架。

03 再次执行“修改”/“框架集”/“编辑无框架内容”命令，返回到文档窗口中。

iframe是个比较新的标识。其实iframe和frame功能一样，也可以调用一个外部文件，不同的是它是个浮动框架，可以放置在网页中的任何位置，而且它引用的HTML文件不与另外的HTML文件相互独立显示，而是直接嵌入在一个HTML文件中，与这个HTML文件内容相互融合，成为一个整体。此外，利用iframe还可以多次在一个页面内显示同一内容，而不必重复写内容，一个形象的比喻即“画中画”电视。这种极大的自由度可以给网页设计带来很大的灵活性。

下面演示iframe的使用方法和页面效果。

01 新建一个HTML文档。

02 执行“插入”/“HTML”/“框架”/“IFRAME”菜单命令。文档窗口自动切换为“拆分”视图，并在“代码”视图中插入<iframe></iframe>标记，如图8-7所示。

03 在文档区空白处单击，即可在“设计”视图中看到一个灰色的矩形，表示插入的iframe，如图8-8所示。

04 在“代码”视图中将<Iframe ></iframe>修改为<iframe name="i1" src="iframe.html" width=600 height=300></iframe>。

Iframe标记的使用格式如下：

<Iframe name="main src="URL" width="x" height="x" scrolling="[OPTION]" frameborder="x" "></iframe>

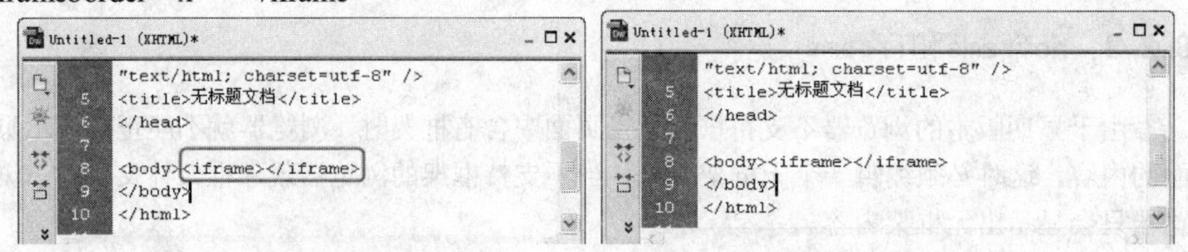

图8-7　插入iframe　　　　图8-8　“设计”视图中的iframe

各个属性的功能简要介绍如下：

Name：给浮动框架命名。该名称将出现在超链接的 target 属性下拉列表中。

Src：浮动框架默认显示的页面，既可是 HTML 文件，也可以是文本、ASP 等。

width、height：浮动框架的宽与高。

Scrolling：设置是否显示滚动条。“auto”表示自动显示；“yes”表示总是显示；“no ”则表示不显示。

Frameborder：浮动框架的边框大小，默认值为 1。为了与邻近的内容相融合，常设置为 0，不显示。

Marginwidth：设置浮动框架的水平边距，单位为像素。

Marginheight：浮动框架的垂直边距，单位为像素。

Align：设置浮动框架中的内容的显示方式。

05 在“设计”视图中，将光标放置在插入的浮动框架下方，输入需要的文本，并设置文本的超链接。尤其需要注意的是，将超链接文本的“target”属性设置为“i1”，即本例中插入的浮动框架的名称。

06 保存文档。按F12键在浏览器中预览页面效果，如图8-9所示。

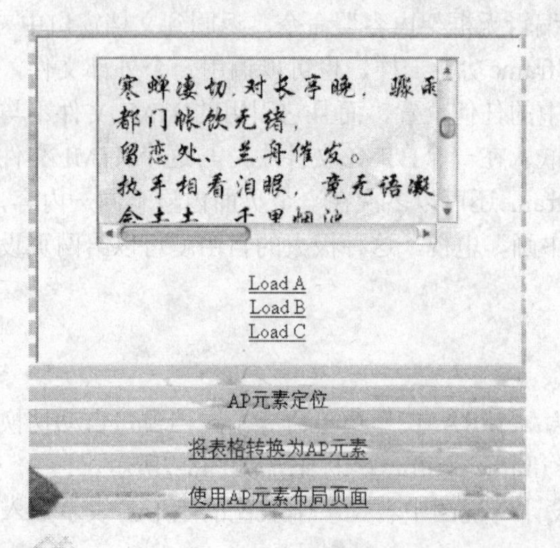

图8-9　iframe的效果

与框架一样，浮动框架也可以嵌套。事实上本例制作的就是一个嵌套的浮动框架。该框架中默认显示的文件iframe.html就是在本书第6章讲解浮动框架标记时制作的一个例子，

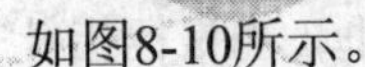
如图8-10所示。

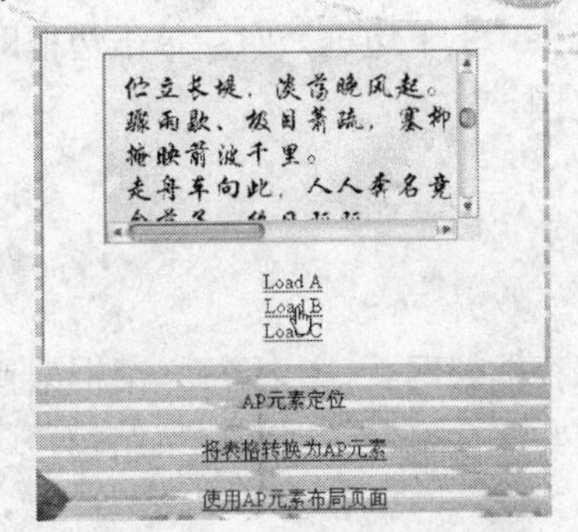

图8-10　嵌套的iframe效果

8.3　选择框架和框架集

选取框架和框架集可以直接在文档窗口中进行，也可以在“框架”面板中进行。

默认情况下，在页面中插入框架后，会自动选择整个框架作为操作对象，此时所有子框架的边界都会被虚线包围。如果当前选择的是一个子框架，需要重新选择整个框架，可以执行以下操作之一：

（1）将鼠标指针移动到框架的某条边框上，当鼠标指针变为水平双向箭头（左右边框）或垂直双向箭头（上下边框）时，单击边框即可选中整个框架。在文档窗口中，被选取的框架周围有虚线包围。

（2）将鼠标指针移动到第一次分割框架的边框位置，当鼠标指针变为水平双向箭头（左右边框）或垂直双向箭头（上下边框）时，单击边框即可选中整个框架组。

（3）执行“窗口”/“框架”命令可以打开“框架”面板，用鼠标点击框架的边框即可选取框架。

框架面板提供框架集内各个框架的可视化表示形式。它能够显示框架集的层次结构，而这种层次在文档窗口中的显示可能不够直观。

如果要选择框架中的某个子框架，可以执行以下操作之一：

（1）在设计窗口中按住Alt键的同时，用鼠标单击所要选取的框架区域。选中后的子框架周围有虚线包围。

（2）打开图8-11所示的框架管理面板，在需要选择的子框架的位置单击鼠标。文档窗口中该子框架的周围被虚线包围，表示它已经被选中，如图8-12所示。

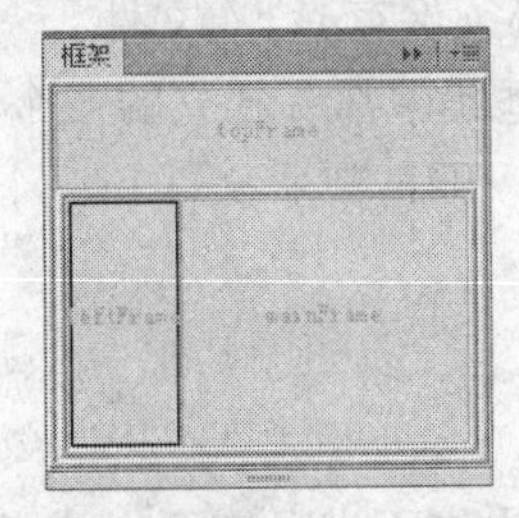

图8-11　框架管理面板

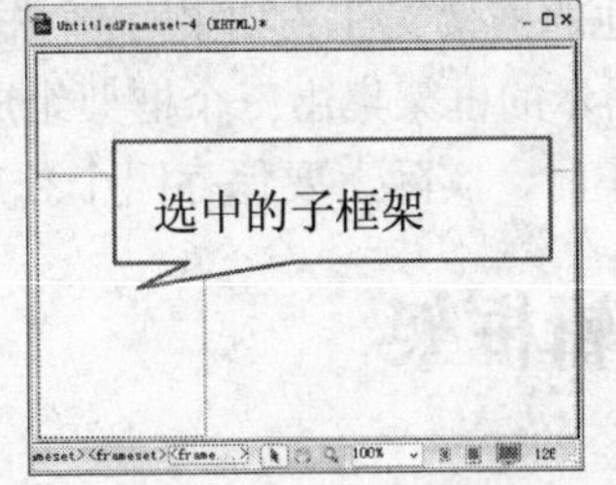

图8-12　选择一个子框架

如果要选择嵌套框架，将鼠标指针移动到嵌套框架中子框架公共的边框，当鼠标指针变为水平双向箭头（左右边框）或垂直双向箭头（上下边框）时，单击边框即可选中嵌套框架。选中的嵌套框架在文档窗口中有虚线包围。

8.4 保存框架集和框架

若要在浏览器中预览框架网页，必须先保存框架网页。由于每一个框架代表一个单独的网页，所以在保存框架结构的文档时，不但要保存整个文档的框架结构，还要保存各个框架文件。否则，框架中输入的内容会丢失。

下面演示保存框架集和框架的操作步骤。

01 新建一个HTML文档，并插入一个嵌套框架，如图8-13所示。

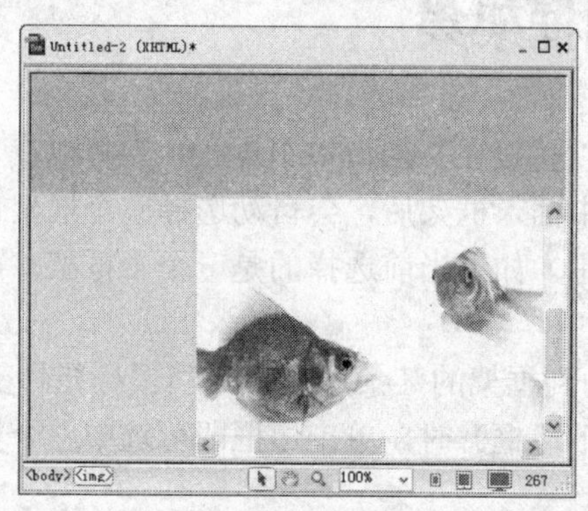

图8-13　待保存的框架

02 在“框架”面板中选中整个框架，选择“文件”/“保存框架页”菜单命令；或选择“文件”/“框架集另存为”命令，只保存框架集文件。在最后退出文档时，Dreamweaver会弹出对话框询问是否保存各个框架文件。

03 在框架内单击，然后选择“文件”/“保存框架”命令，则只保存框架文件。

04 执行“文件”/“保存全部”命令，则会弹出一个保存文件窗口，同时会显示整个框架被选中的状态。

05 在弹出的保存文件窗口中输入文件名，然后单击“保存”按钮保存框架集文件。

接着，又会弹出下一个保存文件的窗口，同时文档窗口正要保存的文件所在的子框架被选中。在弹出的保存文件窗口中输入文件名，然后单击“保存”按钮保存该框架文件。同理保存其他的框架文件。如果有n个框架，就必须保存n+1次文件。

图8-13所示的框架集由三个框架组成，每个框架中都有独立的一个HTML文档。因此，保存该框架集时，实际上要保存四个独立的文件，即框架集文件和三个框架文件。

8.5 编辑框架

在页面中创建框架之后，框架的大小、外观也许不满足需要，或者要编辑框架文件，这时需要进一步调整框架。下面介绍编辑框架时常用的一些操作。

8.5.1 设置框架属性

与其他页面元素一样，在属性面板中可以定义框架或框架集的各种常用属性，如框架名称、源文件、页边距、框架集的边线颜色和宽度等。

在页面中选取了一个框架之后，文档窗口底部即可出现框架属性面板，如图8-14所示。

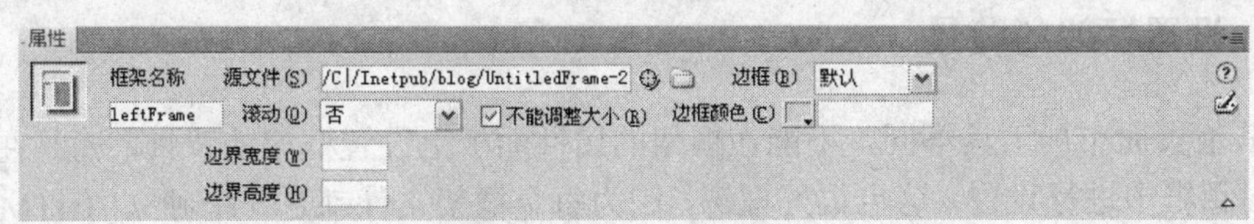

图8-14　框架属性面板

框架属性面板中的各项属性功能简要介绍如下：

“框架名称”：用于对框架进行命名，以便在代码中进行引用。框架名称只能使用字母、数字和下划线（_），且必须以字母开头，且区分大小写。

“源文件”：指定框架文件的路径与名称。

“滚动”：指定在框架中是否显示滚动条。将此选项设置为“默认”将不设置相应属性的值，从而使各个浏览器使用其默认值。大多数浏览器默认为“自动”，这意味着只有在浏览器窗口中没有足够空间显示当前框架的完整内容时才显示滚动条。

“边框”：是否在浏览器中显示框架的边框。该项设置会覆盖框架集属性面板中所做的设置，并且只有当该框架所有相邻的框架的边框都设置为“否”时，才能取消当前框架的边框。

“不能调整大小”：决定是否允许读者改动框架的大小。如果选中此项，则访问者将无法通过拖动框架边框在浏览器中调整框架大小。

“边界宽度（高度）”：左右（上下）页边距，设置内容与框架边框左右（上下）的距离（框架边框和内容之间的空间）。

选中了一个框架集之后，文档窗口的下端将出现框架集属性面板，如图8-15所示。

图8-15　框架集属性面板

框架集属性面板中的各项属性功能简要介绍如下：

“框架集”：此属性显示了当前选定的框架集中所包含的框架行数和列数。

“边框”：是否在浏览器中显示框架的边框。该设置会被框架属性面板中的“边框”属性覆盖。

“行列选定范围”：图形化地显示选定框架集的结构，单击可以选中相应的框架。使用该属性项，可以精确地分配各个框架所占用的空间。步骤如下：

（1）在属性面板上点击“行列选定范围”框内的标签选取行或列。

（2）在“值”域中输入一个数字，设置所选行或列的尺寸。

（3）在“单位”下拉列表中选择值的度量单位。

用户还可以通过鼠标的拖动操作近似地调整框架的尺寸。将鼠标指针移到框架的边框上，当鼠标变为双向箭头时，按下鼠标左键并拖动鼠标，即可改变框架的大小。

8.5.2 设置框架的背景

与其他页面布局工具不同，不能在框架的属性面板上设置框架的背景，而是在“页面属性”对话框中进行设置。这也很好理解，因为每个框架文件都是一个独立的HTML文件。下面演示设置框架背景的操作方法。

01 新建一个HTML文件，然后插入一个预置框架，并在各个框架中输入需要的内容，如图8-16所示。

02 将光标放置在页面顶部的框架中，执行“修改”/“页面属性”命令，打开“页面属性”对话框。

03 在“背景颜色”文本框中输入所需要的背景颜色#6CF。

04 同理，设置左侧框架的背景颜色为#F0DD81，并在“链接”分类中设置“链接颜色”为绿色，“下划线样式”为“始终无下划线”。

05 执行“文件”/“保存全部”命令，保存框架集文件和所有框架文件。

06 按F12键在浏览器预览，效果如图8-17所示。

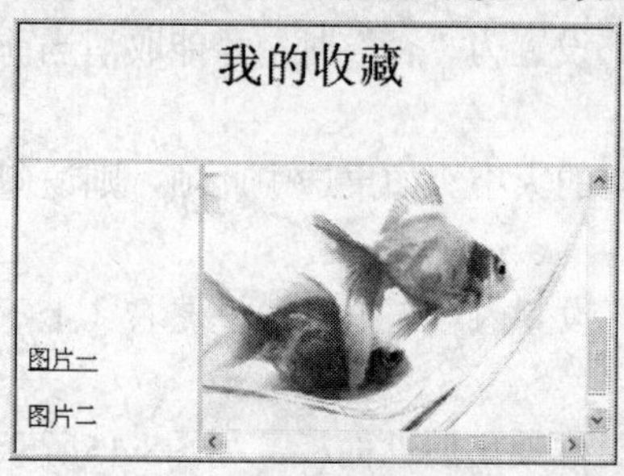

图8-16 初始页面效果

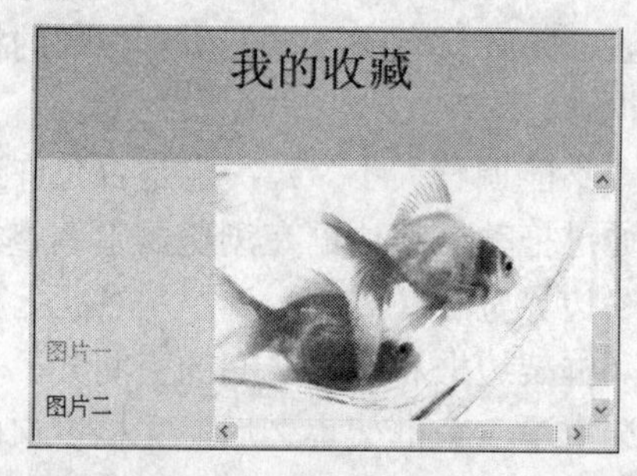

图8-17 设置页面属性后的页面效果

8.5.3 在框架中打开文档

采用框架结构，一个原因是为了在同一窗口中可以同时显示多个文件，另一个原因是可以采用导航条技术方便地实现各文件之间的切换。经常见到的系统帮助文件就是一个典型的框架文件，在页面左侧单击了帮助主题后，页面右侧显示相应的帮助信息。其原理就是为不同的帮助主题指定链接文件，并指定链接文件在右侧的框架中打开。

要在一个框架中使用链接以打开另一个框架中的文档，必须设置链接目标。链接的“目标”属性指定在其中打开链接的内容的框架或窗口。下面演示在一个框架中打开文档的操作方法。

01 继续上一节的例子。在设计视图中，选择要作为超级链接的文本或对象，本例选择左侧框架中的“图片二”。

02 在属性检查器的“链接”域中，单击文件夹图标并选择要链接到的文件。

03 在“目标”弹出式菜单中，选择打开链接文档的框架或窗口。本例选择“main”，即右侧框架。

前面在属性检查器中命名了框架，所以框架名称出现在“目标”下拉列表中。选择该项，表示在该命名的框架中打开链接页面，同时替换该框架中原有的内容。“目标”下拉列表中的其他选项的功能已在本书前面的章节中介绍过了，在此不再重复。

04 保存文档，按下F12键在浏览器中预览页面效果。

> **提示：** 只有在框架集内编辑文档时才显示框架名称。在文档自身的文档窗口中编辑该文档时（在框架集之外），框架名称不显示在“目标”弹出式菜单中。如果正编辑框架集外的文档，则可以将目标框架的名称键入“目标”文本框中。如果正链接到站点外的某一页面，请始终使用_top或_blank来确保该页面不会显示为站点的一部分。

8.5.4 删除框架

删除框架的操作比较特殊。若按照删除其他页面元素的方法，选中框架之后按Delete键，用户会发现，框架依旧保留在页面中，而不是像其他对象那样被删掉。删除框架的方法如下：

（1）将光标放在框架的边框上。

（2）当光标会变为双向箭头时按住鼠标左键，将框架的边框拖出父框架或页面之外，即可将这个框架删除。

如果对HTML语言比较熟悉，用户还可以直接在文档的HTML代码中删除框架。

8.6 框架应用示例

以上向读者介绍了在Dreamweaver CS6中框架的创建与设置，下面将完成一个包含框架结构的页面制作，以加深读者对框架的理解。本例页面由三个框架组成，上框架、左下框架和右下框架，分别用于显示主题、导航和教程的内容。当单击导航按钮时，右下框架将切换到想要浏览的内容。

01 新建一个HTML页面，执行“查看”/“可视化助理”/“框架边框”菜单命令显示文档窗口的框架边框。

02 将鼠标移动文档窗口的上边沿，当鼠标指针变为上下的双向箭头时，按下鼠标左键并拖动到合适的位置。此时文档窗口被一条水平的框架边框分割为上下两部分。

03 选中下方的框架，执行“插入”/“HTML”/“框架”/“左对齐”菜单命令，在此框架中嵌套一个框架集，调整框架大小。

04 执行“窗口”/“框架”菜单命令，打开“框架”面板。在该面板中选中框架集的各个区域，在属性面板中为选中的区域命名。本例中，由上到下由左到右依次命名为“标题栏”、“链接栏”和“内容栏”。

05 选中“标题栏”框架，单击鼠标右键，从弹出的上下文菜单中选择“页面属性”命令，并在弹出的对话框中为此框架选择背景图像。同样地，为其他两个框架设置背景图像和颜色。此时的页面效果如图8-18所示。

06 在“标题栏”框架中输入文本“WELCOME”，并在文本属性面板设置文本的字体、大小和颜色。

07 在其他两个框架中输入文本，并进行文本属性设置，此时得到的设计视图如图8-19所示。完成了以上步骤后，页面制作工作完毕。

08 保存页面。按下F12键，即可在浏览器中预览最终效果图。

图8-18　设置背景色后的框架效果

图8-19　设置背景色后的框架效果

8.7　实例制作之使用框架显示页面

前面的几章中已制作了主页的各个部分，在此使用框架将各个部分进行规划，以形成一个完整的页面，步骤如下：

01 打开已基本完成的主页index.html。

02 选择“文件”/“另存为”命令，在弹出的对话框中设置文件名为photo.html。即导航图片“伊人风尚”的链接目标。

03 删除页面中的正文内容，只保留页面LOGO、导航条和正文部分前两行的文字和图片。此时的页面效果如图8-20所示。

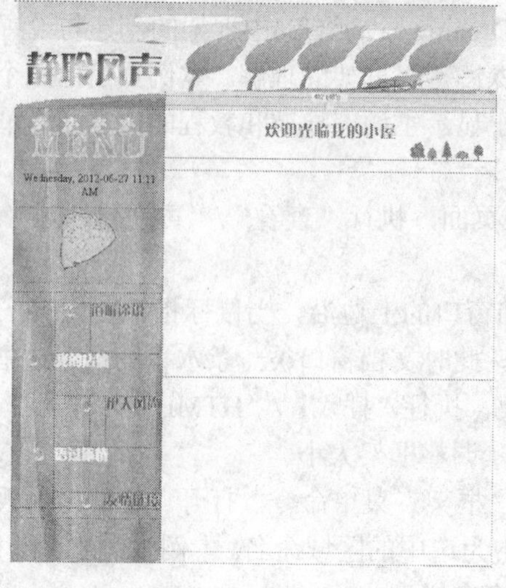

图8-20　初始页面效果

04 选中正文部分的其他三行，单击属性面板上的合并单元格按钮，将选中的三行合并为一行，设置单元格内容的水平对齐方式为“居中对齐”，垂直对齐方式为“顶端”。

05 将光标放置在合并后的单元格中，执行“插入”/“HTML”/“框架”/“IFRAME”菜单命令，在页面中插入一个浮动帧框架。此时的页面效果如图8-21所示。

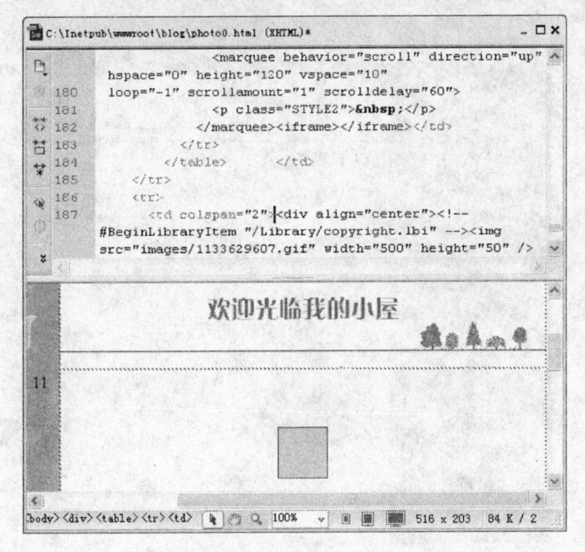

图8-21 插入iframe

06 在“代码”视图中，将IFrame的标记<iframe></iframe>修改为如下代码：

<iframe src="images/xiangce/index.html" name="i1" width=480 height=540 bgcolor=green></iframe>

其中，src="images/xiangce/index.html"表示在浮动帧框架中显示制作的网站相册索引页。

07 保存页面，按F12键在浏览器中预览页面，如图8-22所示。

图8-22 页面预览效果

单击其中一幅缩略图，即可在浮动帧框架中打开所选图片的大图，效果如图8-23所示。

单击链接文本“前一个”、“下一个”，即可在图片中切换浏览。单击“首页”，即可返回到如图8-20所示的页面。

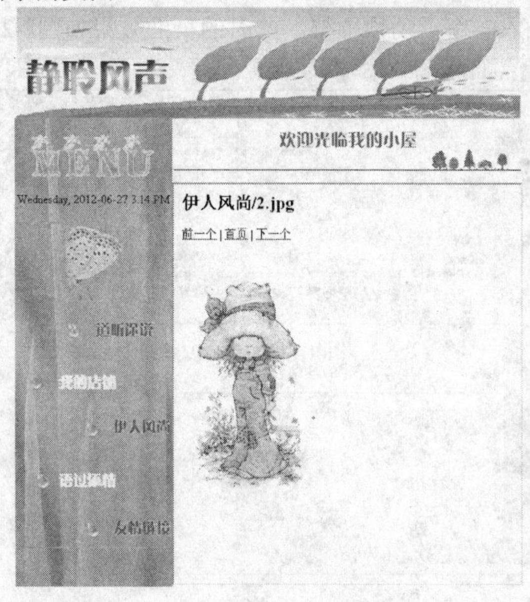

图8-23　页面预览效果

Chapter 09

第9章 应用表单

表单是交互式网站的基础，在 Web 上的用途很多。包括用户注册、调查问卷、讨论区、电子商务、客户订单等在内的功能通常是由表单结合动态数据库实现的。利用表单及相应的表单对象，可以将用户输入的表单数据提交到服务器，服务器处理表单数据，并反馈相应的信息，从而实现收集用户信息、提供电子商务服务和获取用户反馈信息等功能。可以说，表单是网站与浏览者之间沟通的桥梁。

- 创建表单网页
- 使用 Spry 表单验证控件
- 处理表单
- 实例制作之制作留言板

9.1 创建表单网页

一个完整的表单应该有两个重要组成部分：一是含有表单和表单元素的网页文档，用于收集用户输入的信息；另一个是用于处理用户输入的信息的服务器端应用程序或客户端脚本，如CGI、JSP、ASP等。

用户提交表单之后，即可将表单内容传送到服务器上，并由事先撰写的脚本程序处理，最后服务器再将处理结果传回给浏览者，即提交表单之后出现的页面。

表单中包含多种对象（也称作表单控件）。例如，用于输入文字的文本域，用于发送命令的按钮，用于选择的单选框和复选框，用于设置信息的列表和菜单等。所有这些控件与在Windows各种应用程序中遇到的非常相似。如果熟悉某种脚本语言，用户还可以编写脚本或应用程序来验证输入信息的正确性。例如可以检查某个必须填写的文本域是否包含了一个特定的值。

Dreamweaver CS6还集成了Adobe公司的轻量级的AJAX框架Spry。利用一系列预置的表单验证控件，用户可以更加轻松快捷地以可视化方式设计、开发和部署动态用户界面。

9.1.1 插入表单域

制作表单网页，首先要在文档中插入表单。插入表单的具体操作如下：

（1）新建一个文档，将光标置于要插入表单的位置。

（2）执行“插入”/“表单”/“表单”菜单命令；或者在图9-1所示的“表单”面板上单击“表单”按钮，在页面中添加表单。

插入后的表单如图9-2所示。在设计视图中，用红色的点状轮廓线表示插入的表单。如果看不到轮廓线，可以执行“查看”/“可视化助理”/“表格边框”菜单命令，显示红色的轮廓线。

图9-1 表单面板

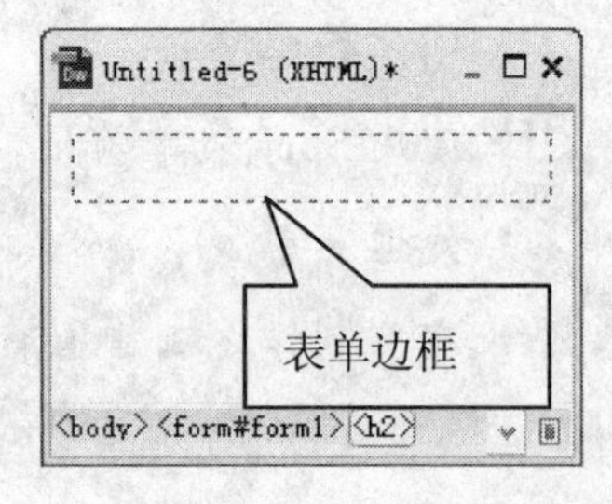

图9-2 表单边框

提示：表单标记可以嵌套在其他HTML标记中，其他HTML标记也可以嵌套在表单中。但是，一个表单不能嵌套在另一个表单中。

（3）选择“窗口”/“属性”命令，打开如图9-3所示的表单属性面板，对表单参数进行设置。

图9-3　表单属性面板

属性面板中的各个参数简要介绍如下：

“表单 ID”：对表单命名以进行识别。该名称必须唯一，对应于<form>标记的 ID 属性。只有为表单命名后表单才能被脚本语言引用或控制。

“动作”：注明用于处理表单信息的脚本或动态页面路径，该属性决定如何处理表单内容。可以直接输入 URL，或者单击右边的文件夹图标浏览选择 URL。通常被设定为运行一个特定的脚本程序或者发送 e-mail 的 URL。

“方法”：选择将表单数据传输到服务器的方法。

“POST”方法将在 HTTP 请求中嵌入表单数据，将表单值以消息方式送出，对传送的数据量没有限制。

“GET”方法将被提交的表单值作为请求该页面的URL的附加值发送，对传送的数据量做了限制。

“默认”方法使用浏览器的默认设置将表单数据发送到服务器。通常默认方法为GET。

提示: 不要使用 GET 方法发送长表单。URL 的长度限制在 8192 个字符以内。如果发送的数据量太大，数据将被截断，从而导致意外的或失败的处理结果。而且，在发送机密用户名和密码、信用卡号或其他机密信息时，用 GET 方法传递信息不安全。

“目标”：在目标窗口中显示调用程序所返回的数据。如果命名的窗口尚未打开，则打开一个具有该名称的新窗口。

“编码类型”：指定对提交给服务器进行处理的数据使用的编码类型。

默认设置application/x-www-form-urlencode通常与POST方法协同使用。如果要创建文件上传域，则应指定multipart/form-data MIME类型。

在文档窗口中插入表单之后，选中表单，可以在“代码”视图中看到类似如下的代码：

```
<form action="result.asp" method="post" name="form1" target="_blank" id="firstform">
</form>
```

这段代码表示将名为firstform的表单以post的方式提交给result.asp进行处理，且提交结果在一个新的页面显示，提交的MIME编码为默认的application/x-www-form-urlencode类型。

创建表单之后，就可以在表单内创建各种表单对象了。表单的所有元素都应包含在表单标签<form>… </form>之中。在Dreamweaver CS6中，对表单对象的操作命令，主要集中在“插入”/“表单”/“表单对象”菜单命令中，或在图9-1所示的“插入”/“表单”面板中。下面对这些表单元素进行简单的介绍。

▭：文本字段，在表单中插入文本输入框。

：隐藏域，在表单中插入包含隐藏的信息。

：文本区域，在表单中插入可以输入多行文本的文本域。

：单选按钮，用于在提供的多个选项中做出单个选择。

：复选框，用于在提供的多个选项中做出多个选择。

：复选框组，用于创建多个复选框，并使这些复选框成为一组。

：单选按钮组，用于创建多个单选按钮，并使这些单选按钮成为一组。

：列表/菜单，在网页中以列表的形式为用户提供一系列的预设选择项。

：跳转菜单，提供一个包含跳转动作的菜单列表。

：图像域，用图形对象替换表单中的标准按钮对象。

：文件域，在网页中插入一个文件地址的输入选择栏。

：按钮，用于触发服务器端脚本处理程序的表单对象。

：标签。

在表单中插入该对象时，将拆分文档窗口，并排显示代码视图和设计视图，并在代码视图中添加<label>标签和</label>标签，在这两个标签之间用户可以输入相应的文本或代码。

：字段集，用于将它所包围的元素用线框衬托起来。

在表单中插入该对象时，将弹出一个“字段集”对话框。在对话框的“标签”文本框中可以输入内容，系统自动将类似如下的标签和代码加入到表单源代码中。效果如图9-4所示。

```
<fieldset>
    <legend>字段集</legend>
    Happy New Year!
</fieldset>
```

字段集
Happy New Year!

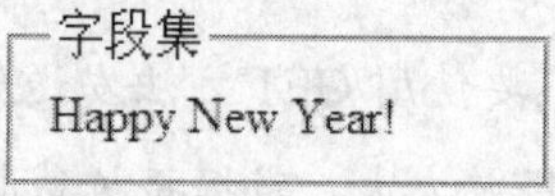

图9-4 字段集

：Spry 验证文本域，用于在站点访问者输入文本时显示文本的状态。例如有效或无效或必需值等。

每当验证文本域构件以用户交互方式进入其中一种状态时，Spry 框架逻辑会在运行时向该构件的 HTML 容器应用特定的 CSS 类。

：Spry 验证文本区域，该区域在用户输入几个文本句子时显示文本的状态。

如果文本区域是必填域，而用户没有输入任何文本，该构件将返回一条消息，声明必须输入值。

：Spry 验证复选框，是 HTML 表单中的一个或一组复选框，该复选框在用户选择（或没有选择）复选框时会显示构件的状态。

：Spry 验证选择，是一个下拉菜单，该菜单在用户进行选择时会显示构件的状态（有效或无效）。

：Spry 验证密码，是一个密码文本域，可用于强制执行密码规则（例如，字符的数目和类型）。该构件根据用户的输入提供警告或错误消息。

：Spry 验证确认，是一个文本域或密码表单域，当用户输入的值与同一表单中类似域的值不匹配时，该构件将显示有效或无效状态。

验证确认构件还可以与验证文本域构件一起使用，用于验证电子邮件地址。

：Spry 验证单选按钮组，是一组单选按钮，可支持对所选内容进行验证。该构件可强制从组中选择一个单选按钮。

9.1.2　文本字段和文件域

“文本字段”即网页中供用户输入文本的区域，“文本字段”分为单行、多行和密码三种类型，可以接受任何类型的文本、字母或数字。

文件域与单行文本字段非常相似，不同的是文件域多了一个“浏览”按钮，用于浏览选择随表单一起上传的文件。利用文件域的功能，可以将图像文件、压缩文件、可执行文件等本地计算机上的文件上传到服务器上，前提条件是服务器支持文件匿名上传功能。

下面演示在文档中插入“单行文本域”、“多行文本域”、“密码域”和“文件域”的具体操作。

01 新建一个HTML文件。执行“插入”/“表单”/“表单”命令，或者单击“插入”栏中“表单”面板上的“表单”按钮，在文档中插入一个表单。

02 在表单的属性面板中，将表单的“MIME类型”设置为multipart/form-data，并且将其“方法”属性设置为POST方式。该步的设置主要用于上传文件。

03 将光标置于表单中，输入“昵称：”，然后执行“插入”/“表单”/“文本字段”菜单命令，或单击“表单”面板中的插入文本字段的图标按钮，即可在表单中添加一个文本字段。

04 选中该文本字段，在属性设置面板左侧的“文本域”下方的文本框中键入字段的名称“name”；在“字符宽度”中输入20，“最多字符数”设置为18；在“类型”单选按钮组中单击“单行”；在“初始值”文本框输入“行云流水”。

读者需要注意，“字符宽度”用于设置文本字段的字符宽度，而“最多字符数”用于设置最多可输入的字符数，不要把这两者弄混淆。

“文本域”用于设置文本字段的名称，该名称可以被脚本或程序所引用；“类型”用于设置文本字段的类型：“单行”用于输入用户名、电子邮件等单行信息；“多行”用于输入留言、意见等内容较多的文本；“密码”用于输入密码，用户输入的所有文本在windows系统下会被黑色的点替换显示。“初始值”用于设置没有在文本字段中输入任何值时，该文本域中默认显示的文本。

05 在表单中按Enter键后，输入“密码：”，并单击“表单”面板上的图标添加第二个文本字段。然后在属性面板中设置其名称为“pwd”，“字符宽度”为14，“最多字符数”为12，“类型”为“密码”，“初始值”为“vanilla”。

当用户希望保护自己的输入信息不被他人看到时，就可以使用密码域，例如，当在ATM上输入时，PIN号码是隐藏的。输入密码域中的信息不会以任何方式被加密，并且当发送到Web管理者手中时，它会以常规文本的形式显示。

06 在表单中按Enter键换行，输入“自我介绍：”，并单击“表单”面板上的图标添加第三个文本字段。然后在属性面板中设置其名称为“info”，“字符宽度”为50，“行数”为5，即最多能输入的文本行数为5行；“类型”为“多行”，“初始值”为“个人资料说明”，如图9-5所示。

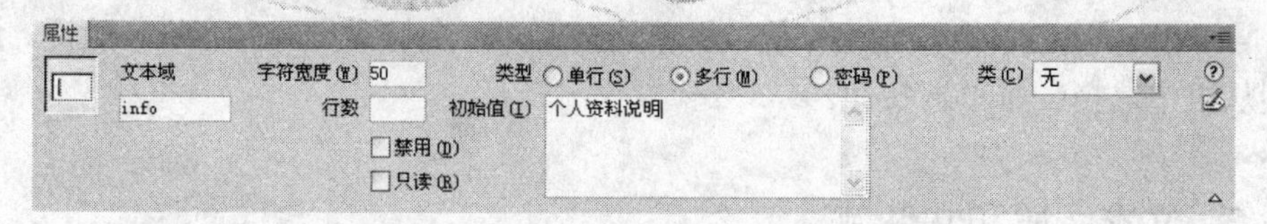

图9-5　多行文本字段的属性设置面板

07 在表单中按Enter键换行，输入“个人风采：”，并执行“插入”/“表单”/“文件域”菜单命令，或直接单击“表单”面板上的文件域按钮添加一个文件域。然后在属性面板中设置其名称为“photo”；“字符宽度”为30，“最多字符数”为20。如图9-6所示。

图9-6　文件域的属性设置面板

有时候，需要访问者提供的信息过于复杂，而无法在文本域中达成，如经过排版的简历、图形文件或其它文件。这种情况下就可以通过在网页中加入文件域来达到这个目的。

08 保存文档。按下快捷键F12在浏览器中预览整个页面，如图9-7所示。

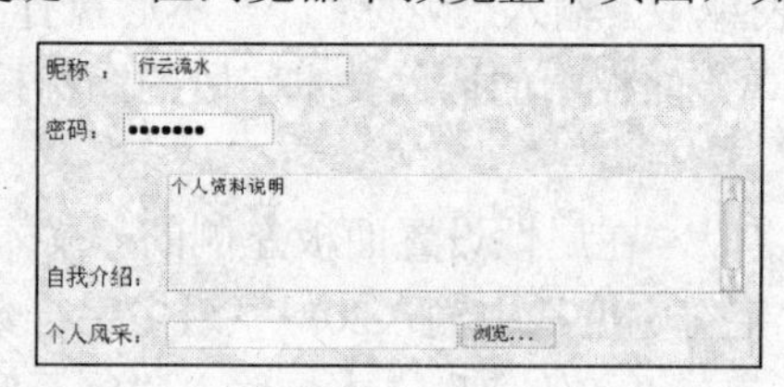

图9-7　页面效果

9.1.3　下拉菜单与列表

下拉菜单和列表都能够给浏览者以列表的形式提供一系列的预设选择项。与单选按钮和复选框不同的是，下拉菜单和列表能够提供多个可选项，这对于美化版面和空间有限的页面来说，是非常不错的选择。

尽管在属性面板中创建下拉菜单和滚动列表的方式是一样的，但是下拉菜单和滚动列表却提供了不同的功能。下拉菜单通过下拉方式显示多个可选项，一般只允许选择一个可选项。列表通过类似浏览器滚动条的滚动框显示多个可选项，并可以自定义滚动框的行高，允许浏览者选择一个或多个可选项。

一般而言，当可用的页面空间非常小的时候，使用下拉菜单；当需要控制显示的选项数时，通常使用滚动列表。

下面演示在表单中插入下拉菜单和滚动列表的方法。

01 新建一个HTML文档。设置好页面属性后，执行“插入”/“表单”/“表单”命令，或者单击“表单”面板中的“表单”按钮，在文档中插入一个表单。

02 在页面中输入“您经常使用Adobe的哪些产品：”，然后执行“插入”/“表单”/“列表/菜单”命令，或直接单击“表单”面板中的“列表/菜单”按钮，在表单中插入一个“列表/菜单”对象。

03 选中插入的“列表/菜单”对象，在属性面板中设置其名称为“product”，“类型”为“列表”；“高度”为3，且“允许多选”。

04 单击“列表值”按钮打开“列表值”对话框编辑列表项目。在“项目标签”下单击鼠标，当文本框变为可编辑状态时，输入需要的列表项，该项将显示在列表框中。然后单击“值”下面的文本框，输入该列表项目对应的值。

05 单击对话框顶部的按钮添加其他四个项目，“项目标签”分别为：Adobe Dreamweaver、Adobe Fireworks、Adobe Flash和Adobe Reader，并输入其对应的值。单击“确定”完成列表值设置。

06 单击“确定“按钮返回到列表的属性面板，在“初始化时选定”列表框中选择“Adobe Photoshop”。

“列表/菜单”：设置“列表/菜单”的名称。该名称可以被脚本或程序引用。

“类型”：指定该对象是下拉菜单，还是显示一个列有项目的可滚动列表。

“高度”：用于设置列表显示的行数。

“允许多选”：用于设置是否允许选多项列表值。

“列表值”：用于设置列表内容。在这个对话框中可以添加或修改“列表/菜单”的项目。

“类”：用于设置应用于“列表/菜单”的 CSS 样式。

“初始化时选定”：用于设置“列表/菜单”的默认选项。

07 按照上面的方法，在页面中插入一个下拉表单，即插入“列表/菜单”对象后，在属性面板中将“类型”设置为“菜单”。并设置其列表值，如图9-8所示。

08 单击“确定”按钮返回到菜单的属性面板，在“初始化时选定”列表框中选择“Microsoft FrontPage”。

09 保存文档。按下F12键在浏览器中预览效果，如图9-9所示。

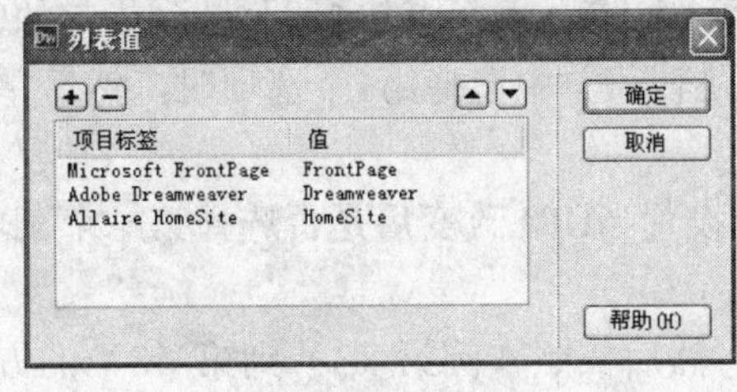

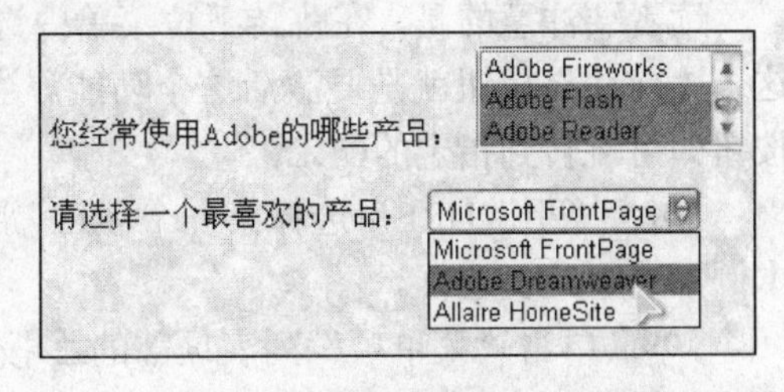

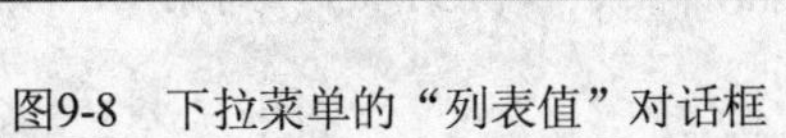

图9-8 下拉菜单的“列表值”对话框

图9-9 列表/菜单的预览效果

在列表中，按下Shift或Ctrl键，即可进行多选。如果要查看其他列表项，可以拖动列表右侧的滚动条。单击下拉菜单右侧的箭头，即可查看所有的列表项。

9.1.4 跳转菜单

在实际的网站建设过程中，通常需要在一些网页上做站点跳转的效果，这利用跳转菜单可以轻松实现。跳转菜单的静态外观类似于下拉菜单，但它们的本质功能却是完全不同的。跳转菜单一般用于选择一个网页地址，浏览器将会自动跳转到指定的页面。这项功能特别适合于友情链接、导航系统等。

下面演示在文档中插入跳转菜单的具体操作。

01 新建一个HTML文档。执行“插入”/“表单”/“表单”命令，或者单击插入栏中表单面板的“表单”按钮，在页面中插入一个表单。

02 执行“插入”/“表单”/“跳转菜单”命令，或单击“表单”插入面板上的插入跳转菜单按钮，打开图9-10所示的“插入跳转菜单”对话框。

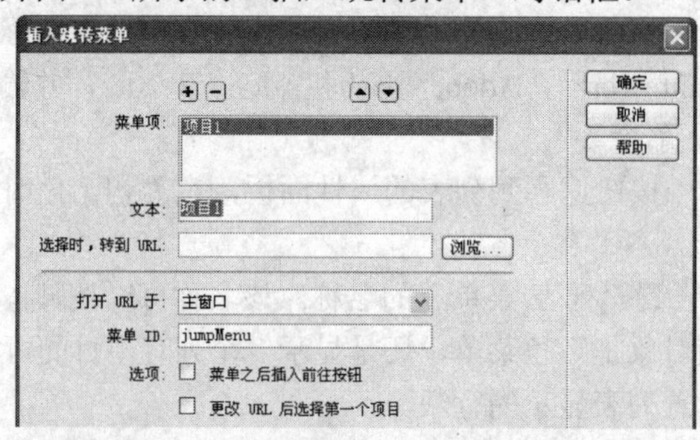

图9-10 “插入跳转菜单”对话框（1）

03 “菜单项”列表框中显示已有或默认的菜单项名称（例如项目1），该名称可以被脚本或程序所引用。在“文本”文本框中键入菜单项的名称，该名称将显示在跳转菜单中。本例输入“Microsoft”。

04 在“选择时，转到URL”文本框中键入菜单项链接的目标，或单击“浏览”按钮找到需要链接的文件。本例输入“http://www.microsoft.com.cn”。

05 在“打开URL于”下拉菜单中设置打开链接目标的位置。本例使用默认设置。

06 在“菜单ID”文本框中设置跳转菜单的名称。本例使用默认设置。

07 选中“菜单之后插入前往按钮”复选框，即在菜单后面添加“前往”按钮。

读者要注意的是，在跳转下拉菜单中选择第1个选项时，无法立即跳转到指定的URL，这个“前往”按钮就是要激活这个功能。当在跳转菜单中选择第1个选项时，然后单击该按钮即可跳转到指定的URL。

08 “更改URL后选择第一个项目”用于设置当URL改变后是否选择第一个菜单项。本例不选中此复选框。

09 单击“菜单项”列表顶部的+按钮，然后按照本例第（3）到第（8）的方法，设置其他菜单项。

如果不需要某项，可以选中该项后，单击-删除。单击▲、▼按钮，可以向上或向下调整菜单项的位置。编辑完成后的“插入跳转菜单”对话框如图9-11所示。

10 单击“确定”按钮关闭对话框，即可在表单中插入一个跳转菜单，如图9-12所示。

11 单击页面中插入的跳转菜单，在属性面板中指定类型为“菜单”，初始化时选定“Microsoft”。

12 单击“前往”按钮，指定动作为“无”。

13 在“按钮名称”中设置“前往”按钮的名称，该名称可以被脚本或程序所引用。本例使用默认设置。

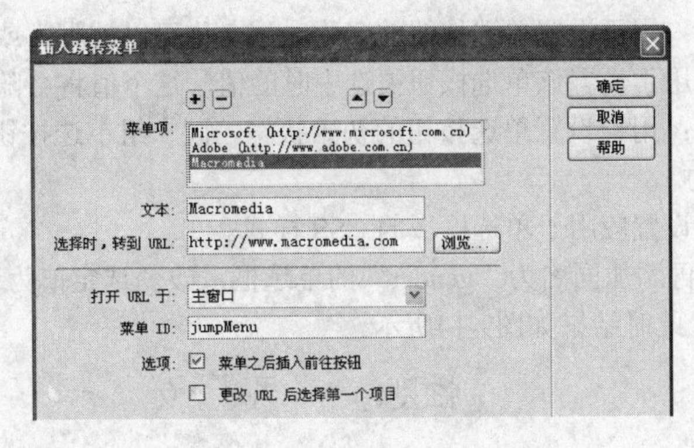

图9-11　“插入跳转菜单”对话框（2）

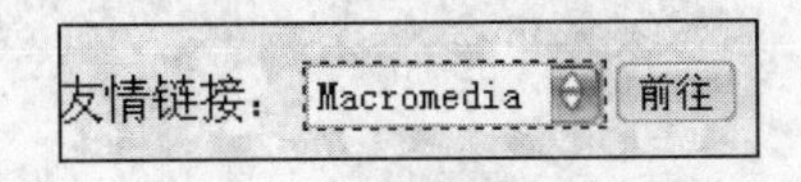

图9-12　插入的跳转菜单

14 在“值”文本框中输入按钮的标签。本例输入GO，该名称将显示在按钮上。

15 在“动作”单选按钮组中选择按钮的类型。本例选择“无”按钮。有关按钮的介绍将在本章9.1.6节中进行讲解。

16 保存文档，至此文档创建完毕。按下快捷键F12即可在浏览器中预览整个页面。效果如图9-13所示。

友情链接：Microsoft GO

图9-13　预览跳转菜单的效果

在跳转菜单中选择一个菜单项，然后单击GO按钮，即可以在指定的窗口中打开链接的地址。

9.1.5　单选按钮与复选框

在表单中使用单选框和复选框可以设置预定义的选项。访问者可以通过点击单选框或复选框来选择预置的选项。

单选框和复选框的区别在于它们的运作方式不同。每个复选框都是独立的，点击选中只是在切换单个选项的选中与否，因此可以选中多个选项。而单选框所有的待选项是一个整体，对于选项的选择具有独占性，也就是说，在单选框的待选项中，只允许有一个选项处于被选中状态。

下面演示单选按钮和复选框的使用方法。

01 继续上例，将光标放置于“性别”单元格后一个单元格，单击“插入”栏“表单”面板中的◉按钮，添加一个单选框，在此单选框后键入文本“男”。

02 在属性面板中为新添加的单选框对象命名“gender”，设置选定值为“0”，初始状态为“未选中”。

“单选按钮”：用于设置单选按钮的名称。该名称可以被脚本或程序所引用。

“选定值”：用于设置该单选按钮被选中时的值，这个值将会随表单一起提交。

“初始状态”：用于设置单选按钮的初始状态。同一组单选按钮中只能有一个按钮的初始状态是选中的。

“类”：用于设置应用于单选框域的CSS样式。

03 同理，再添加同名为“gender”的单选框，改变选定值为“1”，并在单选框后键入文本“女”。此时结果如图9-14所示。

性别：○ 男 ○ 女

图9-14 插入的单选按钮

> **注意：**
> 由于单选按钮是以组为单位的，因此所有的单选按钮都必须拥有同一个名称，并且其值均不能相同。

如果页面中某个选项需要添加的单选按钮很多，如果一个一个地添加单选按钮，然后再一个一个地改名，实现起来特别繁琐。使用“单选按钮组”则可以一次建立一组单选按钮。

04 单击“单选按钮组”按钮，打开图9-15所示的“单选按钮组”对话框。

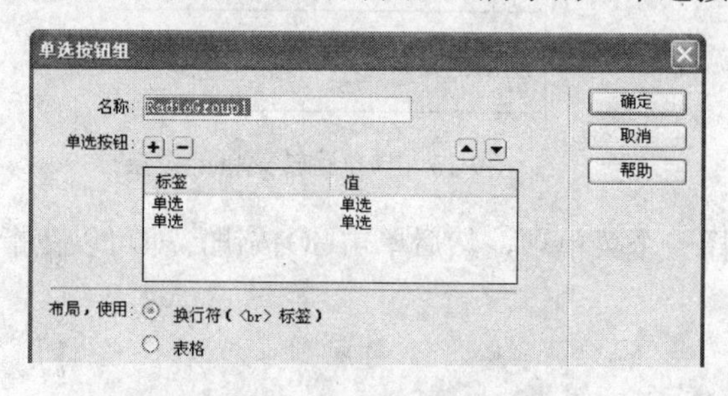

图9-15 “单选按钮组”对话框（1）

05 在“名称”文本框中定义单选按钮组的名称。本例使用默认设置。

06 在“单选按钮”列表框中定义单选按钮组的单选按钮的个数，以及代表的值。单击“标签”列下的“单选”，该文本框即变为可编辑状态，输入要在页面上显示的单选按钮的标签。单击“值”下面的“单选”，然后设置该单选按钮被选中时的值。

07 单击列表框左上角的+和-按钮可以添加和减少单选按钮的数目。

08 单击列表框右上角的▲和▼按钮可以调整当前选中的单选按钮在单选按钮组中的位置。

09 在“布局，使用”区域设置单选按钮组中的各个单选按钮的分隔方式。本例选

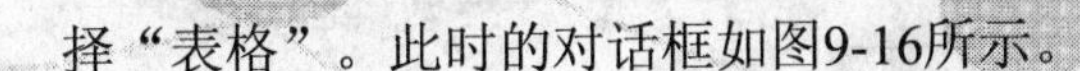

择“表格”。此时的对话框如图9-16所示。

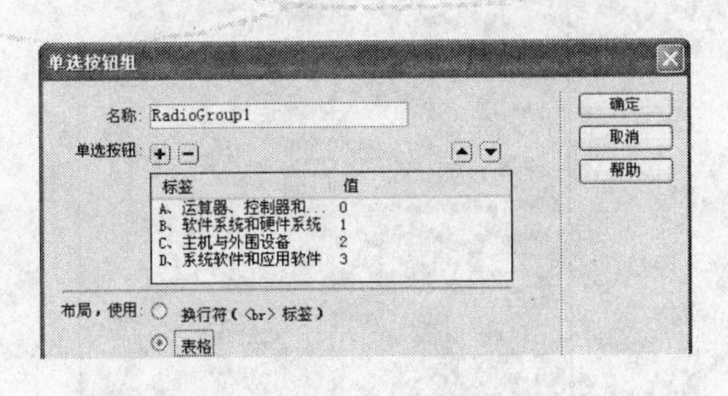

图9-16 “单选按钮组”对话框（2）

插入的单选按钮组的各个单选按钮是上下排列的，用户可以通过
 标记分开，也可以选择通过表格的单元格来界定。

10 单击“确定”按钮关闭对话框，并在页面中插入单选按钮组，如图9-17所示。

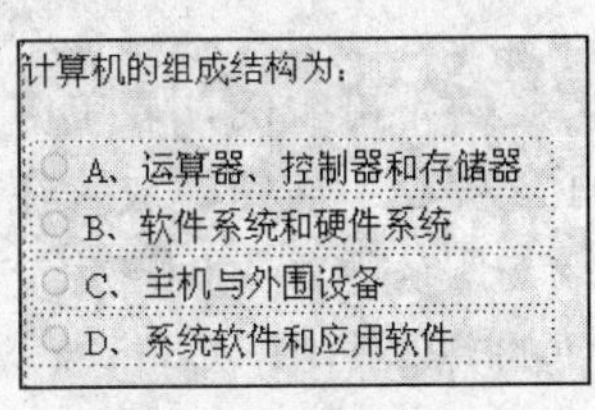

图9-17 插入的单选按钮组

11 选中单选按钮组，在属性面板中可以设置各个单选按钮初始时是否选中。

12 执行“插入”/“表单”/“复选框”菜单命令，或单击“表单”插入面板中的复选框图标按钮，即可向表单中添加一个复选按钮，然后在其后输入“Photoshop”。

13 重复步骤 **12** ，再插入三个复选框，如图9-18所示。

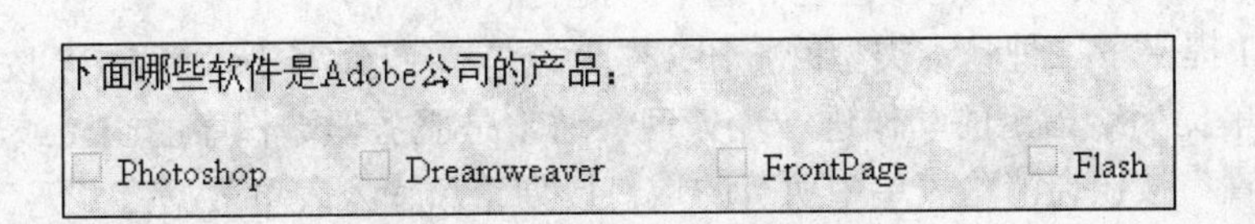

图9-18 插入的复选框效果

14 选中任一个复选按钮，在属性面板中设置其名称和初始状态。

“复选框名称”：用于设置复选框的名称。该名称可以被脚本或程序所引用。

> **注意：**
> 与单选按钮不同，由于每一个复选框都是独立的，因此应为每个复选框设置唯一的名称。

“选定值”：用于设置该复选框被选中时的值，这个值将会随表单提交。

15 文档创建完毕，保存文档。按下快捷键F12即可在浏览器中预览整个页面的效果，如图9-19所示。

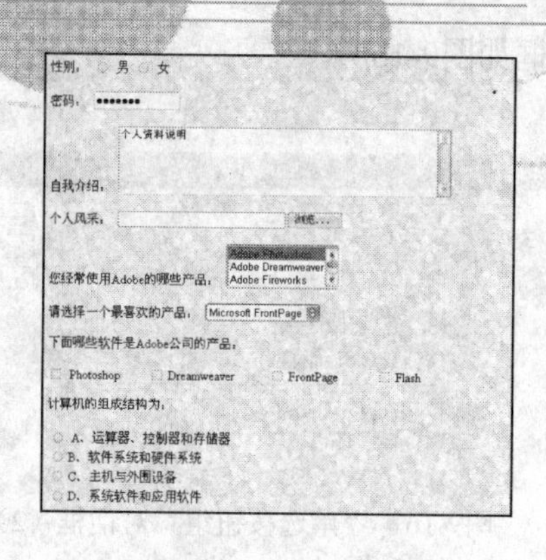

图9-19　预览页面效果

9.1.6　按钮

按钮对于HTML表单来说，是必不可少的，表单中的按钮对象是用于触发服务器端脚本处理程序的工具。只有单击了“提交”按钮，放置在表单中的所有表单对象及表单才可以提交到服务器，从而在客户端与服务器端之间产生交互作用。

下面演示在文档中插入按钮的具体操作。

01 继续上例。执行“插入”/“表单”/“按钮”菜单命令，或单击“表单”插入面板的按钮图标，在表单中插入两个按钮。

02 选中第一个按钮，在属性面板的“按钮名称”文本框中输入按钮的名称，该名称可以被脚本或程序所引用且唯一。本例输入submit。

03 在“值”文本框中设置按钮的标识，该标识将显示在按钮上。本例使用默认设置“提交”。

04 在“动作”单选按钮组中选中“提交表单”。

HTML提供了三种基本类型的按钮：提交、重置、无。其中，“提交”按钮会使用POST方法将表单提交给指定的动作进一步处理，通常是服务器端程序的URL或者一个mailto地址；“重置”按钮会清除表单中所有的域，以便重新输入表单数据；“无”按钮通常用于执行一些脚本操作。

05 “类”用于设置应用于按钮上文字的CSS样式。本例使用默认设置。

06 同理，在属性面板中设置第二个按钮的名称为reset；“值”为“重填”；“动作”为“重设表单”。

07 保存文档。按下快捷键F12在浏览器中预览整个页面。效果如图9-20所示。

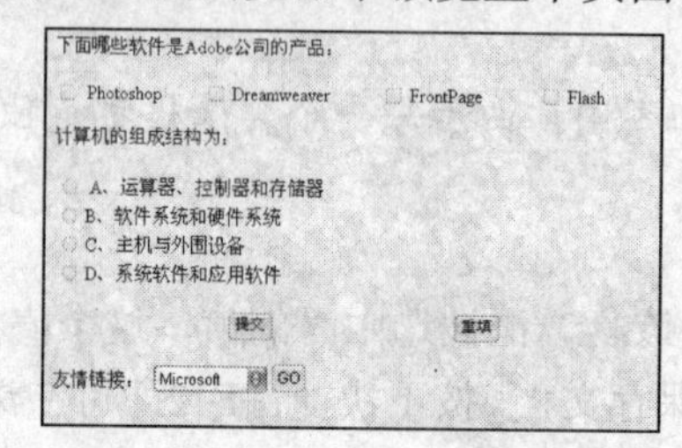

图9-20　插入的按钮效果

9.1.7 图像域

在表单中，通常使用“提交”按钮来提交表单。事实上“图像域”可以替代“提交”按钮来执行将表单数据提交给服务器端程序的功能，而且使用图像域可以使文档更为美观。

下面通过演示在文档中插入图像域的具体操作，以及利用图标代替提交按钮的技术。

01 新建一个HTML文档。执行“插入”/“表单”/“表单”菜单命令，或者单击“表单”面板上的“表单”按钮，在页面中插入一张表单。

02 将光标定位在表单内执行“插入”/“表格”菜单命令插入一个三行两列的表格。

03 在表格第一行一列中输入文本“Name：”，然后在第一行第二列的单元格中插入一个文本域，并在属性面板中设置其类型为“单行”。

04 同理，在表格的第二行插入文本“Tel：”和文本域。

05 选中表格第三行的两个单元格，执行“修改”/“表格”/“合并单元格”命令，将选中的单元格合并为一个单元格。

06 将光标定位于表格第三行的单元格内，执行“插入”/“表单”/“图像域”菜单命令，或单击“表单”面板上的图像域按钮。

07 在弹出的“选择图像源”对话框中选择一个需要的图像文件，然后单击“确定”。

08 保存文档，并按F12键预览页面。用户将发现单击图像后页面没有变化，并没有提交表格。继续下面的步骤。

09 单击文档窗口上的 拆分 按钮，切换到代码和设计视图。在“设计”视图中单击图像域，“代码”视图中相应的代码变为黑色突出显示。

10 在图像域代码末尾加上“value=Submit”，这时图像域代码成为：<input name="imageField" type="image" src="mail.gif" width="23" height="16" border="0" value="Submit">。

11 在“设计”视图中选中图像域，在对应的属性面板中进一步设置图像域的属性。

“图像区域”：用于设置图像域的名称。该名称可以被脚本或程序所引用。

“源文件”：用于设置图像的 URL 地址。

“对齐”：用于选择图像在文档中的对齐方式。

“替换”：用于设置图像的替换文字，当浏览器不显示图像时，会用输入的文字替换图像。

“编辑图像”：启动默认的图像编辑器，并打开该图像文件进行编辑。

12 保存文档。至此，文档创建完毕。可以按下快捷键F12在浏览器中预览整个页面，如图9-21所示。当单击图像时就会跳转到表单处理页面。

图9-21 实例效果

9.1.8 隐藏域

将信息从表单传送到服务器处理时，编程者常常需要发送一些访问者不应该看到的数据，例如服务器端脚本程序需要的变量，此时隐藏域对于编程者而言极其有用。

"隐藏域"是一种在浏览器上不显示的表单对象，利用"隐藏域"可以实现浏览器同服务器在后台隐藏地交换信息。"隐藏域"可以为表单处理程序提供一些有用的参数，而这些参数是用户不关心的，不必在浏览器中显示。

在文档中插入"隐藏域"应执行以下步骤：

（1）执行"插入"/"表单"/"表单"命令，或者单击插入栏中表单面板的按钮，添加表单。

（2）将光标置于表单中，执行"插入"/"表单"/"隐藏域"菜单命令，或单击"表单"插入面板上的隐藏域图标插入隐藏域，完成后设计视图插入一个标记，如图9-22所示。

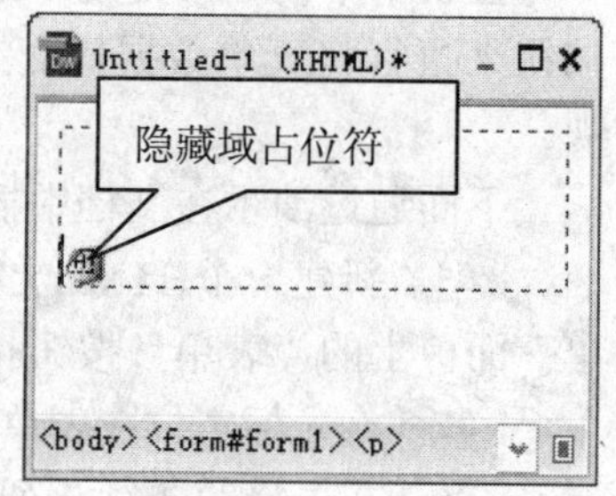

图9-22　插入隐藏域的效果

（3）在属性设置面板中设置隐藏域的参数值。

"隐藏区域"：用于设置隐藏域的名称。该名称可以被脚本或程序所引用。

"值"：用于设置隐藏域的参数值。该值将在提交表单时传递给服务器。

9.2　使用 Spry 表单验证控件

在 Dreamweaver CS6 中，Adobe 预制了一系列表单验证构件（validation widgets），例如，Spry 验证文本域、Spry 验证文本区域、Spry 验证密码、Spry 验证确认、Spry 验证选择、Spry 验证复选框和 Spry 验证单选按钮组等，可以帮助用户更加轻松快捷地验证表单数据、构建 AJAX 页面。

Adobe公司的AJAX框架Spry能与Dreamweaver无缝地整合，设计的宗旨就是标记尽量简单，Javascript的使用尽量少，直接用拖拉的方式完成程序代码的编写。

下面通过一个简单实例介绍 Spry 表单验证构件的使用方法。本例操作如下：

01 新建一个 HTML 文档，并插入一张表单。

02 将光标置于表单中，输入文本"邮箱："之后，单击表单面板上的"Spry 验证文本域"图标，插入相应的构件。

03 选中该表单元素，在属性面板中的"类型"下拉列表中为验证文本域构件指定验证类型。本例选择"电子邮件地址"。

Spry 验证文本域与文本域相似，不同的是，网页设计者不需要为 Spry 验证文本域编写验证代码，只要在属性面板中设置好其类型、格式、预览状态和验证的事件，即可自动验证用户输入的数据是否合法。

大多数验证类型都会要求输入的内容采用标准格式。例如，如果对 Spry 文本域应用整数验证类型，则在该文本域中只能输入整数，否则将无法通过验证。

04 在"预览状态"下拉列表中选择表单中构件的显示状态。本例选择"必填"。

05 在"验证于"后面的复选框中指定验证文本域的时机，例如当访问者在构件外部单击时、键入内容时或尝试提交表单时。可以选择所有的选项，也可以一个都不选。其中，OnBlur：当用户在文本域的外部单击时验证；OnChange：当用户更改文本域中的文本时验证；OnSubmit：当用户尝试提交表单时验证。

06 按照上面的方法插入 spry 验证复选框构件、spry 验证文本区域构件和 spry 验证选择构件，以及两个按钮，此时的页面布局如图 9-23 所示：

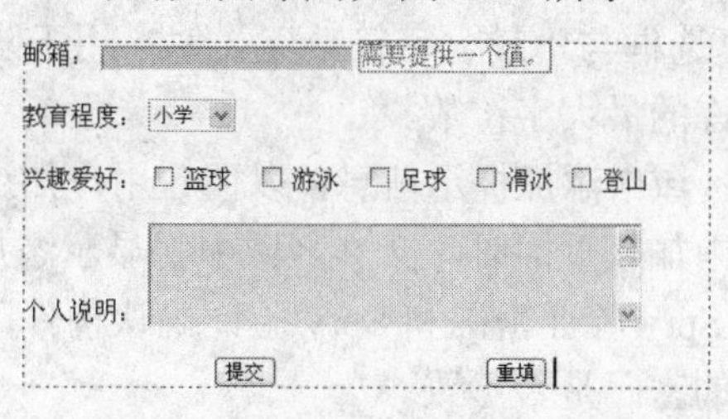

图9-23 页面布局

07 选中 spry 验证选择构件，在属性面板中设置名称为“degree”，不允许空值。

Spry 验证选择构件与列表/菜单相似，是一个下拉菜单。其中“焦点状态”表示当用户单击该选择构件时的状态。

为 Spry 选择构件添加菜单项的有关操作与列表/菜单项的操作类似，读者可以参见本章 9.1.3 节相关的介绍。

默认情况下，用 Dreamweaver 插入的所有验证选择构件都要求用户在将构件发布到 Web 页之前，选择具有相关值的菜单项。但是也可以禁用此选项，即取消选择“不允许空值”选项。

如果选中了“无效值”，且在其后的文本框中指定了无效值，则当用户选择与该值相关的菜单项时，该值将注册为无效。例如，如果指定-1 是无效值并将该值赋给某个选项标签，则当用户选择该菜单项时，该构件将返回一条错误消息。

08 选中 spry 验证复选框构件，在属性面板中指定选择范围，选择“实施范围（多个）”，并输入希望用户选择的最小复选框数或/和最大复选框数。

Spry 验证复选框构件是 HTML 表单中的一个或一组复选框。如本例中表单要求用户至少选择一项，但不能多于两项。如果用户没有进行选择，或选择的项多于两项，则该构件会自动返回一条消息，声明不符合最小选择数或最大选择数要求。

“实施范围”用于设置构件在“设计”视图中的显示状态。

09 选中 spry 验证文本区域构件，在属性面板中设置其“最小字符数”为 5，“最大字符数”为 50，无计数器，禁止额外字符，“提示”文本为“欢迎光临！”。预览状态为“有效”。

Spry 验证文本区域构件是一个文本区域，该区域在用户输入文本时显示文本的状态有效或无效。如果文本区域是必填域，而用户没有输入任何文本，该构件将返回一条消息，声明必须输入值。

“最小字符数”和“最大字符数”用于限制验证文本区域能输入的字符的下限和上限。

注意：

只有设置了“最大字符数”，才能使用“其余字符”计数器。

“计数器”用于显示用户在文本区域中已经输入了多少字符或者还剩多少字符。默认情况下，添加的字符计数器会出现在构件右下角。“字符计数”用于计算已输入的字符数；“其余字符”用于计算还可以输入的字符数。

“禁止额外字符”复选框与“最大字符数”类似，用于防止用户在验证文本区域构件中输入的文本超过所允许的最大字符数。

“提示”用于向文本区域中添加提示信息，以便让用户知道应当在文本区域中输入哪种信息。当用户在浏览器中加载页面时，文本区域中将显示添加的提示文本。

接下来在表单中添加 Spry 验证密码和 Spry 验证确认构件，分别用于验证输入的密码是否正确，以及两次输入的密码是否一致。

10 在“邮箱：”下一行输入“登录密码：”，然后插入一个 Spry 验证密码控件。

11 选中该控件，在图 9-24 所示的属性面板上设置密码中字符、字母、数字、大写字母以及特殊字符的个数范围。

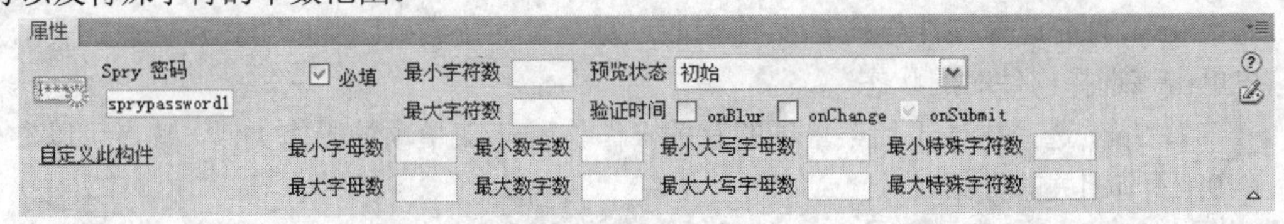

图9-24　设置Spry验证密码控件的属性

若上述任一选项保留为空，构件将不验证用户输入的密码是否满足该条件。例如，如果最小/最大数字数选项保留为空，构件将不查找密码字符串中的数字。

12 另起一行，输入“确认登录密码：”，并在其右侧插入一个 Spry 验证确认控件。选中该控件，在图 9-25 所示的属性面板上设置该控件的验证参照对象。

分配了唯一 ID 的所有文本域都显示为“验证参照对象”下拉列表中的选项。如果用户在该控件中键入的密码与他们之前指定的密码不一致，构件将返回错误消息。

在这一步中，如果验证参照对象选择验证文本域构件，则可以验证电子邮件地址。

13 再另起一行，输入“邮件列表视图：”，然后插入一个Spry验证单选按钮组控件。在弹出的对话框中设置单选按钮组的标签和值，如图9-26所示。

图9-25　设置Spry验证确认控件的属性

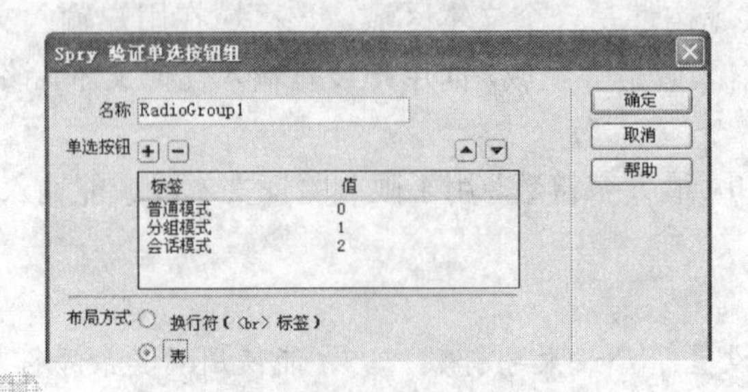

图9-26　设置Spry验证单选按钮组

14 单击“确定”按钮关闭对话框之后，在属性面板上指定验证单选按钮组的空值或无效值。

在单选按钮的属性面板中为单选按钮分配了一个选定值之后，若要创建具有空值的单选按钮，则单击验证单选按钮组构件的蓝色选项卡之后，在“选定值”文本框中键入 none；若要创建具有无效值的单选按钮，则在“选定值”文本框中键入 invalid。

当用户选择的单选按钮与 none 或 invalid 关联时，指定的值也相应地注册为 none 或 invalid。如果用户选择具有空值的单选按钮，则浏览器将返回“请进行选择”的错误消息。如果用户选择具有无效值的单选按钮，则浏览器将返回“请选择一个有效值”的错误消息。

注意：

单选按钮本身和单选按钮组构件都必须分配有 none 或 invalid 值，错误消息才能正确显示。

15 此时的页面布局如图 9-27 所示。保存文档，按 F12 键在浏览器中预览验证效果。

9.3 处理表单

本章开头我们说过，一个完整的表单应该有两个重要组成部分：一是含有表单和表单元素的网页文档，另一个是用于处理用户输入的信息的服务器端应用程序或客户端脚本。因此若要在网页中实现信息的真正交互，仅在文档中创建表单及表单对象是不够的，还必须使用脚本或应用程序来处理相应的信息。通常这些脚本或应用程序由<form>标记中的action属性指定。如果需要完成的操作比较简单，可以放在客户端进行。

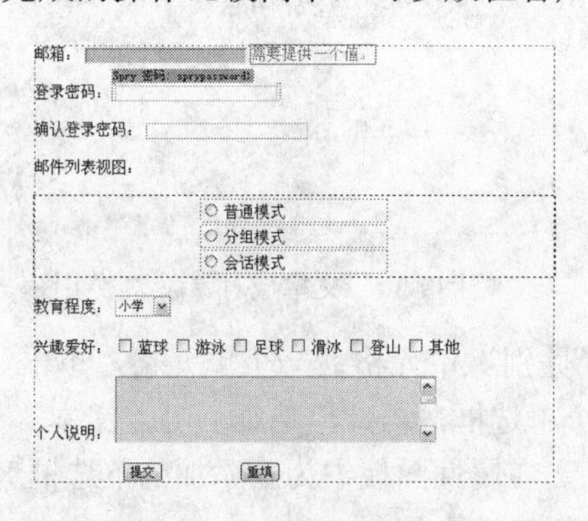

图9-27 页面效果

下面通过演示处理表单的一般方法。

01 新建一个 HTML 文件，在页面中添加一张表单，并在属性面板上设置其 ID 为 f1，动作为 mailto:webmaster@123.com。然后在表单中插入一张表格，并设置表格的背景颜色，输入相关文本，最终的效果如图 9-28 所示。

02 将光标放置于“密码”后面的单元格中。使用“插入”/“表单对象”/“文本域”命令，或者直接单击“插入”栏中“表单”面板中的□按钮，在表格中插入文本域对象。

如图 9-29 所示。

请填写个人资料：		
密码：		密码可以使用6-14个任意字符
性别：		
出生日期：		
有效证件号码：		用以核实身份，请如实填写
教育程度：		
个人说明：		
个人风采：		
个人声明		
我愿意其他人可以搜索到我的如下信息	姓名，联系方式	其他已登记信息

图9-28　设置表格、文本

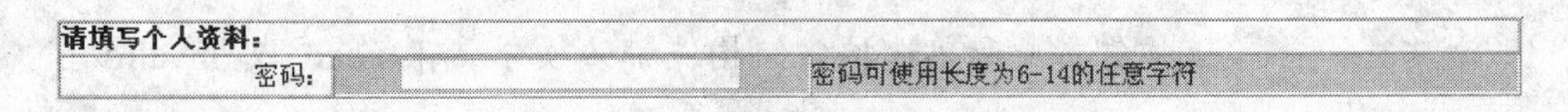

图9-29　添加文本域对象

03 选中文本域对象，在属性面板中设置文本域的名称为 password，字符宽度为 25，最大字符数为 14，类型为“密码”。

04 将光标放置于含有“出生日期”文本单元格的后一个单元格中，单击“插入”栏中“表单”面板中的□按钮，再添加一个文本域对象，在文本域对象后键入文本“年”，设置此文本域对象的名称为 year，字符宽度为 5，最大字符数为 4，类型为“单行”，初始值为 20。

05 按照上一步的方法添加文本域对象“day”和“idcard”。

06 将光标放置于“个人说明”单元格后一单元格，单击□按钮，添加多行文本域对象“text”，设置其起始值为“请简要介绍自己！”。此时的设计视图如图 9-30 所示。

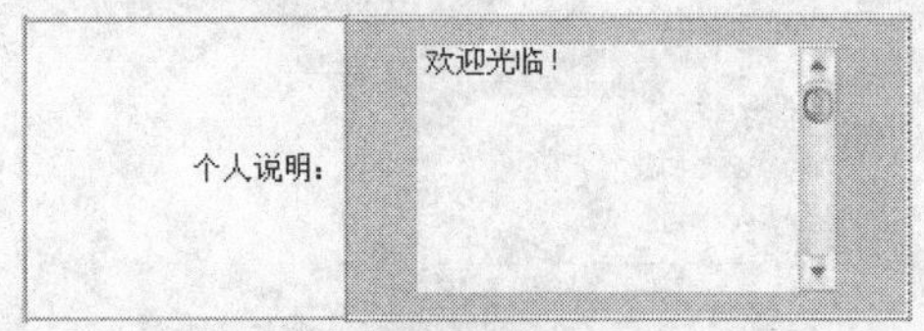

图9-30　文本域对象添加效果图

07 将光标放置于“性别”单元格后一个单元格，单击“插入”栏“表单”面板中的◉按钮，此时会添加一个单选框，再此单选框后键入文本“男”。

08 选中该单选按钮，在属性面板中为新添加的单选框对象命名“gender”，设置选定值为“0”，初始状态为“未选中”。

09 再次单击◉按钮，添加同名为“gender”的单选框，改变选定值为“1”，并在单选框后键入文本“女”。此时文档的效果如图 9-31 所示。

图9-31　添加单选框

10 将光标放置于文本“姓名，联系方式”前面，单击“表单”面板中的☑按钮，添加一个复选框，设置复选框名称为 yes2，初始状态为“已勾选”。

11 按照上面的方法在文本“其他已登记的信息”前面添加一个复选框，此时的效果如图 9-32 所示。

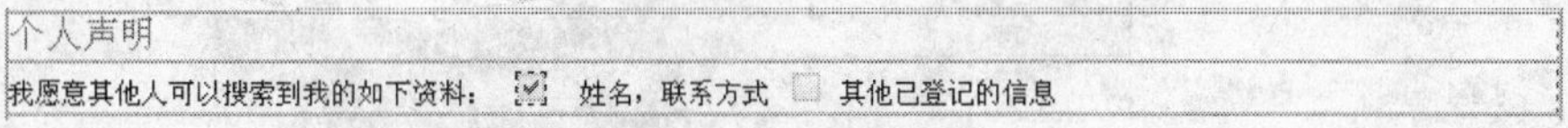

个人声明

我愿意其他人可以搜索到我的如下资料： 姓名，联系方式 其他已登记的信息

图9-32 添加复选框

12 将光标放置于文本“年”之后，单击“表单”面板中的按钮，添加一个下拉菜单对象。选中下拉菜单对象，单击属性面板中的“列表值”按钮，弹出一个对话框，在其中设置列表值。此处设置项目标签与值都是从“01”到“12”，如图 9-33 所示。

13 在属性面板中为下拉菜单对象命名“month”，并选取初始化时值为“01”。

14 将光标设置于“教育程度”单元格后一个单元格，单击表单面板中的按钮，添加一个列表对象。

15 选定菜单对象后，单击属性面板中的“列表值”按钮，为列表设置列表值，具体设置如图 9-34 所示。

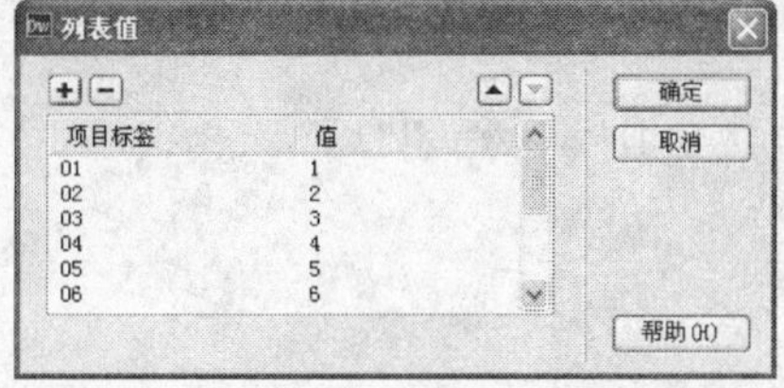

图9-33 设置列表值

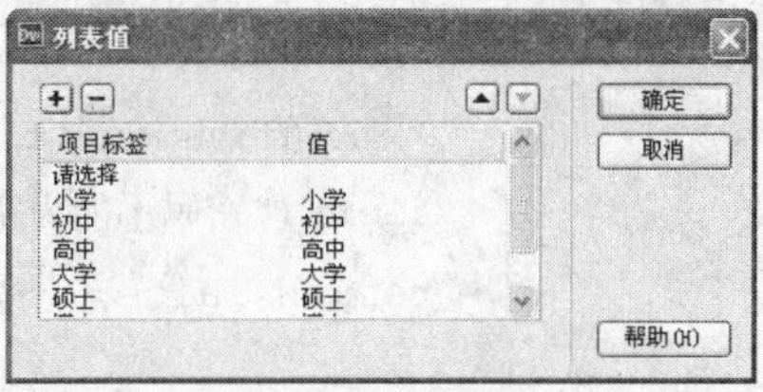

图9-34 设置列表值

16 在属性面板中为列表命名“degree”，设置高度“3”。完成上面的步骤后，此时的页面效果如图 9-35 所示。

图9-35 添加列表/菜单效果图

17 将光标置于“个人风采”单元格的下一个单元格，单击表单面板中的按钮，添加一个文件域对象。

18 选中文件域对象，在属性面板中为其命名“file”，选取字符宽度“50”，最大字符数“20”。此时的页面效果如图 9-36 所示。

图9-36 添加文本域

19 将光标放置于最后一个单元格，单击表单面板中的按钮添加一个按钮对象。

20 选中按钮对象，在属性面板中为其命名“submit3”，标签为“提交”，动作为“提交表单”。同理，添加“重填”按钮。

至此基本完成，可以保存文档并按 F12 键在浏览器中浏览测试，如图 9-37 所示。

通过测试会发现，在表单中没有填任何数据，或填的数据无效时，单击“确定”按钮后仍然会提交表单。这是网页设计者所不愿看到的，为了解决这个问题，可以用JavaScript

脚本语言来对表单各对象的值进行有效性检查，具体步骤如下。

请填写个人资料：		
密码：		密码可以使用长度为6-14的任意字符
性别：	○男 ○女	
出生日期：	20 年 01 月 日	
有效证件号码：		用以核实身份，请如实填写
教育水平：	请选择	
个人说明：	请简要介绍自己！	
个人风采：	浏览...	
个人声明		
我愿意其他人可以搜索到我的如下信息：☑ 姓名，联系方式 ☐ 其他已登记的信息		
提交	重填	

图9-37　页面效果

21 执行“查看”/“文件头内容”命令显示文档窗口的头部。在插入栏单击“常用”面板中的“脚本”按钮，弹出“脚本”对话框。

22 “语言”选择“JavaScript”，在“内容”文本框输入以下JavaScript程序段：

```
function checkForm(){
        if(document.f1.password.value==""){
        alert("密码不能为空！");
        return false;
    }
    return true;
}
```

23 右击“确定”按钮，在弹出上下文菜单中执行“编辑标签”命令，弹出图9-38所示的“标签编辑器”对话框。

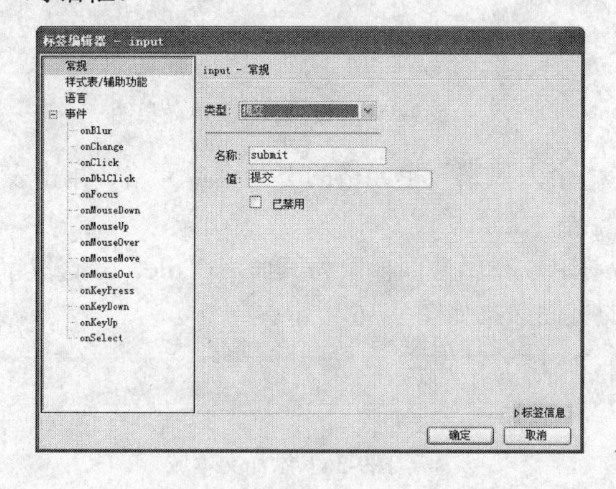

图9-38　“标签编辑器”对话框

24 单击“事件”前面的加号展开事件，选中onClick，这时标签编辑对话框右边将显示Input-onClick文本框。

25 在Input-onClick文本框中输入事件处理代码“return checkForm()”后单击“确定”按钮关闭对话框。

26 保存文档，在浏览器中预览页面效果，至此示例全部完成。

本例网页的最终功能只检验输入的密码，最多可以输入 14 个字符；当密码为空值时，单击“确定”按钮会弹出相应的错误提示对话框，并取消提交表单。

上一节中我们介绍过，Spry表单验证构件不需要编码，就可以对部分表单对象的值进行有效性检查。在本例中，可以用Spry验证文本域替换文本域，用Spry验证文本区域替换多行文本域，用Spry验证复选框替换复选框，则当密码为空值，或输入的身份证号位数不正确，或个人说明字符数不合要求，或选择的复选框个数过多或过少时，单击“提交”按钮会弹出相应的错误提示对话框，并取消表单提交。有兴趣的读者可以仿照本例的步骤使用Spry验证构件制作一个页面进行测试。

9.4 实例制作之制作留言板

本例制作的留言簿页面是导航项目图片“语过添情”的链接目标。由于其页面布局与主页相同，所以本例使用模板制作留言簿，步骤如下：

01 打开已制作的个人主页index.html，选中正文部分的表格（即页面右侧的表格）。

02 打开“插入”浮动面板，并切换到“常用”面板。单击“常用”面板上的“可编辑区域”按钮，弹出一个信息提示框，提示用户执行此操作，Dreamweaver会自动将此文档转换为模板。

03 单击“确定”按钮，在弹出的“新建可编辑区域”对话框中，将可编辑区域命名为content，然后单击“确定”按钮关闭对话框。即可将选中表格变为可编辑区域，如图9-39所示。

图9-39　插入可编辑区域

04 执行“文件”/“另保存为模板”命令，将index.html另存为模板。

05 执行“文件”/“资源”命令，打开“资源”面板。单击“资源”面板左侧的模板按钮，切换到“模板”面板。

06 在模板列表中选中模板index.dwt，单击右键，从弹出的上下文菜单中选择“从模板新建”命令，即可新建一个与index.html相同的未命名文档，但只有命名为content的区域可以编辑。

有关模板的介绍将在第12章进行讲解。

07 删除正文区域第二行至第四行的内容，然后将“欢迎光临我的小屋”修改为“语过添情”，此时的页面如图9-40所示。

图9-40　修改标题文字

08 选中第二行至第四行的单元格，在属性面板上单击“合并单元格”按钮，将选中的单元格合并为一行。设置单元格内容的水平对齐方式为“居中对齐”，垂直对齐方式为“顶端”。

09 将光标定位在单元格中，单击“插入”面板上的“表单”页签，切换到“表单”面板。然后单击“表单”按钮，在单元格中插入一个表单。

10 在表单的属性面板上，设置表单的名称为form1。在“动作”文本框中输入mailto:vivi@123.com。在“方法”下拉列表中选择“POST”。在“目标”下拉列表中选择“_blank”。

当浏览者单击表单的“提交”按钮后，该表单内容将会发送到指定的邮箱。

11 将光标放置在表单中，单击“常用”面板上的“表格”按钮，在弹出的对话框中设置表格的行数为5，列数为2，表格宽度为98%，边框粗细为1像素。单击“确定”按钮在页面中插入一个5行2列的表格。

12 选中正文区域的大表格，在属性面板上将“填充”和“间距”均设置为5。选中表格，打开“CSS面板”，单击“新建CSS规则”按钮，在弹出的“新建CSS规则”对话框中设置选择器类型为“复合内容”，选择器名称为#form1 table，规则定义的位置“仅限该文档”，然后单击“确定”按钮，在弹出的规则定义对话框中选择“边框”分类，设置类型为solid，宽度为1像素，颜色为#9c0。单击“确定”按钮关闭对话框。此时的表格如图9-41所示。

13 在第一列的前四行单元格中输入文本，例如：昵称、性别、主题类别、留言。

14 将光标放置在第一行第二列的单元格中，单击“表单”面板中的Spry验证文本域图标按钮，插入一个Spry验证文本域。

图9-41 插入表格

15 选中Spry验证文本域，在其属性面板上设置其“最小字符数”为2，“最大字符数”为12；“预览状态”为“初始”。其他选项保留默认设置。选中文本域，在属性面板上指定其ID为name，“字符宽度”为14，“最多字符数”为12，“类型”为“单行”。此时的页面如图9-42所示。

16 将光标定位在第二行第二列的单元格中，单击“插入”栏“表单”面板中的“单选按钮”，此时会添加一个单选框，再此单选框后键入文本“帅哥”。

17 选中该单选按钮，在属性面板中为新添加的单选框对象命名“gender”，设置选定值为0，初始状态为“未选中”。

18 再次单击按钮，添加同名为“gender”的单选框，改变选定值为1，并在单选框后键入文本“美眉”。此时文档的效果如图9-43所示。

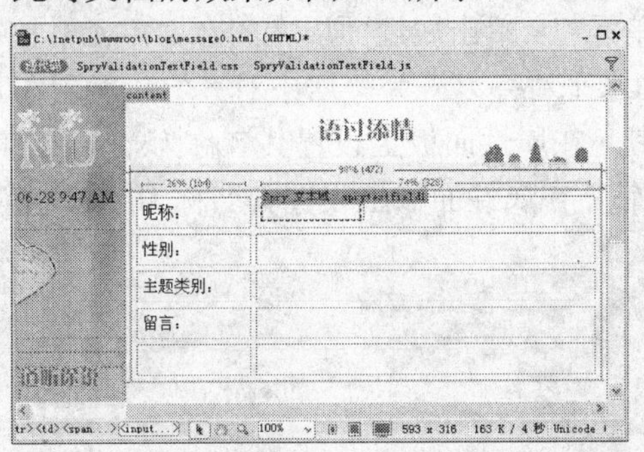

图9-42 添加Spry文本域

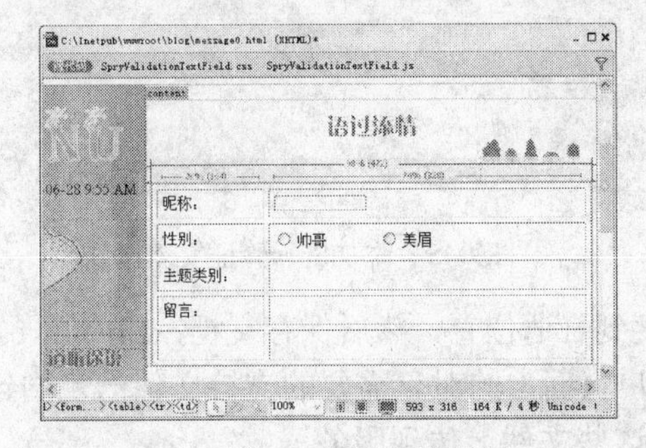

图9-43 添加单选框

19 在“主题类别”后的单元格中插入一个Spry验证选择构件。在属性面板上将其名称设置为item，“预览状态”为“必填”，其他选项保留默认设置。

20 在页面上单击插入的Spry选择构件，在属性面板上设置其“类型”为“菜单”，然后单击“列表值”按钮，在弹出的对话框中编辑该选择构件的各个选项。如软件、文学、图像、情感、娱乐、其他、请选择一个类别。

21 单击“确定”按钮关闭“列表值”对话框，在属性面板的“初始时选定”列表框中选中“请选择一个类别”。此时的页面如图9-44所示。

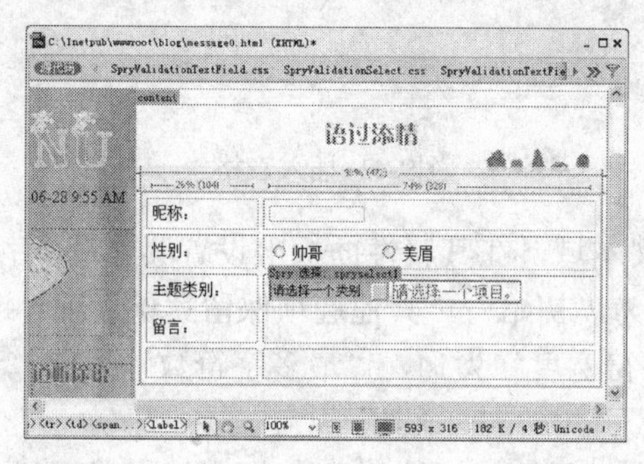

图9-44　添加Spry验证选择

22 在“留言”后的单元格中插入一个Spry验证文本区域，并在属性面板上设置其名称为liuyan，“最小字符数”和“最大字符数”分别为6和300，“计数器”为“其余字符”，即提示浏览者还可以输入多少个字符，“提示”为“请留下您的宝贵意见或建议。”，“预览状态”为“有效”，其他选项保留默认设置。此时的页面如图9-45所示。

23 选中最后一行单元格，单击属性面板上的合并单元格按钮，将其合并为一个单元格，并设置单元格内容的水平对齐方式为“居中对齐”。然后在其中插入两个按钮。

24 选中第一个按钮，在属性面板上设置其名称为submit，值为“提交”，动作为“提交表单”。选中第二个按钮，在属性面板上设置其名称为reset，值为“重写”，动作为“重设表单”。

图9-45　添加Spry验证文本区域

25 调整表格的高度到合适位置，然后保存文档，Dreamweaver将弹出一个“复制相关文件”对话框，提示用户页面上的对象需要的支持文件已复制到本地站点，要使相应的对象能正常工作，必须将这些文件上传到服务器。

26 单击“确定”按钮，上传支持文件，然后按下F12键在浏览器中预览页面。

当输入的文本有效，单击“提交”按钮即可将表单数据发送到指定的邮箱，且Spry构件的背景色为绿色；否则不提交表单，并显示一个错误提示框，显示为相应的颜色，如图9-46所示。

图9-46　页面预览效果

由于本例设置了“其余字符”类型的计数器，因此，如果在“留言”文本区域没有输入字符，则显示为300，每输入一个字符，则计数器就递减。

Chapter 10

第 10 章　Dreamweaver 的内置行为

行为是 Dreamweaver CS6 提供的一个功能强大的工具，实际上是 JavaScript 代码和程序库，是一种实现页面交互控制的机制，它可以完成许多复杂的 JavaScript 代码，极大地扩展了网页设计者对各种可能性的选择范围。通过行为，任何网页设计者都可以让页面元素“动”起来，实现强大的交互性与控制功能，而所有这些操作不需要编写任何代码，甚至不需要了解什么是 JavaScript，只需要通过简单直观的设置语句即可完成。如果熟悉 JavaScript，也可以对代码进行手工修改，使之更符合自己的需要。

- 事件与动作
- 行为管理面板
- 附加行为到页面元素
- 编辑行为
- Dreamweaver CS6 的内置行为
- 实例制作之动态导航图像

Dreamweaver CS6中文版入门与提高实例教程

10.1 事件与动作

在 Dreamweaver 中，行为是事件（Event）和动作（action）的组合，是客户端 JavaScript 代码。通过在浏览页面中触发事件，从而发生某个动作，这就是行为的本质功能。

所谓事件，就是浏览器响应访问者的操作行为，是浏览器生成的消息，指示该页的访问者执行了某种操作。例如，当访问者将鼠标指针移动到某个链接上时，浏览器为该链接生成一个 OnMouseOver 事件。网页制作过程中常用的事件入下：

onAbort：当用户终止浏览器对一幅图像的载入时会触发该事件。例如在图像下载过程中，用户单击浏览器的“停止”按钮时，就会触发该事件。

onBlur：当指定的元素不再是用户交互行为的焦点时，触发该事件。例如，光标原停留在文本框中，当用户单击此文本框之外的对象时，触发该事件。

onChange：当用户改变了页面中阿值时，触发该事件。

onClick：当用户单击在页面上某一特定的元素时，触发该事件。

onDblClick：当用户双击在页面上某一特定的元素，触发该事件。

onError：当浏览器在载入页面或图像过程中发生错误时，触发该事件。

onFocus：本事件与 onBlur 事件正好相反，将光标定位在指定的焦点时，触发该事件。

onKeyDown：当用户按下键盘上的一个键，无论是否释放该键都会触发该事件。

onKeyPress：当用户按下键盘上的一个键，然后释放该键时，触发该事件。该事件可以看作是 onKeyUp 和 onKeyDown 两个事件的组合。

onKeyUp：当用户按下键盘上的一个键，在释放该键时，触发该事件。

onLoad：当一幅图像或页面完成载入之后，触发该事件。

onMouseDown：当用户按下鼠标左键尚未释放时，触发该事件。

onMouseOver：当用户将鼠标指针移开指定元素的范围时，触发该事件。

onMouseUp：当按下的鼠标按钮被释放时，触发该事件。

onMove：当浏览窗口或框架移动时，触发该事件。

onReadyStateChange：当指定的状态发生改变时，触发该事件。可能的元素状态包括：未初始化（uninitialiazed）、载入（loading）和完成（complete）。

onReset：当一个表单中的数据被重置时，触发该事件。

onScroll：当利用滚动条或箭头键上下滚动显示内容时，触发该事件。

onSelect：当从文本框中选取文本时，触发该事件。

onSubmit：当用户提交表单时，触发该事件。

onUnload：当用户离开页面时，触发该事件。

读者要注意的是，不同的页面元素定义了不同的事件，例如，在大多数浏览器中，OnMouseOver和OnClick是与链接关联的事件，而OnLoad是与图像和文档的body部分关联的事件。若要查看对于给定的页面元素及给定的浏览器支持哪些事件，可以选中页面上的元素之后，单击“行为”面板上的“显示所有事件”按钮，如图10-1所示。

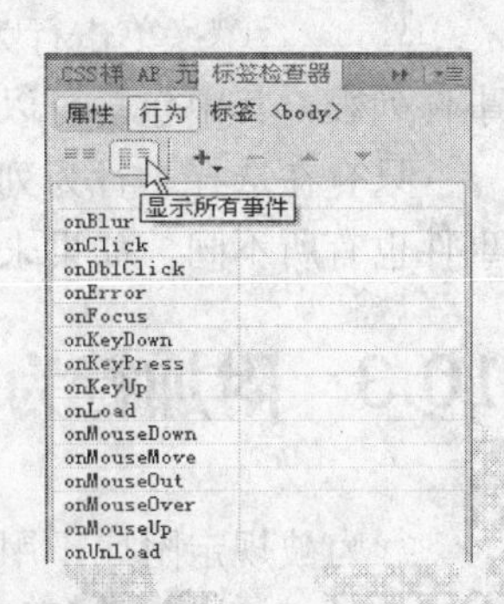

图10-1 事件列表

动作由预先编写的JavaScript代码组成，通过在网页中执行这段代码执行特定的任务，比如打开浏览器窗口、显示或隐藏元素、检查表单或应用Spry效果等。

单个事件可以触发多个不同的动作，这些动作发生的顺序可以在Dreamweaver中被指定，从而达到需要的效果。

10.2 行为管理面板

利用行为可以实现用户和网页之间的交互。用户通过在网页中触发一定的事件来引发一些相应的动作。在Dreamweaver中，添加和控制行为主要是在“行为”面板上实现的。如果有必要，还可以直接打开对应的HTML源文件，对其中的代码进行必要的修改。

执行“窗口”/“行为”菜单命令，即可打开“行为”面板，如图10-2所示。

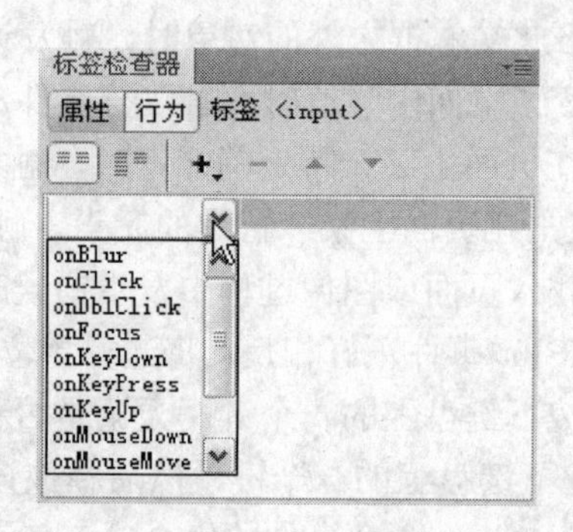

图10-2 “行为”面板

该面板中各个部分的功能简要介绍如下：

：仅列出附加到当前元素的动作对应的事件。

事件被分别划归到客户端或服务器端类别中。每个类别的事件都包含在一个可折叠的列表中，可以单击类别名称旁边的加号或减号按钮展开或折叠该列表。

：在行为列表中按字母降序列出可应用于当前元素的所有事件。

+：弹出行为列表，包含可以附加到当前所选元素的动作。对当前不能使用的行为，则以灰色显示。

-：删除当前选择的行为。

▲和▼：改变附加到当前页面元素的所有动作的执行顺序。

：单击行为列表中所选事件名称旁边的箭头按钮，即可打开图 10-2 所示的事件列表，其中包含可以触发指定动作的所有事件。

只有在选择了行为列表中的某个事件时才显示此菜单。根据所选对象的不同，显示的事件也有所不同。如果未显示预期的事件，则应检查是否选择了正确的网页元素或标签。

10.3 附加行为到页面元素

行为被规定附属于用户页面上的某个特定的元素，可以是一个文本链接、一个图像甚至<body>标识，但是不能将行为绑定到纯文本，诸如<p>和<span>等标签。

下面演示将行为附加到页面元素的具体步骤。

01 选取页面元素的标识。本例选择页面中插入的一张图片。

所有的行为被连接到特定的 HTML 元素上。用户可以将某个行为附加于来自某个表单的任何元素。如果某种行为不可用，是因为页面中还没有其对应的 HTML 标签。

02 选择用户的目标浏览器。执行“文件”/“检查页”/“浏览器兼容性”菜单命令，打开“浏览器兼容性检查”页面。单击左侧的绿色三角形按钮，从弹出菜单中选择“设置”命令，如图 10-3 所示。

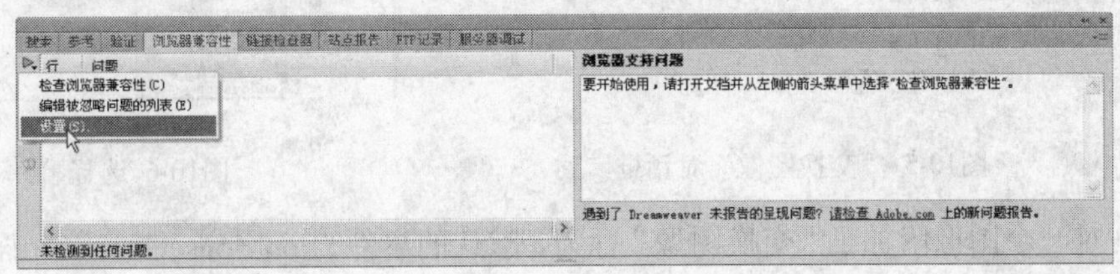

图10-3　选择“设置”菜单项

此时打开图 10-4 左图所示的“目标浏览器”对话框。

03 选中某种浏览器之后，单击其后的下拉菜单按钮，可以从中选择目标浏览器的最低版本，如图 10-4 右图所示。本例使用默认设置。

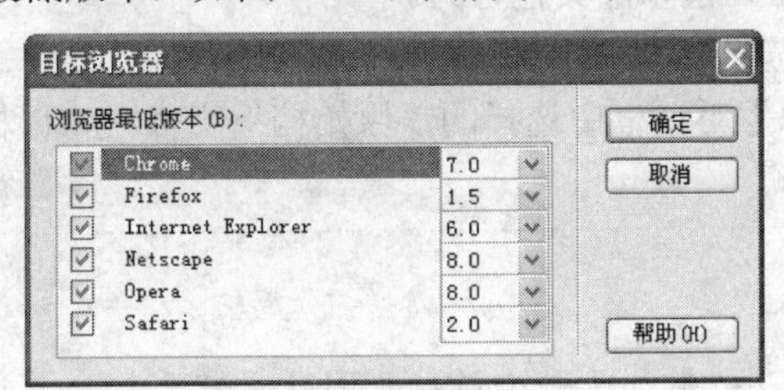

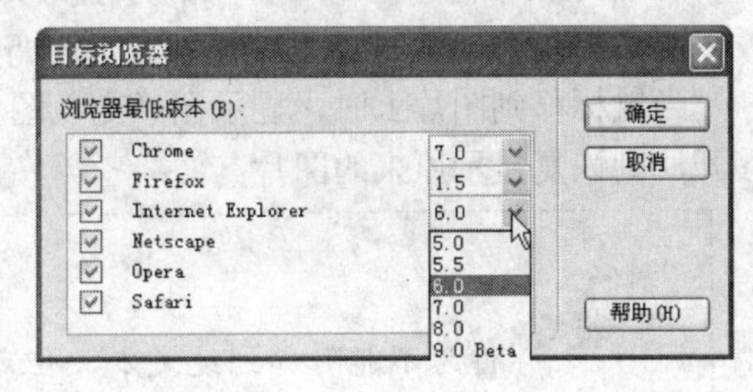

图10-4　“目标浏览器”对话框

不同的浏览器和不同的浏览器版本支持不同的事件。选择的目标浏览器决定哪些元素被支持用于一个特定元素。

04 选择一个动作。单击“行为”面板上的“添加行为”按钮 +，从动作弹出式菜单中选择一个动作。本例选择“交换图像”行为。

行为是为响应某一具体事件而采取的一个或多个动作。当指定的事件被触发时，将运行相应的 JavaScript 程序，执行相应的动作。所以当创建行为时，必须先指定一个动作，然后再指定触发动作的事件。

此外，Dreamweaver 只使那些可用于特定页面元素的动作处于激活状态。菜单中某些动作灰显的原因可能是当前文档中不存在所需的对象。如果所选的对象无可用事件，则所有动作都灰显。

行为的强大功能来自于它的灵活性。每个动作都带有一个特定的对话框，用于用户自定义行为。

05 输入参数。在行为列表中选择“交换图像”行为之后，打开“交换图像”对话框。单击“浏览”按钮，浏览并定位到将设置为鼠标经过时显示的图像，如图 10-5 所示。

06 设置事件。单击“确定”按钮关闭“交换图像”对话框。此时，“行为”面板中已列出了已应用的动作及默认的事件。单击事件下拉表单，可以从中选择需要的事件，如图 10-6 所示。

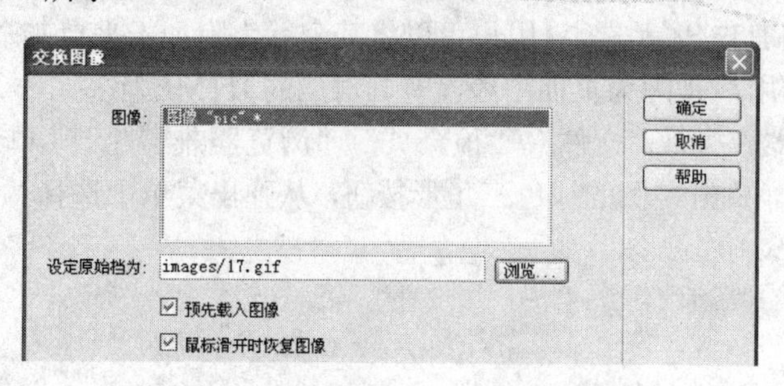

图10-5 “交换图像”对话框

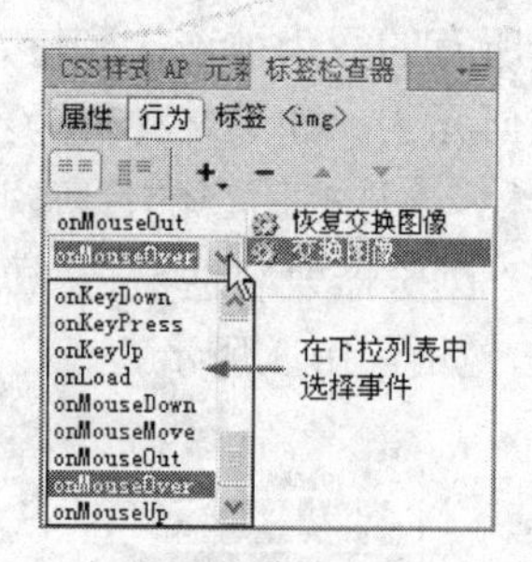

图10-6 选择事件

本例对一个图像附加了“交换图像”行为，默认的事件为 onMouseOver。Dreamweaver CS6 还默认为该图像应用了“恢复交换图像”行为，事件为 onMouseOut。本例使用默认的事件。

在 Dreamweaver CS6 中，可以为每个选定的页面元素指定多个动作。动作以它们在行为面板的动作列表中列出的顺序依次发生。

07 按照第 **04** ~ **06** 步的方法为页面元素添加其他行为。

08 保存文档。按 F12 键在浏览器中预览行为的效果。

当鼠标移到图片上时，显示在“交换图像”对话框中选择的“原始档”文件；将鼠标移开，则恢复显示原来的图片。

提示： 行为不能附加到纯文本，但可以被附加于一个链接。因此，若要把一个行为附加于文本，一个简单的方法是为文本添加一个空链接（在“链接”文本框中输入 javascript:;，或直接键入一个#），然后将行为附加于这个链接。

10.4 编辑行为

Dreamweaver预置的行为功能不仅很强大，而且很灵活。在附加了行为之后，可以更改触发动作的事件、添加或删除动作以及更改动作的参数。修改行为的操作步骤如下：

（1）执行“窗口”/“行为”命令，打开“行为”面板。

（2）选择一个附加了行为的对象。

（3）在“行为”面板中双击要重新编辑的行为名称，然后在弹出的对话框中重新设置动作的参数。

此外，所有的预置行为都可以被修改，并且作为一个新的行为添加到行为列表中。只要将相应的HTML文件复制到Dreamweaver安装目录的Configuration\Behaviors\Action文件夹中，然后重新启动Dreamweaver即可。

如果不再需要指定元素已附加的某个行为，在“行为”面板中选择该行为，然后单击面板顶部的 - 按钮即可删除，如图10-7所示。

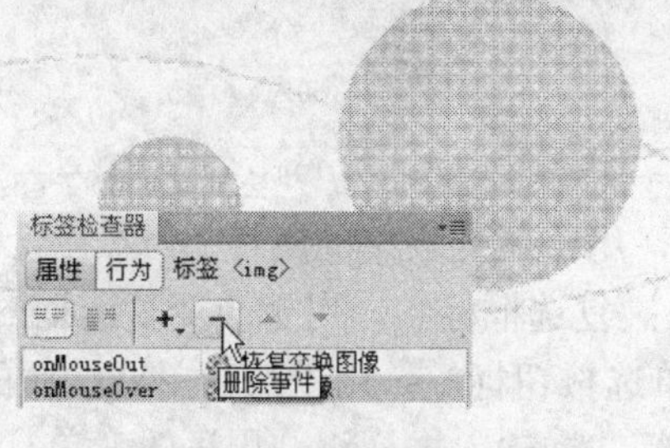

图10-7 删除附加的行为

10.5 Dreamweaver CS6 的内置行为

Dreamweaver CS6为常见的行为动作编写了代码并进行封装。读者只需要简单地设定一些参数变量就可以方便地为网页生成一些复杂的交互和动态功能。

下面通过一些实例向读者介绍Dreamweaver CS6内置的行为。

10.5.1 改变属性

"改变属性"动作可以动态地改变某一个对象的属性值，例如AP元素的背景图像或背景色，图像的边框和样式。这些属性的具体效果由所使用的浏览器决定。

下面演示使用改变属性行为的步骤。

01 新建一个HTML文档，并在页面中插入一张表单。

02 打开"布局"插入面板，然后单击"插入div标签"按钮。

03 在弹出的对话框中的"插入"下拉列表中选择"在插入点"；在"ID"文本框中输入<div>标签的名称dd。然后单击对话框底部的"新建CSS规则"按钮。

04 在弹出的"新建CSS规则"对话框中设置选择器类型为"标签"，然后在"选择器名称"下拉列表中选择标签div。单击"确定"按钮打开规则定义对话框。

05 切换到"区块"分类，设置文本对齐方式为"居中对齐"，然后单击"确定"按钮关闭对话框。此时在表单中显示文本"此处显示id'dd'的内容"。

06 删除表单中显示的文本，在div标签中插入一个按钮，然后在属性面板上将按钮的"值"设置为"点击这里"，"动作"属性设置为"无"。

07 选中按钮，然后单击"行为"面板上的加号（+）按钮，在弹出菜单中选择"改变属性"命令，弹出图10-8所示的"改变属性"对话框。

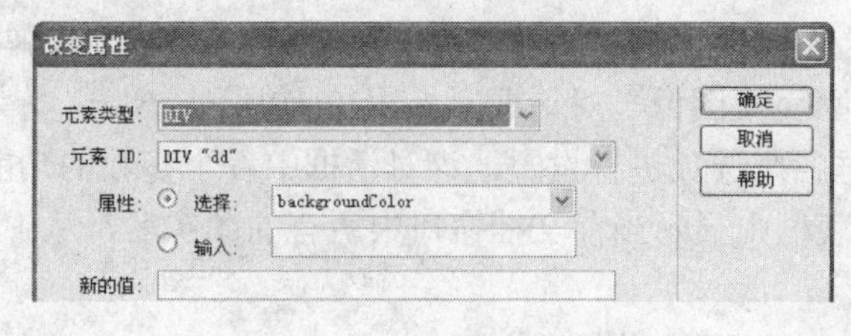

图10-8 "改变属性"对话框

08 在"元素类型"后面的下拉列表中选择改变属性的对象标签。本例选择 DIV。

对象类型有如下几种：

DIV、SPAN：这两种类型是 AP 元素标签，用于改变 AP 元素的属性。

IMG：图像标签，用于改变一幅图像的属性。

FORM：表单标签，用于改变表单的属性。

INPUT/CHEKBOX：复选框标签，用于改变复选框的属性。

INPUT/RADIO：单选按钮标签，用于改变单选按钮的属性。

INPUT/TEXT：单行文本输入框标识，用语改变单行文本输入框的属性。

INPUT/PASSWORD：口令输入框标记，用于改变口令输入框的属性。

TEXTAREA：多行文本输入框标签，用于改变多行文本输入框的属性。

SELECT：选择列表项标签，用于改变选择列表项的属性。

09 在“元素ID”右侧的下拉列表中选择已命名的div 对象dd。

10 在“属性”区域选中“选择”，然后在后面的下拉列表中选择一项要改变的属性，本例选择backgroundColor。

如果选择“输入”，则可以直接在后面的文本框中输入要改变的对象属性。

11 在“新的值”后面的文本框中设置所选择对象新的属性值，本例输入green。然后单击“确定”按钮关闭对话框。

12 打开“行为”面板，为改变属性动作选择需要的事件onClick。

13 保存文档，并在实时视图中进行测试。

在浏览器中单击“点击这里”按钮时，表单背景将变为绿色，如图10-9所示。

图10-9　“改变属性”动作的效果

10.5.2　交换图像/恢复交换图像

“交换图像/恢复交换图像”动作通过更改<img>标签的src属性将一个图像和另一个图像进行交换。使用此动作可以使一幅图像产生变换。“恢复交换图像”动作只有在“交换图像”动作之后使用才有效。

使用“交换图像”动作的步骤如下：

（1）选择一个图像对象，并打开“行为”面板。

（2）单击“行为”面板上的“添加行为”按钮 +，并从动作弹出式菜单中执行“交换图像”命令，弹出“交换图像”对话框，如图10-10所示。

（3）对该对话框各个选项进行设置，该对话框中各个参数的功能如下：

“图像”：该列表框中显示当前文档窗口中所有的图像名，从中选择一幅图像作为变换之前的图像。

“设定原始档为”：设置替换图像。

“预先载入图像”：变换的图像在打开网页时载入到计算机的缓冲区中。

“鼠标滑开时恢复图像”：将鼠标从图像上移开后，显示原图像。

（4）单击“确定”按钮，然后为动作选择所需的事件。

为页面对象添加“交换图像”行为之后，Dreamweaver将自动为页面对象添加“恢复交换图像”行为。

图10-10 “交换图像”对话框

注意： 由于只有 src 属性受此动作的影响，所以应该换入一个与原图像尺寸（高度和宽度）相同的图像。否则，换入的图像显示时会被压缩或扩展，以使其适应原图像的尺寸。

10.5.3 弹出信息

“弹出信息”动作显示一个带有指定消息的JavaScript警告。因为JavaScript警告只有一个“确定”按钮，所以使用此动作可以提供信息，而不能为用户提供选择。

下面演示使用“弹出信息”动作的步骤。

01 选择一个对象，例如页面中的一张图片，然后打开“行为”面板。

02 单击行为面板上的“添加行为”按钮 +，并从动作弹出菜单中执行“弹出信息”命令，弹出图10-11所示的“弹出信息”对话框。

图10-11 “弹出信息”对话框

03 在“消息”文本域中输入需要的消息。本例输入“出水芙蓉”。

04 单击“确定”按钮，然后在“行为”面板中选择所需的事件。本例选择onMouseOver。

05 保存文档，然后在浏览器中预览效果，如图10-12所示。

图10-12 “弹出信息”动作的效果

单击对话框中的“确定”按钮即可关闭对话框。

提示： “弹出信息”行为不能控制 JavaScript 警告的外观，这是由访问者的浏览器决定的。如希望对消息外观进行更多控制，可以考虑使用“打开浏览器窗口”行为。

10.5.4 打开浏览器窗口

使用“打开浏览器窗口”动作在打开当前网页的同时，还可以再打开一个新的窗口。此外，用户还可以编辑浏览窗口的大小、名称、状态栏、菜单栏等属性。

下面使用“打开浏览器窗口”动作的步骤。

01 在页面中选中需要添加该行为的对象，如文本“进入百度MP3搜索”，然后打开“行为”面板。

02 单击“行为”面板上的 + 按钮，并从动作弹出式菜单中执行“打开浏览器窗口”命令，弹出如图10-13所示的“打开浏览器窗口”对话框。

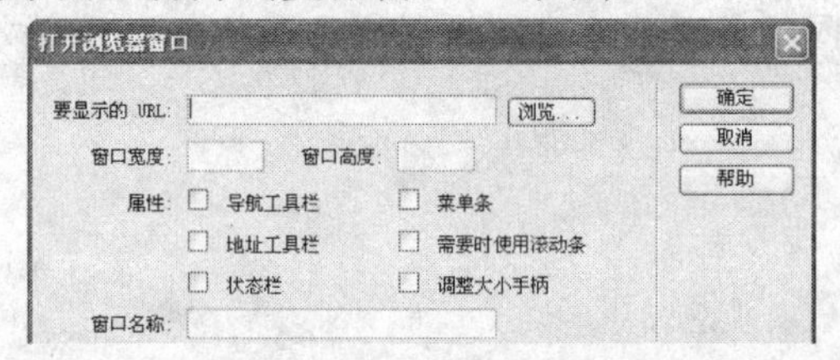

图10-13 “打开浏览器窗口”对话框

03 对该对话框中各个参数进行设置，该对话框中各个参数的功能如下：

“要显示的URL”：需要显示的文件的URL地址。本例输入http://mp3.baidu.com/。

“窗口宽度”：用于设置打开的浏览器窗口的宽度。本例设置为400。

“窗口高度”：用于设置打开的浏览器窗口的高度。本例设置为300。

“属性”：用于设置打开的浏览器窗口的一些显示属性，它有6个选项，可以选中其中的一个或多个显示特性。本例选中全部属性选项。

“窗口名称”：为打开的浏览器窗口指定一个名字。本例设置为“百度MP3”。

04 单击“确定”按钮，然后为该动作选择所需的事件。本例选择onClick。

05 保存文档。在浏览器中预览行为的效果，如图10-14所示。

图10-14 “打开浏览器窗口”动作的效果

10.5.5 拖动AP元素

使用“拖动AP元素”动作可以让浏览者在一定的范围内任意拖动AP元素。使用此动作，可以创建拼图游戏、滑块控件和其他可移动的界面元素等交互式效果。

下面演示“拖动AP元素”的操作步骤。

01 选择“插入”/“布局对象”/“AP Div”菜单命令，或单击“布局”面板上的“绘制 AP Div”按钮，然后在页面中按下鼠标左键拖出一个矩形，即可绘制一个 AP Div。

02 将光标定位于AP元素中，在其中插入一张图片。

03 单击“文档”窗口左下角标签选择器中的 <body>标签。

04 打开“行为”面板，然后单击 +. 按钮，从动作弹出菜单中选择“拖动AP元素”命令，弹出图10-15所示的“拖动AP元素”对话框。

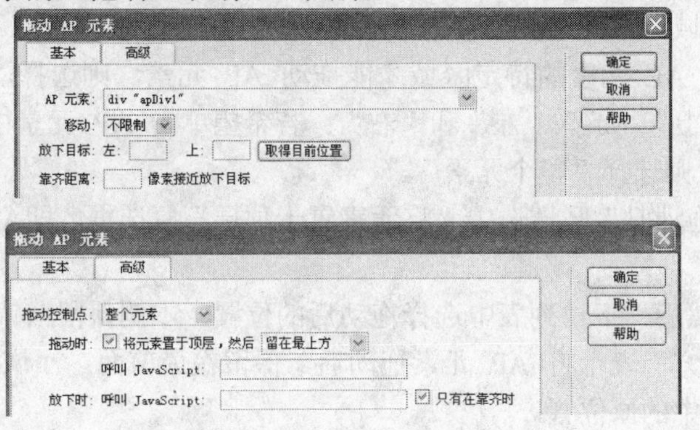

图10-15　“拖动AP元素”对话框

“拖动AP元素”对话框由“基本”和“高级”两个标签组成。

05 在“AP 元素”下拉列表中选择要附加行为的AP 元素。本例选择apDiv1，即本例第1步在页面中绘制的AP元素的名称。

06 在“移动”下拉列表中指定AP元素的移动方式。本例选择“限制”，且“上”“下”“左”“右”分别设置为280、600、50和400。

如果选择“限制”，对话框中会添加“上”“下”“左”和“右”4个参数。在参数后面的文本框中填入数字，单位是像素，即确定了AP元素的拖动范围，这些值是相对于 AP 元素的起始位置而言的。

对于滑块控件和可移动的布景（例如文件抽屉、窗帘和小百叶窗），请选择“限制”移动方式。“不限制”移动适用于拼板游戏和其它拖放游戏。

> **提示：** 若要只允许垂直移动，则在“上”和“下”文本框中输入正值，在“左”和“右”文本框中输入 0；若要只允许水平移动，则在“左”和“右”文本框中输入正值，在“上”和“下”文本框中输入 0。

07 在“放下目标”区域指定拖放的目的地位置。本例在“左”“上”文本框中分别输入300。

“左”和“上”用于设置拖放的目的位置距页面左端和上端的距离，单位是像素。当 AP 元素的左坐标和上坐标与设置的“左”和“上”框中输入的值匹配时，便认为 AP 元素已经到达拖放目标。这些值是与浏览器窗口左上角的相对值。

08 单击“取得目前位置”按钮可以在文本框中自动填充AP元素目前的位置参数。

本例不单击该按钮。

09 在“靠齐距离”右侧的文本框中设置AP元素自动吸附到目标位置的距离。较大的值可以使访问者较容易找到拖放目标。本例设置为50。

对于简单的拼板游戏和布景处理，到此步骤为止即可。若要定义 AP 元素的拖动控制点，在拖动 AP 元素时跟踪其移动，以及在放下AP 元素时触发动作，则需要进入“高级”选项卡进一步设置。

10 切换到“高级”页面，在“拖拽控制点”下拉列表中指定访问者单击AP元素可以触发动作的区域。本例选择“整个元素”。

若必须单击 AP 元素的特定区域才能拖动 AP 元素，则选择“元素内的区域”，并设置该区域的“上”“下”“左”和“右”；若希望单击 AP 元素中的任意位置就可以拖动此 AP 元素，则选择“整个元素”。

11 在“拖动时”区域选中“将元素置于顶层”复选框，即AP元素在拖动时始终在最上层。

12 在“然后”下拉列表中选择拖动后的位置。本例保留默认设置。

“留在最上方”表示将 AP 元素拖动后，保留在最前面；“恢复Z轴”表示将其恢复到它在堆叠顺序中的原位置。

13 在“呼叫JavaScript”文本框中键入拖动AP元素时要执行的JavaScript脚本程序或函数名称。本例保留空白，即不调用脚本程序。

14 在“放下时，呼叫JavaScript”文本框中键入当AP元素被移动到目标位置时调用的JavaScript脚本程序或函数名称。其中，选中“只有在靠齐时”选项，即只有在AP元素到达拖放目标时才执行该JavaScript，本例留空。

15 单击“确定”按钮关闭对话框，并在“行为”面板中选择需要的触发事件。本例使用默认的onLoad事件。

16 保存文档。在浏览器中预览该行为的效果，如图10-16所示。

在图像上任意位置按下鼠标左键，即可在本例指定的矩形范围内随意拖动图像。

图10-16 “拖动AP元素”的效果

10.5.6 Spry效果

Spry效果可以修改元素的不透明度、缩放比例、位置和样式属性（如背景颜色）等，通常用于在一段时间内高亮显示信息，创建动画过渡或者以可视方式修改页面元素。由于这些效果都基于 Spry，因此当用户单击应用了效果的对象时，只有对象会进行动态更新，而不会刷新整个 HTML 页面。

Spry效果可直接应用于使用 JavaScript 的 HTML 页面上几乎所有的元素，轻松地向页面元素添加视觉过渡，而无需其他自定义标签。如果要向某个元素应用效果，该元素当前必须处于选定状态，或者它必须具有一个有效的ID。如果该元素未选中，且没有有效的 ID 值，则需要向 HTML 代码中添加一个 ID 值。

下面通演示为页面元素添加Spry效果的一般步骤。

01 选择要应用效果的内容或布局对象，也可以直接进入下一步。本例选中页面中插入的一张图片。

02 单击行为面板中的 + 按钮，从弹出菜单中选择“效果”，并选择效果子菜单中需要的效果名称。本例选择“增大/收缩”选项，弹出图10-17所示的“增大/收缩”对话框。

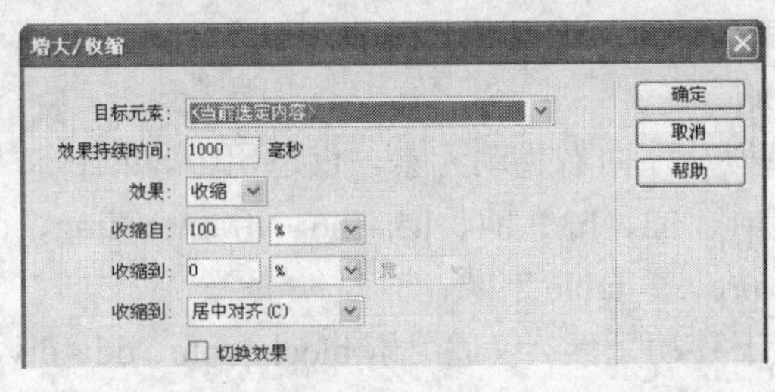

图10-17 “增大/收缩”对话框

03 从“目标元素”菜单中选择要应用效果的对象的 ID。如果已经选择了一个对象，请选择“<当前选定内容>”。本例选择“<当前选定内容>”。

04 在“效果持续时间”文本框中指定效果持续的时间，单位为毫秒。本例使用默认设置（1000毫秒）。

05 在“效果”后的下拉列表框中选择要应用的效果。 本例选择“增大”。

06 分别在“增大自”和“增大到”文本框中，以百分比大小或像素值指定对象在效果开始时和结束时的大小。本例分别输入80%、120%。

07 在“增大自”列表框中选择元素增大的位置，可以是页面的左上角或是页面的中心。本例选择“居中对齐”。

08 如果希望连续单击可以在增大或收缩间切换，选中“切换效果”复选框，本例选中此复选框。

09 单击“确定”按钮关闭对话框。保存文档，并在浏览器中预览效果，如图10-18所示。

图10-18 “增大/收缩”效果

初始时，图片以“增大自”文本框中的80%显示，在图片上单击鼠标，则以“增大到”文本框中指定的120%显示。再次单击鼠标，回复到80%显示。

下面简要介绍一下Dreamweaver CS6中几种常用的Spry效果的功能、使用范围和具体参数的设置方法。

1．增大/收缩　该效果使元素变大或变小，适用于address、dd、div、dl、dt、form、p、ol、ul、applet、center、dir、menu 或 pre对象。

2．挤压该效果使元素从页面的左上角消失，仅适用于address、dd、div、dl、dt、form、img 、p、ol、ul、applet、center、dir、menu 或 pre对象。

3．显示/渐隐　使元素显示或渐隐。此效果适用于除 applet、body、iframe、object、tr、tbody 或 th 以外的所有 HTML 对象。

在“渐隐自/显示自”文本框中定义显示此效果所需的不透明度百分比。

在“渐隐到/显示到”文本框中设置要渐隐到的不透明度百分比。

如果选择“切换效果”，则该效果是可逆的，即连续单击可从“渐隐”转换为“显示”或从“显示”转换为“渐隐”。

4．晃动　该效果模拟从左向右晃动元素，仅适用于 address、blockquote、dd、div、dl、dt、fieldset、form、h1、h2、h3、h4、h5、h6、iframe、img、object、p、ol、ul、li、applet、dir、hr、menu、pre 或 table对象。

5．滑动　向上或向下移动元素。仅适用于blockquote、dd、div、form 或 center对象。滑动效果要求在要滑动的内容周围有一个 <div> 标签。

分别在“上滑自/下滑自”和“上滑到/下滑到”文本框中，以百分比或像素值形式定义起始滑动点和结束滑动点。

如果希望通过连续单击实现上下滑动，则选中“切换效果”。

6．遮帘　该效果模拟百叶窗效果，向上或向下滚动百叶窗来隐藏或显示元素。仅适用于address、dd、div、dl、dt、form、h1、h2、h3、h4、h5、h6、p、ol、ul、li、applet、center、dir、menu 或 pre对象。

在“向上遮帘自/向下遮帘自”文本框中，以百分比或像素值形式定义遮帘的起始滚动点。这些值是从对象的顶部开始计算的。

在“向上遮帘到/向下遮帘到”域中，以百分比或像素值形式定义遮帘的结束滚动点。这些值是从对象的顶部开始计算的。

如果希望连续单击实现上下滚动，则选择“切换效果”。

7．高亮颜色　该效果可以更改元素的背景颜色，适用于 applet、body、frame、frameset 或 noframes 以外的所有 HTML 对象。在“起始颜色”和“结束颜色”后面的颜色井中分别选择开始高亮显示、结束高亮显示的颜色。

注意：

当使用效果时，系统会在代码视图中将不同的代码行添加到您的文件中。其中的一行代码用来标识 SpryEffects.js 文件，该文件是包括这些效果所必需的。请不要从代码中删除该行，否则这些效果将不起作用。

在“应用效果后的颜色”后面的颜色井中选择该对象在完成高亮显示之后的颜色。

如果希望通过连续单击来循环使用高亮颜色，则选择“切换效果”选项。

和其他行为一样，可以将多个效果行为与同一个对象相关联以产生有趣的结果。

10.5.7 显示-隐藏元素

“显示-隐藏元素”动作用于显示、隐藏或恢复一个或多个页面元素的默认可见性。此动作用于在用户与页面进行交互时显示信息。例如，当用户将鼠标指针滑过一个人物的图像时，可以显示一个包含有关该人物的姓名、性别、年龄和星座等详细信息的页面元素，还可用于创建预先载入页面元素，即一个最初挡住内容的较大的页面元素，在所有页组件都完成载入后该页面元素即消失。

下面演示使用“显示-隐藏元素”动作的一般步骤。

01 新建一个HTML文档。在页面中插入两张图片，并在属性面板中分别为图片命名为happy和tree，如图10-19所示。选择其中一个对象，如本例中的happy，然后打开“行为”面板。

02 单击行为面板上的 +. 按钮，并从动作弹出式菜单中执行“显示-隐藏元素”命令，弹出“显示-隐藏元素”对话框，如图10-20所示。

“元素”：在列表框中列出所有可用元素的名称以供选择。

“显示”：单击此按钮，则选中元素可见。

“隐藏”：单击此按钮，则选中元素不可见。

“默认”：单击此按钮，则按默认值决定元素是否可见，一般是可见。

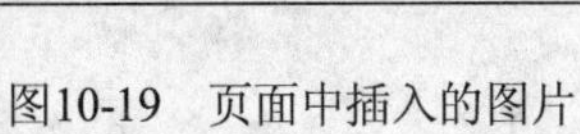
图10-19 页面中插入的图片

图10-20 “显示-隐藏元素”对话框

03 选中元素img “happy”，并单击“隐藏”按钮，然后单击“确定”关闭对话框。

04 在“行为”面板中为该动作选择事件。本例选择onMouseOver。

05 在“设计”视图中选中图片tree，然后单击行为面板上的 +. 按钮，从动作弹出式菜单中执行“显示-隐藏元素”命令，弹出 “显示-隐藏元素”对话框。

06 选中元素img “happy”，并单击“显示”按钮。然后单击“确定”关闭对话框，在“行为”面板中为该动作选择事件。本例选择onMouseOver。

07 保持图片tree的选中状态，然后单击行为面板上的 +. 按钮，从动作弹出式菜单中执行“显示-隐藏元素”命令，弹出 “显示-隐藏元素”对话框。

08 选中元素img “happy”，并单击“隐藏”按钮。然后单击“确定”关闭对话框，在“行为”面板中为该动作选择事件。本例选择onMouseOut。

09 保存文档。按F12键在浏览器中预览图片效果，如图10-21所示。

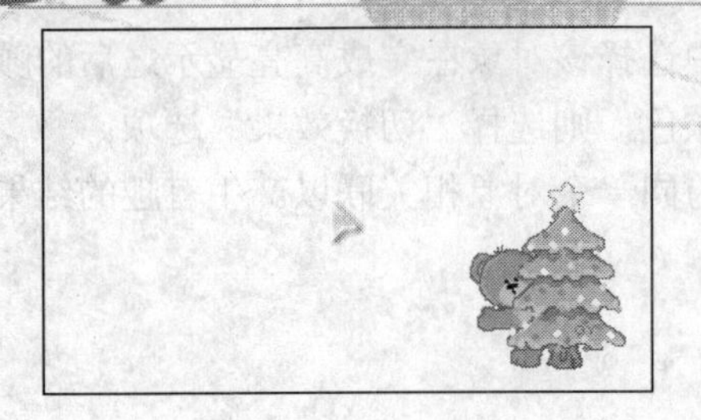

图10-21　“显示-隐藏元素”效果

最开始，页面上的两张图片都显示；将鼠标移到图片happy上时，该图片隐藏；将鼠标移到图片tree上时，图片happy显示；将鼠标从图片tree上移开，图片happy再次隐藏。

10.5.8　检查插件

如果在站点的网页中使用了某些插件技术，如Flash、Windows Media Player等，应通过“检查插件”动作检查用户的浏览器中是否安装了相应的插件。如果安装了这些插件，则浏览器自动跳转到含有该插件技术的网页中；如果没有安装这些插件，则不进行跳转或跳转到另一个网页。

使用“检查插件”动作的步骤如下：

（1）选择一个页面对象并打开“行为”面板。

（2）单击“添加行为”按钮 +，并从动作弹出式菜单中执行“检查插件”命令，弹出图10-22所示的“检查插件”对话框。

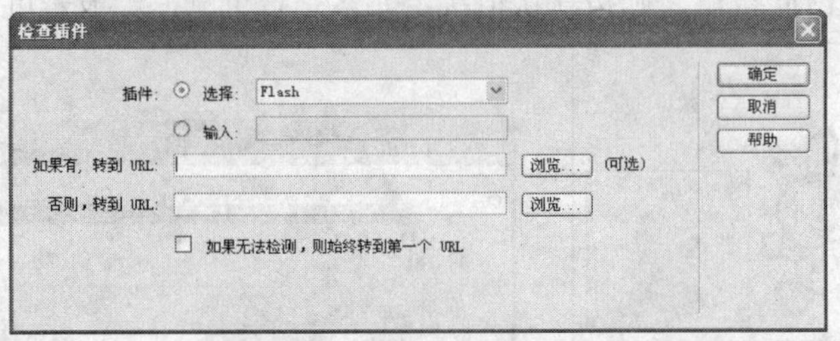

图10-22　“检查插件”对话框

（3）对该对话框各个选项进行设置。该对话框中各个选项的功能如下：

“选择”：选择需要检查的插件。

“输入”：输入插件的类型。

“如果有，转到 URL”：如果找到前面设置的插件类型，则跳转到后面文本框中设定的网页。

“否则，转到 URL”：如果没有找到前面设置的插件类型，则跳转到后面文本框中设定的网页。若要让不具有该插件的访问者留在同一页上，则将此域留空。

“如果无法检测，则始终转到第一个 URL”：如果不能进行检查插件，则跳转到第一个 URL 地址设定的网页。

Macintosh 上的 Internet Explorer 中不能实现插件检测，Windows 上的 Internet Explorer 中也检测不到大多数插件，因此此选项只适用于 Internet Explorer。Netscape

Navigator 总是可以检测到插件。

（4）设置完毕，单击“确定”按钮，然后为动作选择所需的事件。

10.5.9 检查表单

“检查表单”动作检查指定文本域的内容以确保用户输入了正确的数据类型。使用onBlur事件将此动作附加到单个文本域，在用户填写表单时对表单对象的值进行检查；或使用onSubmit事件将其附加到表单，在用户单击“确定”按钮时，同时对多个文本域进行检查。将此动作附加到表单，防止表单提交到服务器后任何指定的文本域包含无效的数据。

下面演示使用“检查表单”动作的一般步骤。

01 打开一个含有表单的HTML页面，选中表单，并打开“行为”面板。

02 单击“行为”面板上的“添加行为”按钮 +，从弹出菜单中执行“检查表单”命令，打开图10-23所示的“检查表单”对话框。

“域”：在列表框中列出可用的所有域名供选择设置。

“必需的”：表单对象必须填有内容，不能为空。

“任何东西”：表单对象是必需的，但不需要包含任何特定类型的数据。

如果没有选择“必需的”选项，则该选项就无意义了，也就是说它与该域上未附加“检查表单”动作一样。

“数字”：检查该域是否只包含数字。

“电子邮件地址”：检查该表单对象内是否包含一个 @ 符号。

“数字从”：表单对象内只能输入指定范围的数字。

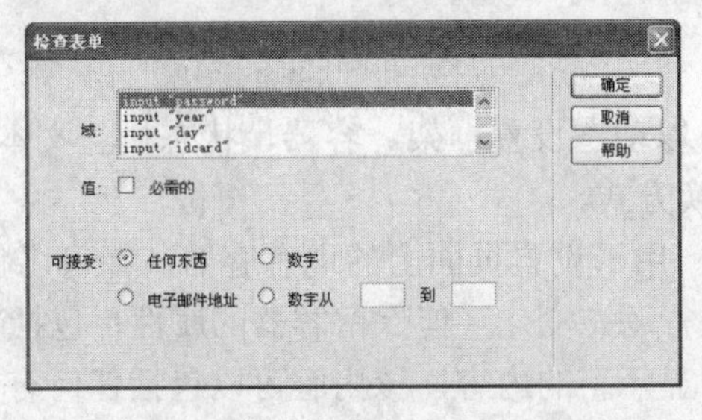

图10-23 “检查表单”对话框

03 在“域”中选中password，然后勾选“必需的”，并在“可接受”区域选择“任何东西”选项。

04 在“域”中选择year，然后勾选“必需的”，并在“可接受”区域选中“数字从”，范围为1900到2012。

05 在“域”中选择day，然后勾选“必需的”，并在“可接受”区域选中“数字从”，范围为1到31。

06 在“域”中选择idcard，然后勾选“必需的”，并在“可接受”区域选中“数字”。

07 在“域”中选择text，然后勾选“必需的”，并在“可接受”区域选中“任何东西”选项。

08 单击“确定”关闭对话框，然后保存文档，在浏览器中预览页面效果，如图10-24

所示。

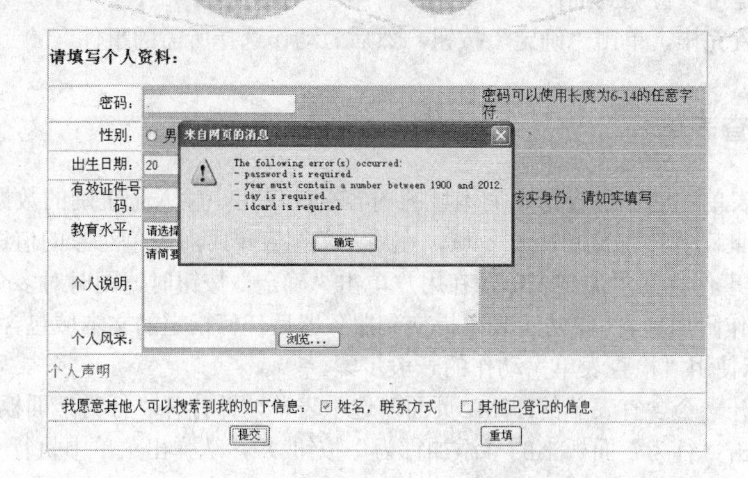

图10-24　“检查表单”行为的效果

如果“密码”域为空；出生日期的“年”不在1900至2012之间，“日”不是1至31间的数字；身份证号码不是全为数字，则提交表单时，会弹出一个如图10-77所示的警告对话框，列出所有错误的信息，并取消提交表单。

在Dreamweaver CS6中，利用Adobe预制的表单验证组件，如Spry验证文本域、Spry验证复选框、Spry验证选择等构件，新手或是对编程提不起兴趣的用户也可轻松快捷地检查表单，构建AJAX页面。

10.5.10　设置文本

“设置文本”动作可以动态设置框架、容器、状态栏、文本域中的内容。它有4个子菜单，分别对应着4种切换方式。

1．设置容器的文本　用于设置页面上的现有容器（即可以包含文本或其它元素的任何元素）的内容和格式进行动态变化（但保留容器的属性，包括颜色），在适当的触发事件触发后在某一个窗口中显示新的内容，该内容可以包括任何有效的 HTML 源代码。

下面演示使用“设置容器的文本”动作的一般步骤。

01 选择一个容器对象，例如图10-26左图中的AP元素apDiv1，并打开“行为”面板。

02 单击“行为”面板上的“添加行为”按钮 +，并从动作弹出式菜单中执行“设置文本”/“设置容器的文本”命令，弹出“设置容器的文本”对话框，如图10-25所示。

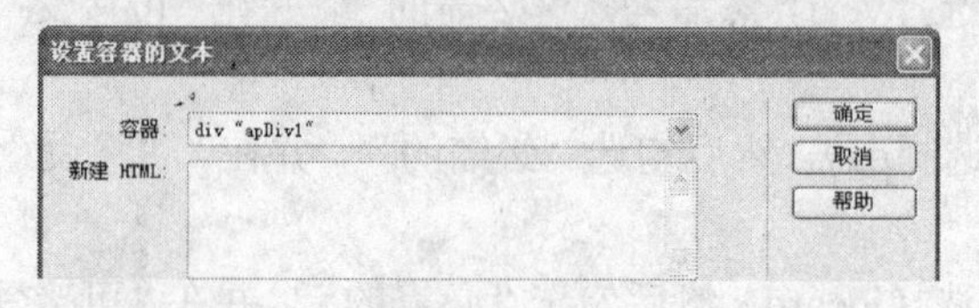

图10-25　“设置容器的文本”对话框

03 在“容器”下拉列表中选择内容要进行动态变化的容器。本例选中div “apDiv1”。

04 在“新建HTML”域中设置要在当前容器中新加入的内容。本例输入<font size=4

color=green>这是一个设置了行为的AP元素！</font>。

在该文本框中可输入任何有效的HTML语句、JavaScript 函数调用、属性、全局变量或其它表达式，这些内容将代替原来该容器中的内容。若要嵌入一个 JavaScript 表达式，应将其放置在大括号（{}）中。若要显示大括号，则在它前面加一个反斜杠（\{）。这个规则也同样适用于其余3种文本类动作。

05 单击“确定”按钮关闭对话框，并在“行为”面板上为动作选择所需的事件。本例选择onMouseOver。

06 保存文档。在浏览器中预览页面效果，如图10-26所示。

图10-26 “设置容器的文本”动作的效果

当把鼠标移到AP元素所在的区域时，导航栏图像变为指定的文本，并以指定的大小和颜色显示。

2．设置文本域文字　可以动态地更改文本域中的内容。例如单击一个图像或按钮，其指定的文本域的内容发生了、改变。使用本行为之前必须先插入文本域表单对象。

下面演示“设置文本域文字”的一般使用步骤。

01 新建一个HTML文档。在文档中插入一张表单和一个文本字段，并在属性面板上将文本域命名为textfield，再插入一张图片。选中图片，并打开“行为”面板，此时的页面效果如图10-27所示。

图10-27 初始页面效果

02 单击“行为”面板上的“添加行为”按钮，在弹出的行为菜单中选择“设置文本”/“设置文本域文字”行为，打开如图10-28所示的“设置文本域文字”对话框。

03 在“文本域”中选中内容将动态变化的文本域。本例选中input “textfield”。

04 在“新建文本”文本域中输入将在文本域中显示的内容。本例输入Merry Christmas*^O^*。

05 单击“确定”按钮关闭对话框，并在“行为”面板上设置触发该动作的事件。本例使用默认事件onClick。

06 保存文档。按下F12键预览效果，如图10-29所示。单击图片，文本域中将显示指定的Merry Christmas*^O^*。

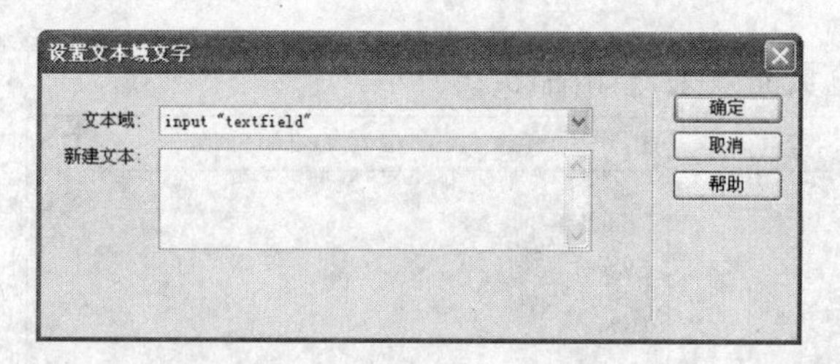

图10-28 “设置文本域文字”对话框

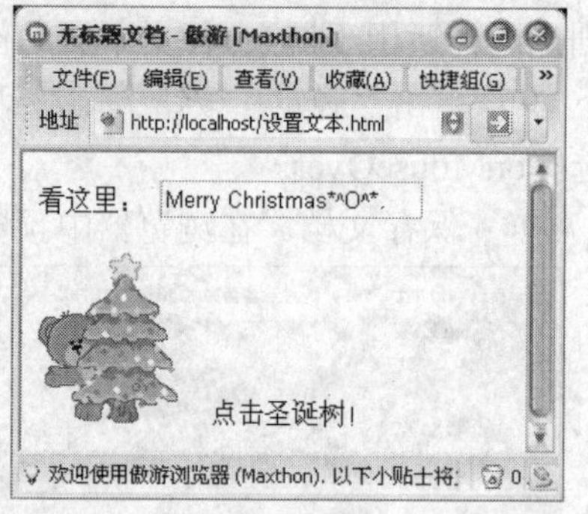

图10-29 “设置文本域”动作的效果

3. 设置框架文本 用于设置框架内容的动态变化，可以动态地替换一个框架的<body>标记内的全部代码文本。

下面演示使用“设置框架文本”动作的一般步骤。

01 新建一个HTML文档。执行“插入”/“HTML”/“框架”/“上方及左侧嵌套”菜单命令，插入一个框架集，并在框架中输入内容。

02 将光标定位在mainframe区域，单击“文档”窗口左下角的<body>标记，并打开“行为”面板。单击“行为”面板上的加号（+）按钮，并从动作弹出式菜单中执行“设置文本”/“设置框架文本”命令，弹出图10-30所示的“设置框架文本”对话框。

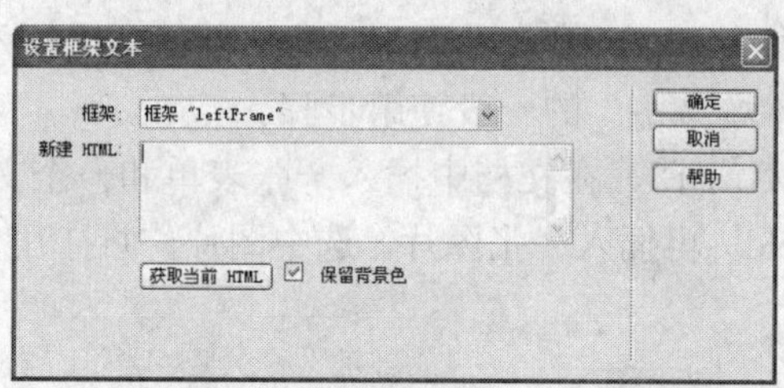

图10-30 “设置框架文本”对话框

03 在“框架”下拉菜单中选择内容将动态变化的框架。本例选择topFrame。

04 在“新建HTML”文本域中输入任何的HTML语句以及JavaScript代码。本例输入JavaScript语句：今天是{new Date()}。

05 单击“获取当前HTML”按钮，则当前框架的内容会以HTML代码的形式显示在“新建HTML”文本域中。本例不单击该按钮。

06 选中“保留背景色”复选框，则保留该框架以前设置的背景颜色和文本颜色，本例选中此项。

07 单击“确定”按钮关闭对话框，然后在“行为”面板上为该动作指定触发的事件。本例使用默认事件onMouseOver。

08 保存文档。在浏览器中预览页面效果，如图10-31所示。当把鼠标移到mainframe

区域时，topframe区域将显示指定的JavaScript代码执行的结果。

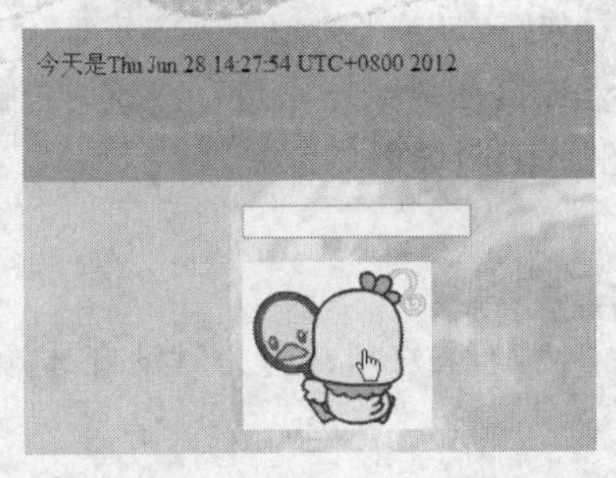

图10-31 “设置框架文本”行为的效果

4．设置状态栏文本　用于设置浏览器窗口状态栏显示的信息。在默认情况下，当访问者在浏览过程中将鼠标移动到超级链接上时，在状态栏中显示的是链接的地址。使用这个动作可以改变这种默认设置，使网页更加丰富多彩、吸引更多的访问者。

“设置状态栏文本”动作与“弹出信息”动作的作用很相似。不同的是，如果使用“弹出消息”动作显示文本，访问者必须单击“确定”按钮后才可以继续浏览网页中的内容。而在状态栏中显示的文本信息不会影响访问者的浏览。

使用“设置状态栏文本”动作的步骤如下：

（1）选择一个页面对象，并打开“行为”面板。

（2）单击“行为”面板上的“添加行为”按钮 +，并从动作弹出式菜单中执行“设置文本”/“设置状态栏文本”命令，弹出图10-32所示“设置状态栏文本”对话框。

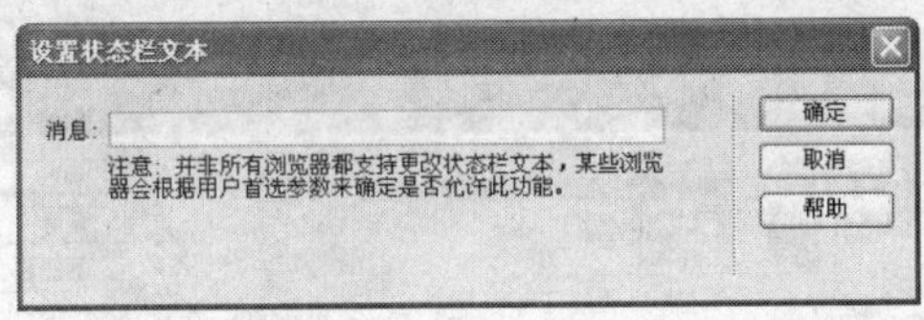

图10-32 “设置状态栏文本”对话框

（3）将需要在状态栏中显示的信息输入到“消息”文本框中。

（4）单击“确定”按钮，然后为动作选择触发的事件。

10.5.11　调用JavaScript

JavaScript是一种描述性的语言，可以被嵌入到HTML文件中。使用JavaScript，可以响应用户的需求事件，而不用任何的网络途径来回传输资料。Dreamweaver CS6中的行为和AJAX框架Spry就是将JavaScript代码放置在文档中，以允许访问者与Web页进行交互，从而以多种方式更改页面或引起某些任务的执行。

“调用JavaScript”动作就是当发生某个事件时执行预先编写好的一个JavaScript函数或者一行JavaScript代码。JavaScript代码可以是用户自己编写的或使用Web上多个免费JavaScript库中提供的代码。

“调用JavaScript”动作的使用方法很简单。例如，选中一段空链接的文本，然后从“行为”下拉菜单中选择“调用JavaScript”命令，在弹出的“调用JavaScript”对话框中输入如下内容：

```
alert("您好！欢迎光临 HH 网球俱乐部！")
```

当按下F12键在浏览器中进行测试时，触发指定的动作，即会弹出提示窗口，显示“您好！欢迎光临HH网球俱乐部！"。

注意：

如果应用该行为时没有选择对象，则将动作应用到<body>标签。

10.5.12　转到URL

“转到URL”行为的网页满足特定的触发事件时，会跳转到特定的URL地址，并显示指定的网页。

使用“转到URL”动作的步骤如下：

（1）选择一个页面对象，并打开“行为”面板。

（2）单击“行为”面板上的“添加行为”按钮 +，并从动作弹出式菜单中执行“转到URL”命令，弹出“转到URL”对话框，如图10-33所示。

（3）在“打开在”区域选择网页打开的窗口。

默认窗口为“主窗口”，即浏览器的主窗口。若正在编辑的网页中使用了框架技术，即有多个窗口，则每个窗口的名称将列在“打开在”列表框中，从该列表框可选择在哪个窗口中打开网页。

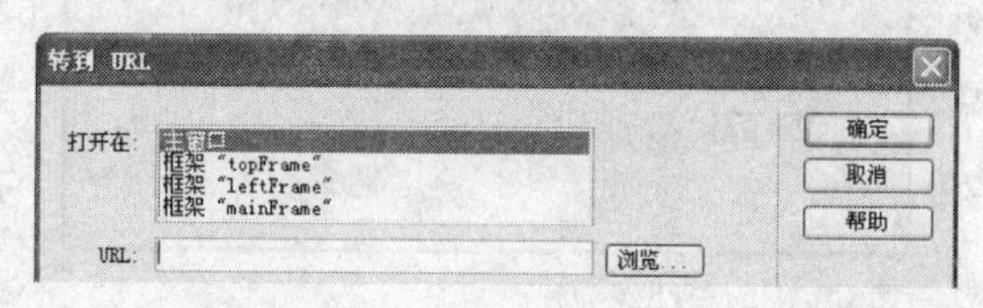

图10-33　“转到URL”对话框

注意：

如果将框架命名为 top、blank、self 或 parent，则此动作可能产生意想不到的结果。浏览器有时将这些名称误认为保留的目标名称。设置对话框中各个选项。

（4）在“URL”文本框中输入要打开的网页地址，或单击“浏览”按钮定位到需要的文件。

（5）单击“确定”按钮关闭对话框。然后为动作选择触发事件。

10.5.13　预先载入图像

经常在网上浏览的用户，如果使用的是一般的Modem上网，感受最深的当然是显示图像时的漫长等待。利用Dreamweaver CS6自带的“预先载入图像”动作，可以使图像的下载时间明显加快，有效地防止图像由于下载速度导致的显示延迟。

（1）选择一个对象，并打开“行为”面板。

（2）单击“行为”面板上的“添加行为”按钮，从动作弹出式菜单中执行“预先载入图像”命令，弹出“预先载入图像”对话框，如图10-34所示。

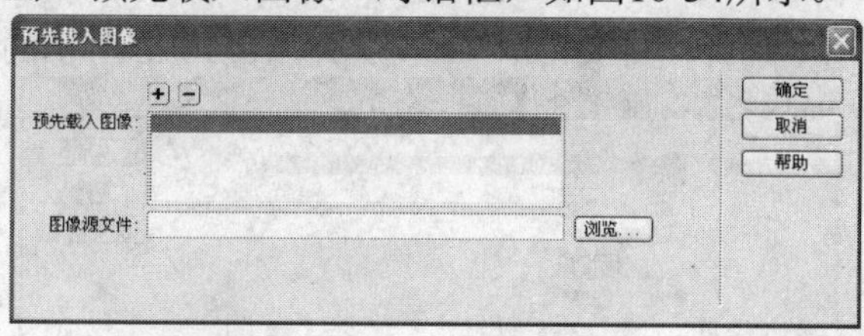

图10-34　“预先载入图像”对话框

（3）单击“浏览”按钮选择要预先载入的图像文件，或在“图像源文件”文本框中输入图像的路径和文件名。

（4）单击对话框顶部的“添加项”按钮将图像添加到“预先载入图像”列表中。

（5）对所有剩下的要预先载入当前页的图像重复第3步和第4步。

（6）若要从“预先载入图像”列表中删除某个图像，则在列表中选择该图像，然后单击“删除项” 按钮。

（7）单击“确定”按钮，然后为动作选择触发事件。

提示： 如果在输入下一个图像之前没有单击“添加项”按钮，则列表中上次选择的图像将被“图像源文件”文本框中新输入的图像替换。

10.6　安装第三方行为

Dreamweaver CS6很有用的功能之一就是它的扩展性，即它提供了编写JavaScript代码的机会，这些代码可以扩展 Dreamweaver的功能。然而要创建行为，用户必须精通HTML和JavaScript语言，这有很大的难度。好在网上有许多可用的第三方行为供下载。

若要从Exchange站点下载和安装新行为，可以执行以下操作：

（1）打开“行为”面板并单击“添加行为”按钮，在弹出式菜单中执行“获取更多行为”命令，这时会自动启动浏览器，连接到Dreamweaver的官方站点下载行为。

（2）下载并解压缩所需的行为扩展包。

（3）将解压的文件存入Dreamweaver安装目录下的Configuration/Behaviors/Actions文件夹中。

（4）重新启动Dreamweaver CS6。

10.7　实例制作之动态导航图像

本节将讲述使用行为制作动态的导航图像。初始时，导航图片中的文字为深灰色或白色，将鼠标移到导航图片上时，图片中的文字显示为桔黄色，且有阴影。制作步骤如下：

01 打开保存的模板index.dwt。在导航条中选中一个导航项目图片，例如“我的店铺”，在属性面板上将其命名为shop。

02 执行“窗口”/“行为”菜单命令，打开“行为”面板。单击“添加行为”按钮，在弹出的行为下拉菜单中选择“交换图像”命令，弹出图10-35所示的“交换图像”对话框。

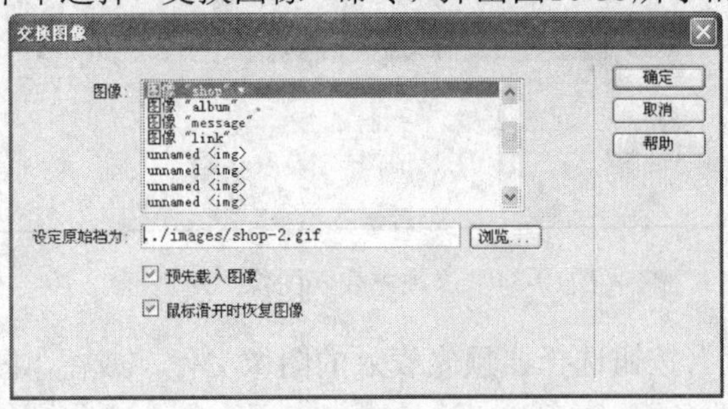

图10-35 “交换图像”对话框

03 在“图像”区域选中要添加行为的图片“shop”，然后单击“设定原始档为”文本框右侧的“浏览”按钮，在打开的“选择文件”对话框中选中需要的图片文件。

04 单击“确定”按钮关闭对话框。此时在“行为”面板中可以看到，Dreamweaver自动为选定的图片添加了“恢复交换图像”行为，并设置了相应的行为。

05 同理，为其他导航图片添加“交换图像”行为，然后保存文件，并按下F12键在浏览器中预览页面。如图10-36所示。

图10-36 页面效果

Chapter 11

第 11 章　制作多媒体网页

伴随着网络的飞速发展，网络多媒体技术也日益成熟。网页中除了可以加入文本和图片之外，还可以添加声音、视频等多媒体，从而创建出丰富多彩的页面效果。

- 在网页中使用声音
- 插入 Flash 对象
- 插入其他多媒体对象

11.1　在网页中使用声音

对于广大网页设计者来说，如何能使自己的网站与众不同充满个性，一直是不懈努力的目标。除了尽量提高页面的视觉效果和互动功能以外，如果能在打开网页的同时，听到一曲优美动人的音乐，相信会使网站增色不少。

在网页中可以添加多种类型的声音文件格式，如：.midi或.mid、.wav、.aif、.mp3、.ra、.ram和.rpm等，不同类型的声音文件和格式有各自不同的特点。在确定添加的声音文件的格式之前，用户需要考虑一些因素，例如添加声音的目的、受众、文件大小、声音品质和不同的声音格式在不同浏览器中的差异。

11.1.1　网页中音频文件的格式

下面简要介绍几种常见的音频文件格式以及每一种格式在 Web 设计上的一些优缺点。

1．.midi或.mid　MIDI是乐器数字接口的简称，顾名思义是一种主要用于器乐的音频格式。很小的MIDI文件也可以提供较长时间的声音剪辑，许多浏览器都支持MIDI文件并且不要求插件。尽管MIDI声音品质非常好，但声卡不同，声音效果也会有所不同。此外，MIDI文件不能被录制并且必须使用特殊的硬件和软件在计算机上合成。

2．.wav　Waveform格式文件具有较好的声音品质，许多浏览器都支持此类格式文件并且不要求插件。用户可以从CD、磁带、麦克风等录制自己的WAV文件。但是，这种格式的文件较大，严格限制了在网页上可以使用的声音剪辑的长度。

3．.aif　它是音频交换文件格式，即AIFF，与WAV格式类似，也具有良好的声音品质，大多数浏览器都可以不要求插件地播放，此外还可以从CD、磁带、麦克风等录制AIFF文件。AIFF格式文件较大，严格限制了在网页上可以使用的声音剪辑的长度。

4．.ra、.ram、.rpm或Real Audio　文件具有非常高的压缩程度，且支持“流式处理”，访问者在文件完全下载完之前即可听到声音，但声音品质比MP3文件要差，而且访问者必须下载并安装RealPlayer应用程序或插件才可以播放这些文件。

5．.mp3　运动图像专家组音频，即MPEG-音频层-3，是一种压缩格式，可以在明显减小声音文件大小的同时保持非常好的声音品质。如果正确录制和压缩MP3文件，其质量甚至可以和CD质量相媲美。这种格式的文件大小比Real Audio格式要大，也支持流式处理，即边下载边播放，访问者不必等待整个文件下载完成即可收听该文件。若要播放MP3文件，访问者必须下载并安装辅助应用程序或插件，例如QuickTime、Windows Media Player或RealPlayer。

11.1.2　在网页中添加声音

在网页中添加音频有多种方法。本节介绍两种常用的方法。

1．链接到音频文件　链接到音频文件是指将声音文件作为页面上某种元素的超级链接目标。这种集成声音文件的方法可以使访问者能够选择是否要收听该文件，因为只有单击了超级链接，且用户的计算机上安装了相应的播放器，才能收听音乐文件。

下面演示链接到音频文件的具体操作。

01 新建一个HTML文件，输入并格式化文字。页面效果如图11-1所示。

02 选中“1、Careless Whisper”，在属性面板上的“链接”区域单击文件夹图标找到需要的音频文件。

03 同理，为其他文本选择链接的音乐文件。

04 保存文件，在浏览器中预览页面效果。

单击链接“1、Careless Whisper”，会打开相应的媒体播放器播放指定的音乐文件。效果如图11-2所示。

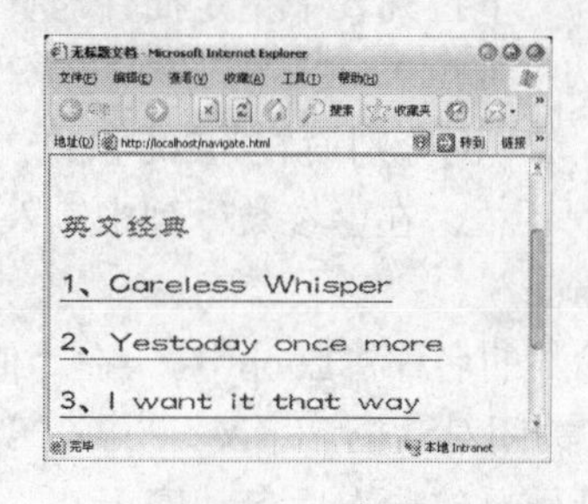

图11-1 页面效果

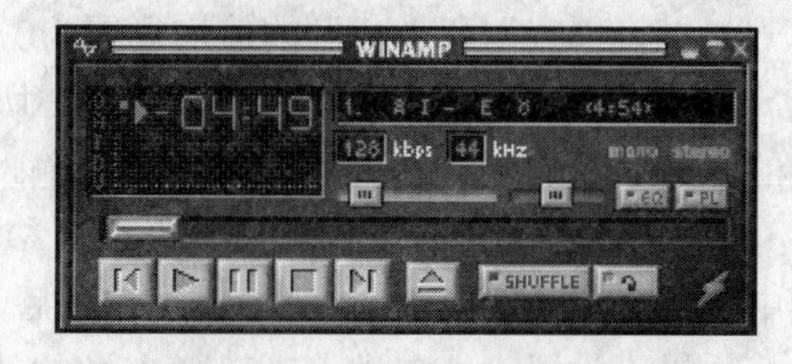

图11-2 用WINAMP播放音乐

2．使用插件 这种方法是指将声音播放器直接插入页面中，当访问者计算机上安装有适当的插件时，声音即可播放。这种方法常用于在网页上添加背景音乐。当然，这种方式也支持用户对声音播放进行控制。

使用插件播放声音的一般操作步骤如下：

01 在“设计”视图中，将插入点放置在要嵌入插件的地方。

02 执行“插入”/“媒体”/“插件”命令，或者单击“常用”面板中的“媒体”按钮，在弹出的下拉菜单中单击“插件”。

03 在弹出的“选择文件”对话框中选择要播放的声音文件，然后单击“确定”按钮。

04 在属性检查器中，单击 参数... 按钮，弹出图11-3所示的“参数”对话框。

图11-3 “参数”对话框

05 单击对话框上的+按钮，在“参数”列中输入参数的名称。在“值”列中输入该参数的值。输入完毕后，单击“确定”按钮。

06 执行“文件”/“保存”命令，保存文档。

11.1.3 实例制作之背景音乐

本节将为“伊人风尚”的链接目标，即photo.html文件添加背景音乐，步骤如下：

01 打开已制作的photo.html。

02 在“设计”视图中，将插入点放置在要嵌入文件的地方，如导航条图标的下面。执行“插入”/“媒体”/“插件”菜单命令；或者在“插入”/“常用”面板中单击“媒体”按钮，在弹出的下拉菜单中单击“插件”按钮，弹出“选择文件”对话框。

03 选择需要的音乐文件follow_your_dream.wma，单击“确定”按钮插入音频文件。

04 在属性检查器的“宽”和“高”文本框中设置插件的尺寸；在“垂直边距”和“水平边距”文本框中设置插件在页面中的位置；在“对齐”下拉列表中指定插件与页面中其他对象的相对位置；在“边框”文本框中指定插件的边框厚度。

如果将“宽”和“高”的值均设置为0，则可隐藏插件，本例分别设置为200和32。

05 单击“参数”按钮，弹出图11-3所示的“参数”对话框。在“参数”列中输入参数的名称“Autostart”。 在“值”列中输入该参数的值“true”。

06 单击对话框上的+按钮，在“参数”列中输入参数的名称“Loop”。 在“值”列中输入该参数的值“true”。输入完毕后，单击“确定”关闭对话框。

如果不设置Loop参数，或Loop参数的值不为true，则音乐播放一次后自动停止。

07 执行“文件”/“保存”命令，保存文档。

08 在浏览器中预览页面，打开页面时音乐会自动播放，且循环播放，如图11-4所示。

> **提示：** 浏览器不同，处理声音文件的方式也会有很大差异和不一致的地方。用户最好将声音文件添加到Flash影片，然后嵌入SWF文件以改善一致性。

本实例中，背景音乐将循环播放。浏览者可以单击播放器上的控制按钮以控制背景音乐的播放。如果不希望播放器在页面上可见，可以执行以下的步骤。

09 选中页面中的插件占位符，在属性面板上将其宽和高均设置为0，或打开图11-3所示的“参数”对话框，单击+按钮，在“参数”列输入Hidden，在“值”列输入“true”。然后单击“确定”按钮关闭对话框。

10 保存文档。在浏览器中预览页面效果，如图11-5所示。

此时，浏览者无法对背景音乐进行控制。

11.2 插入 Flash 对象

Flash技术是实现和传递基于矢量的图形和动画的首选解决方案。Flash 播放器在PC上既可作为Netscape Navigator上的插件，也可作为Microsoft Internet Explorer上的ActiveX控件，此外它还集成到了Netscape Navigator、Microsoft Internet Explorer和America Online的最新版本中。

图11-4　实例效果

图11-5　隐藏播放器效果

无论是否具有Flash，Dreamweaver 都附带了可以使用的Flash对象，使用这些对象可以在Dreamweaver 文档中插入Flash动画和Flash视频。

> **提示：** Dreamweaver CS6 已删除了 Flash 按钮、Flash 文本和 Flash 元素。

11.2.1　添加Flash动画

在Dreamweaver CS6中，用户可以很方便地在页面中添加Flash动画。本小节演示在文档中插入Flash影片的操作方法。

01 新建一个HTML文档并保存。

02 在“设计”视图中，将插入点放置在要插入Flash动画的地方，单击“常用”面板上的按钮，在弹出的下拉菜单中选择“SWF”按钮。

03 在弹出的“选择文件”对话框中选择需要的Flash动画文件之后，单击“确定”按钮插入Flash动画。

插入的动画在页面上显示为一个Flash占位符，如图11-6所示。

04 选中插入的影片占位符，在属性面板上设置其大小、播放方式、对齐方式和背景颜色。本例将其居中对齐，背景颜色为白色，其他采用默认设置。如果单击颜色井中的图标，则可使Flash背景透明。

05 单击属性面板上的“播放”按钮，即可预览影片文件，如图11-7所示。

11.2.2　插入Flash视频

Dreamweaver CS6支持Flash 视频，用户只需要通过轻松点击或编写符合标准的编码即可快速、便捷地将 Flash 视频文件插入网页，而无需使用 Flash 创作工具。设计时，用户还可以在 Dreamweaver CS6的实时视图中播放 FLV 影片。

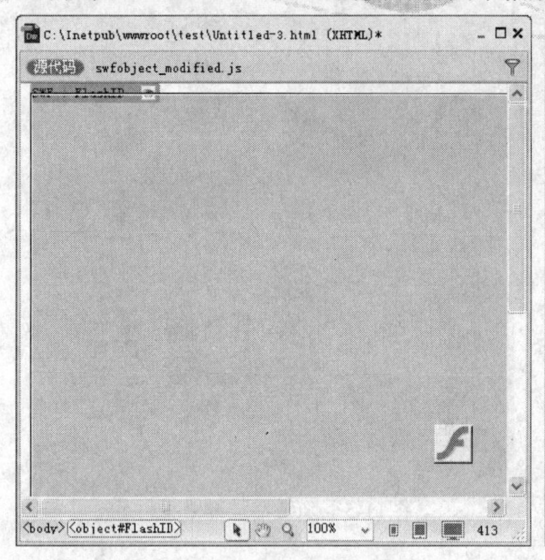

图11-6 Flash动画的占位符

图11-7 播放Flash动画

在Dreamweaver页面中插入 Flash 视频内容之前，必须有一个经过编码的 Flash 视频（FLV）文件。

在 Web 页中插入 Flash 视频的一般步骤如下：

（1）选择“插入”/“媒体”/“FLV”菜单命令，弹出图11-8所示的“插入FLV”对话框。

（2）在“插入FLV”对话框中，在“视频类型”弹出式菜单中选择视频播放方式。

其中，“累进式下载视频”将 Flash 视频（FLV）文件下载到站点访问者的硬盘上，然后播放。与传统的“下载并播放”视频传送方法不同，累进式下载允许在下载完成之前就开始播放视频文件。

“流视频”对 Flash 视频内容进行流式处理，并在一段很短时间的缓冲（可确保流畅播放）之后在 Web 页上播放该内容。

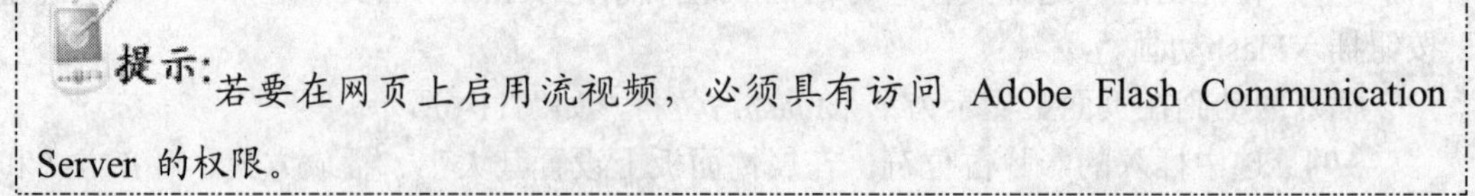

提示：若要在网页上启用流视频，必须具有访问 Adobe Flash Communication Server 的权限。

（3）在“URL”文本框中键入Flash视频的相对路径或绝对路径。

（4）在“外观”下拉菜单中指定 Flash 视频组件的外观。所选外观的预览会出现在“外观”弹出菜单下方。

（5）在“宽度”和“高度”文本框中以像素为单位指定 FLV 文件的宽度和高度。

（6）单击“检测大小”按钮，Dreamweaver可以帮助用户确定 FLV 文件的准确宽度或高度。如果Dreamweaver无法确定宽度或高度，则必须键入宽度或高度值。

（7）选中“限制高宽比”复选框，则保持 Flash 视频组件的宽度和高度之间的比例不变。默认情况下选择此选项。

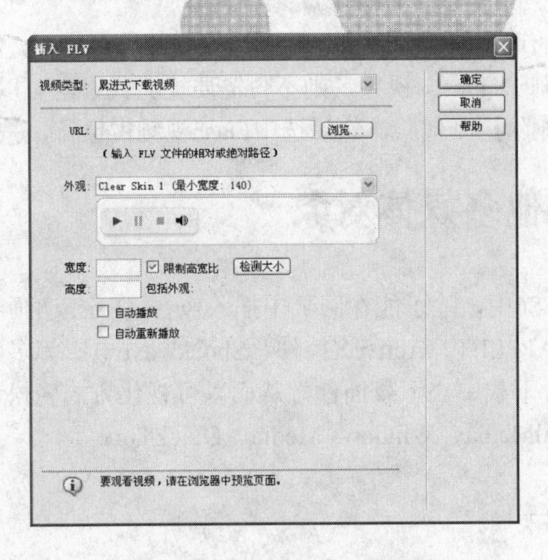

图11-8　“插入FLV”对话框

设置宽度、高度和外观后，“包括外观”后将自动显示FLV 文件的宽度和高度与所选外观的宽度和高度相加得出的和。

（8）选中“自动播放”复选框，则Web 页面打开时自动播放视频。

（9）选中“自动重新播放”复选框，则播放控件在视频播放完之后返回到起始位置。

（10）单击“确定”按钮关闭对话框，并将 Flash 视频内容添加到 Web 页面。

在Dreamweaver中，将 Flash 视频文件插入页面之后，可以在页面中插入有关代码，以检测用户是否拥有查看 Flash 视频所需的正确的Flash Player 版本。如果用户没有正确的版本，则会提示用户下载 Flash Player 的最新版本。

“插入FLV”命令将生成一个视频播放器 SWF 文件和一个外观 SWF 文件，它们共同用于在Web 页面上显示 Flash 视频内容。这些文件与 Flash 视频内容所添加到的HTML 文件存储在同一目录中。当上传包含 Flash 视频内容的 HTML 页面时，Dreamweaver 将以相关文件的形式上传这些文件。

插入Flash视频之后，在“文档”窗口中单击 Flash 视频组件占位符，可以打开图11-9所示的属性检查器更改Flash视频的一些属性。

图11-9　Flash视频的属性面板

注意：

使用属性检查器不能更改视频的类型（例如，从“累进式下载”更改为“流式”）。若要更改视频类型，必须删除 Flash 视频组件，然后通过选择“插入”/“媒体”/“FLV”命令重新插入 Flash 视频。

该属性检查器中的选项与“插入FLV”对话框中的选项类似，在此不再赘述。

如果要从页面中删除 Flash 视频，则不再需要检测代码，可以使用 “命令”/“删除FLV检测”菜单命令删除检测代码，然后选中Flash视频占位符，按Delete键将其删除。

11.3 插入其他多媒体对象

在Dreamweaver CS6中，除了能在网页中插入声音、Flash动画和Flash视频等多媒体元素之外，还可以插入APPLET、ActiveX控件、Shockwave电影等多媒体对象。此外，用户还可以在Adobe的插件下载中心下载插件，从而以可视化方式轻松地插入其他类型的视频或多媒体元素，如RealMedia、Windows Media、QuickTime等。

11.3.1 插入APPLET

Applets是通过编程语言Java开发的可嵌入网页中的小型应用程序。在创建了Java applets之后，可以使用Dreamweaver将其插入HTML文档中。Dreamweaver使用applet标记来标记对此applets文件的引用。

下面演示在文档中插入Java applets的一般操作步骤。

01 新建一个HTML文档。在“设计”视图中，将插入点放置在要插入applets控件的位置。

02 执行“插入”/“媒体”/“Applet”菜单命令，或者在“插入”栏中，激活“常用”面板，然后单击“媒体”按钮弹出下拉菜单，在下拉菜单中单击 Applet ，打开“选择文件”对话框。

03 在弹出的对话框中，选择包含Java applets的文件Clock2.class。单击“确定”按钮关闭对话框。

04 在“设计”视图中，选中插入的applet占位符，打开图11-10所示的属性面板。在“宽”和“高”中分别输入180和32。

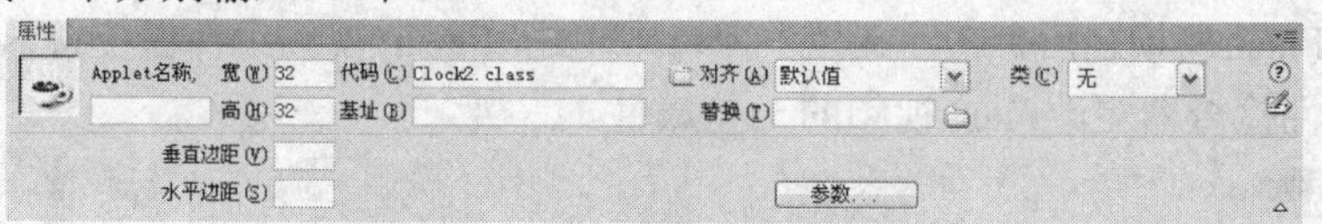

图11-10 Java applets 控件的属性

05 在“Applet名称”文本框中输入用于标识applets以进行脚本撰写的名称。

06 “代码”文本框中自动填充已插入的含有Java applets的文件名称Clock2.class。单击文件夹图标可以浏览到某一文件，或者直接输入文件名。

07 在“基址”文本框中指定包含选定applets的文件夹。在选择了一个applets后，此域被自动填充。

08 单击“参数”按钮，可以打开图11-3所示的“参数”对话框，用于为applet设置控制参数。本例不作设置。

09 在“垂直边距”和“水平边距”文本框中设置applet在页面中的位置。

10 在“对齐”下拉列表中指定applet与页面中其他元素的相对位置。

11 在“替换”文本框中指定在用户的浏览器不支持 Java applet 或者已禁用 Java 时要显示的替代内容。本例保留默认设置。

该项通常为一个图像。如果输入文本，Dreamweaver 会插入这些文本，并将它们作为 applet 的 alt 属性的值。

至此，文档创建完毕。

12 保存文档，在浏览器中预览整个页面。效果如图11-11所示。

图11-11　实例效果

11.3.2　添加ActiveX控件

自从Microsoft公司于1996年推出ActiveX技术以来，ActiveX技术已得到了许多软件公司的支持和响应，并纷纷在其产品中融入ActiveX技术，而作为ActiveX技术之一的ActiveX控件也得到了迅猛的发展。

什么是ActiveX控件呢？ActiveX控件的前身就是OLE控件，是可以充当浏览器插件的可重复使用的组件，类似微型的应用程序。由于ActiveX控件与开发平台无关，因此通过使用ActiveX控件即可快速实现组件重用，实现代码共享，从而提高编程效率。

下面演示在文档中插入ActiveX控件的具体操作步骤。

01 在“设计”视图中，将插入点放置在要插入ActiveX控件的位置。

02 执行“插入”/“媒体”/“ActiveX”菜单命令；或者在“常用”面板中单击“媒体”按钮弹出下拉菜单，在下拉菜单中单击 ActiveX ，插入ActiveX控件。

与插入其他对象不同，插入ActiveX控件时不会出现对话框，而是直接在文档窗口中添加一个ActiveX控件占位符。

03 选中ActiveX控件属性面板上的“嵌入”复选框，如图11-12所示。单击“源文件”右边文件夹图标，弹出“选择NetScape插件文件”对话框。

选中“嵌入”复选框可以为该 ActiveX 控件在 object 标记内添加 embed 标记。如果 ActiveX 控件具有等效的 Netscape Navigator 插件，则 embed 标记激活该插件。Dreamweaver 将 ActiveX 属性的值指派给等效的 Netscape Navigator 插件。

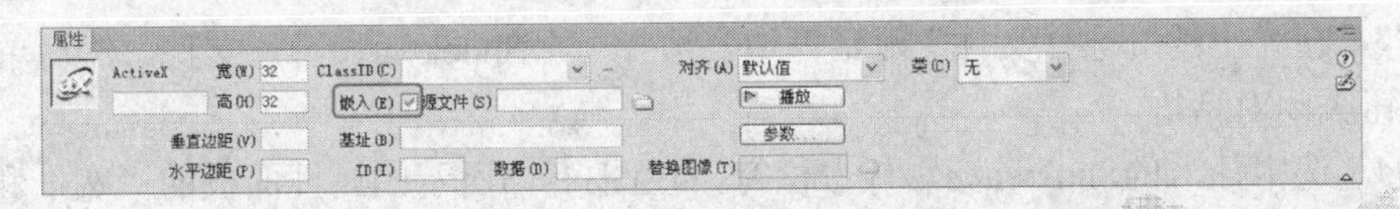

图11-12　选中属性面板上的“嵌入”复选框

第11章　制作多媒体网页

启用了“嵌入”选项之后，“源文件”区域变为可用，用户在这里可以指定将要用于Netscape Navigator 插件的数据文件。如果没有输入值，则 Dreamweaver 将尝试根据已输入的 ActiveX 属性确定该值。

04 在对话框中选择一个插件文件。单击“确定”按钮插入文件。

05 在“ActiveX”文本框中输入名称。该名称在进行脚本撰写时，用于标识ActiveX控件。

06 在“Class ID”文本框中输入一个值，或从弹出式菜单中选择一个值，用于为浏览器标识ActiveX控件的位置。

在加载页面时，浏览器使用该类ID来确定与该页面关联的ActiveX控件的位置。如果浏览器未找到指定的ActiveX控件，则它将尝试从“基址”指定的位置中下载它。

07 “基址”文本框用于指定包含该ActiveX控件的URL。

如果在访问者的系统中尚未安装ActiveX控件，则Internet Explorer从该位置下载它。如果没有指定“基址”参数，并且访问者尚未安装相应的ActiveX控件，则浏览器不能显示ActiveX对象。

08 在“替换图像”文本框中指定当浏览器不支持object标记时显示的图像。只有在没有选中“嵌入”复选框的情况下，此选项才可用。

09 在“数据”文本框中为要加载的ActiveX控件指定数据文件。许多ActiveX控件（例如Shockwave 和RealPlayer）不使用此参数。

10 单击 播放 按钮，可以在文档窗口中预览ActiveX控件，此时按钮变为 停止 。单击“停止”按钮可以结束影片播放。

11 单击“参数”按钮，可以打开“参数”对话框，在其中输入附加参数。

12 保存文档。在浏览器中预览整个页面。

11.3.3 添加shockwave电影

Shockwave是一种插件，使得在Adobe Director中创建的多媒体文件能够被快速下载，而且可以在大多数常用浏览器中进行播放。播放Shockwave影片的软件既可作为Netscape Navigator插件提供，也可作为ActiveX控件提供。当插入Shockwave影片时，Dreamweaver同时使用object标记（用于ActiveX控件）和embed标记（用于插件）以在所有浏览器中都获得最佳效果。

Shockwave文件在网页中的嵌入方法与Flash动画基本一样，仅仅是文件格式不同。下面演示在文档中插入Shockwave电影的具体操作。

01 在“设计”视图中，将插入点放置在要插入Shockwave影片的位置。

02 执行“插入”/“媒体”/“Shockwave”菜单命令，或者在 “常用”面板中单击“媒体”图标，然后在下拉菜单中单击 Shockwave 。

03 在弹出的“选择文件”对话框中，选择一个Shockwave影片文件。然后单击“确定”按钮关闭对话框。

04 选中插入的Shokwave影片占位符，在图11-13所示的属性面板的“宽”和“高”文本框中分别输入影片的宽度400和高度300。

图11-13 Shockwave属性面板

05 单击属性面板上的“参数”按钮，弹出“参数”对话框，输入参数“AutoStart”和“Sound”，其值均为true。

06 保存文档。在浏览器中预览页面效果。

第 12 章　统一网页风格

本章导读

在建立并维护一个站点的过程中，很多页面会用到同样的图片、文字、排版格式。如果逐页建立、修改，既费时、费力，效率不高，又很容易出错，很难使同一个站点中的文件有统一的外观及结构。为了避免机械的重复劳动，可以使用 Dreamweaver 提供的模板和库功能，将具有相同版面的页面制作成模板，将相同的元素制作成库项目，并存放在模板面板和库中以便随时调用。

学习要点

- 模板和库的功能
- 创建模板和嵌套模板
- 应用模板
- 应用库项目
- 模板与库的应用

12.1 模板和库的功能

在Dreamweaver中，模板是一种以.dwt为扩展名的特殊文档，用于设计固定的页面布局。模板由两种区域组成：锁定区和可编辑区。锁定区域包含了在所有页面中共有的元素，即构成页面的基本框架，比如导航条、标题等。第一次创建模板时，所有的区域都是锁定的。而可编辑区域是根据用户需要而指定的用于设置页面不同内容的区域，通过编辑可编辑区的内容，可以得到与模板风格一致，但又有所不同的新的网页。

模板还有一种特殊形式，即嵌套模板。嵌套模板是指其设计和可编辑区域都基于另一个模板的模板。生成嵌套模板所基于的模板称为基模板，相对于嵌套模板而言，基模板中包含更宽广的设计区域，并且可以由站点的多个内容提供者使用，而嵌套模板可以进一步定义站点内特定部分页面中的可编辑区域。

模板被创建之后，还可以进行修改，例如添加新的可编辑区域，或锁定可编辑区域。而且用户还可以随时将基于模板创建的文档与模板分离，编辑完文档之后，还可以将该文档与相应的模板重新建立联系。

在同一个站点中，网页文件中除了相同的外观之外，还有一些需要经常更新的页面元素，例如版权声明、实时消息、公告内容，也是相同的。这些内容与模板不同，它们只是页面中的一小部分，在各个页面中的摆放位置可能不同，但内容却是一致的。在Dreamweaver中，可以将这种内容保存为一个库文件，在需要的地方插入，以便于在需要的时候能够快速更新。

库用于存放这些广泛地用在整个站点中，并能够重复地被使用或需要经常更新的元素，它们被称为库项目。与模板相似，库也是Dreamweaver中处理重复元素的有力工具之一。库可以使重复性的更新工作更快、更容易，并且无差错。例如每个页面上都有一个版权声明，在网站的建设过程中，设计者可能需要经常改变该声明。如果一个一个页面地修改，不仅要花费很多的精力和时间，而且很可能出错或遗漏。如果使用库，只要修改库中的项目，就可以保证站点中使用该库项目的页面全部自动更新。

简而言之，模板是一种页面布局，重复使用的是网页的一部分结构；而库是一种用于放置在网页上的资源，重复使用的是网页对象。但它们两者有一个相同的特性，就是库项目和模板与应用它们的文档都保持关联，在更改库项目或模板的内容时，可以同时更新所有与之关的页面。因此使用库与模板可以更方便地维护网站，合理地利用模板和库的功能可以极大地提高工作效率。

执行“窗口”/“资源”菜单命令，或按F8快捷键，打开图12-1所示的“资源”面板。单击“资源”面板左侧的“模板”按钮，即可切换到“模板”面板，如图12-2所示。面板上半部分显示当前选择模板的缩略图，下半部分则是当前站点中所有模板的列表。

“模板”面板底部的按钮是模板操作的快捷菜单。各个按钮的作用如下：

- ：刷新站点列表，更新模板。
- ：在模板列表中新建一个未命名的模板。
- ：编辑当前在模板列表中选择的模板。
- ：删除当前在模板列表中选择的模板。

应用：将选择的模板应用到当前文档中。

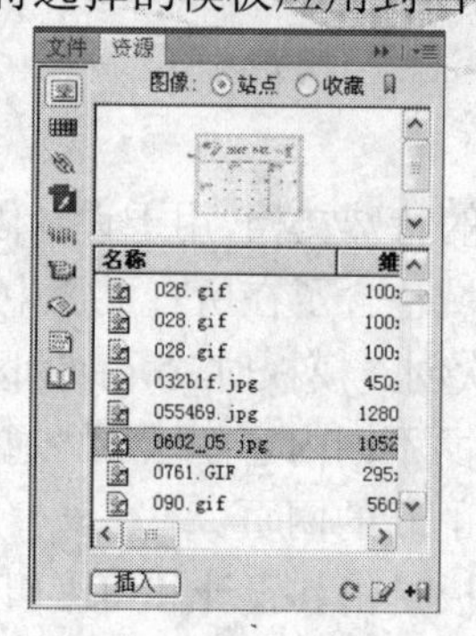

图12-1 “资源”面板

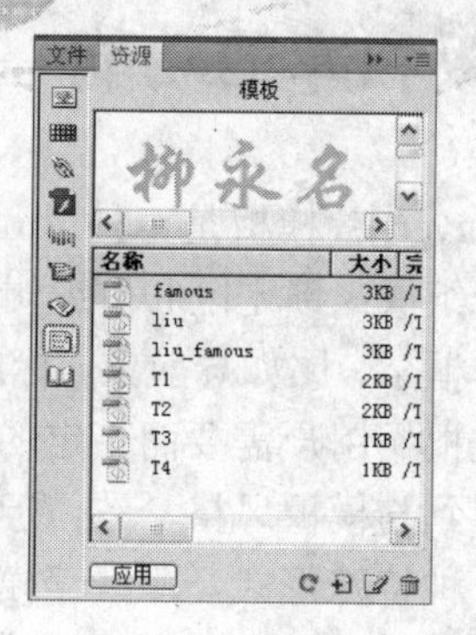

图12-2 “模板”面板

12.2 创建模板和嵌套模板

用户可以从无到有创建空白的模板，然后在其中输入需要的内容；也可以将现有的文档存储为模板。创建模板之后，Dreamweaver会自动在用户的本地站点目录中添加一个名为Templates的目录，然后将模板文件存储到该目录中。

注意：

不要将模板移动到 Templates 文件夹之外或者将任何非模板文件放在 Templates 文件夹中。也不要将 Templates 文件夹移动到本地根文件夹之外。否则，将在模板的路径中引起错误。

12.2.1 创建空模板

在Dreamweaver CS6中创建空模板有两种方式，一种是在“新建文档”对话框中创建，其步骤如下：

（1）执行“文件”/“新建”菜单命令，打开“新建文档”对话框。

（2）在对话框左侧的“类别”栏选中“空模板”，在“模板类型”列表中选择需要的模板类型，在“布局”列表中选择模板的页面布局，然后单击“创建”按钮。

（3）执行“文件”/“保存”命令保存空模板文件，此时会弹出一个对话框，提醒用户本模板没有可编辑区域。

若选中“不再警告我”复选框，那么下次保存没有可编辑区域的模板文件时将不再弹出此对话框。

（4）单击“确定”按钮完成存档。

另一种是在“模板”面板中创建空模板，其步骤如下：

（1）在Dreamweaver CS6界面中选择“窗口”/“资源”菜单命令，调出“资源”面板，单击模板图标按钮，切换到“模板”面板。

（2）单击“模板”面板底端的“新建模板”图标，模板列表中会出现一个新模板，

且名称为可编辑状态。

（3）输入模板名称之后按Enter键，或单击面板其他空白区域。至此，一个空模板就制作完成了。

模板的制作方法与普通网页类似，不同之处在于模板制作完成后，还应定义可编辑区域、重复区域等模板对象，有关介绍将在后面章节中进行介绍。

12.2.2　将网页保存为模板

用户也可以将已编辑好的文档存储为模板，这样生成的模板中会带有现在文件中已编辑好的内容，而且可以在该基础上对模板进行修改，使之满足设计需要。下面演示将现有网页保存为模板的操作步骤。

01 执行“文件”/“打开”命令，在“选择文件”对话框中选择一个将作为模板的普通文件，如图12-3所示。

02 执行“文件”/“另存为模板”菜单命令，弹出“另存模板”对话框。

03 在“站点”下拉菜单中选择将保存该模板的站点名称。本例选择test。

“现存的模板”列表框中列出了当前选择的站点中所有的模板文件。

04 在“描述”文本框中输入该模板文件的说明信息。本例保留默认设置。

05 在“另存为”文本框中输入模板名称。本例输入nav。

如果要覆盖现有的模板，可以从“现存的模板”列表中选择需要覆盖的模板名称。

06 单击“保存”按钮，即可关闭对话框。

此时会弹出一个对话框，询问用户是否要更新链接。

07 单击“是”更新模板中的链接，并将该模板保存在本地站点根目录下的Template文件夹中。

此时，文档的标题栏显示为<<模板>>nav.dwt，如图12-4所示。表明该文档已不是普通文档，而是一个模板文件。

图12-3　打开的普通文件

图12-4　转换为模板的文档

将该文件在浏览器中预览，会发现该文档中无法键入文本或插入图像。这是因为还没有为模板定义可编辑区域，所有的区域都是锁定的。有关定义可编辑区域的操作方法，将在下一节中介绍。

12.2.3 定义可编辑区域

可编辑区域用于在基于模板创建的HTML网页中改变页面内容，它们可以是文本、图像或其他的媒体，如Flash动画或Java小程序。编辑完成之后，可以将该文档保存为独立的HTML文件。

下面演示在模板中定义一个可编辑区域的具体操作步骤。

01 依照本书第12.2.1节介绍的方式新建一个空模板文件。然后在文档窗口的“设计”视图中插入一个三行三列的表格，合并第一列单元格之后插入图像，并在其他单元格中输入文字。此时的页面效果如图12-5所示。

02 选中表格的第二行二列到第三行三列，单击“常用”面板上图标中的下拉箭头，在弹出菜单中单击“可编辑区域”菜单项，弹出“新建可编辑区域”对话框。

03 在“名称”文本框输入可编辑区域的名字。本例输入“景点名称”，然后单击“确定”按钮关闭对话框。

插入的可编辑区在模板文件中默认用蓝绿色高亮显示，并在顶端显示指定的名称，如图12-6所示。

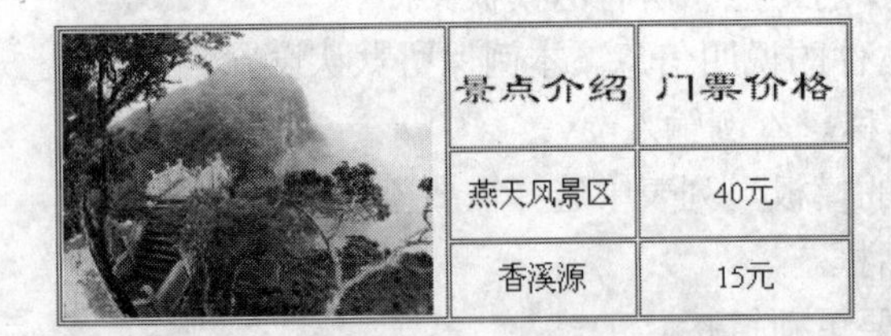

图12-5 页面效果

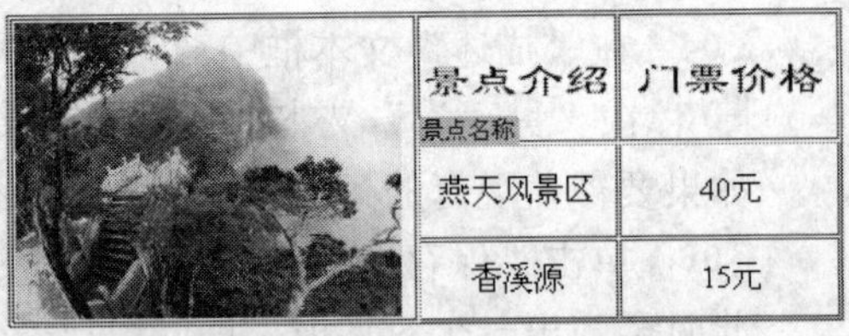

图12-6 插入的可编辑区域

04 保存文件。一个简单的模板文件就制作完成了。

05 打开“模板”面板，在刚保存的模板文件上单击鼠标右键，然后在弹出的菜单中选择“从模板新建”命令，新建一个HTML文档。

06 用户可以看到新建的文档内容与保存的模板一样，但只有已定义的可编辑区域可以修改，其他区域则处于锁定状态，如图12-7所示。

图12-7 只有可编辑区域可以修改

选中模板文件中的可编辑区域，切换到文档窗口的“代码”视图，可以看到以下代码：

```
<!-- TemplateBeginEditable name="content" -->
```

```
<tr>
  <td height="82" align="center" valign="middle" class="fs1">燕天风景区</td>
  <td align="center" valign="middle" class="fs1">120元</td>
</tr>
<tr class="fs1">
  <td align="center" valign="middle">香溪源</td>
  <td align="center" valign="middle">15元</td>
</tr>
<!-- TemplateEndEditable -->
```

TemplateBeginEditable和TemplateEndEditable就是可编辑区域的开始与结束标志符。

如果希望将模板中的某个可编辑区域变为锁定区域，可以在“设计”视图中选中要删除的可编辑区域，然后执行“修改”/“模板”/“删除模板标记”菜单命令，即可将可编辑区域变为不可编辑区域。

12.2.4 定义可选区域

“可选区域”是在模板中指定为可选的部分，用于保存有可能在基于模板的文档中出现的内容（如可选文本或图像）。例如，如果可选区域中包括图像或文本，用户可设置该内容在基于模板的新文档中是否显示。

下面演示在模板文档中插入可选区域的具体步骤。

01 新建一个HTML模板文件，在“设计”视图中，插入一张图像，此时的页面效果如图12-8所示。

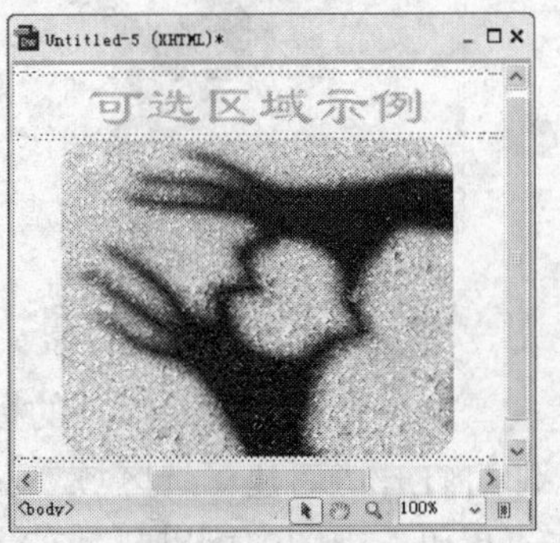

图12-8　插入图像

02 选中图像，执行“插入”/“模板对象”/“可选区域”菜单命令，或单击“常用”面板上 图标中的下拉箭头，在弹出菜单中单击 可选区域 ，弹出图12-9所示的“新建可选区域”对话框。

03 在“名称”文本框中输入可选区域模板参数的名称。本例使用默认设置。

04 选中“默认显示”复选框，即可选区域默认状态下可见，本例选中此项。

05 单击“高级”标签，选择控制可选区域可见性的方式。本例选择“输入表达式”，并指定表达式为Language=='English'。

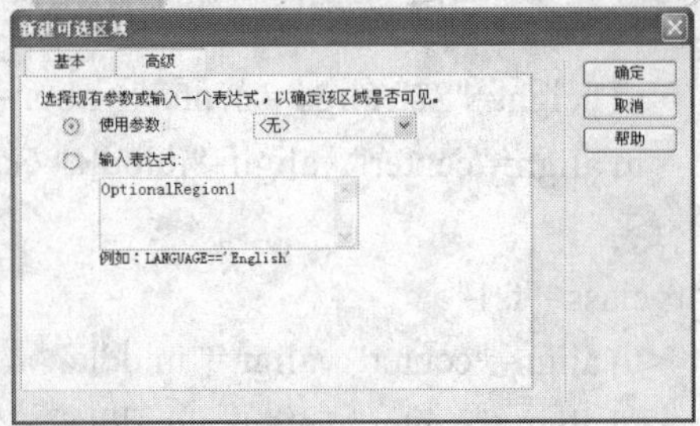

图12-9 “新建可选区域”对话框

可选区域是由条件语句控制的。用户可以在“新建可选区域”对话框中创建模板参数和表达式，或通过在“代码”视图中键入参数和条件语句来控制可选区域。

如果选择“使用参数”，则使用指定的参数控制可选区域。

如果选择“输入表达式”，则根据指定的表达式的值确定是否显示可选区域。表达式值为真，显示可选区；表达式值为假，则隐藏可选区。Dreamweaver 自动在输入的文本两侧插入双引号。

06 单击“确定”按钮，插入可选区域。最终制作结果，如图12-10所示。

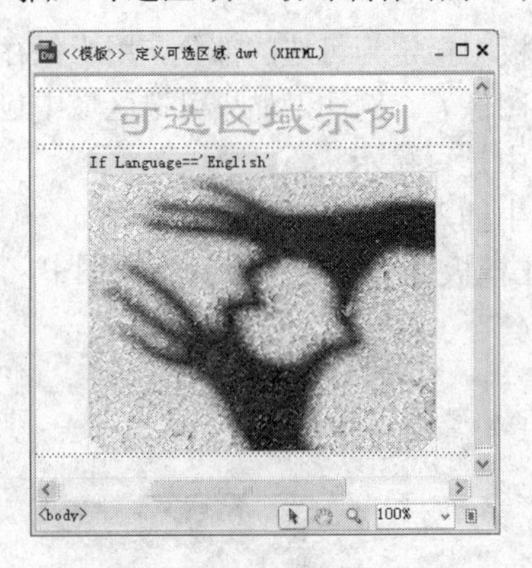

图12-10 插入的可选区域

如果要编辑参数或表达式，单击可选区域左上角的标签选中该可选区域，然后在属性面板上单击“编辑”按钮，即可打开“新建可选区域”对话框，进行重新设置。

选中可选区域之后，在“代码”视图中可以找到关于可选区的代码。模板参数在head部分定义：

```
<!-- TemplateBeginEditable name="head" -->
<!-- TemplateEndEditable -->
<!-- TemplateParam name="OptionalRegion1" type="boolean" value="false" -->
```

在插入可选区域的位置，将出现类似于下列代码的代码：

```
<!-- TemplateBeginIf cond="Language=='English'" -->
<img src="../050bx.jpg" width="268" height="264" />
<!-- TemplateEndIf -->
```

从模板创建的网页的head区中也将插入模板参数部分代码。如果网页中需要显示可选区内容时，只需在网页文档代码的head部分找到上述代码，把其中的value值设置为true即可。如果使用表达式，则修改cond的值可以控制可选区域的可见性。

模板中的可选区域是不可编辑的，如果要在基于模板生成的页面中修改可选区域，可把光标定位于可选区域内部，然后插入可编辑区。作为可选区域的一部分，可选区域内的可编辑区和可选区同步显示和隐藏。

此外，直接单击“插入”栏“常用”面板 图标中的下拉箭头，在弹出菜单中单击 可编辑的可选区域，可插入“可编辑的可选区域”。

> **提示：** 插入可选区域的可编辑区域时，不能先选定内容，再创建可编辑的可选区域。应插入区域，然后在该区域内插入内容。

12.2.5 定义重复区域

重复区域是可以在基于模板的页面中复制任意次的模板部分。重复区域通常用于表格，当然也可以为其他页面元素定义重复区域。

重复区域不是可编辑区域。若要使重复区域中的内容可编辑，例如在表格单元格中输入文本，则必须在重复区域内插入可编辑区域。

下面演示创建重复区域的一般步骤。

01 在“文档”窗口的“设计”视图中，选择想要设置为重复区域的文本或内容，或将插入点放在模板中想要插入重复区域的位置。本例选择文档中插入的一幅图片。

02 执行“插入”/“模板对象”/“重复区域”菜单命令，或单击“常用”面板上 图标中的下拉箭头，在弹出的上下文菜单中单击 重复区域 菜单项，弹出图12-11所示的“新建重复区域”对话框。

03 在“新建重复区域”对话框的“名称”文本框中输入重复区域的名称。本例输入“content”。

04 单击“确定”按钮，即可将重复区域插入到文档中，如图12-12所示。执行“文件”/“另存为模板”命令，将创建的文档保存为模板。

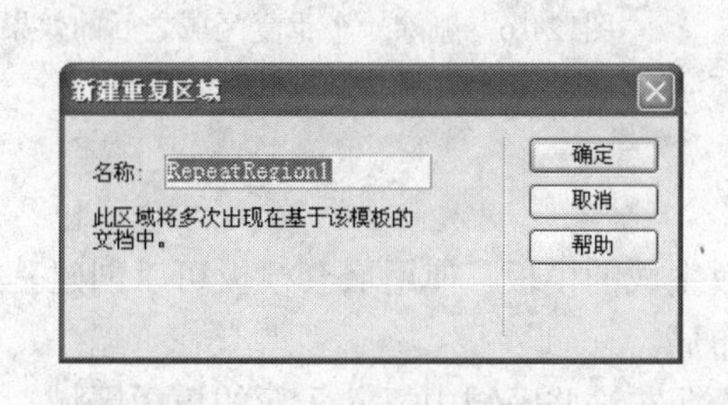

图12-11 “新建重复区域”对话框

图12-12 插入的重复区域

05 打开“模板”面板，在刚保存的模板上单击鼠标右键，从弹出的上下文菜单中选择“从模板新建”命令，新建一个文档。新建的文档如图12-13所示。

06 单击页面中的加号（+）按钮，可以在页面中添加一个同样的图片，如图12-14所示。

图12-13　文档效果

图12-14　重复效果

在图12-13和图12-14所示的页面上点击鼠标，会发现无法选择图片，这是因为还没有定义可编辑区域。

07 打开保存的模板选中图片，并插入一个名为pic的可编辑区域，然后保存文档。

此时，基于该模板生成的文档效果如图12-15所示。每一个生成的重复区域都自动添加了一个名为pic的可编辑区域。

08 单击页面中的三角形按钮，可以在各个重复区域中切换。选中某个重复区域后，单击减号（-）按钮，则可删除当前选中的重复区域。双击某个重复区域中的图片，可打开“选择图像源文件”对话框，选择一个图像文件，即可替换重复区域中的图片。效果如图12-16所示。

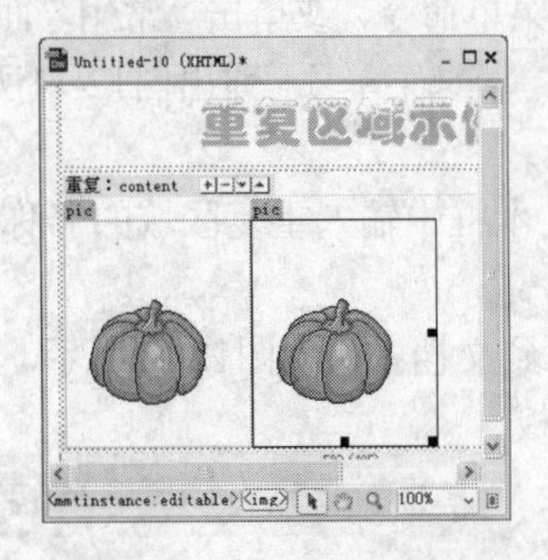

图12-15 添加可编辑区域的效果

图12-16　删除一个重复区域之后的效果

12.2.6　定义嵌套模板

嵌套模板是指设计和制作是基于一个模板生成的模板。使用嵌套模板可以创建基模板的变体，通过嵌套多个模板可以定义精确的布局。

嵌套模板继承基模板中的可编辑区域，除非在这些区域中插入了新的模板区域。在嵌套模板中，可以在基模板的可编辑区域中进一步定义可编辑区域。

下面演示创建嵌套模板的一般步骤。

01 执行以下操作之一创建一个基于模板的新文档：

打开“模板”面板，在需要的基模板上单击鼠标右键，然后在弹出的下拉菜单中选择“从模板新建”命令。

执行“文件”/“新建”命令。在“新建文档”对话框中，单击“模板中的页”选项卡，选择包含有需要的模板的站点，然后在文档列表中双击该模板以创建新文档。文档窗口中即会出现一个新文档。

02 将光标定位在新文档中的可编辑区域（例如图12-17所示的可编辑区域text），然后在“常用”面板中选择需要的模板对象。本例插入一个重复表格，用于设置菜单栏。

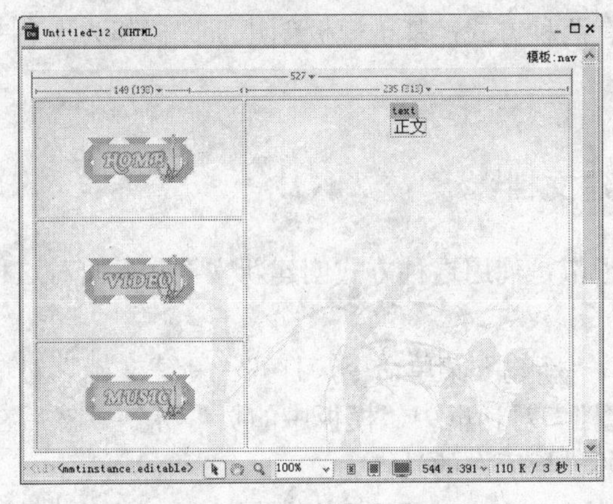

图12-17　基于模板生成的文档

此时，会弹出一个对话框，提示用户Dreamweaver将会自动将此文档转换为模板。

03 单击“确定”按钮，插入选中的模板对象。

04 按照上两步的方法，插入其他需要的模板对象。本例插入一个可编辑区域和一个可选区域，分别用于放置帖子正文和版权声明。

05 执行“文件”/“另存为模板”菜单命令保存文档。至此，一个嵌套模板创建完成了，如图12-18所示。

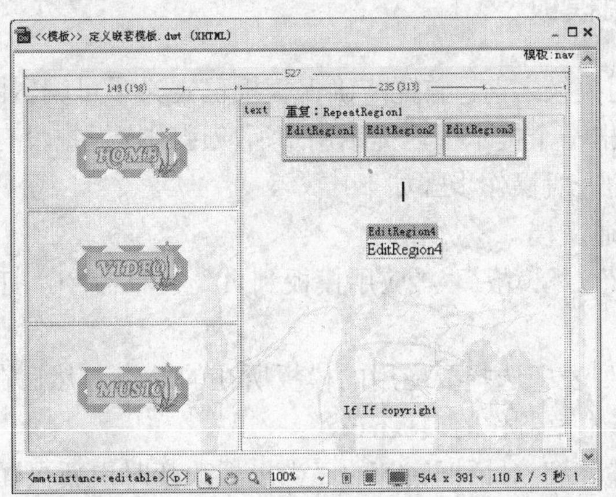

图12-18　在文档中添加模板对象生成嵌套模板

此外，用户还可以执行“文件”/“另存为模板”命令，或单击“常用”面板上图标中的下拉箭头，在弹出菜单中单击“创建嵌套模板”，将一个基于模板生成的新文档保存为嵌套模板。

在基于嵌套模板生成的文档中，可以添加或更改从基模板传递的可编辑区域（以及在新模板中创建的可编辑区域）中的内容。

12.3 应用模板

在本地站点中创建模板的主要目的是使用这个模板创建具有相同外观及部分内容相同的文档，使站点风格保持统一。

在文档中应用模板有两种方式：基于模板创建新文档和为现有文档应用模板。下面分别进行介绍。

12.3.1 基于模板创建文档

本章前面讲述的例子都是使用这种方式创建新文档，下面对这种方式的具体操作步骤进行说明。

（1）执行“文件”/“新建”菜单命令，打开“新建文档”对话框。

（2）单击“新建文档”对话框中“模板中的页”标签，然后在对话框中的“站点”下拉列表中选择要应用的模板所在的站点。

（3）在“站点的模板”列表中选择需要的模板文件，并单击选中对话框右下角的“当模板改变时更新页面”复选框。

（4）单击“创建”按钮，即可基于指定的模板创建一个新文档。

（5）按编辑普通HTML文档的方法编辑新文档的页面内容。

此外，用户还可以直接在需要的模板文件上单击鼠标右键，然后在弹出的上下文菜单中选择“从模板新建”命令，即可基于指定的模板生成一个新文档。

12.3.2 为文档应用模板

为已有的文档应用模板之前，首先应确保模板已定义了可编辑区域，否则在应用模板时，Dreamweaver会弹出一个提示框，提示用户所应用的模板中没有任何可编辑区域。

为文档应用模板的一般操作步骤如下：

（1）打开一个普通文档。

（2）执行“修改”/“模板”/“应用模板到页”菜单命令，打开图12-19所示的“选择模板”对话框。

（3）在“站点”列表中选择要应用的模板所在的站点，然后在“模板”列表中选择需要的模板。本例选择本章制作的模板nav。

（4）选中“选择模板”对话框底部的“当模板改变时更新页面”复选框。

（5）单击“选定”按钮，弹出如图12-20所示的“不一致的区域名称”对话框。提示用户此文档中的某些区域在新模板中没有相应区域。

如果文档中的内容能自动指定到模板区域，则不会弹出此对话框。

（6）选中列表中不一致的区域名称，如图12-20所示，此时“将内容移到新区域”后面的下拉列表变为可用状态。

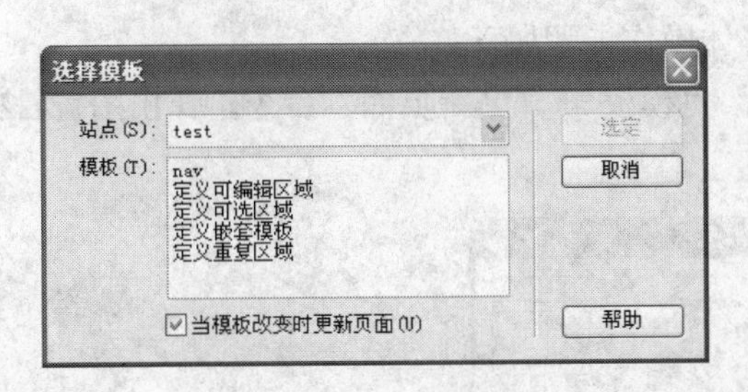

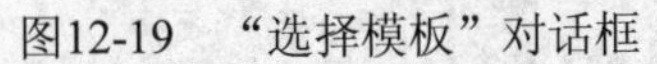
图12-19 “选择模板”对话框

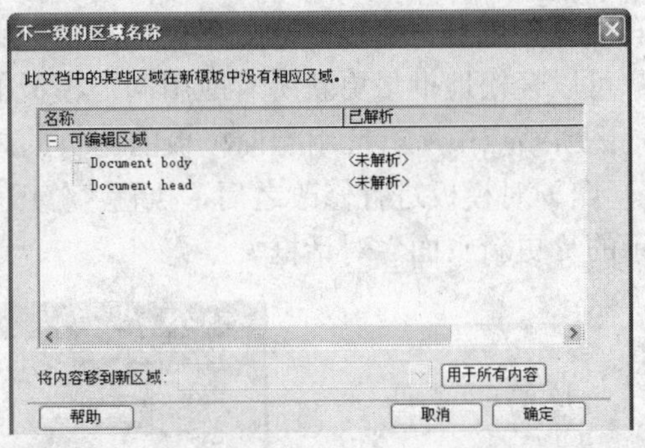

图12-20 “不一致的区域名称”对话框

（7）从下拉列表中选中nav模板中定义的可编辑区域名称text。此时，不一致的区域名称列表中，选定的区域后面的“<未解析>”变为指定的区域名称text。

如果选择“不在任何地方”选项，则将该内容从文档中删除。

（8）单击“用于所有内容”按钮，将所有未解析的内容移到选定的区域。

（9）单击“确定”按钮应用模板。应用模板前后的页面效果如图12-21所示。

> **注意：** 将模板应用于现有文档时，该模板将用其标准化内容替换文档内容。所以将模板应用于页面之前，最好备份页面的内容。

此外，用户也可以直接在“模板”面板中用鼠标拖动模板到要应用模板的文档中，或单击“模板”底部的“应用”按钮，将指定的模板应用到当前编辑的文档。

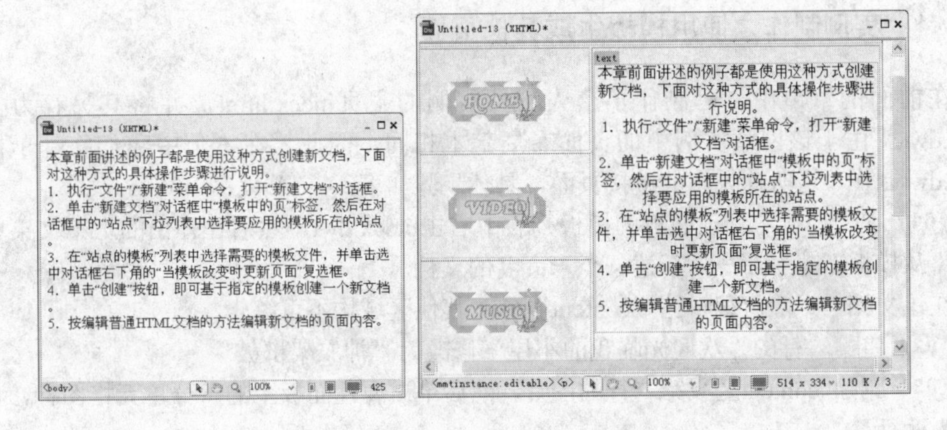

图12-21 应用模板前后的页面效果

12.3.3 修改模板并更新站点

如果要对模板内容进行修改，可以在“模板”面板中双击要编辑的模板名称，或选中模板之后，单击“模板”面板底部的“编辑”按钮，即可打开模板进行编辑。

在Dreamweaver中，如果修改了模板，Dreamweaver CS6会询问是否修改应用该模板的所有网页。用户也可以手动更新站点中的页面。利用Dreamweaver强大的站点管理功能，用户可以轻松地批量更新所有应用同一模板的文档风格。

更新站点中所有应用当前模板的网页的具体操作步骤如下：

（1）对模板进行修改之后，执行“修改”/“模板”/“更新页面”命令，弹出图12-22所示的“更新页面”对话框。

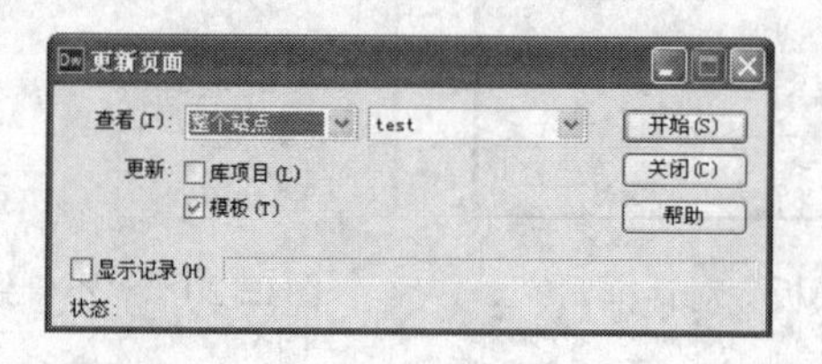

图12-22　“更新页面”对话框

（2）在对话框中的“查看”下拉列表框中，选择页面更新的范围。

如果选择“整个站点”选项，可以在后面的站点下拉列表框中指定要更新的站点，并对指定的站点中所有的文档进行更新。

如果选择“文件使用”选项，可以在后面的下拉列表框中指定要更新的模板，并对站点中所有使用该模板的文档进行更新。不使用该模板的文档不会被更新。

（3）在“更新”后面的复选框中选择“模板”，表明该操作更新的是站点中的模板及基于模板生成的页面。

（4）单击“开始”按钮，即可将模板的更改应用到站点中指定范围内的网页，并在“状态”栏显示更新的成功、失败等信息。

12.3.4　实例制作之使用模板生成其他页面

在前面的章节中，已制作了个人网站实例的主页index.html，并将其另存为模板index.dwt。由于该网站实例中的页面布局基本相同，因此，在本节中我们将基于模板index.dwt制作“道听途说”的链接页面，具体步骤如下：

01 在“模板”管理面板的模板列表中右击index.dwt，然后在弹出的上下文菜单中选择“从模板新建”命令，新建一个未命名的文档。

在该文档中，除可编辑区域content以外，其他区域均不可编辑。

02 将第一行的“欢迎光临我的小屋”修改为“神农架梆鼓”。

03 删除 content区域第二行的图片，然后单击属性面板上的折分单元格图标，将其拆分为两行。

04 将光标置于第一行的单元格中，插入需要的文本，如图12-23所示。

05 在第二行单元格中插入一条水平分隔线。将光标置于第三行，然后在属性面板上设置单元格内容的水平对齐方式为“居中对齐”。

06 在第三行输入文本“最新更新”，单击 编辑规则 按钮，在弹出的“新建CSS规则”对话框中设置选择器类型为“类”，选择器名称为.fontstyle，规则定义位置为“新建样式表文件”，单击“确定”按钮保存文件。然后在弹出的规则定义对话框中设置字体为“方正粗倩简体”，字号为“x-large”，颜色为#F60。

07 删除第四行的跑马灯文本，但保留<marquee>标记。然后输入更新的文章标题，并分别在属性面板中设置其链接目标和目标文件的打开方式。

由于在模板index.dwt中设置了超链接的文本颜色为绿色且无下划线，因此链接文本均显示为绿色。如图12-24所示。

图12-23　插入文本

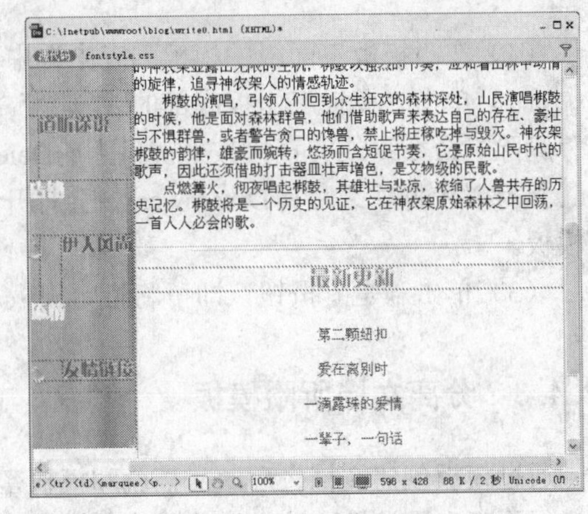

图12-24　应用样式的超链接文本

08 “道听途说”的链接页面制作完毕。

如果要制作其他文章的页面，可以将该页面另存为模板，并将文档正文部分定义为编辑区域，然后基于该模板生成新的页面。只要更改文章标题和内容，即可完成一个页面的制作。

在制作“伊人风尚”的链接页面photo.html的过程中，为便于读者理解，没有使用模板，而是直接在index.html的基础上修改生成。为了便于网站以后的更新和维护，最好基于模板index.dwt生成页面然后修改。有关制作步骤不再赘述。

12.4　管理模板

在Dreamweaver中，用户可以对模板文件进行各种管理操作。例如重命名、删除、分离文档所附模板等。

12.4.1　重命名模板文件

站点中的模板都存储在本地站点根目录下的Templates目录下，在“模板”面板的模板列表中也可以看到当前站点中的所有模板。如果要快速地在众多模板列表中找到需要的模板，可以将模板命名为易记、方便识别的名称。如果要重命名模板文件，可以执行以下操作。

（1）在“模板”列表中单击要重命名的模板，然后在其名称的位置再次单击，即可

使其名称文本框处于可编辑状态。

（2）输入需要的新名称。

（3）按下Enter键，或在模板名称区域以外的任意空白区域单击，即可重命名模板。

重命名模板之后，系统将弹出一个对话框，询问用户是否要更新已应用此模板的文档。

12.4.2　删除模板

（1）在“模板”面板的模板列表中选中要删除的模板项。

（2）单击“模板”面板底部的“删除”按钮；或单击鼠标右键，从弹出菜单中选择“删除”命令；或者直接按下键盘上的Delete键。

执行以上操作之后，Dreamweaver会打开一个对话框，询问用户是否确认要删除选定的模板。

（3）单击“是”按钮，即可将指定模板从站点中删除。

12.4.3　分离文档所附模板

通过模板创建文档之后，文档就和模板密不可分了，只要修改模板，就可以自动对文档进行更新，通常将这种文档称作附着模板的文档。如果希望能随意地编辑应用了模板的文件，可以将文档从模板中分离，即断开与模板的链接。

（1）打开应用了模板的文档。

（2）执行“修改”/“模板”/“从模板中分离”菜单命令，即可将文档与模板中分离。

文档与所附模板分离之后，该文档变为一个普通文档，文档中不再有模板标记。如图12-25右图所示。

文档从模板中分离出来之前，在左上角可以看到可编辑区域的名称和标识，右上角可以看到基模板的名称。如12-25左图所示。

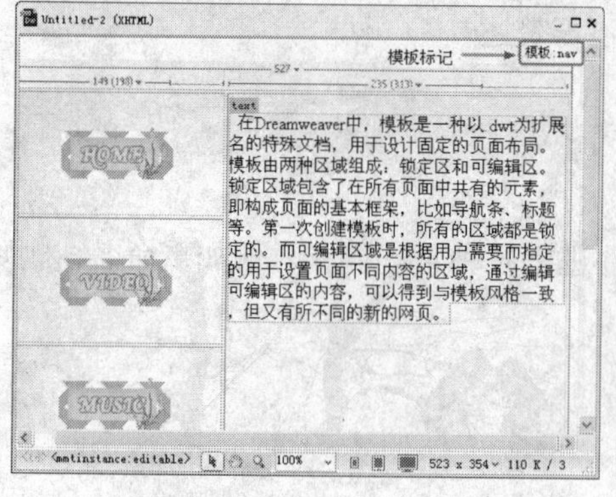

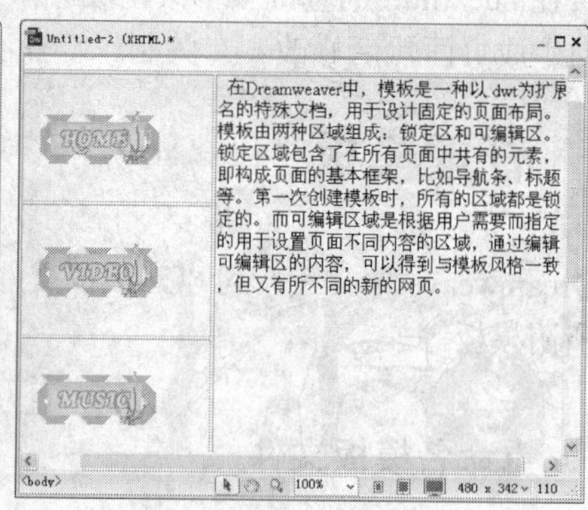

图12-25　从模板中分离前后的效果

12.5　应用库项目

在Dreamweaver中，可以将任何页面元素，如文本、表单、表格、图像、导航条，甚

至Java程序、ActiveX控件和插件创建为库项目。库项目是一种扩展名为.lbi的特殊文件，所有的库项目都被保存在本地站点根目录下一个名为Library的文件夹中。每个站点都有自己的库。使用库项目时，Dreamweaver不是在网页中插入库项目，而是插入一个指向库项目的链接。也就是说，Dreamweaver将向文档中插入该项目的HTML源代码副本，并添加一个包含对原始外部项目的引用的HTML注释。

总而言之，利用库可以实现对文档风格的维护。可以将某些文档中的共有内容定义为库项目，然后放置在文档中。用户可以在任何时间修改库项目，编辑完成后，可以立即更新或稍后更新站点中使用库项目的页面。

注意：

Dreamweaver 需要在网页中建立来自每一个库项目的相对链接。库项目应该始终放置在 Library 文件夹中，并且不应向该文件夹中添加任何非.lbi 的文件。

12.5.1 库面板的功能

利用“库”面板可以完成大多数的库项目操作。选择“窗口”/“资源”命令，调出“资源”面板。单击“资源”面板左侧的库图标按钮，即可切换到“库”面板，如图12-26所示。“库”面板上半部分显示当前选择的库项目的预览效果，；下半部分则是当前站点中所有库项目的列表。

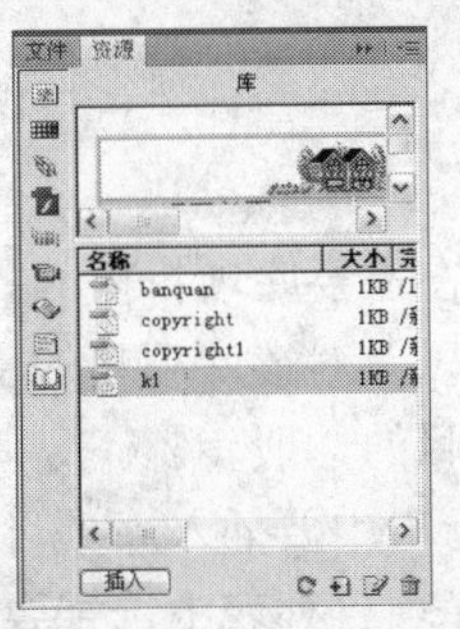

图12-26 “库”面板

“库”面板底部的按钮是库项目操作的快捷菜单。各个按钮的作用如下：

- ：刷新站点列表，更新库项目。
- ：在库列表中新建一个未命名的库项目。
- ：编辑当前在库列表中选择的库项目。
- ：删除当前在库列表中选择的库项目。
- 插入：将在库列表中选中的库项目插入到当前文档中。

12.5.2 创建库项目

在Dreamweaver中，可以将单独的文档内容定义为库，也可以将多个文档内容的组合定义成库。在不同的文档中放入相同的库项目时，可以得到完全一致的效果。

下面演示创建库项目的一般步骤。

01 新建一个HTML文档，并在“页面属性”面板中将“链接文字”的颜色设置为白色，且始终无下划线。

02 在“设计”视图中插入一个二行四列的表格。选中第一行，单击属性面板上的□按钮合并单元格，然后在合并后的单元格中插入一幅图片。

03 选中第二行单元格，在属性面板上将其背景色设置为#81C58C（果绿色）。然后在单元格中输入文字，并为文本添加超级链接。此时的效果如图12-27所示。

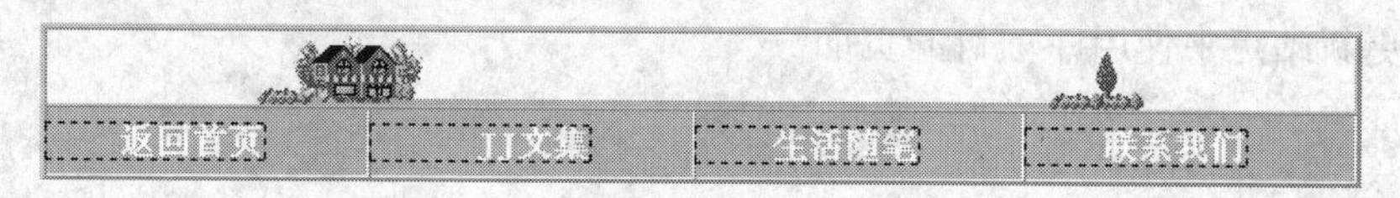

图12-27　将保存为库项目的页面元素

04 选中将保存为库项目的整个表格，执行以下操作之一将选中的内容添加为库项目：

- 将选中的内容拖动到“库”面板的库项目列表中。
- 单击鼠标右键，从弹出菜单中执行“增加对象到库”命令。
- 选择“修改”/“库”/“增加对象到库”菜单命令。
- 单击“库”面板底部的“新建库项目”按钮。

05 为新建的库项目输入名字，然后按Enter键。

此时，该库项目对象将出现在库列表中。

12.5.3　使用库项目

创建了库项目之后，就可以在需要库项目内容的页面中添加库项目。当向页面添加库项目时，将把库项目的实际内容以及对该库项目的引用一起插入到文档中。

下面演示在页面中使用库项目的一般步骤。

01 将插入点定位在文档窗口中要插入库项目的位置。

02 打开“库”面板，从库项目列表中选择要插入的库项目。

03 单击“库”面板左下角的插入按钮，或直接将库项目从“库”面板中拖到文档窗口中。

此时，文档中会出现库项目所表示的文档内容，同时以淡黄色高亮显示，表明它是一个库项目，如图12-28所示。

在“文档”窗口中，库项目是作为一个整体出现的，用户无法对库项目中的局部内容进行编辑。如果希望只添加库项目内容而不希望它作为库项目出现，可以按住Ctrl键的同时，将库项目从“库”面板中拖动到“文档”窗口中。此时插入的内容以普通文档的形式出现，可以对其进行任意编辑，如图12-29所示。

12.6 管理库项目

在Dreamweaver中，用户可以对库项目进行各种管理操作，例如重命名、删除、将库

项目从源文件中分离等。

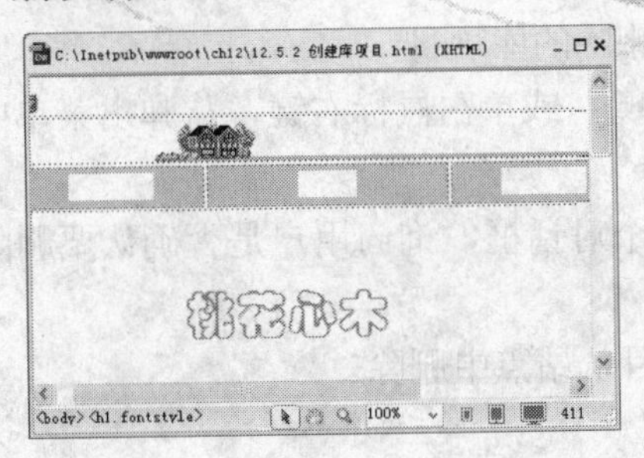

图12-28　在文档中插入库项目的效果

图12-29　仅插入库项目的内容

12.6.1　编辑库项目

编辑库项目首先要打开库项目。打开库项目有以下几种方式：

- 在“库”面板的库项目列表中选中要编辑的库项目，然后单击“库”面板底部的“编辑”图标按钮。
- 打开一个插入了库项目的文档，选中库项目，在属性面板上单击“打开”按钮。
- 在“库”面板的库项目列表中双击要编辑的库项目。

打开库项目后，即可像编辑图片、文本一样编辑库项目。

提示： 编辑库项目时，CSS样式面板不可用，因为库项目中只能包含body元素，CSS 样式表代码却可以插入到文档的 head 部分。“页面属性”对话框也不可用，因为库项目中不能包含 body 标记或其属性。

库项目编辑完成之后，保存库项目，此时Dreamweaver会弹出一个“更新库项目”对话框，询问用户是否要更新使用了已修改的库项目的文件。

单击“更新”按钮，则对库项目所做的更改将更新到页面中，否则不更新。

12.6.2　重命名、删除库项目

站点中的库项目都存储在本地站点根目录下的Library目录下，在“库”面板的库项目列表中也可以看到当前站点中的所有库项目。如果要快速地在众多的库项目中找到需要的库项目，可以将库项目命名为易记、方便识别的名称。

如果要重命名库项目，执行以下操作。

（1）在“库”面板的库项目列表中单击要重命名的库项目，然后在其名称的位置再次单击，即可使其名称文本框处于可编辑状态。

（2）输入需要的新名称。

（3）按下Enter键，或在库项目名称区域以外的空白位置单击，即可重命名库项目。

重命名库项目之后，Dreamweaver将弹出一个对话框，询问用户是否要更新已使用此库项目的文档。

如果不再需要某个库项目，最好将其删除，以节约资源。删除库项目的步骤如下。

（1）在“库”面板的库项目列表中选中要删除的库项目。

（2）单击“库”面板底部的“删除”按钮🗑；或单击鼠标右键，从弹出菜单中选择“删除”命令；或者直接按下键盘上的Delete键。

执行以上步骤之后，Dreamweaver会打开一个对话框，询问用户是否确认要删除选定的库项目。

（3）单击“是”按钮，即可将指定的库项目从站点中删除。

注意：

删除库项目的操作只是删除了库项目文件，且删除后无法恢复。但已经插入到文档中的库项目内容并不会被删除。

12.6.3　重新创建库项目

上一节提到过，删除库项目操作不可恢复，但该操作不会删除已插入到页面中的库项目内容。如果不小心误删除了某个库项目，利用Dreamweaver提供的“重新创建”功能，可以恢复以前的库项目文件。

简单地说，“重新创建”就是将“文档”窗口中以前插入的库项目内容重新生成库项目文件。例如，在库项目列表中删除库项目topbar.lbi，然后打开使用了该库项目的文件，会发现插入的库项目的内容还在。选中将恢复为库项目的内容，然后单击属性面板上的“重新创建”按钮，即可重新创建一个名为topbar.lbi的库项目。

如果库项目列表中已有了一个名为topbar.lbi的库项目，则Dreamweaver会显示一个对话框，提示用户使用该功能将覆盖现存的库项目文件。

如果是重建原来没有的库项目，执行“重新创建”命令之后，库项目不会立即出现在库项目列表中。用户可以单击“库”面板底部的“刷新站点列表”图标按钮，这样就可以在库项目列表中看到重建的库项目了。

12.6.4　更新页面和站点

编辑或重命名库项目以后，Dreamweaver会提示用户更新页面。如果当时选择了“不更新”按钮，还可以在以后手动选择更新页面命令。

更新整个站点或所有使用特定库项目文档的操作步骤如下：

（1）执行“修改”/“库”/“更新页面”菜单命令，弹出“更新页面”对话框。

（2）在对话框中的“查看”下拉列表框中选择要更新的页面范围。有关选项的说明已在本章12.3.3节进行了说明，在此不再重复。

（3）在“更新”后面的复选框中选择“库项目”，表明要更新的是当前站点中使用了库项目的页面。

（4）单击“开始”按钮，即可将库项目的更改应用到站点中指定范围内的网页。

12.6.5　将库从源文件中分离

与模板相似，在页面中使用了库项目以后，该文档中的库项目内容就和库项目密不可分了，只要修改了库项目，就可以自动对文档中相应的部分进行更新。如果希望能随意地编辑文档中的库项目内容，可以将库项目从源文件中分离。事实上，此时页面中的内容已不能称之为库项目内容了。

在使用了库项目的文件中，选中插入的库项目，然后在属性面板上单击“从源文件分离”命令，此时Dreamweaver会弹出一个对话框，提示用户把库项目变为可编辑状态之后，当库项目被改变时，该文档中相关的内容不会自动更新。

如果单击“确定”按钮，则确认操作，将当前选择的内容从库项目中分离出来；如果选择“取消”按钮，则取消操作。

> **提示：** 在将库项目拖到“文档”窗口的同时，按下 Ctrl 键，也可以将库项目从源文件中分离。

12.6.6　实例制作之版权声明

网站的版权声明也是一个重复使用的元素。本例版权声明的制作步骤如下：

01 打开模板index.dwt，将光标定位在布局表格最后一行，然后打开“布局”插入页面，单击“在下面插入行”按钮插入一行。选中插入行的两列单元格，单击属性面板上的“合并单元格”按钮合并为一行，并设置单元格内容水平居中对齐，垂直顶端对齐。

02 单击“常用”面板上的图像图标按钮，在弹出的“选择文件”对话框中选择一条分割线。

03 将光标置于插入的分隔线右侧，按下Shift + Enter组合键插入一个软回车，然后输入需要的版权声明文本。

04 选中其中的邮箱地址，在属性面板的“链接”文本框中输入mailto:vivi@123.com，此时的页面效果如图12-30所示。

05 选中插入的版权内容，执行“修改”/“库”/“增加对象到库”菜单命令。

06 在“库”管理面板的库项目列表中将新增的库项目命名为copyright.lbi。

图12-30　页面效果

07 单击“库”管理面板底部的“刷新站点列表”图标按钮，刷新库项目列表。

08 执行“文件”/“保存”菜单命令，弹出“更新页面”对话框。在“更新”区域选择“库项目”，其他选项保留默认设置，然后单击“开始”按钮更新页面。

09 更新完毕，在实时视图中预览页面。此时的主页效果如图12-31所示。

图12-31 页面效果

12.7 模板与库的应用

前面已详细介绍了模板和库的相关操作。下面通过一个实例以加深读者对本章内容的理解。本例首先制作了一个模板，然后基于该模板生成其他页面布局相似的网页。再制作一个版权声明的库项目，并添加到模板中，自动更新页面后，所有的页面中都将显示版权信息。

本例的制作步骤如下：

01 启动Dreamweaver CS6，新建一个HTML模板文件。在“页面属性”对话框中设置“链接文字”的颜色为黑色，且“始终无下划线”。

02 制作第一张页面，内容如图12-32所示。为了便于控制对齐格式，正文的内容部分放在一个两行两列的表格内。

03 选中页面中的正文部分，单击“插入”栏“常用”面板上 图标中的下拉箭头，在弹出菜单中单击 按钮。Dreamweaver将弹出一个提示对话框，提示用户将自动把文档转为模板文件。

04 单击“确定”按钮，弹出“新建可编辑区域”对话框。在“名称”采用默认值，再单击“确定”按钮，插入可编辑区域。

05 光标定位在最后一个导航图片所在的单元格中，打开“布局”插入面板，单击“在下面插入行”按钮插入一行。选中插入的行，合并单元格，并在属性面板上设置单元格背景颜色为白色，单元格内容水平居中对齐，垂直顶端对齐，然后再插入一个可编辑区域，用于插入版权信息。至此文档共有两个可编辑区域，如图12-33所示。

06 执行“文件”/“保存”菜单命令，将文件保存为模板文件blog.dwt。

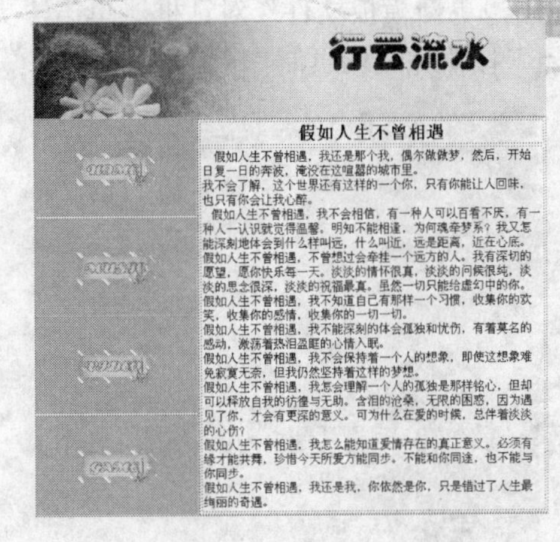

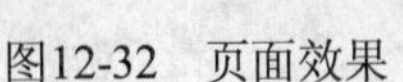

行云流水
假如人生不曾相遇

图12-32　页面效果

行云流水
假如人生不曾相遇
copyright

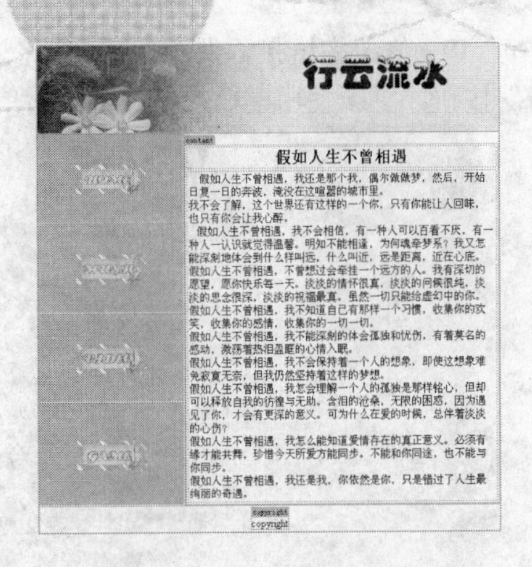

图12-33　文档中的两个可编辑区域

07 打开“库”面板，单击“库”面板底部的新建库项目按钮，建立一个名为copyright.lbi的库项目。

08 在库项目列表中双击库项目copyright.lbi，打开该库项目文件。

09 单击“插入”栏HTML面板上按钮，插入一条水平线。

10 在文件copyright.lbi中插入一张三行一列的表格，并设置表格为居中对齐，“边框”属性设置为0。在表格里输入“版权”等文字之后保存文件。copyright.lbi最终制作结果如图12-34所示。

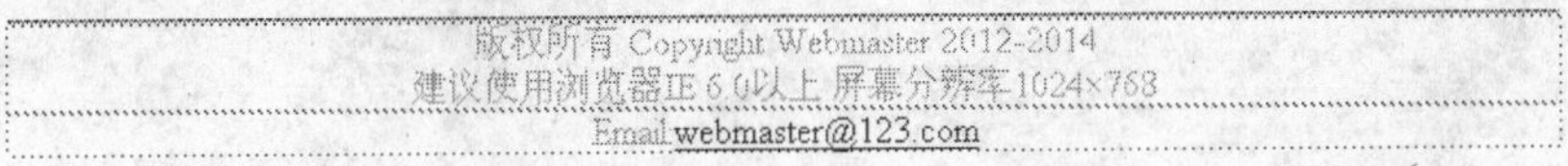

版权所有 Copyright Webmaster 2012-2014
建议使用浏览器IE 6.0以上 屏幕分辨率1024×768
Email:webmaster@123.com

图12-34　copyright.lbi文件效果

11 打开“模板”管理面板，在模板列表中右击模板blog.dwt，在弹出的上下文菜单中执行“从模板新建”命令，新建基于模板的文档。可以发现在文档中只有正文部分和底部的可编辑区是可编辑的。

12 把EditRegion2可编辑区内的文字“EditRegion2”删掉。然后打开“库”管理面板，把库项目copyright.lbi拖到EditRegion2可编辑区内。此时的页面效果如图12-35所示。

13 执行“文件”/“保存”命令保存文件，完成第一张网页的制作。

14 打开模板管理面板，右击blog.dwt模板，在弹出的上下文菜单中执行“从模板新建”命令，创建第二个基于模板的文档。

15 修改正文的内容，如图12-36所示。

16 把EditRegion2可编辑区内的文字“EditRegion2”删掉。然后打开“库”管理面板，把copyright库项目拖到EditRegion2可编辑区内。

17 按同样的方法制作其他网页。

18 打开“模板”管理面板，双击blog.dwt模板打开文件。修改模板页面左侧的链接，使之链接到到上面制作的相应文件，然后新建CSS规则定义导航图片的边框为0，这样在浏览器中预览页面时，不会显示导航图片的边框。

19 修改完链接，保存模板文档，此时会弹出“更新模板文件”对话框。单击“更新”按钮，更新使用模板的文件。然后单击“关闭”按钮完成网页制作。

图12-35　在网页插入库项目

图12-36　第二张网页效果

20 保存文档。按F12键在浏览器中预览页面效果，如图12-37和12-38所示。

图12-37　首页效果

图12-38 第二张网页效果

单击左侧的导航栏图片“Music”，即可切换到如图12-38所示的第二张网页。

页面中的每一首歌的名称均为超级链接，单击其中一首，即可打开相应的页面开始播放。

Chapter 13

第 13 章　动态网页基础

本章导读

网络技术日新月异，当今的网络已经不再是早期的静态信息发布平台，它已被赋予更丰富的内涵。现在，我们不仅需要 Web 提供所需的信息，还需要提供个性化服务功能，比如可以收发 Email，可以进行网上销售，可以从事电子商务等。为实现以上功能，必须使用网络编程技术制作动态网页。

本章将简要介绍 Dreamweaver CS6 的部分动态网页功能，初学者可以体会 Dreamweaver 在编辑动态网页方面的优势，也可以为系统学习动态网页作一个铺垫。

学习要点

- 安装、配置 IIS 服务器
- 设置虚拟目录
- 连接数据库
- 定义数据源
- 绑定动态数据
- 制作动态网页元素

13.1 动态网页概述

动态网页发布技术的出现使得网站从展示平台变成了网络交互平台。基于数据库技术的动态网站，不但可以大大降低网站更新和维护的工作量，还可以实现网站和访问者的互动。

本书第一章已介绍过静态网页和动态网页的区别。动态网页URL的后缀不是.htm、.html、shtml、.xml等静态网页的常见形式，而是以.asp、.jsp、.aspx、.php、.perl等形式为后缀，并且在动态网页网址中有一个标志性的符号“？”。

动态网页其实就是建立在B/S（浏览器/服务器）架构上的服务器端脚本程序，当客户端用户向Web服务器发出访问该脚本程序的请求时，Web服务器将根据用户所访问页面的后缀名确定该页面所使用的网络编程技术，然后把该页面提交给相应的解释引擎。解释引擎扫描整个页面找到特定的定界符，并执行位于定界符内的脚本代码以实现不同的功能，然后把执行结果（一个静态网页）返回Web服务器。最终服务器把执行结果连同页面上的HTML内容以及各种客户端脚本一同传送到客户端。因此，动态网页能够根据不同的时间、不同的来访者而显示不同的内容，还可以根据用户的即时操作和即时请求使动态网页的内容发生相应的变化，如常见的BBS、留言板、聊天室等就是利用动态网页来实现的。在浏览器端显示的网页是服务器端程序运行的结果。

动态网站具有以下显著优点：可显著提高网站维护的效率；网站的内容保存在数据库中，便于搜索、查询、分类和统计；可以实现网站与访问者的互动。

Dreamweaver提供了众多的可视化设计工具、精简而高效的应用开发环境以及代码编辑支持。使用Dreamweaver CS6可视化的方式来编辑动态网页，就像编辑普通网页一样简单，几乎不用编写任何程序代码就能开发出功能强大的网络应用程序。

13.2 安装 IIS 服务器

在创建动态网页之前，首先要安装和设置Web服务器，并创建数据库。

目前网站的服务器一般安装在WindowsNT、Windows2000Server或WindowsXP操作系统中。如果要运行动态网站，如ASP网站，还必须安装Web服务器。推荐初学者使用IIS（Internet Information Server，因特网信息服务系统），该服务器能与Windows系列操作系统无缝结合，且操作简单。

下面就以Windows XP为例，讲解IIS组件的安装步骤，其他操作系统下的操作方式与此类似。

（1）在Windows XP操作系统中选择“开始”/“控制面板”/“添加/删除程序”图标，打开“添加/删除程序”对话框。

（2）单击对话框左侧的“添加/删除Windows组件”选项，弹出图13-1所示的“Windows组件向导”对话框。在该对话框中选择要添加的组件Internet信息服务（IIS）。

（3）双击“Windows组件向导”对话框组件列表中的“Internet信息服务（IIS）”选项，弹出图13-2所示的对话框。

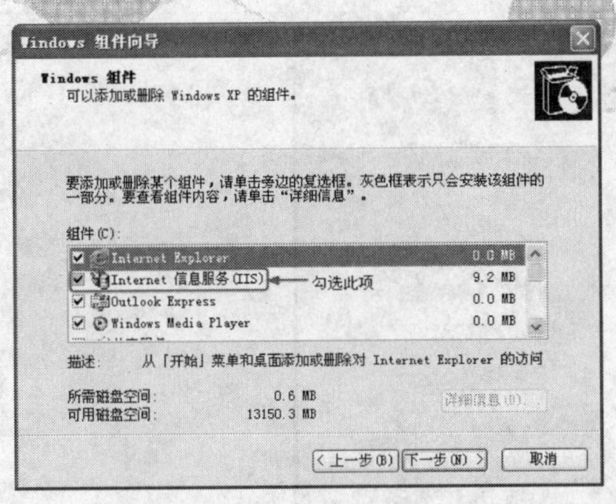

图 13-1　选中 IIS 组件

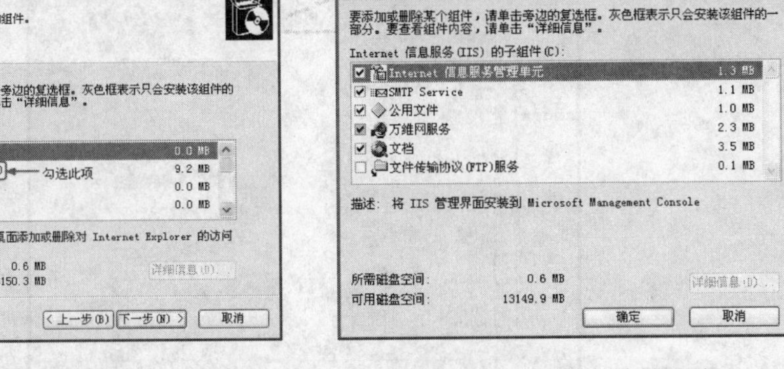

图 13-2　IIS 子组件的选择画面

笔者建议初学者将这些可选的服务全部选上。

（4）选择需要使用的组件之后，选择“确定”按钮，并将对应的操作系统安装盘放入光驱内。此时将弹出一个复制文件的窗口。

（5）文件复制完成之后，单击“完成”按钮，完成IIS服务安装。

此时，在安装操作系统的磁盘目录下可以看到一个名为Inetpub的文件夹。

下面测试一下 Web 服务器。使用任何熟悉的文本编辑器（比如 Windows 自带的记事本程序），编写如下代码：

```
<%
    Response.write ("欢迎来到 ASP 世界")
%>
```

将文件保存到\Inetpub\wwwroot 目录下，命名为 test.asp。打开浏览器，在地址栏中输入 http://localhost/test.asp，如果得到相应的显示页面，则说明 IIS 安装成功。

13.3　配置 IIS 服务器

完成了IIS的安装之后，就可以利用IIS在本机上创建Web站点了，但在此之前还必须进行相应的设置。下面介绍配置IIS服务器的一般步骤。

（1）打开“控制面板”/“性能和维护”中的“管理工具”页面，双击页面右侧列表中的“Internet服务管理器”图标，即可打开“Internet信息服务”窗口。在窗口中可以看到，使用IIS可以管理网站、默认SMTP虚拟服务器等。

（2）在左侧窗格中单击“默认网站”节点，则右侧的窗格中将显示默认的Web主目录下的目录以及文件信息，如图13-3所示。

主目录是指服务器上映射到站点域名的文件夹。如果要用来处理动态页的文件夹不是主目录或其任何子目录，则必须创建虚拟目录。有关虚拟目录的介绍将在本章下一节中介绍。

（3）在“默认网站”结点上单击鼠标右键，从弹出的快捷菜单中选择“属性”命令，打开“默认网站属性”对话框，如图13-4所示。

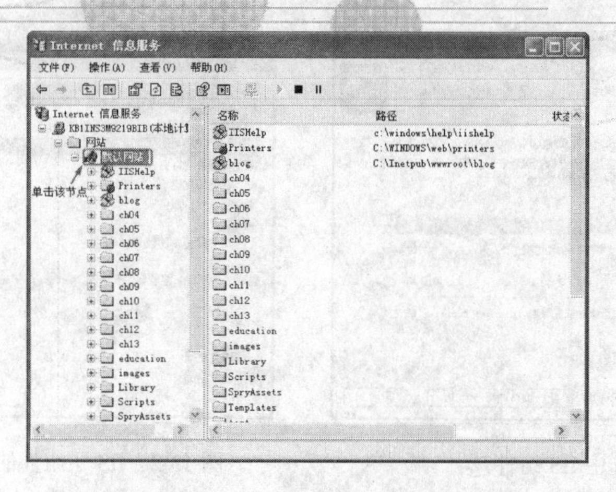

图 13-3　默认网站节点下的目录及文件信息

在该页面中可以设置站点的IP地址和TCP端口。一般来说，初学者不需要对此页面的内容进行修改。

（4）单击“主目录”页签，切换到图13-5所示的“主目录”选项卡。该页面用于设置Web站点的主目录，即站点文件的位置，这是配置IIS中最重要的一个选项。

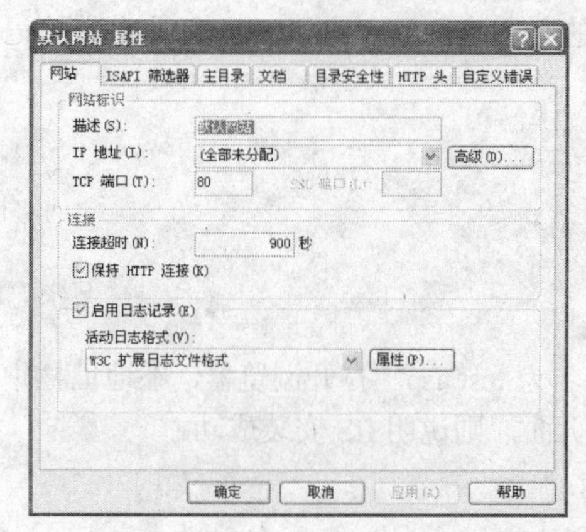

图 13-4　设置默认网站的属性

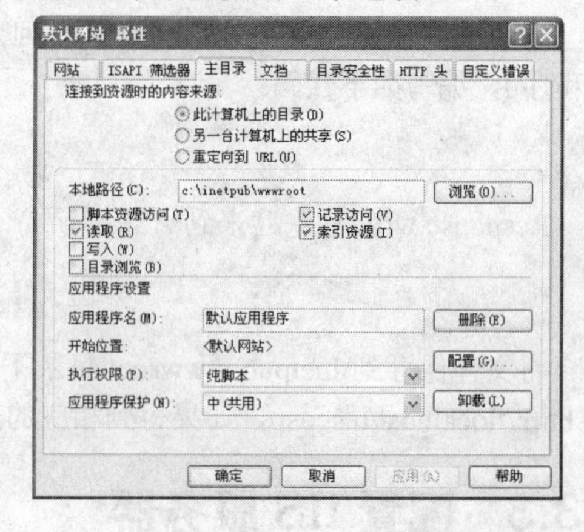

图 13-5　设置网站的主目录

成功安装IIS之后，Web站点默认的主目录是：系统安装盘符:\inetpub\wwwroot，也可以将主目录设置为本地计算机上的其他目录，还可以设置为局域网上其他计算机的目录，或者重定向到其他网址，使用者只需在“连接到资源时的内容来源”区域选中需要的内容来源，然后在下面的文本框中键入相应的路径即可。本书使用默认的本地路径。

此外还可以在“应用程序设置”区域的“执行权限”下拉列表中设置应用程序的执行权限。其中，“无”表示Web站点不支持ASP、JSP等脚本文件；“纯脚本”是指Web站点可以运行ASP、JSP等脚本；“脚本和可执行程序”则是指Web站点除了可以运行ASP、JSP等脚本文件之外，还可以运行EXE等可执行文件。

（5）单击“文档”页签切换到“文档”选项卡，修改浏览器默认的主页及调用顺序。

（6）以上设置完成之后，单击“确定”按钮关闭窗口。

配置IIS服务器之后，接下来还需要测试IIS是否能正常运行。最简单的方法就是直接使用浏览器输入http://+计算机的IP地址，或输入http://localhost，然后按Enter键。如果可以

看到IIS的缺省页面或创建的网站的主页，则代表IIS运行正常；否则，应检查计算机的IP地址是否设置正确。

13.4　设置虚拟目录

尽管在如图13-8所示的窗口中可以随意设置网站的主目录，但除非有必要，一般不建议直接修改默认网站的主目录。如果不希望把网站文件存放到c:\inetpub\wwwroot目录下，或动态页所在的文件夹不是主目录或其任何子目录，则可以通过创建指向站点文件夹的虚拟目录来解决。

创建IIS的虚拟目录有两种方式：使用IIS管理器创建，或设置文件夹的共享属性。

13.4.1　使用IIS管理器创建虚拟目录

使用Internet信息服务管理器创建虚拟目录的具体步骤如下：

（1）在图13-3所示的“Internet信息服务”窗口左侧窗格中的“默认网站”结点上单击鼠标右键，从弹出的快捷菜单中选择“新建”/“虚拟目录”命令，打开“虚拟目录创建向导”对话框，如图13-6所示。

（2）单击“下一步”按钮，在图13-7所示的弹出窗口的“别名”文本框中输入所要建立的虚拟目录的名称。

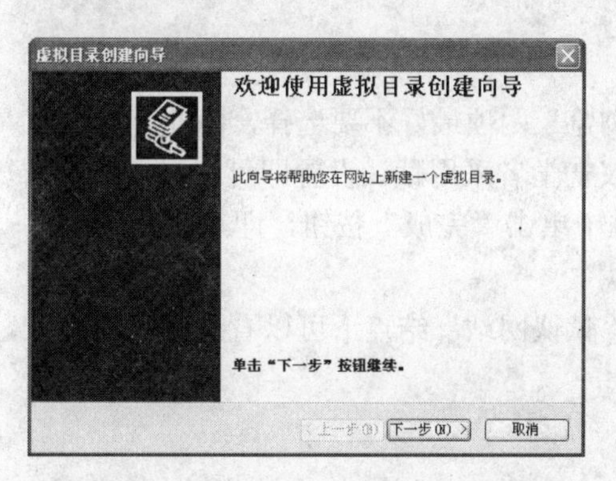

图 13-6　“虚拟目录创建向导”对话框

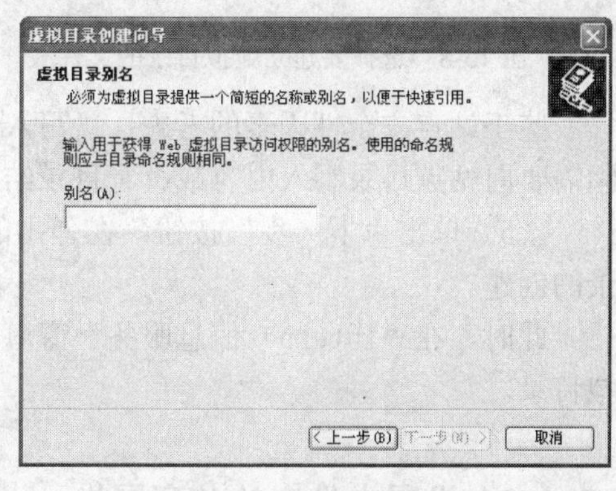

图 13-7　输入虚拟目录的别名

注意：

虚拟目录的别名不区分大小写，并且应唯一。

（3）单击“下一步”按钮，在弹出的对话框中单击“浏览”按钮，选择要建立虚拟目录的文件夹，如图13-8所示。

（4）单击“下一步”按钮，在图13-9所示的对话框中设置虚拟目录的访问权限。访问权限用于指定用户通过浏览器可以执行的操作。

读取：这是最基本的一个权限，允许用户访问文件夹中的普通文件，如 HTML 文件、

GIF 文件等。

运行脚本：所谓的脚本就是 IIS 中可以执行的文件，如 ASP 脚本程序等。

对于只存放ASP文件的目录来说，应该启用“运行脚本”权限；对于既有ASP文件，又有普通HTML文件的目录，应同时启用“读取”和“运行脚本”权限。

执行：允许访问者在服务器端运行 CGI 或 ISAPI 程序。

执行权限通常都不会被允许，以免对服务器端的计算机造成不良影响。

写入：指定用户是否可以通过浏览器上传文件至服务器的计算机中。

浏览：如果指定了该权限，则当用户没有特别设置要读取站点的哪一个文件时，便列出目录中的所有子目录及文件列表供用户选择。

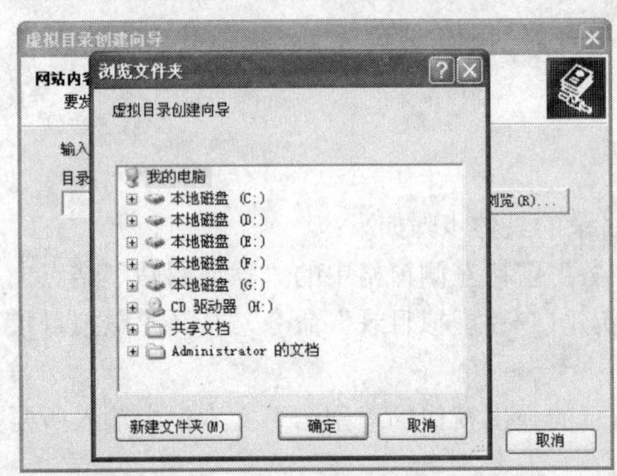

图 13-8　选择要建立虚拟目录的文件夹

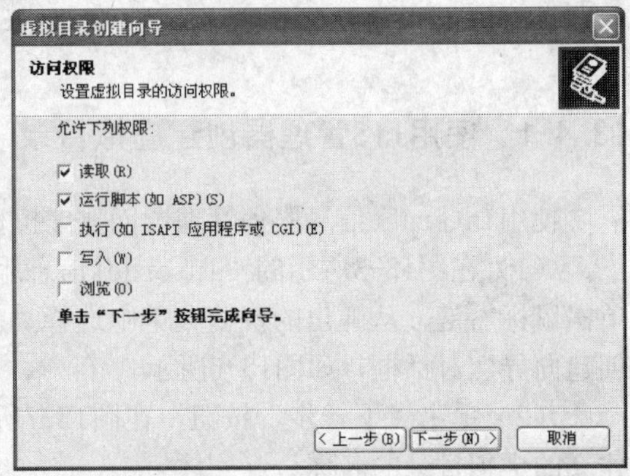

图 13-9　设置目录访问权限

鉴于站点安全性因素的考虑，“写入”和“浏览”两项最好不要选择，除非有特殊原因需要向站点目录写入内容或查看目录结构。建议初学者采用默认设置即可。

（5）单击“下一步”按钮，在弹出的对话框中单击“完成”按钮，即可完成虚拟目录的创建。

此时，在“Internet信息服务”窗口左侧的“默认网站”结点下可以看到新创建的虚拟目录。

13.4.2　设置文件夹的共享属性

通过设置文件夹的Web 共享属性，也可以将选定的文件夹设置为虚拟目录，步骤如下：

（1）在资源管理器中，在要设置为虚拟目录的文件夹上单击鼠标右健，从弹出的快捷菜单中选择“属性”命令，打开“Web共享”选项卡，如图13-10所示。

（2）选中“共享文件夹”单选按钮，弹出图13-11所示的“编辑别名”对话框。在该对话框中可以设置该文件夹的别名、访问权限和应用程序权限。

（3）设置完毕之后，单击“确定”按钮关闭对话框。此时打开“Internet信息服务”对话框，可以在“默认网站”结点下看到刚创建的虚拟目录。

主目录和虚拟目录都是IIS服务器的服务目录，这些目录下的每一个文件都对应着一个URL，都能够被客户访问。将应用程序放在虚拟目录下有两种方法：

1）直接将网站的根目录放在虚拟目录下面。例如，应用程序的根目录是“fashion”，

直接将它放在虚拟目录下，路径为“[硬盘名]：\Inetpub\wwwroot\fashion”。此时对应的URL是“http://localhost/fashion”。

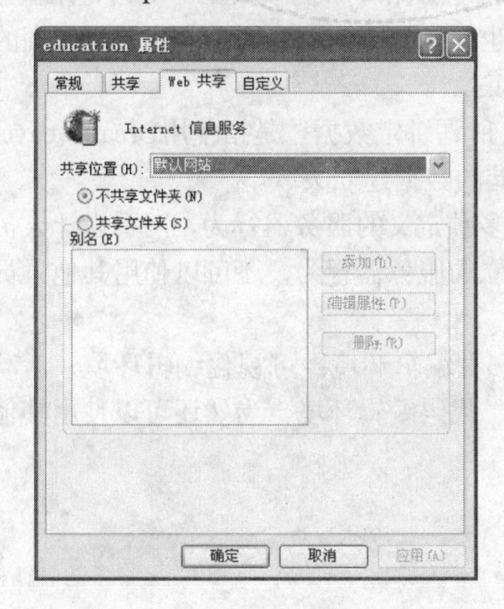

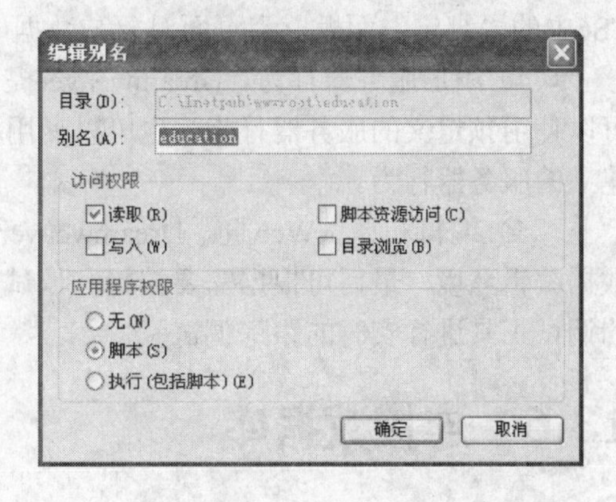

图 13-10 “Web 共享”选项卡　　　　图 13-11 “编辑别名”对话框

2）将应用程序目录放到一个物理目录下（例如，D:\fashion），同时用一个虚拟目录指向该物理目录，此时用户可通过虚拟目录的URL来访问它，而不需要知道对应的物理目录。一旦应用程序的物理目录改变，只需更改虚拟目录与物理目录之间的映射，就仍然可以用原来的虚拟目录来访问它们。

当用户在浏览器地址栏中输入一个URL时，例如http://localhost/asp/test.asp，本地主机上的IIS服务器首先查找是否存在别名为asp的虚拟目录，如果有，就显示asp虚拟目录对应的实际路径下的test.asp文件；如果没有，则查找主目录下的asp文件夹下的test.asp文件，如果找不到该文件，则返回出错信息。

初学者需要注意的是，通过URL访问虚拟目录中的网页时应该使用别名，而不是目录名。例如，假设别名为blog的虚拟目录对应的实际路径为E:\mywork\ DWCS6\blog，要访问其中名为index.asp的网页时，应该在浏览器地址栏中输入http://localhost/blog/index.asp访问，而不是使用http://localhost/mywork/DWCS6/blog /index.asp访问。另外动态网页文件不能通过双击来查看，必须使用浏览器访问。

13.5 制作动态网页的步骤

在Dreamweaver中，利用可视化工具可以便捷地开发动态web站点，而不必亲手编写能够显示数据库中存储的动态内容所必需的复杂编程逻辑。Dreamweaver可以使用几种流行的Web编程语言和服务器技术中的任意一种来创建动态Web站点。这些语言和技术包括ColdFusion、ASP和PHP等。

创建一个动态页面可分为创建静态页面，创建动态数据源，在静态页中添加动态内容，添加服务器行为、测试和调试Web页5个步骤。

（1）新建一个动态页面，并使用Dreamweaver提供的设计工具创建页面的框架和布局。

（2）创建数据库和数据表，并定义提取数据的记录集。

如果需要使用数据库，就必须定义记录集，以便从数据库中提取数据。所谓记录集，是从一个或多个表中提取的数据子集，一个记录集也是一张表，这是因为它也具有相同的字段的记录集合。当查询数据库时可创建一个记录集。

（3）为页面对象绑定数据，以创建动态内容。所谓绑定数据，是指使用Dreamweaver CS6中的“绑定”面板，为页面对象与数据库中存储的数据建立关联。

（4）添加服务器行为。Dreamweaver提供了众多预定义的服务器行为，网页设计人员可以使用预定义的服务器行为，也可以使用自己建立的服务器行为，还可以使用其他人员建立的服务器行为。

（5）编辑和调试Web页。Dreamweaver提供了3种编辑环境：可视化编辑环境、活动数据编辑环境，最后可根据需要编辑和调试Web页。代码编辑环境。当然还可以使用其他的调试工具进行实时的跟踪调试。

13.6　连接数据库

在将数据库中的数据绑定到ASP应用程序之前，必须建立一个数据库连接，否则Dreamweaver无法使用数据库作为动态页面的数据源。在建立数据库连接之前必须建立一个DSN指向数据库的快捷方式，它包含数据库连接的一切信息。

所谓建立数据库连接，就是建立数据库连接文件，在连接文件中指明数据库驱动程序和数据库路径的过程。站点中每一个数据库都对应一个独立的连接文件。在Dreamweaver中创建连接文件时，系统会将所有的连接信息自动放置在站点根目录下自动生成的Connections文件夹中。

13.6.1　连接DSN数据源

存储在数据库中的数据通常有专有的格式。Web 应用程序在试图访问这种格式的数据时无法解释这些数据，这就需要在 Web 应用程序与数据库之间存在一个软件接口，以允许应用程序和数据库互相进行通信。例如，ColdFusion 和 JSP 应用程序使用 JDBC；ASP 应用程序使用 ODBC。

所谓ODBC，即开放数据库连接（Open DataBase Connection），在不同的数据库管理系统上存取数据。例如如果有一个可使用SQL语句存取数据库中记录的程序，此时ODBC可以让用户使用此程序直接存取Microsoft Access数据库中的数据。

本节将向读者介绍在Dreamweaver中使用数据源名称（DSN）连接到数据库的方法。考虑到大多数读者的试验环境，即Web服务器与Dreamweaver在同一台计算机上运行，所以本节介绍在本地配置的情况下，如何创建到Access数据库的连接，操作步骤如下：

（1）创建一个Microsoft Access数据库，并将其存放到网站相应的目录下。

（2）打开Dreamweaver，新建一个动态网页，或打开一个需要连接数据库的动态页面。

（3）选择“窗口”/“数据库”命令，打开“数据库”面板。单击该对话框中的+按钮，从弹出的下拉菜单选择“数据源名称（DSN）”命令，弹出“数据源名称（DSN）”

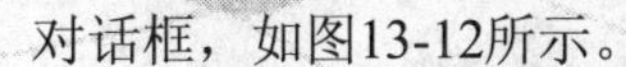
对话框，如图13-12所示。

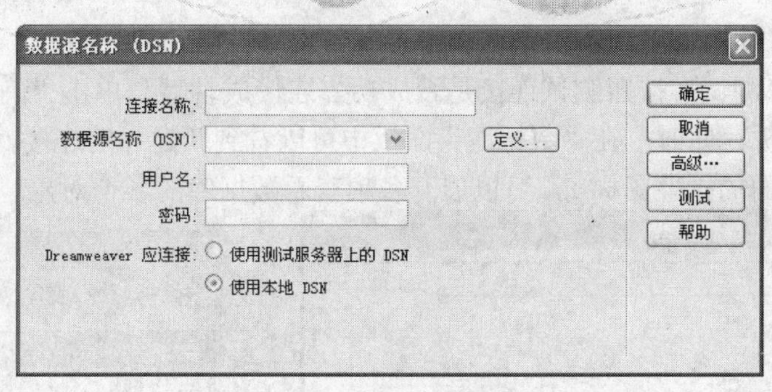

图13-12 “数据源名称（DSN）”对话框

注意：

在“数据库”面板中可以看到有 4 个步骤，只有前 3 个步骤完成了才能进行创建连接的操作。

（4）在“连接名称”文本框中输入连接的名称，一般可以输入“conn+数据库名称”作为连接的名称。连接名称中不能使用任何空格或特殊字符。

（5）在“数据源名称（DSN）”下拉列表框中选择一个数据源名称。如果还没有定义ODBC数据源，则单击“定义”按钮，在弹出的如图13-13所示的对话框中定义数据源。步骤如下：

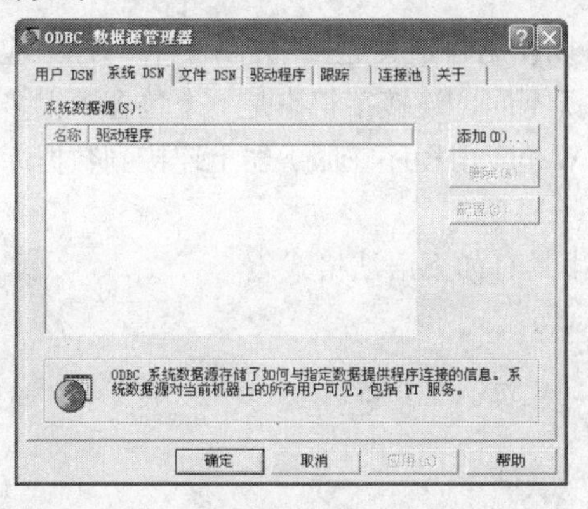

图13-13 “ODBC数据源管理器”对话框

图13-14 “创建新数据源”对话框

1）切换到“系统DSN”页面，单击“添加”按钮，在弹出的图13-14所示的“创建数据源”对话框中选择需要的数据源驱动程序。本例选择“Microsoft Access Driver”。

2）单击“完成”按钮，弹出图13-15所示的对话框。

3）在“数据源名”文本框中键入数据源的名称，在“说明”文本框中键入数据源的介绍，然后单击“选择”按钮，在弹出的“选择数据库”对话框中选择需要的数据库，单击“确定”按钮关闭对话框。

4）返回到“ODBC数据源管理器”对话框时，读者可以发现新创建的数据源名称。

（6）在“数据源名称（DSN）”对话框中的“用户名”和“密码”文本框中分别输

入用户名及密码。

（7）选中“使用本地DSN”单选按钮。

（8）单击“测试”按钮测试连接是否成功。连接成功后，单击“确定”按钮，返回到“数据库”面板。此时，在“数据库”面板中可以看到新建立的连接。如图13-16所示。

单击对象前面的折叠图标⊞，可以展开各项查看数据库的各个对象。

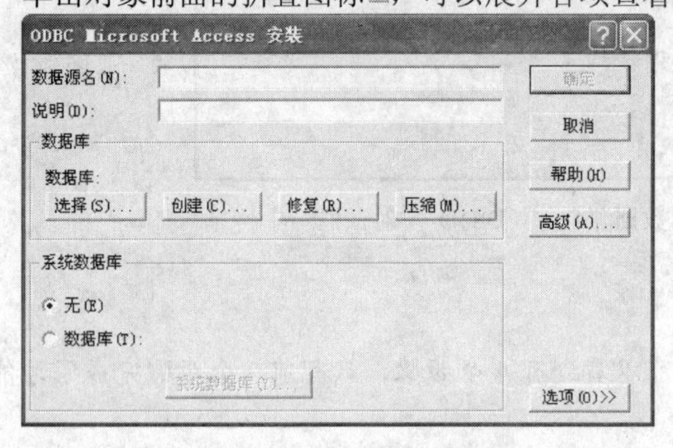

图13-15 “ODBC Microsoft Access安装”对话框

图13-16 已创建的数据库连接

通过DSN数据源连接SQL Server数据库与连接Access数据库相差不多，有兴趣的读者可以自行练习。

13.6.2 自定义连接字符串

除了使用DSN数据源连接数据库以外，还可以使用自定义连接字符串，在 Web 应用程序和数据库之间创建ODBC连接。与DSN数据源不同，连接字符串是一个包含了很多参数的字符串，其间用分号分隔，这些参数包含了Web应用程序在服务器上连接到数据库所需的全部信息。

对于Access和SQL Server数据库，连接字符串具有如下语法格式：

ODBC：

Driver={ Driver (*.mdb)};DBQ=[DSN]

OLE DB：

Provider=[OLE DB Provider];Server=[ServerName];Database=[DatabaseName];UID=[UserID];PWD=[Password]

其中涉及的参数简要说明如下：

Provider：该参数指定数据库的OLE DB提供程序。如果没有Provider参数，则将使用ODBC的默认OLE DB提供程序，而且，必须为数据库指定适当的ODBC驱动程序。

下面分别是Access、SQL Server和Oracle数据库的常用OLE DB提供程序的参数：Provider=Microsoft.Jet.OLEDB.4.0；Provider=SQLOLEDB；Provider=OraOLEDB。

Driver：该参数指定在没有为数据库指定OLE DB提供程序时，所使用的ODBC驱动程序。

Server：该参数指定承载SQL Server数据库的服务器，这种情况下，指Web应用程序和数据库服务器，不在同一台服务器上运行。

Database：该参数为SQL Server数据库的名称。

DBQ：该参数为指向基于文件的数据库（如在Access中创建的数据库）的路径，该路径是在承载数据库文件的服务器上的路径。

UID：该参数为连接数据库的用户名。

PWD：该参数为用户密码。

DSN：该参数为数据源名称。这种情况，指已经在服务器上定义的DSN名称。

对于其他类型的数据库，连接字符串可能不使用上面列出的参数，或者可能对于这些参数，有不同的名称或用途。下面以连接Access数据库为例，讲解使用连接字符串连接数据库的一般步骤。

（1）在Dreamweaver中打开一个ASP页面，然后执行“窗口”/“数据库”命令，打开“数据库”浮动面板。

（2）单击该面板上的“添加”按钮，在弹出的下拉菜单中选择“自定义连接字符串”命令，弹出图13-17所示的“自定义连接字符串”对话框。

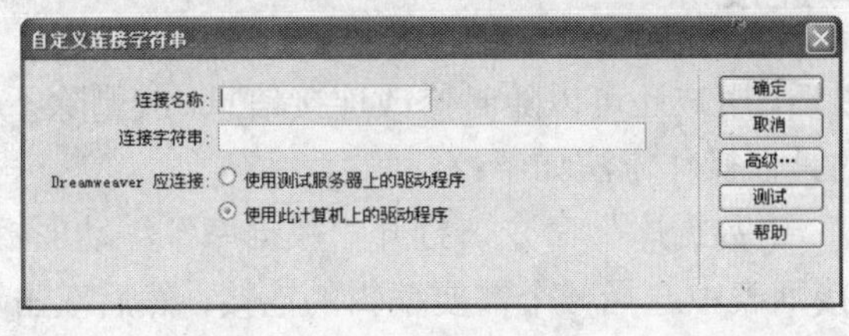

图13-17 “自定义连接字符串”对话框

（3）在“连接名称“文本框中输入新连接的名称，例如conn2。

（4）在“连接字符串”文本框中输入指向数据库的连接字符串。例如连接c:\inetpub\wwwroot\blog\data目录下一个名为product.mdb的Access库，该库具有密码admin，则应输入如下的字符串：

Provider=Microsoft.Jet.OLEDB.4.0;Data Source=c:\inetpub\wwwroot\blog\data\product.mdb;Persist Security Info=False; Jet OLEDB:Database Password=admin

如果没有在连接字符串中指定 OLE DB 提供程序（即，没有包含 Provider 参数），ASP 将自动使用用于 ODBC 驱动程序的 OLE DB 提供程序。这种情况下，必须为数据库指定适当的 ODBC 驱动程序。实现同样功能的ODBC方式连接字符串如下：

Driver={Microsoft Access Driver (*.mdb)};DBQ=c:\inetpub\wwwroot\blog\data\product.mdb;PWD=admin

> **提示：** 初学者一定要注意，Driver 和(*.mdb)之间有个空格。

如果用户的站点由 ISP 承载，且不知道数据库的完整路径，则要在连接字符串中使用 ASP 服务器对象的 MapPath 方法。

在键入连接字符串时，如果需要可以单击“高级”按钮，在弹出的对话框中输入一个架构或目录名称，以限制 Dreamweaver 在设计时所检索的数据库项数。注意在 Microsoft Access 中不能创建架构或目录。

（5）如果在连接字符串中指定的数据库驱动程序没有与 Dreamweaver 安装在同一台计算机上，则选择“使用测试服务器上的驱动程序”选项。本例选中“使用此计算机上的驱动程序”。

（6）单击“测试”按钮测试数据库连接是否成功。如果连接成功，单击“确定”按钮，完成设置，退回到Dreamweaver编辑界面。此时刚才建立的连接将显示在“数据库”面板中。在“文件”面板中，可以看到Dreamweaver自动生成了一个名为Connections的文件夹，其中包含了一个以连接名称命名的asp文件，这就是保存连接字符串的地方。

前面介绍了使用DSN数据源和自定义连接字符串两种方式为Web程序添加数据库的支持。相对来讲，DSN数据源方式要简单、快捷一些，而自定义连接字符串方式虽然灵活，但较为复杂，而且容易出错。读者可以根据自己的喜好选择合适的连接方式。

13.6.3 编辑数据库连接

创建数据库连接以后，用户还可以随时修改连接信息，或删除不再需要的数据库连接。

编辑数据库连接的具体操作方法如下：

（1）选择“窗口”/“数据库”命令，打开“数据库”浮动面板。

（2）从数据库连接列表中选择一个需要编辑的连接，然后双击该数据库连接的名称，打开对应的数据连接定义对话框。

（3）对数据库进行必要的修改后单击“确定”按钮。

编辑数据库连接之后，必须及时更新页面中的内容。步骤如下：

（1）选择“窗口”/“绑定”命令打开“绑定”面板。

（2）双击记录集名，弹出“记录集”对话框。从“连接”下拉列表框中选择修改后的连接，单击“确定”按钮即可更新页面中的内容。

如果要删除数据库连接，可以执行以下操作：

（1）在“数据库”面板中，从数据库连接列表中选择一个需要删除的连接，单击 − 按钮，弹出询问是否删除连接对话框，单击“是”按钮即可删除该连接，如果单击“否”按钮，则取消该操作，不会删除该数据库连接。

数据库连接被删除之后，也应及时为每一个使用该连接的页面指定一个新的连接。

（2）选择“窗口”/“绑定”命令打开“绑定”面板。

（3）双击记录集名，弹出“记录集”对话框。从“连接”下拉列表框中选择需要的连接，单击“确定”按钮即可重新连接数据库。

13.7 定义数据源

在一个站点中可能不止一个数据库。一个数据库中又往往包含多个结构不同的数据表。因此，将动态内容添加到页面中之前，必须定义一个数据源来提供动态内容。

数据源可以是记录集中的一个域，是表单的提交值，或是类似会话变量或应用程序变

量的服务器对象。选择“窗口”/“绑定”命令，在弹出的“绑定”面板中单击+按钮，从弹出的下拉菜单中可以选择数据源类型。

13.7.1 定义记录集

Web 页不能直接访问数据库中存储的数据，如果需要在应用程序中使用数据库，必须通过记录集这个中介媒体将数据库和网页应用程序关联起来。记录集是针对具体的数据库和动态网页进行工作的，相当于一个临时数据表，用于存放从数据库的一张数据表或多张数据表中所取得的满足条件的有效数据。它是通过数据库查询从数据库中提取的信息（记录）的子集，是动态网页的直接数据来源。

记录集由查询来定义，查询是一种专门用于从数据库中查找和提取特定信息的搜索语句，由搜索条件组成。这些语句决定记录集中应该包含什么，不包含什么。Dreamweaver 使用结构化查询语言SQL来生成查询。通过不同的SQL语句从数据库的一个表或者多个表中查询需要的数据组成一个记录集，以满足用户查询数据库中各种数据并应用在ASP程序中的要求。可以说，程序中所有查询数据库数据的操作（非更新、删除），都是可以通过记录集来实现的。

记录集从数据源中获取数据以后就断开了与数据源之间的连接。当完成了各项数据操作以后，还可以将记录集中的数据送回数据源。由于 Web 服务器会将记录集临时放在内存中，使用较小的记录集将占用较少内存，所以为了改善服务器的性能，在定义记录集时，应尽量包含应用程序需要的数据域和记录。记录集建立完成后，在动态网页代码中会添加一个文件包含语句，指定网页所使用的数据库连接文件。

为了改善应用程序的性能，在定义记录集时，应尽量包含应用程序需要的数据域和记录。其定义的一般步骤如下：

（1）选择“窗口”/“文件”命令，打开“文件”面板，在“文件”窗口中选中需要绑定数据的文件并双击该文件。

（2）选择“窗口”/“绑定”命令，在弹出的“绑定”面板中单击+按钮，从弹出的下拉菜单中选择“记录集（查询）”命令，打开“记录集”对话框。

（3）在“名称”文本框中输入记录集的名称。不能在记录集名称中使用空格或特殊字符，一般可以使用“rs+数据库名称”，以便与其他对象区别开来，如rsudbookdata1。

（4）从“连接”下拉列表框中选择一个数据库连接。如果列表中没有数据库连接，可以单击“定义”按钮建立一个数据库连接。

（5）在“表格”下拉列表框中，选择一个需要的表。在“列”选项的单选按钮中选择相应的单选按钮。如果选择“全部”，可以使用该表中所有字段作为一个记录集；如果选择“选定的”，则可以按住Shift键或Ctrl键选择多个列字段作为一个记录集。

（6）在“筛选”选项中可以对表中的记录进行过滤。

在第一个下拉列表框中选择与您定义标准值对应的字段。

在第二个下拉列表框中选择条件表达符号，使每一条记录的值与标准值进行比较。

在第三个下拉列表框中选择Entered Value或其他参数，如URL Parameter、Form Variable、Cookie、阶段变量或应用程序变量等。

在第四个文本框中输入标准值。

（7）如果需要对记录进行排序，可在“排序”下拉列表中设置对筛选记录的排序方式。

在第一个下拉列表框中选择按哪个字段进行排序。

在第二个列表框中设置排序方式。

（8）在“如果失败，则转到”文本框中可以指定一个重定向页面。

当由于某种原因而导致记录集查询失败时，将重定向至该页面。通常显示一个含有到站点主页的链接的错误信息页面。

（9）设置完毕后，单击“测试”按钮，然后输入测试值，则连接到数据库并创建数据源实例，如图13-18所示。

（10）单击“确定”按钮关闭记录集。

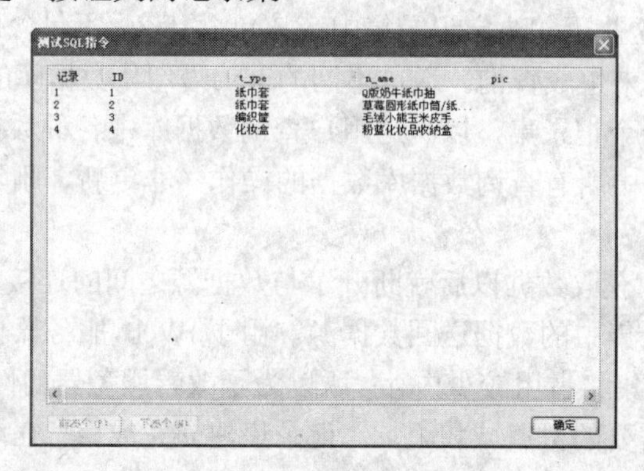

图13-18　测试记录集的结果

如果需要修改记录集，可以在“绑定”面板中选中记录集，然后双击打开“记录集”对话框进行修改。

如果要删除某个记录集，选中该记录集，然后单击“绑定”面板上的−按钮。

与编辑数据库连接相同，修改或删除记录集以后，必须及时更新页面。

13.7.2　定义变量

如果用户选择ASP服务器技术，还可以创建3种数据源：请求变量、阶段变量和应用程序变量。

使用数据绑定面板可以很方便地定义URL Variable（URL地址变量）、Form Variable（地址变量）、Client Variable（客户地址变量）、阶段变量、请求变量以及应用程序变量等变量。

1．定义请求变量　请求变量可以从客户浏览器端传送到服务器端中的数据中获取信息。如在交互表单中，用户输入表单数据，然后单击“提交”按钮，这些表单数据将传送到服务器端，此时请求变量将获取客户端的数据。

定义请求变量的具体步骤如下：

（1）选择“窗口”/“绑定”菜单命令，打开“绑定”面板。

（2）单击“绑定”面板左上角的+按钮，从弹出的下拉菜单中选择“请求变量”命

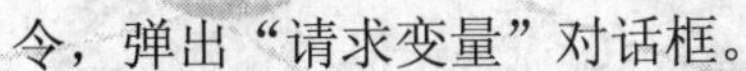

令，弹出“请求变量”对话框。

（3）在“类型”下拉列表框中选择请求变量的类型，如图13-19所示。

该下拉列表框中提供了6种类型，其意义分别如下：

Request：用来获取任何基于 HTTP 请求传递的所有信息，包括从 HTML 表单用 POST 方法或 GET 方法传递的参数、cookie 和用户认证。

Request.Cookie：用于获取在 HTTP 请求中发送的 cookie 的值，或获取客户端存储的 Cookie 值。

Cookie是一个标签，是一个唯一标识客户的标记。每个 Web 站点都有自己的标记，标记的内容可以随时读取，但只能由该站点的页面完成。一个 Cookie可以包含在一个会话或几个会话之间某个 Web 站点的所有页面共享的信息，使用 Cookie 还可以在页面之间交换信息。

Request.QueryString：检索 HTTP 查询字符串中变量的值，HTTP 查询字符串由问号后的值指定。

Request.Form：用于获取客户端表单上所传送给服务器端的数据。

Request.ServerVariable：获取客户端信息以做出响应。

例如：使用Request.ServerVariable("REMOTE_ADDR")获取用户的IP地址；使用<%=Request.ServerVariable("REMOTE_ADDR")%>语句使用该IP地址。

Request.ClientCertificate：用于获取客户端的身份认证信息。

（4）在“名称”文本框中输入请求变量的名称。

（5）单击“确定”按钮即可完成操作。

2．定义阶段变量　使用阶段变量可以跟踪客户信息，如Web 页面注册统计。在创建会话时，服务器会为每一个会话生成一个单独的标识。会话标识以长整形数据类型返回。

单击“绑定”面板左上角的 按钮，从弹出的下拉菜单中选择“阶段变量”命令，弹出图13-20所示的“阶段变量”对话框。

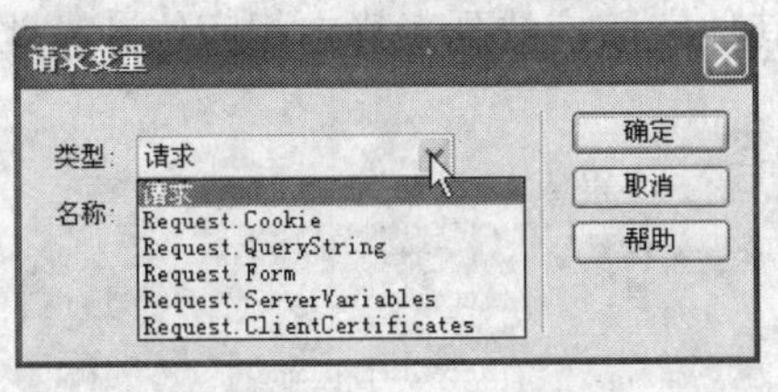

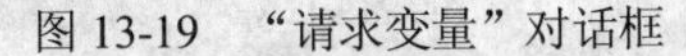

图 13-19　“请求变量”对话框

图 13-20　“阶段变量”对话框

在“名称”文本框中输入“阶段变量”的名称，然后单击“确定”按钮即可完成操作。

例如，如果要使用阶段变量存储访问者的登陆ID，并在网页中显示，则可以在“阶段变量”对话框中输入登陆ID的变量名（例如CustomID），并单击“确定”按钮。这种操作的功能与在源代码中写入Session（"CustomID"）的功能是相同的。

3．定义应用程序变量　使用应用程序变量可以在给定应用程序的所有用户之间共享信息，并在服务器运行期间持久地保存数据。

单击“绑定”面板上的 按钮，从弹出的下拉菜单中选择“应用程序变量”命令，弹出图13-21所示的“应用程序变量”对话框。

图 13-21 “应用程序变量”对话框

在“名称”文本框中输入应用程序变量的名称，然后单击“确定”按钮即可完成操作。

在“应用程序变量”对话框中输入的变量名与在源代码中写入Application（"变量名"）的功能一样。

13.8 绑定动态数据

建立数据源之后，如果要将数据库中的记录动态显示在网页上，只要将记录集中的内容绑定到网页的相应位置即可实现数据库内容在网页上的显示。

数据绑定解决了服务器访问数据库的有关问题，可以把HTML对象绑定到来自一个数据源的数据上，当该页面被加载时，页面会自动从数据源中提取数据，然后在该元素内进行格式化并显示出来。在Dreamweaver中，不需要编写任何代码，只需要拖动网页元素，就可以插入动态文本或图像，将它们与表单对象、列表或其他网页对象相链接。

下面演示在页面中绑定一个Spry XML记录集的一般步骤。

01 在Dreamweaver中新建或打开一个动态网页，并在页面中插入用于显示数据的表格。本例在网页中插入一个四行两列的表格，在表格的第一列分别输入“编号”、“名称”、“分类”和“图片”。此时的页面效果如图13-22左图所示。

02 将光标定位在表格的第一行第二列的单元格中，然后打开“绑定”面板，选中记录集中的ID字段，并拖入表格的相应位置，或单击绑定窗口右下角的“插入”按钮。

03 按照上一步的方法，将记录集中的其他字段拖放到表格中相应位置，此时的表格如图13-22右图所示。

04 保存文档。按F12键在浏览器中预览运行效果。

编号：	
名称：	
分类：	
图片：	

图 13-22 绑定数据前后的效果

13.9 设置实时视图

Dreamweaver的实时数据编辑环境能够让网页设计人员在编辑环境中实时预览可编辑数据的Web应用，这样可以有效地提高工作效率，减少重复劳动。

（1）在Dreamweaver的文档窗口顶部单击“实时视图”按钮，在文档窗口顶部显示浏

览器导航栏，如图13-23所示。

图13-23　浏览器导航栏

（2）单击浏览器导航栏最右侧的“实时视图选项”按钮，在弹出的菜单中选择“HTTP请求设置…”命令，打开如图13-24所示的实时视图设置对话框。在该对话框中，用户可以通过添加URL请求，以查看动态数据。

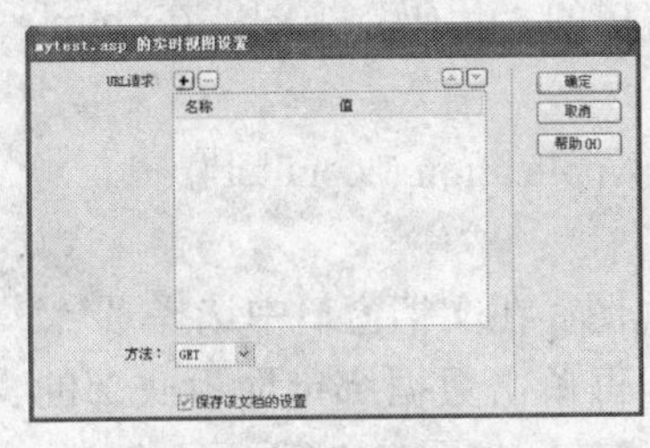

图13-24　“实时视图设置”对话框

（3）单击该对话框顶部的按钮，为每一个变量指定名称和测试值。例如“名称”为username，“值”为vivi。

（4）在“方法”后面的下拉列表框中选择网页递交表单时的方式：POST或GET，默认为GET。有关POST和GET的说明，读者可参阅本书9.1.1节的内容。

（5）选中“保存该文档的设置”复选框。

（6）设置完成后，单击“确定”按钮关闭对话框。

（7）保存文档。单击Dreamweaver文档窗口顶部的“刷新”按钮，即可预览页面运行效果。此时，浏览器导航栏的地址下拉列表中会出现指定的URL请求，如图13-25所示。

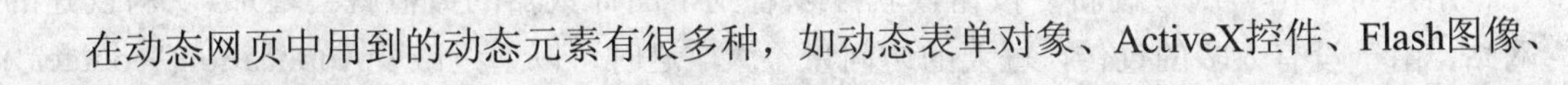

图13-25　URL请求

13.10　制作动态网页元素

在动态网页中用到的动态元素有很多种，如动态表单对象、ActiveX控件、Flash图像、动态图片和动态文本等。

在Dreamweaver CS6中，几乎可以将动态内容放在Web页或其HTML源代码的任何地方。通过“绑定”面板选择内容源，可以向页面中添加动态内容。Dreamweaver在页面的代码中插入一个服务器端脚本，以指示服务器在浏览器请求该页面时，将内容源中的数据传输到页面的HTML代码中。

13.10.1　动态文本

使用动态文本可以使文本在网页上滚动、变换、隐藏或显示等，下面通过创建计数器的实例进一步说明如何在网页中添加动态内容。

01 新建一个ASP VBScript文件，布局“无”。

02 在文档窗口中输入“欢迎光临我的个人主页，您是访问我们的第***位客户。”

03 选择“窗口”/“绑定”命令，打开“绑定”面板。单击“绑定”面板左上角的+按钮，从弹出的下拉菜单中选择“应用程序变量”命令。

04 在弹出的“应用程序变量”对话框中输入变量的名称counter，然后单击“确定”按钮关闭该对话框。

05 切换到“文档”窗口的“代码”视图，在<html>之前加入如下代码：

```
<%
Application ("counter") =Application ("counter") +1
%>
```

06 切换到“设计”视图，在文档窗口中选择“***”字样，然后在“绑定”面板中选择刚才定义的全局变量，再单击数据绑定面板底部的“插入”按钮，则“***”将被{Application.counter}占位符代替，如图13-26所示。

07 选择“文件”/“保存”命令，将修改后文档保存到本地站点中。然后将该文件重新上传到远程服务器上。

08 打开浏览器，然后在地址栏中输入刚才保存文件的URL地址，则会打开ASP页面，显示如图13-27所示。

图13-26　将记录绑定到页面上

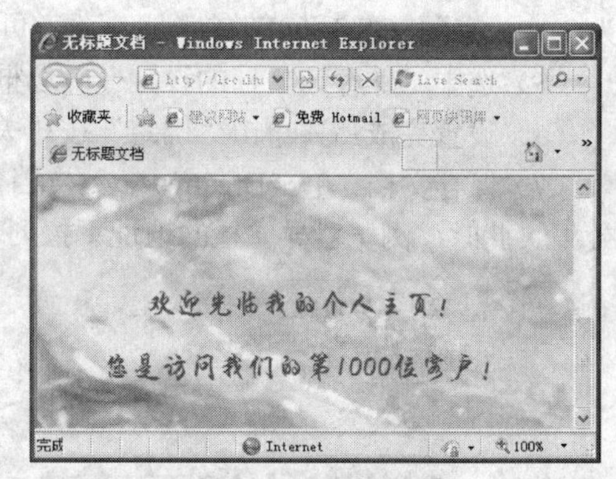

图13-27　实例效果图

用户每单击一次“刷新”按钮，就可以看到下面计数器的数值就会增加1。新创建的网站，由于没有太多的宣传，每天的访问量不大。这时可以通过改变Application("counter")的数值来显示较大的数字。只将

```
<%
Application ("counter") =Application ("counter") +1
%>
```

修改为如下所示的代码：

```
<%
If Application ("counter") < 999 then
   Application ("counter") =999
End If
```

```
Application ("counter") =Application ("counter") +1
%>
```

这样该网页被访问时计数器的数字是从1000开始。

13.10.2 动态图像

在网上购物可以发现每一个网页基本上都包括一件商品的照片和描述该商品的文本，网页的布局保持不变，经常变换的是商品的照片和描述该商品的文本。使用Dreamweaver的动态图像和动态文本可以很轻松地实现这种功能，其具体的操作步骤如下：

（1）新建一个文档或打开一个需要创建动态图像的文档。

（2）将光标放置在需要插入动态图像的位置。选择“插入”/“图像”命令，弹出“选择图像源文件”对话框。

（3）在该对话框中的“选择文件名自”后面有两个单选按钮，这里要插入动态图像，则单击选择“数据源”单选按钮，此时对话框中会将数据源列出，如图13-28所示。

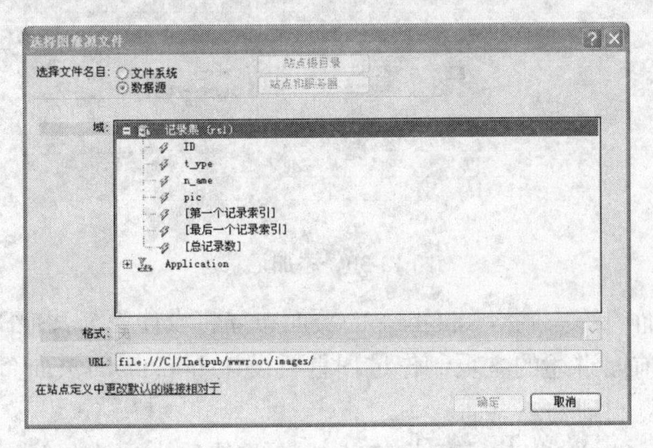

图 13-28 “选择图像源文件”对话框

（4）在数据源列表中选择一个需要的数据源。“URL”文本域中自动填充相应的代码。

（5）设置完成后，单击“确定”按钮关闭对话框。

（6）选择“文件”/“保存”命令，保存文件，并在浏览器中预览图片。

13.11 实例制作之“我的店铺”页面

本节讲述制作导航图片“我的店铺”的链接页面。该页面读取数据库中的商品数据，并将商品分页显示。

01 启动Microsoft Access，新建一个名为product.mdb的数据库，在弹出的对话框中双击“使用设计器创建表”，在打开的表设计视图中设计表结构，如图13-29所示。

02 将设计的表保存为pro。然后在弹出的对话框中双击表名称pro，在打开的视图中添加表记录，如图13-30所示。

03 保存数据表后，关闭Access。执行“文件”/“新建”菜单命令，打开“新建文档”对话框，在对话框左侧选择“空白页”，在“页面类型”列表中选择“ASP VBScript”，单击“创建”按钮新建一个空白的ASP页面，保存为shop.asp。

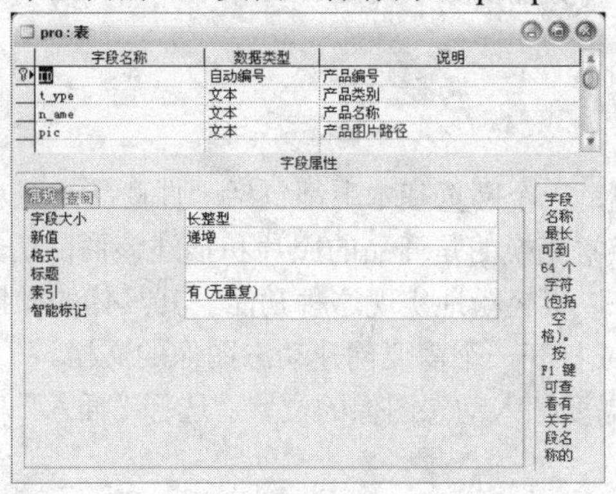

图 13-29 设计表结构

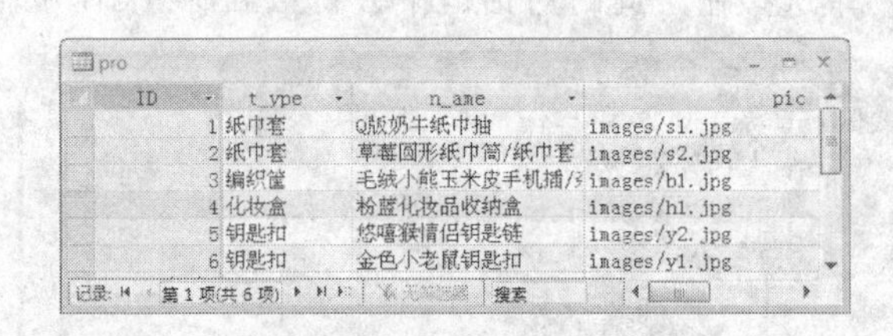

图 13-30 添加记录

为保持网站页面的统一风格，shop.asp的页面布局将设计为与其他HTML页面一样的布局。读者可以按照前面讲述的主页制作过程重新设计shop.asp的页面布局。一个简单的方法是将模板的布局复制到动态页面。

04 打开index.html，将其另存为HTML页面。然后执行“修改”/“模板”/“从模板中分离”菜单命令。

Index.html是基于模板新建的，带有模板标记。这一步骤可以删除代码中不需要的模板标记，从而可以直接复制到shop.asp页面。

05 切换到HTML文件的“代码”视图，从“<head>”开始，选择以下所有的代码，然后单击右键，从上下文菜单中选择“拷贝”命令。

06 切换到shop.asp的“代码”视图，选中从“<head>”开始往下的所有代码，然后单击右键，从上下文菜单中选择“粘贴”命令。此时切换到“设计”视图，可以看到除模板标记以外，shop.asp的页面布局和内容与index.html一样。

07 在正文区域将“欢迎光临我的小屋”修改为“欢迎光临我的小店”。

08 删除正文区域第二行到第四行的内容，并切换到“代码”视图删除第四行单元格中的<marquee>标记。然后选中第二行到第四行单元格，单击属性面板上的“合并单元格”图标按钮，将所选单元格合并为一行。

09 在属性面板上将合并的单元格内容的水平对齐方式设置为“居中对齐”，垂直对齐方式为“顶端”，然后单击“常用”面板上的表格图标按钮，在弹出的“表格”对话框中设置行数为2，列数为4，表格宽度为480像素，边框粗细为1像素。

10 选中表格，在属性面板上设置其“填充”和“间距”均为2。单击“编辑规则”按钮，在弹出的“新建CSS规则”对话框中指定选择器类型为“类”，选择器名称为.tableborder。该CSS规则用于定义表格边框颜色。单击“确定”按钮，在弹出的规则定义对话框中选择“边框”分类，设置边框类型为solid，边框宽度为2，边框颜色为#9C0。

11 选中第一行单元格，在属性面板上设置单元格内容的水平对齐方式为“居中对齐”。然后输入需要的文本内容。例如：编号、产品名称、类别、缩略图。

12 执行“窗口”/“数据库”菜单命令，打开“数据库”浮动面板。单击面板左上角的+按钮，从下拉菜单中选择“数据源名称（DSN）”选项。

13 在弹出的“数据源名称（DSN）”对话框中，输入连接名称myconn，然后单击“定义”按钮，弹出“ODBC数据源管理器”对话框，单击对话框顶部的“系统DSN”页签。

14 单击“添加”按钮，在弹出的“创建新数据源”对话框中选择“Microsoft Access Driver (*.mdb)”，然后单击“完成”按钮，弹出“ODBC Microsoft Access安装”对话框。

15 在“数据源名”文本框中键入数据源的名称blogtest。在“说明”文本框中键入数据源的介绍。单击“选择”按钮，在弹出的“选择数据库”对话框中选择需要的数据库，并单击“确定”按钮关闭对话框。

16 选中“使用本地DSN”单选按钮，单击“测试”按钮测试连接是否成功。测试成功后，单击“确定”按钮关闭对话框。此时创建的数据库连接将出现在“数据库”列表中。

提示： 在连接数据库时，读者还可以使用自定义连接字符串方式，Driver={Microsoft Access Driver (*.mdb)};DBQ= c:\inetpub\wwwroot\blog\data\product.mdb

17 切换到“绑定”浮动面板，单击面板左上角的+按钮，从下拉菜单中选择“记录集（查询）”选项，打开“记录集”对话框。

18 在“名称”文本框中输入记录集的名称rs1，在“连接”下拉列表中选择“myconn”，在“表格”下拉列表中选择pro，其余选项保留默认设置，如图13-31所示。单击“测试”按钮可以查看建立的记录集内容。

19 单击“确定”按钮关闭对话框后，创建的记录集显示在“绑定”列表中。

20 将光标定位在表格的第二行第一列的单元格中，设置单元格内容水平左对齐，垂直居中，然后选中“绑定”面板中的“ID”数据项，再单击“绑定”面板底部的“插入”按钮，将所选数据项插入到单元格中。

21 按照上一步的方法，分别将n_ame和t_ype数据项插入到第二行的第二列和第三列中，然后设置第四列单元格内容水平和垂直对齐方式均为“居中”，并插入一幅图片。

22 选中插入的图片，选中“绑定”面板中的“pic”数据项，然后在“绑定”面板底部的“绑定到”下拉列表中选择数据项绑定的标签img.src，并单击“绑定”按钮。此时的页面效果如图13-32所示。

23 选中表格的第二行，并打开“服务器行为”浮动面板，然后单击“服务器行为”

面板左上角的+按钮，在弹出的下拉菜单中选择“重复区域”选项，弹出“重复区域”对话框。

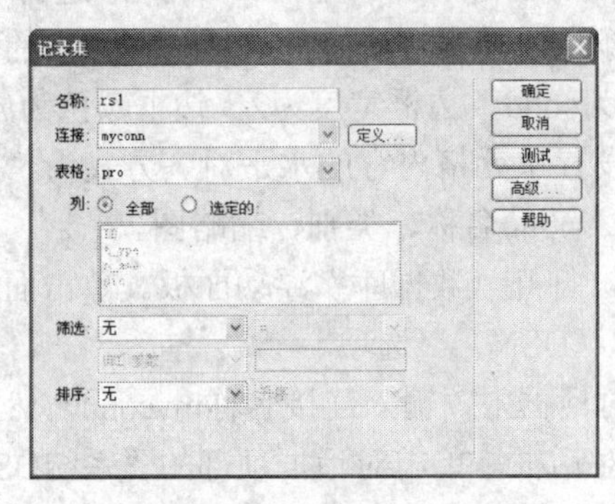

图 13-31 “记录集”对话框

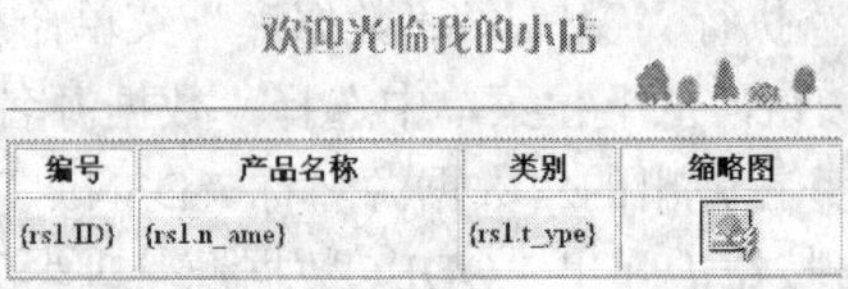

图 13-32 绑定数据后的效果

24 在“记录集”下拉列表中选择rs1，在“显示”区域选中第一项，并在文本框中输入3，即每页显示3条数据。此时的页面效果如图13-33所示。

25 将光标定位在表格的右侧，然后按下Shift + Enter组合键插入一个软回车。执行“插入”/“表格”命令，插入一个一行四列的表格，表格宽度为60%，边框粗细为0。选中表格，设置单元格内容水平和垂直对齐方式均为“居中”。

26 将光标定位在第一列单元格中，切换到“服务器行为”面板，单击面板上的“+”按钮，在弹出的菜单中选择“记录集分页”/“移至第一条记录”命令，弹出“移至第一条记录”对话框。在“链接”下拉列表中选择“创建新链接：第一页”，在“记录集”下拉列表中选择rs1，然后单击“确定”按钮关闭对话框，为页面添加一个“第一页”的导航。同理，执行“移至前一条记录”、“移至下一条记录”和“移至最后一条记录”命令，添加相应的导航链接。插入完毕后的导航条如图13-34所示。

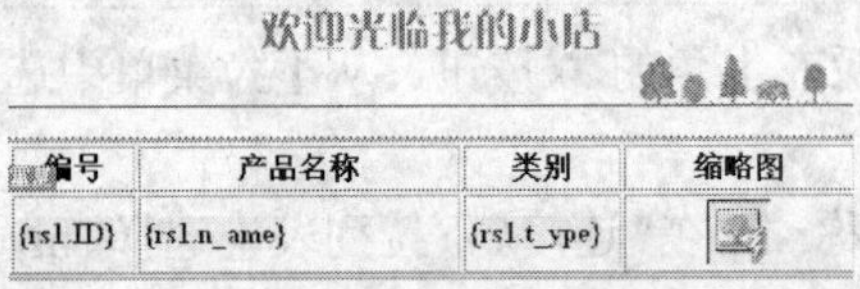

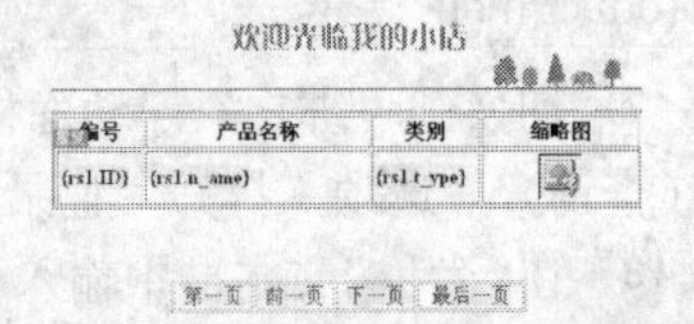

图 13-33 重复区域

图 13-34 插入的记录集导航条

27 调整导航条表格的宽度和高度，并将其中的链接文本修改为第一页、上一页、下一页、最后一页。

由于在个人网站实例中创建的CSS样式表定义了超级链接文本的颜色为绿色，因此插入的记录集导航条的链接文本也显示为绿色。

28 保存页面，并按F12键在浏览器中预览页面效果，如图13-35所示。

本例的记录集中共有6条记录，每页显示3条，所以分两页显示。在第一页显示“下一页”和“最后一页”链接。单击“下一页”链接文本，则显示第二页，如图13-36所示。

单击“第一页”或“前一页”链接文本，可以切换到相应的页面。

至此，个人网站实例制作完毕。

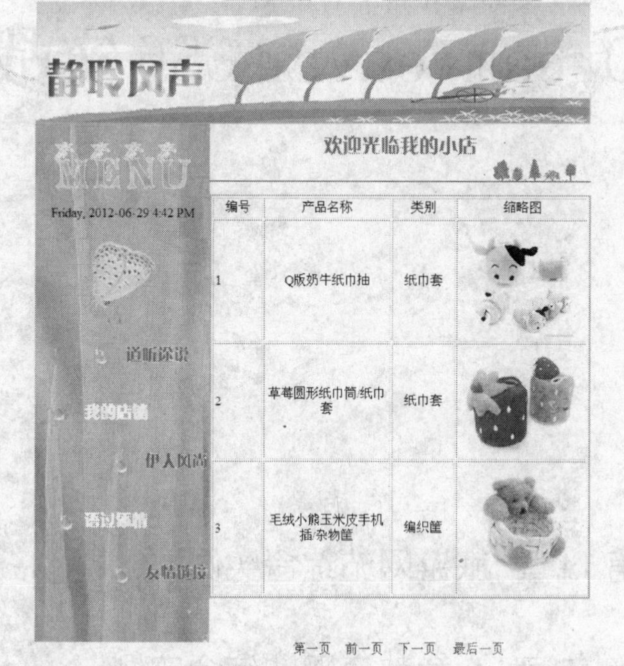

图 13-35　页面预览效果

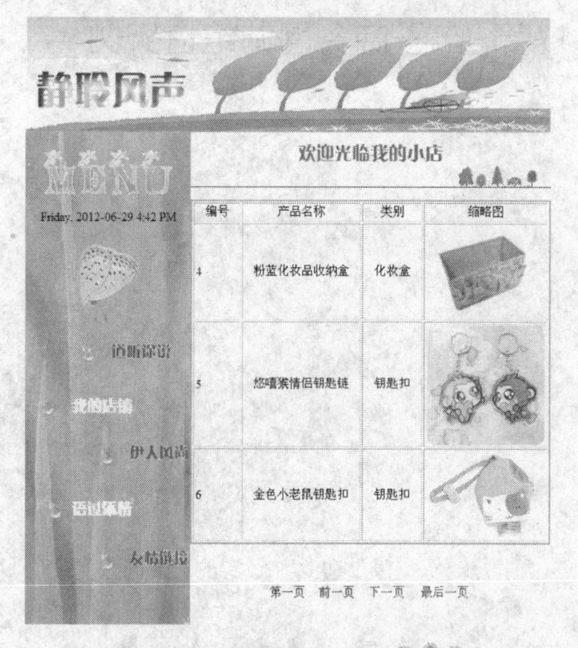

图 13-36　页面预览效果 2

第3篇 Dreamweaver CS6 实战演练

第 14 章　旅游网站综合实例

本章导读

本章将详细介绍在 Dreamweaver CS6 中利用模板等技术制作“旅游网站”的具体方法。本章运用到了网页制作的大部分技术，包括模板技术，热点图像导航等各种超级链接，利用 Spry 用户界面窗口组件制作弹出式菜单，运用表格和 AP 元素技术进行页面排版，库项目以及跑马灯效果的制作等。

- 制作模板和库项目
- 使用 Spry 菜单栏
- 运用表格和 AP 元素布局页面

14.1 实例介绍

旅游网站综合实例是介绍全国各地著名旅游景点的网站。本例用到众多的知识点，包括模板技术、热点图像导航等各种超级链接、利用行为制作弹出式菜单、表格、库项目以及跑马灯效果的制作等。整张页面主要使用表格进行布局。

本例有许多页，但本书内容主要集中在介绍模板制作方面，然后在模板的基础上制作首页及“武夷山概况”页面，最终效果如图 14-1 所示。

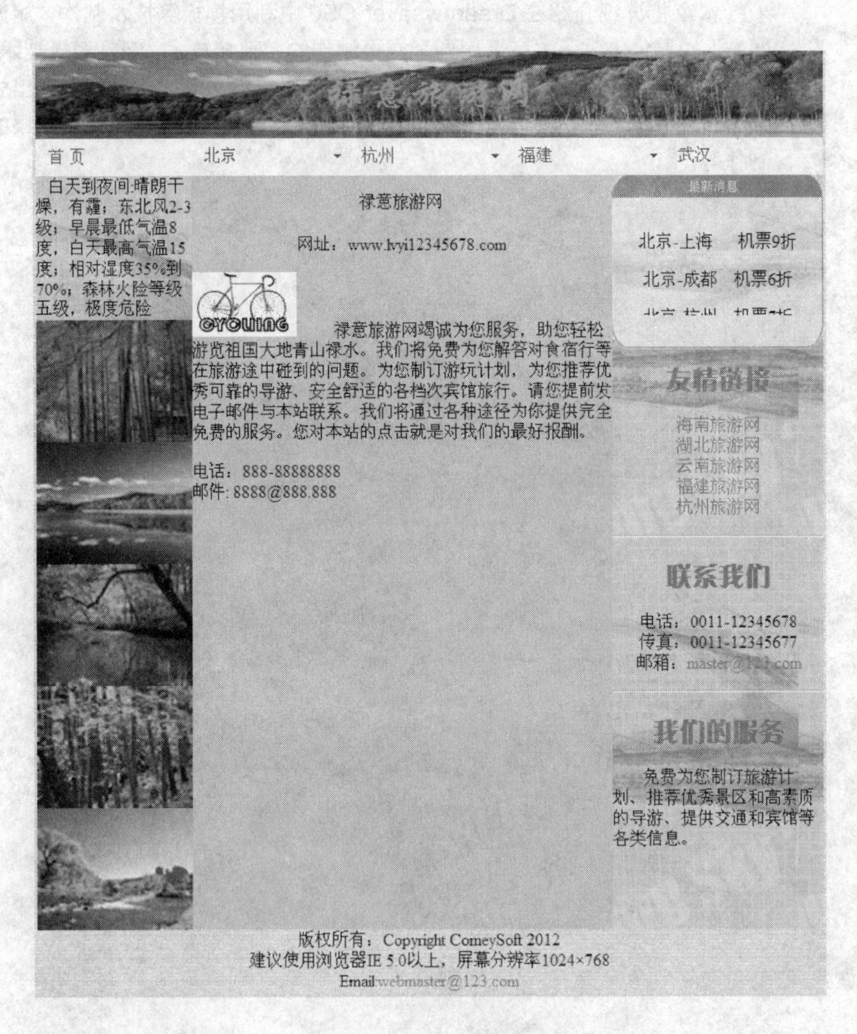

图 14-1 实例效果（1）

光标停留在北京等导航栏上时弹出下拉菜单，如图 14-2 所示。

单击弹出菜单中的“武夷山”可以跳转到“武夷山概况”页面，如图 14-3 所示。

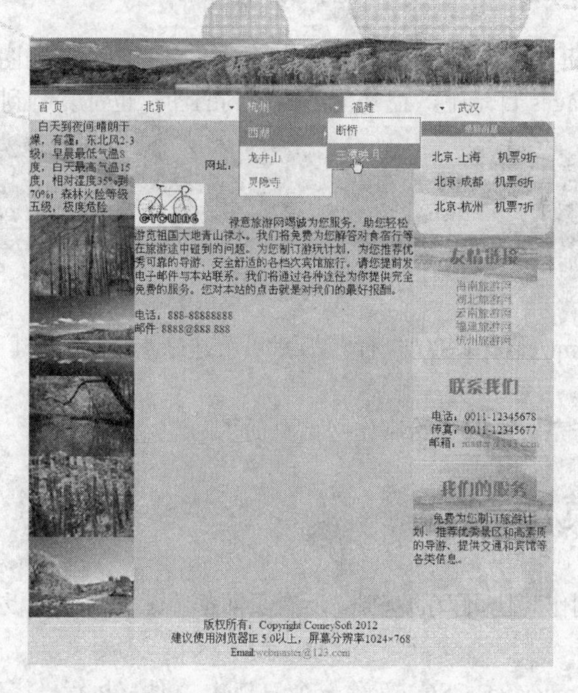

图 14-2　实例效果（2）

图 14-3　实例效果（3）

14.2　准备工作

在开始制作本例之前，先介绍一下制作本旅游网站所需的准备工作。

01 在硬盘上新建 lvyou 目录，在 lvyou 目录下创建 images 子目录。

02 在图片编辑软件（如 Fireworks）里制作所需的图片，如图 14-4 所示。把这些图片保存到 lvyou/images 目录下，把其他需要用到的图片也都复制到本目录。

图 14-4　图片

03 启动 Dreamweaver CS6，执行“站点”|“新建站点”命令新建一个本地站点 lvyou，使其指向 lvyou 目录。

至此，准备工作完毕可以开始制作网站页面了。

14.3　制作模板

本例中模板是制作其他页面的基础，所有页面都将从同一个模板创建。制作模板的具体步骤如下：

01 启动 Dreamweaver CS6，新建一个 HTML 文件。执行“修改”/“页面属性”命令，在弹出的对话框中设置页面的“外观（CSS）”和“链接（CSS）”选项属性，具体设置如图 14-5 和图 14-6 所示。

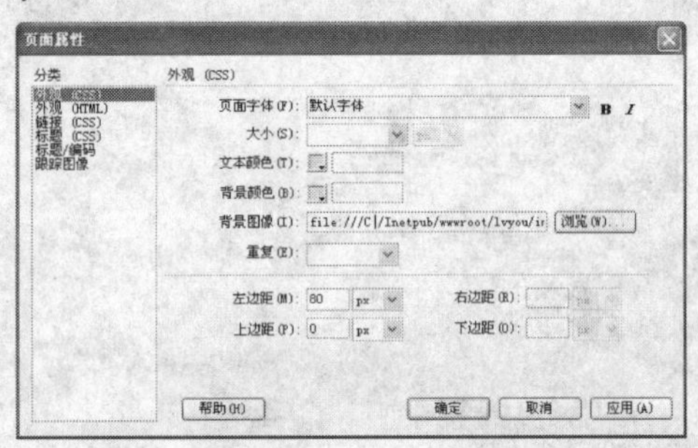

图 14-5　页面属性（1）

02 单击“确定”按钮，完成页面属性设置，然后在页面中插入一个三行三行的表格，表格宽度为 750 像素，边框粗细为 0。选中表格，在属性面板上的“对齐”下拉列表中选择“居中对齐”，“填充”和“间距”均为 0。

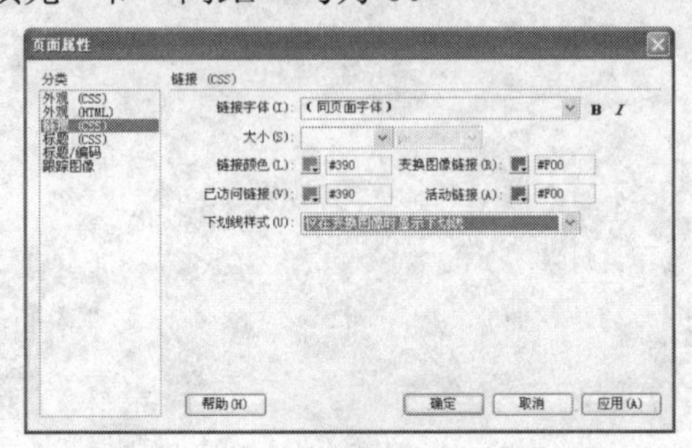

图 14-6　页面属性（2）

03 将光标定位在第一行单元格中，设置单元格内容水平对齐方式为“居中对齐”，垂直对齐方式为“顶端”，然后插入一张图片，修改图片宽度为 750 像素，高度为 80 像素。这时文档效果如图 14-7 所示。

04 合并第二行的 3 列单元格，这时文档效果如图 14-8 所示。

图 14-7　设置页面属性和插入图像的效果

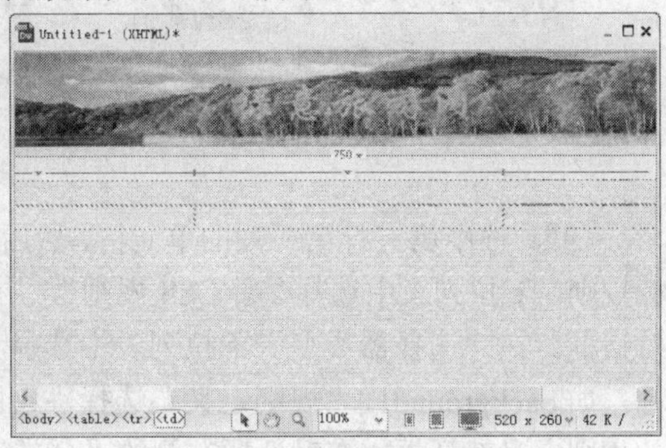

图 14-8　插入表格的效果

05 把光标定位在表格第二行单元格内，设置单元格内容水平对齐方式为“居中对齐”，垂直对齐方式为“顶端”。然后单击“插入”栏的“Spry”标签，切换到 Spry 工具面板，单击 Spry 菜单栏图标，在弹出的“Spry 菜单栏”对话框中选择菜单布局为“水平”，如图 14-9 所示。插入后的菜单栏如图 14-10 所示。

Spry 框架集成的 SpryMenuBar.js 脚本文件无需用户编写菜单弹出代码，菜单栏目均采用基于 Web 标准的 HTML 结构形式，编辑方便。

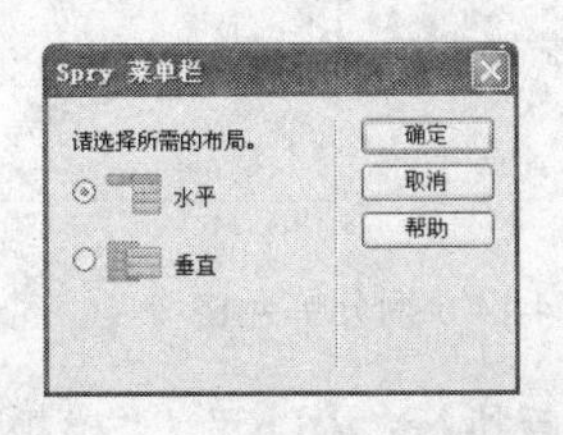

图 14-9　“Spry 菜单栏”对话框

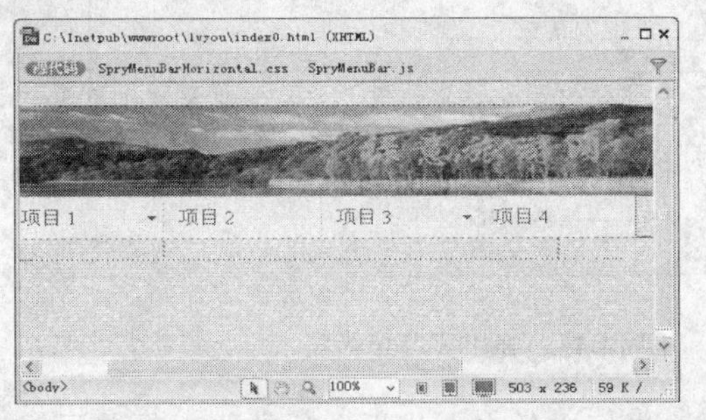

图 14-10　插入菜单栏的效果

06 选中插入的 Spry 菜单栏，在属性面板上设置其菜单项。单击左边第一个列表框中的“项目 1”，在最右边的“文本”栏键入需要的菜单项的名称，如首页，并设置“链接”的目标文档。用同样方法设置其他一级菜单项。如果一级菜单项多于 4 个，单击列表框顶部的加号按钮，即可添加一个一级菜单项；如果少于 4 个，单击减号按钮，即可删除一个菜单项。本例一级菜单设置如图 14-11 所示。

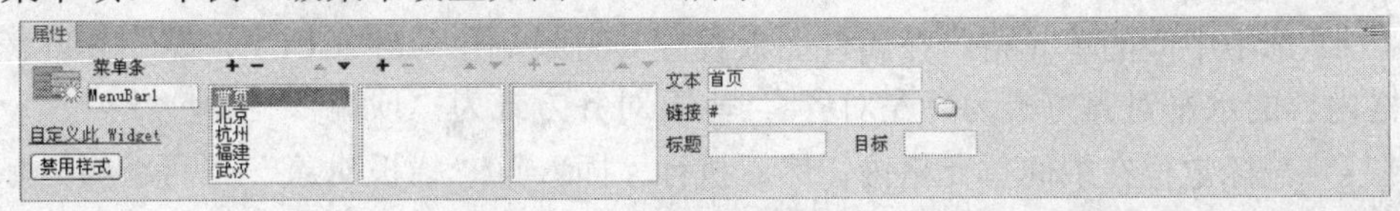

图 14-11　弹出式菜单设置（1）

07 如果有二级菜单项，则按照上一步的方法在属性面板中间的列表框中添加二级菜单项。同理，在右边的列表框中添加三级菜单项，如图 14-12 所示。完成弹出式菜单制作后，在浏览器中把光标停留在热点区将弹出下拉菜单，如图 14-13 所示。

图 14-12　弹出式菜单设置（2）

08 选中第三行第一列的单元格，然后单击其属性面板左上角的 CSS 按钮，在“目标规则”下拉列表中选择“新 CSS 规则”，并单击“编辑规则”按钮打开“新建 CSS 规则”对话框。在“选择器类型”下拉列表中选择“类”，在“选择器名称”文本框中键入类名称，如.background1，“规则定义”选择“仅限该文档”，然后单击“确定”按钮打开对应的规则定义对话框。在对话框左侧的“分类”列表中选择“背景”，然后单击“背景图像”右侧的“浏览”按钮，在弹出的资源对话框中选择喜欢的背景图片。单击“确定”按钮关闭对话框，为选定的单元格设置背景图像。再右击单元格，从弹出的上下菜单中执行“表格”|“拆分单元格”命令，把单元格拆分为五行，如图 14-14 所示。

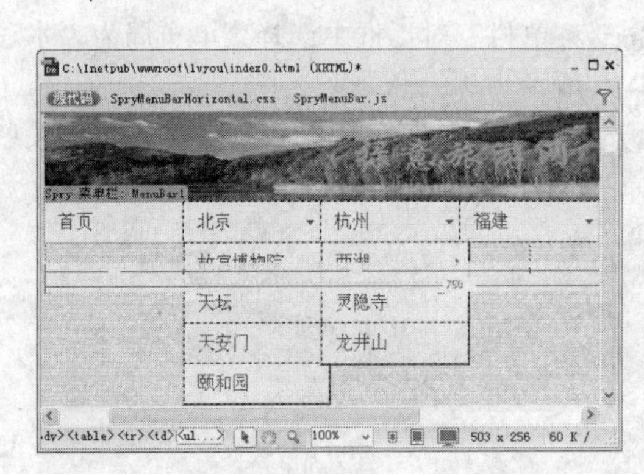

图 14-13　弹出式菜单效果

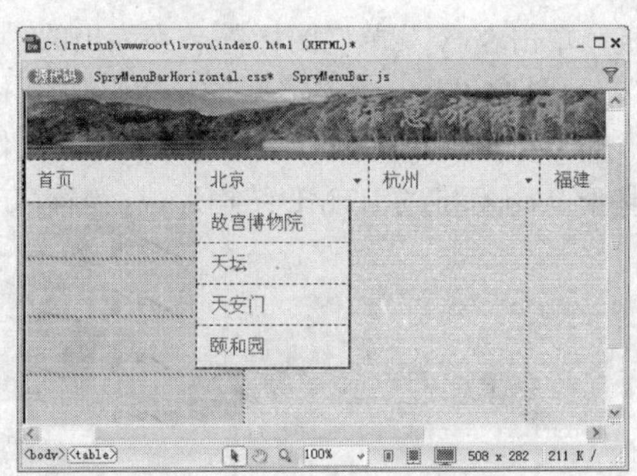

图 14-14　拆分单元格

09 光标定位在上步拆分后的第一行单元格内，然后执行“插入”/“模板对象”/“可编辑区域”命令，弹出一个对话框，提示用户 Dreamweaver 将自动把文件转存为模板。单击“确定”，弹出“新建可编辑区域”对话框，在“名称”文本框中设置可编辑区域的名称为 weather。

10 选中其他 4 个单元格，在属性面板上设置水平对齐方式为“左对齐”，垂直对齐方式为“居中”，然后在单元格内插入图片，并且调整表格到合适的大小，效果如图 14-15 所示。

11 选中中间的单元格，在属性面板设置其背景颜色为#99CCCC，宽为 400 像素，单元格内容的水平对齐方式为“左对齐”，垂直对齐方式为“顶端”。

12 光标定位在中间单元格内，然后执行“插入”/“模板对象”/“可编辑区域”命令，在弹出的对话框中为可编辑区命名 show。单击对话框的“确定”按钮，插入可编辑区。这时文档效果如图 14-16 所示。

14-15　插入图片

图 14-16　插入可编辑区

13 选中表格第三列的单元格，在属性设置面板上设置单元格内容的水平对齐方式为“居中对齐”，垂直对齐方式为“顶端”，宽为 200 像素，然后在“目标规则”下拉列表中选择.background1，设置单元格的背景图像。

14 执行“插入”/“表格”命令，在第三列的单元格中嵌套一个二行一列的表格，表格宽度为 100%，边框粗细为 0，表格名称为 t2。将光标定位在嵌套表格的第一行单元格中，设置单元格高度为 161 像素，然后新建 CSS 规则定义表格的背景图像，此时的页面效果如图 14-17 所示。

15 单击“插入”栏“常用”标签，然后单击“表格”按钮，在单元格中嵌套一个一行一列的表格，表格宽度为 90%，边框粗细为 0，将该表格命名为 t3。

16 选中表格 t3，在属性面板上的“对齐”下拉列表中选择“居中对齐”。将光标定位在单元格中，设置单元格内容水平和垂直对齐方式均为“居中对齐”，并在表格中输入文本，效果如图 14-18 所示。

图 14-17　设置单元格背景图像

图 14-18　插入文本

17 选中嵌套表格 t3，执行“插入”/“模板对象”/“可编辑区域”命令，在弹出的对话框中给可编辑区域命名为 news，然后单击“确定”按钮，插入可编辑区域。

18 把光标定位在编辑区域内，切换到“代码”视图，找到可编辑区域代码：

```
<!-- TemplateBeginEditable name="news" -->
        <table width="90%" height="147" border="0" align="center">
          <tr>
            <td><p>北京-上海     机票 8 折</p>
              <p>北京-成都     机票 6 折</p>
              <p>北京-杭州     机票 7 折</p>
              <p>北京-武夷山   机票 9 折</p></td>
          </tr>
        </table>
<!-- TemplateEndEditable -->
```

将上面的代码修改为如下：

```
<!-- TemplateBeginEditable name="news" -->
        <marquee behavior="scroll" direction="up" hspace="0" height="100" vspace="5"
loop="-1" scrollamount="1" scrolldelay="100" >
<table width="90%" height="147" border="0" align="center">
          <tr>
            <td><p>北京-上海     机票 8 折</p>
              <p>北京-成都     机票 6 折</p>
              <p>北京-杭州     机票 7 折</p>
              <p>北京-武夷山   机票 9 折</p></td>
```

```
    </tr>
  </table>
  </marquee>
<!-- TemplateEndEditable -->
```

完成以上代码插入后，文档效果如图 14-19 所示。

19 光标定位在表格 t2 的第二行单元格中，单击属性面板上的“拆分单元格”按钮 ，将第二行单元格拆分为三行。选中拆分后的第一行单元格，设置单元格内容水平对齐方式为“居中对齐”，垂直对齐方式为“顶端”，然后输入文本“友情链接”。

20 选中“友情链接”四个字，单击其属性面板左上角的 CSS 按钮，在“目标规则”下拉列表中选择“新 CSS 规则”，并单击“编辑规则”按钮打开“新建 CSS 规则对话框”。在“选择器类型”下拉列表中选择“类”，在“选择器名称”文本框中键入类名称，如.fontcolor1，“规则定义”选择“仅限该文档”，然后单击“确定”按钮打开对应的规则定义对话框。在对话框左侧的“分类”列表中选择“类型”，然后设置文本的字体、大小和颜色。单击“确定”按钮关闭对话框，为选定的文本设置字体、字号和颜色等属性，然后为各链接项设置链接地址。提示，在这里超级链接文本是绿色的（前面设置页面属性时设置的）。完成本步骤后的效果如图 14-20 所示。

图 14-19　插入跑马灯

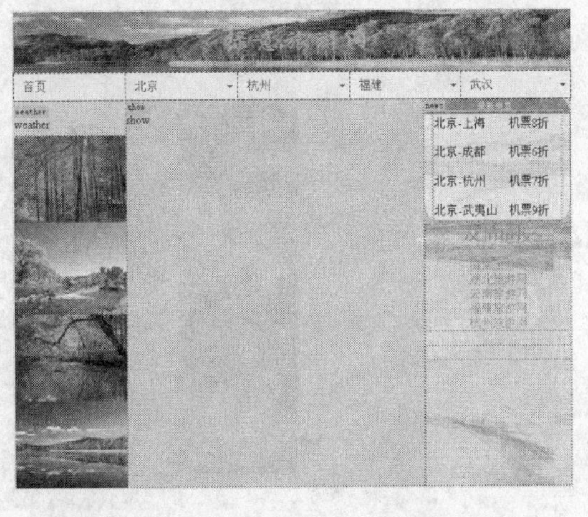

图 14-20　插入“友情链接”

21 单击“插入”/“HTML”/“水平线”菜单命令，插入水平线，然后输入“联系我们”栏的文本内容，并对“联系我们”四个字应用上一步中定义的 CSS 规则。再插入一条水平线，然后输入“我们的服务”栏目内容。完成本步骤后的效果如图 14-21 所示。

22 将光标定位在页面布局表格的最后一行中，例如页面左侧的最后一张图片所在的单元格中，然后打开“布局”插入面板，单击“在下面插入行”按钮 ，添加一行。

23 将光标定位在上一步添加的行中，设置单元格内容水平“居中对齐”，垂直对齐方式为“顶端”，然后输入版权等信息。选中“webmaster@sina.com”，在属性面板设置其“链接”属性为“mailto: comeysoft@sina.com”，效果如图 14-22 所示。

接下来将为经常改变的天气信息和“最新消息”内容制作成库项目。

24 删除可编辑区域 weather 中的默认文本，然后输入天气文本，如图 14-23 所示。

图 14-21　插入文本

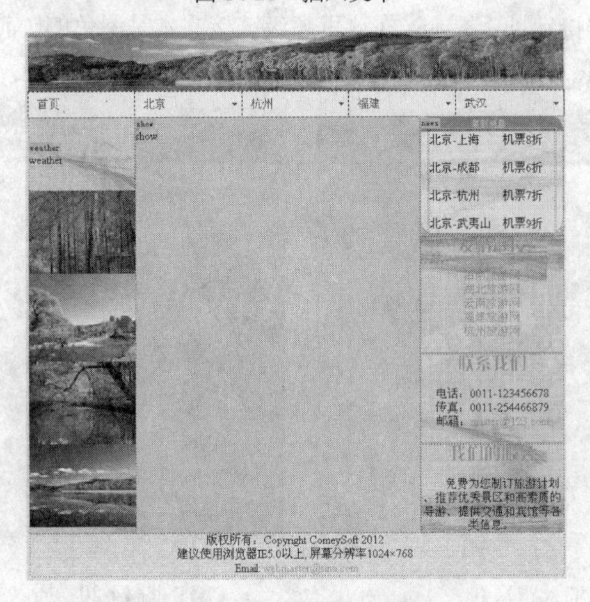

图 14-22　插入“版权”等信息

25 选中上一步输入的文本，执行“修改”/“库”/“增加对象到库”命令。此时在“库”面板中自动新建一个库项目，输入库项目名称 weather，如图 14-24 所示。

26 用同样办法把“最新消息”内容制作成库项目文件 news.lbi。

27 保存模板文件为“lvyou.dwt”（应该养成及时保存文件的习惯，以免因电脑故障而丢失辛勤工作的成果），至此模板制作完毕。切换到文件管理面板，会发现站点中已自动增加了 Templates、Library 和 SpryAssets 三个文件夹，如图 14-25 所示。

创建的模板文件和库文件分别存放于 Templates 和 Library 两个文件夹内，SpryAssets 文件夹内放置创建 Spry 菜单栏时自动生成的样式文件。按 F12 功能键预览模板文件的效果如图 14-26 所示。

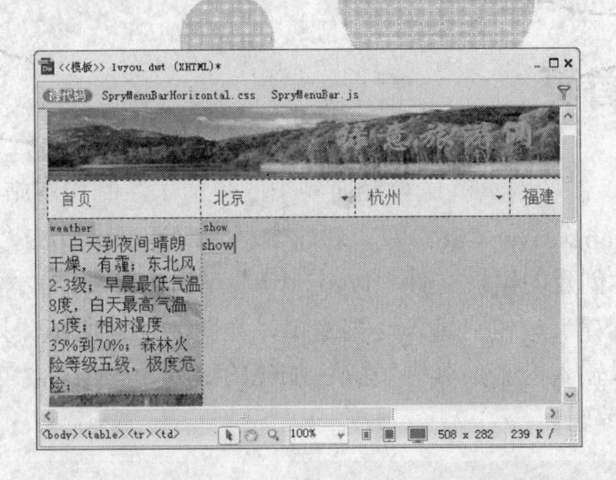

图 14-23　输入“天气信息”文本

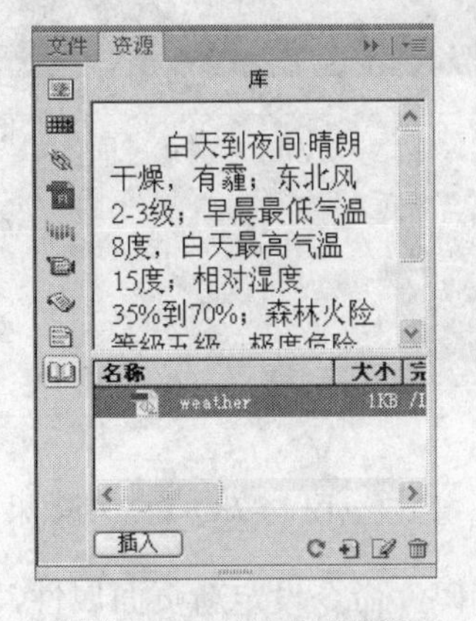

图 14-24　库项目面板

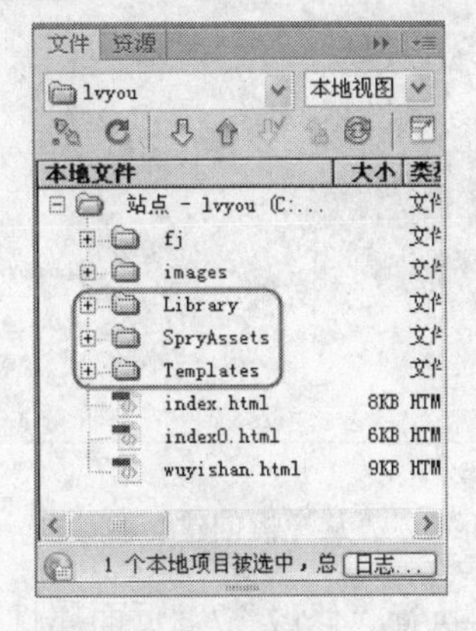

图 14-25　文件管理面板

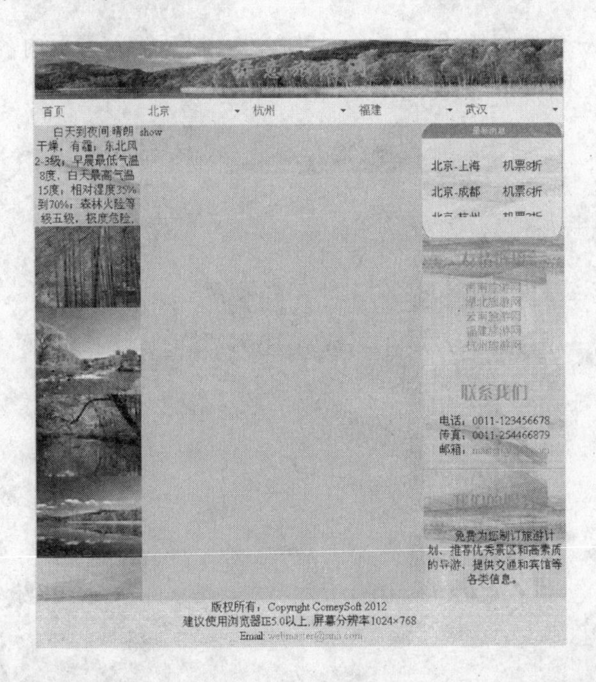

图 14-26　预览效果

14.4 制作首页

制作好模板后，制作网页就成为轻而易举的事情了。制作本站首页执行以下步骤：

01 启动 Dreamweaver CS6，在“新建文档”对话框中单击“模板中的页”，选择站点 lvyou，选中刚才创建的模板文件“lvyou.dwt”，如图 14-27 所示。

02 单击“创建”按钮，进入文档窗口，如图 14-28 所示。只有 weather、show 和 news 可编辑区可以输入内容。其中黄颜色加亮的部分为库项目，可以通过修改库项目文件实现对其内容的编辑。

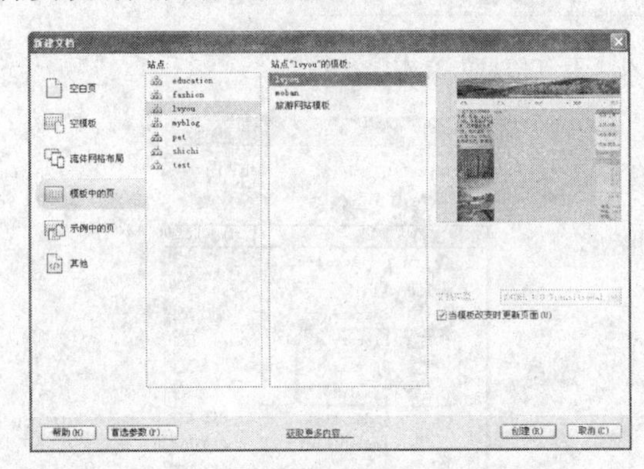

图 14-27 “从模板创建”对话框

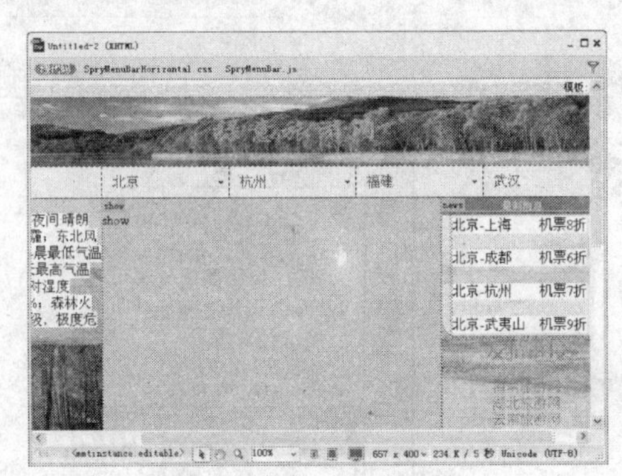

图 14-28 新文档效果

03 执行“修改”/“页面属性”/“标题/编码”命令设定新页面属性，“标题”栏输入“禄意旅游网”。

04 删除 show 可编辑区内的“show”文本，然后输入首页内容，并设置文本和图像格式，最终得到效果如图 14-29 所示。

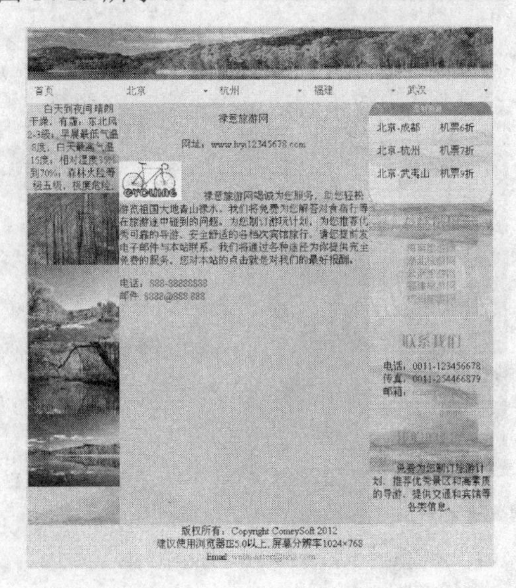

图 14-29 首页效果

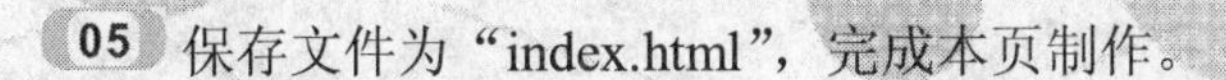

05 保存文件为“index.html”，完成本页制作。

14.5 制作其他页面

制作其他页面步骤与首页的制作完全相同，在此不再赘述。图 14-30 是在“制作首页”的第四步骤中输入“武夷山概况”内容后的页面效果。制作完后保存为“武夷山.html”文件。

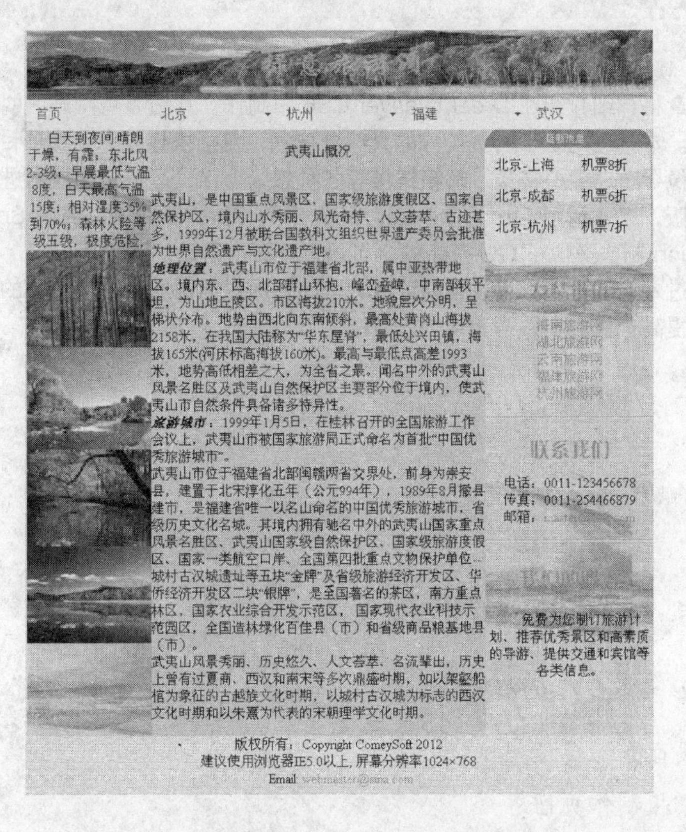

图 14-30 页面“wuyishan.html”效果

第 15 章 儿童教育网站设计综合实例

本章将详细介绍在 Dreamweaver CS6 中制作“儿童教育网站”的具体方法。本章运用到了网页制作的大部分技术，包括模板技术、库项目、热点图像导航、虚拟链接、邮箱链接等各种超级链接、运用表格技术进行页面排版，以及利用 Dreamweaver CS6 中的 Spry 界面窗口部件 Spry accordion 制作类似于 QQ 菜单的、可以上下自由滑动的菜单面板。

通过本章的学习，可以帮助读者巩固和加深对前面所学基础知识的理解，并提高读者的实践应用能力。

- 制作页面布局模板
- 基于模板制作页面
- 制作首页

15.1 实例效果

本例的最终效果如图15-1～图15-3所示。

图15-1　首页效果

将鼠标指针移到导航菜单上时，菜单项显示为桔红色，并弹出下拉菜单。移到链接文本上，则文本颜色变为桔红色，并显示下划线。

页面底部的图片向右滚动，当将鼠标指针移到图片上时，图片停止滚动；移开鼠标，则图片继续滚动。

本例中的页面布局相同，例如其中一个信息显示页面如图15-2所示。左侧显示栏目子标题，页面右侧区域显示详细的信息列表。单击链接文本，可以在类似的页面中打开链接目标文件。

图15-2　首页效果

图15-3所示的页面是一个信息反馈页面。左侧显示栏目子标题，页面右侧区域显示一个表单。表单项采用Spry验证构件制作，当输入的信息不满足要求，则提交表单时会显示相应的提示信息。

图15-3　页面效果

15.2　创建站点

对网站进行仔细规划之后，就需要收集、制作需要的站点资源了，如LOGO、导航条背景、图片等，并为这些素材建立相应的文件夹目录。这些准备工作完毕之后，接下来就可以构建站点了。本节将这些已有的文件夹组织为一个站点，步骤如下：

01 启动Dreamweaver CS6，执行“站点”/“管理站点”/“新建”命令，打开“站点设置”对话框。

02 在弹出的“站点设置”对话框中设置站点名称为education，然后指定本地站点文件夹的路径C:\Inetpub\wwwroot\education\。

03 单击“高级设置”选项卡，然后在其子菜单中选择“本地信息”，在打开的屏幕中设置“默认图像文件夹”为c:\inetpub\education\images\。

04 在“链接相对于”区域，选择“文档”选项。

05 在“Web URL”后的文本框中输入http://localhost/education/。

06 单击对话框中的“保存”按钮，返回“站点设置”对话框。再次单击“保存”按钮，返回“站点管理”对话框，这时对话框里列出了刚刚创建的本地站点。

将文件夹目录结构组织为站点后，即可以将磁盘上现有的文档组织当作本地站点来打开，便于以后统一管理。

15.3 制作素材

在正式制作网页之前，需要先制作网页中要用到的图片、图标、动画、声音或视频等素材。本实例中用到的素材制作简单，本书不进行详细介绍，主要介绍一下制作弹出菜单和标题动画的操作步骤。

15.3.1 制作弹出菜单

在本例的导航菜单制作步骤如下：

01 启动Fireworks，执行“文件”/“新建”命令，在“新建文档”对话框中，将“画布大小”设置为680像素×50像素，画布颜色设置为透明。

02 在绘图工具箱中选择文本工具，并在属性面板上设置字体为宋体，大小为14，文本颜色为黑色。

03 在画布上输入导航菜单文本，并通过属性设置面板使其水平分布，刚好布满整个文档，效果如图15-4所示。

首页 | 宝宝学园 | 亲子资源 | 师生风采 | 父母学堂 | 成长天地 | 咨询留言 | 友情链接 | 联系我们

图15-4 设置按钮的文本标签

04 在绘图工具箱中选择切片工具，在导航文字上添加切片，如图15-5所示。

图15-5 为导航文字添加切片

05 选中页面上的所有对象并复制，然后打开“状态”面板，单击面板底部的“新建/重制状态”图标按钮，新建一个状态，并执行“编辑”/“粘贴”命令，将状态1的内容粘贴到状态2中。

06 在绘图工具箱中选择文本工具，选中状态2中的文本，然后在属性面板上将文字颜色修改为桔红色。

07 返回状态1，选中第一个切片对象，在切片上单击鼠标右键，然后在弹出的上下文菜单中选择“添加交换图像行为”命令，弹出图15-6所示的对话框。

08 在对话框左上角的列表框右侧单击要添加行为的切片位置，然后选中“状态编

号”按钮，并在其右侧的下拉列表中选择“状态2”。

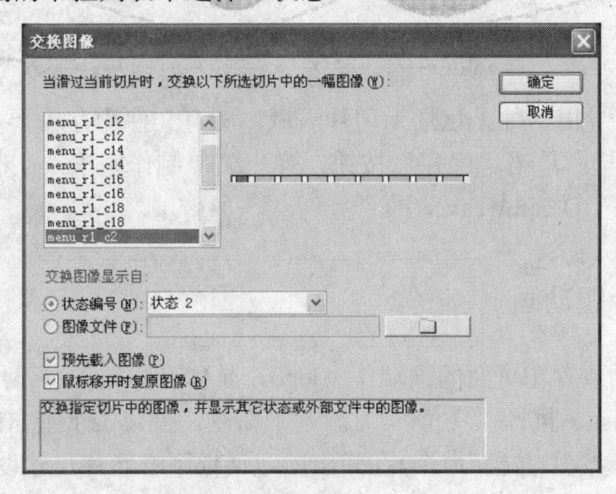

图15-6　“交换图像”对话框

09 单击“确定”按钮关闭对话框。打开“行为”面板，为行为指定触发事件。本例使用默认设置，即OnMouseOve。

10 按照第 **07** ~ **09** 步的操作方法为其他切片添加交换图像行为和触发事件。

为切片添加交换图像行为之后，在浏览器中将鼠标指针移到黑色的导航文字上时，文本显示为桔红色。

11 选中一个切片对象，例如“宝宝学园”，在切片对象上单击鼠标右键，在弹出的上下文菜单中选择“添加弹出菜单”行为。

12 在“弹出菜单编辑器”对话框的“内容”页面，添加二级或二级以上子菜单项，并为菜单项指定链接目标，以及目标文件打开的方式。

13 单击“继续”按钮切换到“外观”页面，设置菜单类型为垂直菜单，字体为宋体，大小为14，文本在单元格中的对齐方式为居中对齐，弹起状态的文本颜色为黑色，单元格背景颜色为白色，滑过状态的文本颜色为白色，单元格背景颜色为桔红色。

14 单击“继续”按钮切换到“高级”页面，设置单元格边距为5，边框宽度为1，边框颜色为黑色，阴影为深灰色，高亮为浅灰色。

15 单击“继续”按钮切换到“位置”页面，设置菜单位置为切片的底部，子菜单位置为菜单的右下部，然后单击“完成”按钮关闭对话框。打开“行为”面板，为添加弹出菜单行为指定触发事件为OnMouseOver，此时画布上的对象如图15-7所示。

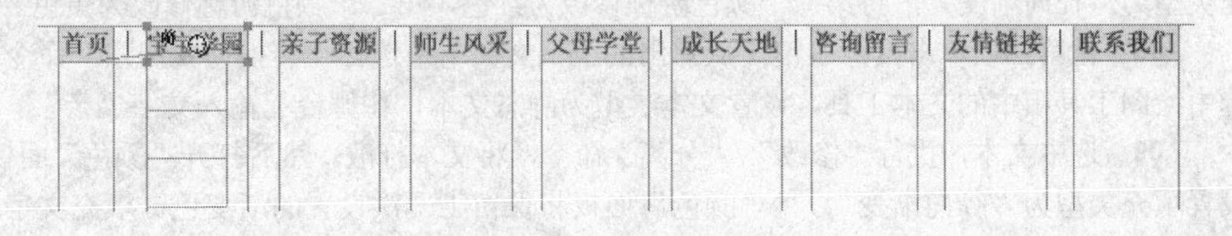

图15-7　“添加弹出菜单”行为的效果

16 按照与第 **11** ~ **15** 步类似的方法编辑几个切片的弹出菜单。编辑完毕按F12键可以在浏览器中预览弹出菜单的效果。

17 执行“窗口”/“优化”命令，在“优化”面板的“设置”下拉列表框中选择“GIF最合适 256”。

18 执行“文件”/“导出”命令，在“导出”对话框内输入文件名menu，保存类型为HTML和图像，导出切片，包括无切片区域。所有文件均存放于站点的images目录下。

19 设置完毕，单击“保存”按钮，弹出菜单制作完毕。在制作网页时，可将导出的HTML文件应用于Dreamweaver中。

15.3.2 制作标题动画

制作标题动画放置在页面的顶端作为logo，具体步骤如下：

01 启动Flash，执行“文件”/“新建”命令，创建一个空白的FLA文档。

02 执行“修改”/“文档”命令，在弹出的对话框中将影片尺寸设置为1020px×1200px，背景颜色为#FFCA21。

03 执行“文件”/“导入”/“导入到舞台”命令，在舞台上导入一幅背景图片。选中背景图片，在属性面板上设置其左上角与舞台左上角对齐。

04 新建一个图层，在图层的第1帧导入一幅位图，然后将导入的位图移到背景图片的右下方，效果如图15-8所示。

图15-8　图像效果

05 按下Shift键的同时，单击选中图层1和图层2的第80帧，然后单击鼠标右键，在弹出的上下文菜单中选择“插入帧”命令，将舞台背景延续到第80帧。

06 新建一个图层，在绘图工具箱中选择多角星形工具，并打开属性面板，设置笔触颜色无，单击“选项”按钮，在弹出的对话框中设置类型为“星形”，边数为5。然后在舞台上绘制一个五角星形。

07 选中星形，将其拖放到舞台右侧的工作区中，然后打开“颜色”面板，设置填充类型为“径向渐变”，将第一个颜色游标修改为红色，第二个颜色游标修改为黄色。

08 在第20帧单击鼠标右键，从弹出的上下文菜单中选择“转换为关键帧”命令。选中绘图工具箱中的文本工具，设置文本类型为静态文本，在舞台上输入文字“亲”。

09 选中文本，执行“修改”/“分离”命令，将文本打散。然后打开“颜色”面板，设置填充类型为“径向渐变”，“颜色”面板将保留上一次设置的渐变色。填充文字之后，删除舞台上的星形。

10 在第1帧和第20帧之间的任意一帧上单击鼠标右键，从弹出的上下文菜单中选择“创建补间形状”命令，创建形状渐变动画。

单击时间轴面板底部的“绘图纸外观”按钮，可以查看动画效果，如图15-9所示。

图15-9　形状补间动画的洋葱皮效果

11 新建一个图层。选中新图层的第21帧，单击鼠标右键，从弹出的上下文菜单中选择“插入关键帧”命令，然后选择多角星形工具，在舞台上绘制一个五角星形。

12 选中星形，将其拖放到舞台右侧的工作区中，然后打开“颜色”面板，设置填充类型为“径向渐变”，将第一个颜色游标修改为黄色，第二个颜色游标修改为绿色。

13 在第40帧单击鼠标右键，从弹出的上下文菜单中选择“转换为关键帧”命令。选中绘图工具箱中的文本工具，设置文本类型为静态文本，在舞台上输入文字“亲”。

14 选中文本，执行“修改”/“分离”命令，将文本打散，然后打开“颜色”面板，设置填充渐变色为黄绿色径向渐变，然后删除舞台上的星形。

15 在第21帧和第40帧之间的任意一帧上单击鼠标右键，从弹出的上下文菜单中选择“创建补间形状”命令，创建形状渐变动画。

16 按照以上方法，再新建两个图层，分别制作“宝”和“贝”的形状渐变动画。为实现文字依次出现的效果，“宝”的补间范围为第41帧到第60帧，“贝”的补间范围为第61帧到第80帧。制作完成后的动画最后一帧和时间轴如图15-10所示。

图15-10　动画最后一帧及时间轴效果

17 执行“文件”/“发布设置”菜单命令，在弹出的对话框中单击“Flash”选项卡，在对应的页面中将JPEG品质设为80，导出版本为Flash Player 10，然后单击“确定”按钮关闭对话框。

18 执行“文件”/“导出影片”命令，在弹出的对话框中设置文件的保存类型为“SWF影片（*.swf）”，文件名称为logo.swf，，保存位置为C:\Inetpub\education\multimedia。

19 执行“文件”/“保存”命令，将源文档保存为logo.fla。

15.4 制作页面布局模板

本例网站中的网页页面风格一致，因此考虑首先制作一个模板文件，创建页面的整体布局，然后基于该模板生成页面文件。由于本网站的首页布局与其他页面有所不同，因此本章将在最后单独介绍。

制作页面布局模板之前，首先制作库项目。

15.4.1 制作库项目

本例中制作的库项目主要是版权声明，具体制作步骤如下：

01 启动Dreamweaver CS6，选择“窗口”/“文件”命令，打开“文件”面板。

02 在“文件”面板左上角的站点下拉列表中选择站点education，并将站点视图设置为“本地视图”。

03 打开“库”面板，单击面板底部的“新建库项目”按钮，输入库项目的名称，然后单击文档窗口中的其他区域。

04 双击库项目名称，在文档窗口中打开，然后在页面中插入一个三行一列的表格，表格宽度为100%。

05 选中表格中的单元格，在属性面板上设置单元格内容的水平对齐和垂直对齐方式均为居中，然后在表格中输入文本，如图15-11所示。

Copyright© 2012-2014 vivi123 All Right Reserved.
建议使用浏览器IE 6.0及以上，屏幕分辨率1024×768及以上
联系电话：001-12345678 Email:vivi123@123.com.cn

图15-11 库文件

06 选中版本声明中的邮箱链接文本，在属性面板上的链接文本框中输入mailto:vivi123@123.com.cn，创建邮件链接。

07 关闭库项目编辑窗口。

此时，即可在库面板中的库项目列表中看到已创建的库项目了。

接下来制作页面布局模板。

15.4.2 制作模板

本例制作页面布局模板的具体操作步骤如下：

01 启动Dreamweaver CS6，选择“窗口”/“文件”命令，打开“文件”面板。

02 在“文件”面板左上角的站点下拉列表中选择站点education，并将站点视图设置为“本地视图”。

03 在“文件”面板中单击鼠标右键，在弹出的上下文菜单中选择“新建文件”命令，在当前站点中新建一个HTML文件，输入文件名称后按Enter键，或单击文档窗口其他区域，然后在“文件”面板中双击新创建的文件，在文档窗口中打开该文件。

04 执行“修改”/“页面属性”命令，在弹出的对话框中设置字体为宋体，大小为14，颜色为黑色，背景颜色为#FFCA21，切换到“链接”页面，设置所有链接颜色均为黑色，链接文字大小为14，且始终无下划线，然后单击“确定”按钮关闭对话框。

05 在“常用”面板中单击表格图标，在弹出的对话框中设置表格行数为1，列数为1，表格宽度为100%，边框粗细为0，单元格边距和间距都为0，无标题，然后单击“确定”按钮，在页面中插入一个一行一列的表格。

06 选中表格，在属性面板上的“对齐”下拉列表中选择“居中”，然后将光标定位在单元格中，在属性面板上设置单元格内容的水平对齐方式为居中，垂直对齐方式为顶端。

07 将光标定位在单元格中，单击“常用”面板上的媒体图标按钮，在弹出的下拉菜单中选择“媒体：SWF”命令，在单元格中插入上一节中制作好的标题动画。确保选中“循环”和“自动播放”复选框。

08 将鼠标指针定位在Flash对象所在的表格右侧，按下键盘上的Shift+Enter组合键，插入一个软回车。在“常用”面板中单击表格图标，在弹出的对话框中设置表格行数为4，列数为2，表格宽度为872像素，边框粗细为0，单元格边距和间距都为0，无标题，然后单击“确定”按钮，在页面中插入一个四行二列的表格。

09 选中表格，在属性面板上指定ID为main。将光标定位在第一行单元格中，单击属性面板上的合并单元格按钮，在弹出的对话框中将第一行单元格合并为一列，然后在属性面板上设置单元格内容的水平对齐方式和垂直对齐方式均为居中。

接下来为第一行的单元格新建CSS规则，指定单元格背景图像。

10 在属性面板上单击“编辑规则”按钮，在弹出的对话框中设置选择器类型为“类”，选择器名称为.boximg，规则定义的位置为“新建样式表”，然后单击“确定”按钮，在弹出的对话框中将样式表命名为link.css，且保存在当前站点根目录之下。

11 在弹出的规则定义对话框中，单击左侧分类列表中的“背景”，然后在对应的页面中单击“浏览”按钮定位到需要的背景图像。单击“应用”和“确定”按钮关闭对话框。

此时，指定单元格中已应用指定的背景图像。

12 将光标移到上一步定义背景图像的单元格中，选择“插入”/“图像对象”/“Fireworks HTML”命令，打开“插入Fireworks HTML”对话框。单击“浏览”按钮，定位到14.2.1节制作的弹出菜单，单击“确定”按钮，即可插入弹出菜单。当前页面在实时视图中的效果如图15-12所示。

当将鼠标指针移到导航文字上时，显示弹出式菜单，且文本将显示为桔红色，效果如图15-13所示。

图15-12 页面效果

图15-13 页面效果

13 将光标定位在第二行第一列单元格中，在属性面板上设置单元格宽度为291像素，然后将该单元格拆分为二行。

14 选中上一步拆分后的第二行单元格，将其拆分为三列。将拆分后的第二列单元格拆分为四行，此时的页面布局如图15-14所示。

15 选中单元格，在属性面板上设置单元格内容水平对齐方式为左对齐，垂直对齐方式为顶端，然后在第一行单元格中插入图像。同理，在第二行第一列和第二行第三列的单元格中插入图像。

16 选中第二列单元格，分别在第一行单元格和第三行的单元格中插入图像。新建一个CSS规则，定义第二行的单元格的背景图像，且设置第二行单元格的高度为122像素，然后在第四行单元格插入图像，此时的页面效果如图15-15所示。

17 将光标定位在表格main的第三行单元格中，单击属性面板上的合并单元格按钮，将最后一行单元格合并为一列，设置单元格内容水平左对齐，垂直顶端对齐，然后插入图像。

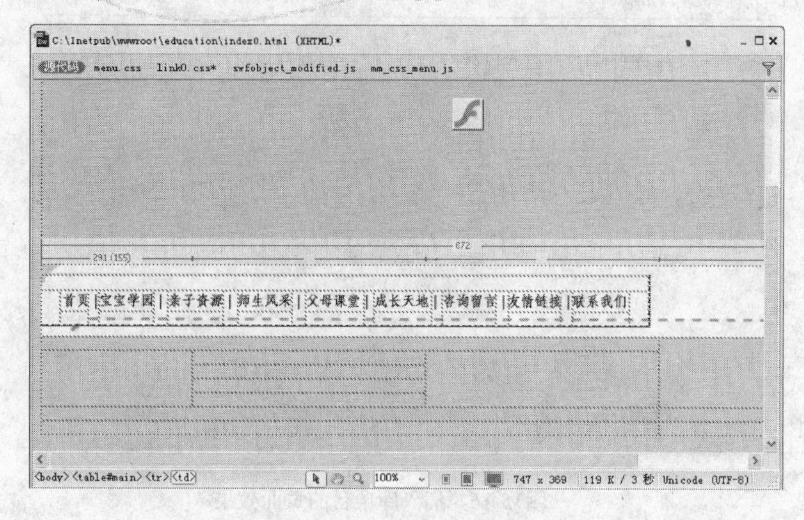

图15-14　页面效果

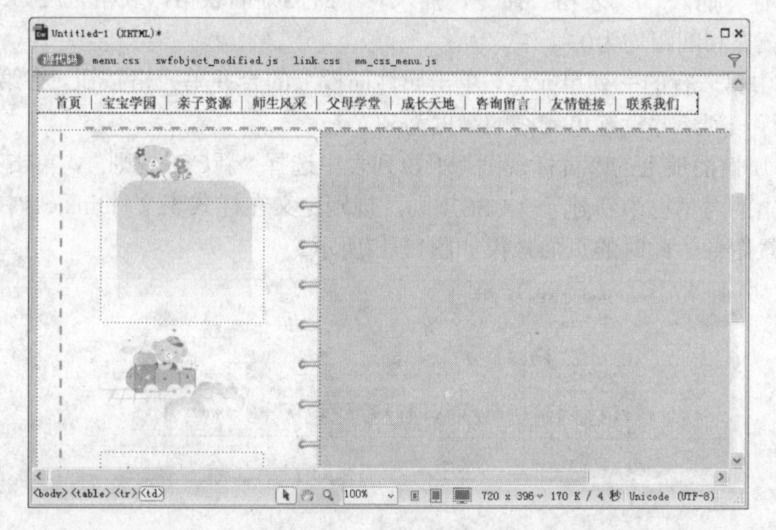

图15-15　页面效果

18 将光标定位在表格main的最后一行单元格中，单击属性面板上的合并单元格按钮，将最后一行单元格合并为一列，并在属性面板上设置单元格内容水平对齐方式和垂直对齐方式均为居中，高度为90。

19 在属性面板上的“目标规则”下拉列表中选择“新CSS规则”，单击“编辑规则”按钮，在弹出的对话框中指定选择器类型为“类”，规则定义在link.css样式表中。单击“确定”按钮，在弹出的对话框中设置单元格的背景图像。

20 将光标定位在上一步设置背景图像的单元格中，然后在库面板中选中创建的版权声明库项目，单击面板底部的“插入”按钮，将库项目添加到页面中。此时的页面效果如图15-16所示。

接下来制作第二列的内容。

21 将光标定位在第二列单元格中，设置单元格背景颜色为白色，水平对齐方式为左对齐，垂直对齐方式为顶端。

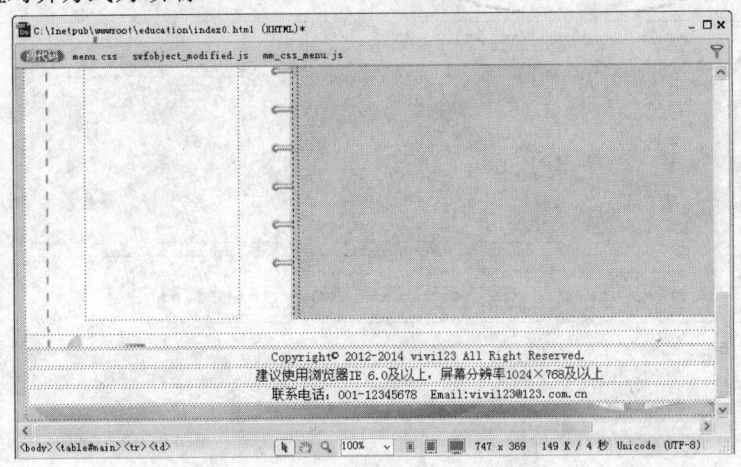

图15-16 插入库项目的页面效果

22 执行“插入”/“表格”命令，插入一个2行3列的表格，表格宽度为581像素，边框、单元格填充和间距均为0。

23 选中第一行的三列单元格，单击属性面板上的合并单元格按钮，将第一行的单元格合并为一行一列，并设置单元格的高度为58。

24 在属性面板上的“目标规则”下拉列表中选择“新CSS规则”，单击“编辑规则”按钮，在弹出的对话框中新建一个CSS规则，规则定义在样式表文件link.css中，用于定义单元格的背景图像。此时的页面效果如图15-17所示。

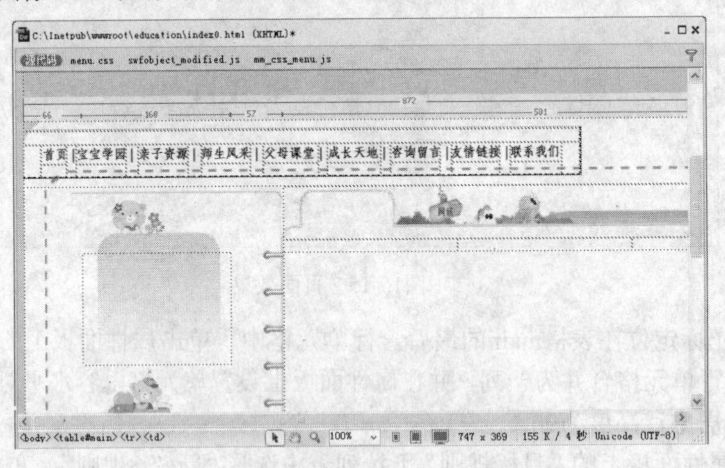

图15-17 页面效果

25 将鼠标指针定位在第二行第一列的单元格中，插入图像；同理，在第三列单元格中插入图像。此时的页面效果如图15-18所示。

至此，页面的基本布局制作完毕，该页面布局用于显示本站点实例中的栏目内容。为创建风格统一的页面，可将该页面布局保存为模板。

26 将鼠标指针定位在第二列单元格中，在属性面板上设置单元格内容水平对齐方式为居中，垂直对齐方式为顶端，然后执行“插入”/“模板对象”/“可编辑区域”菜单命令，在弹出的对话框中指定可编辑区域的名称为content。

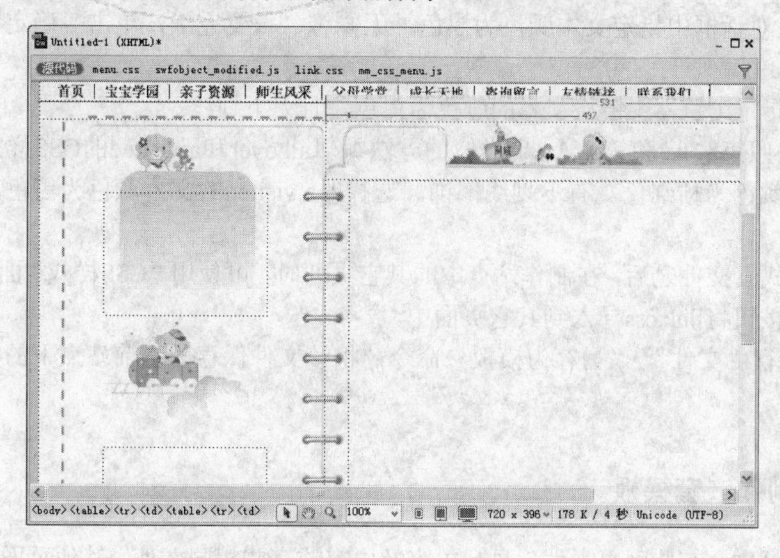

图15-18　页面效果

27 按照上一步的方法在页面左侧的区域也添加一个可编辑区域，命名为nav。在栏目标题区域添加一个可编辑区域，命名为name。该可编辑区域用于显示栏目标题。

28 选中可编辑区域name中的文字，在属性面板上的“目标规则”下拉列表中选择“新CSS规则”命令，然后单击“编辑规则”按钮，在已定义的样式表文件link.css中定义一个选择器类型为“类”的新规则。在弹出的规则定义对话框中，设置文本字体为隶书，大小为x-large，颜色为桔红色。此时的页面效果如图15-19所示。

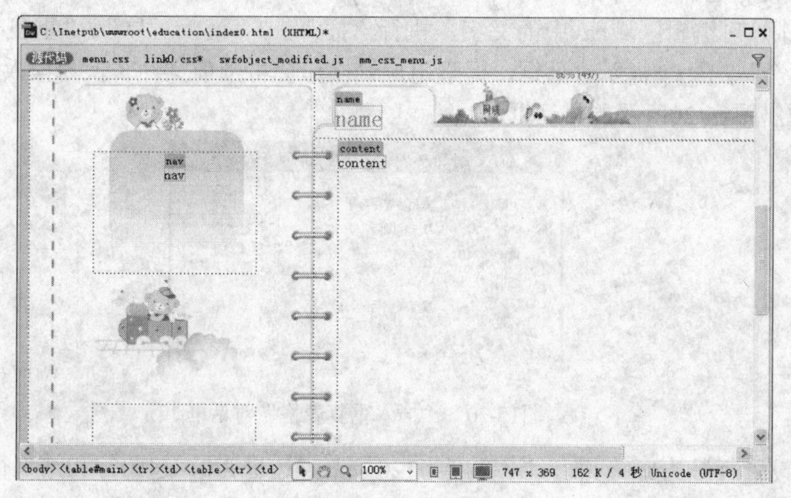

图15-19　页面效果

至此，模板文件基本制作完毕，接下来新建CSS规则定义页面文件中链接文本的外观。

29 选择“窗口”/“CSS样式”命令，打开“CSS样式”面板。

30 单击“CSS样式”面板底部的“新建CSS样式”按钮，在弹出的对话框中设置选择器类型为“复合内容”，并在选择器名称下拉列表中选择a:link，规则定义在已创建的新式表link.css中，单击“确定”按钮，弹出新规则定义对话框。

31 在对话框中指定文本颜色为黑色，无修饰。设置完毕，单击“确定”按钮关闭对话框。

该规则指定浏览器中链接文本的颜色为黑色，且无下划线。

32 按照第 30 和第 31 步类似的方法编辑a:hover和a:visited的CSS样式。其中，a:hover文本颜色为桔红色，有下划线修饰。选择器a:visited的文本颜色为黑色，无任何修饰。

创建样式表文件之后，在制作站点中的其它页面时，可使用“CSS样式”面板中的“附加样式表”按钮将link.css导入到其它页面中。

33 执行“文件”/“另存为模板”命令，将该文件保存为当前站点下的模板，命名为bg.dwt。

15.4.3 制作嵌套模板

在本网站中，有些网页文件除显示内容及内容的有些相同之外，其他页面元素基本相同。因此可以制作一个嵌套模板，在模板中利用重复区域显示页面内容。

本实例使用的嵌套模板制作步骤如下：

01 打开“资源”面板，并切换到“模板”面板视图。

02 在模板列表中选中上一节中创建的模板bg.dwt，单击鼠标右键，在弹出的快捷菜单中选择“从模板新建”命令。

基于模板新建的文件有与模板完全一样的页面布局，除三个可编辑区域可以修改之后，其他区域均处于锁定状态。

03 删除可编辑区域nav中的文字，执行“插入”/“模板对象”/“重复表格”菜单命令，此时会弹出一个提示对话框，提醒用户该操作会将当前文件转换为模板。单击“确定”按钮弹出图15-20所示的对话框。

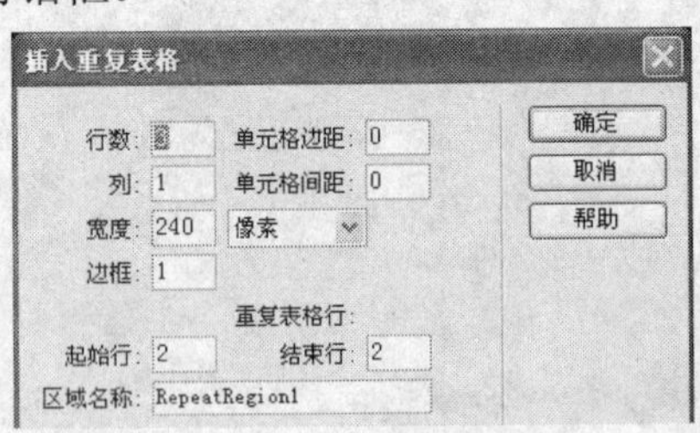

图15-20 “插入重复表格”对话框

04 设置行数为5，列数为1，宽度为120像素，边框为0，起始行和结束行均为1，区域名称为submenu，然后单击“确定”按钮关闭对话框，即可在当前文档中的可编辑区域插入一个重复表格。

05 选中表格，在属性面板上设置单元格内容的水平对齐方式为左对齐，垂直对齐方式为居中，并设置单元格高度为20。

在编辑具体的页面内容时，用户可以在基于该模板生成的页面文件中，根据需要创建

多个导航子栏目。

06 删除可编辑区域content中的文字，执行“插入”/“模板对象”/“重复表格”菜单命令，在弹出的对话框中设置行数为2，列数为3，宽度为420像素，起始行和结束行均为2，单击“确定”按钮插入重复表格。

07 选中重复表格，设置单元格内容水平对齐方式为左对齐，垂直对齐方式为居中，第一行的单元格高度为30，背景颜色为淡粉色，第二行的单元格高度为20。

08 在第一行一列的单元格中输入文本“ID”，选中第一行第二列和第三列的单元格，分别输入文本“标题”和“发布时间”。此时的页面效果如图15-21所示。

09 执行“文件”/“另存为模板”命令，将该文件保存为当前站点下的模板，命名为content.dwt。

至此，嵌套模板制作完毕。

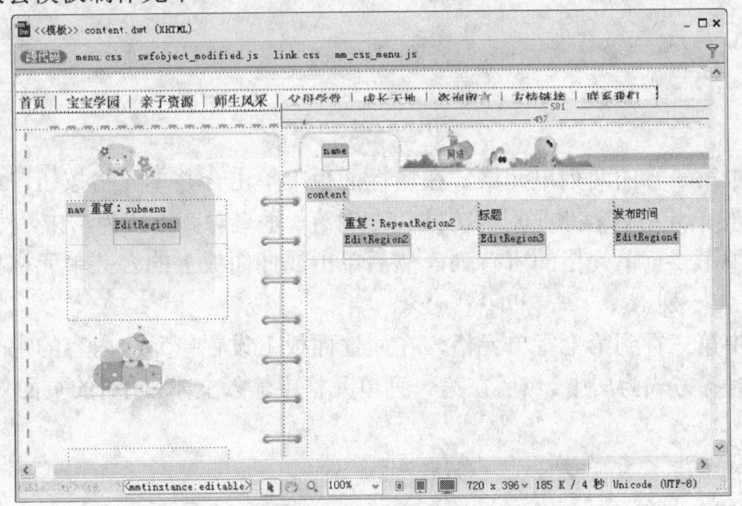

图15-21 页面效果

15.5 基于模板制作页面

本章上面的几节中已制作了页面模板，接下来可以基于模板生成具体的网页文件了。

15.5.1 制作咨询留言页面

01 打开“资源”面板，并切换到“模板”面板视图。

02 在模板列表中选中上一节中创建的模板bg.dwt，单击鼠标右键，在弹出的快捷菜单中选择“从模板新建”命令。

03 删除可编辑区域nav中的文字，插入需要的子栏目标题。

04 删除可编辑区域name中的文字，输入栏目标题，页面效果如图15-22所示。

05 删除可编辑区域content中的文字，将光标定位在单元格中，切换到“表单”插入面板，单击表单图标按钮，在可编辑区中插入一个表单。选中表单，在属性面板上的“动作”文本框中输入mailto:vivi123@123.com.cn。

06 将光标定位在表单中，执行“插入”/“表格”命令，在可编辑区域中插入一个九行两列的表格，表格宽度为420像素，边框、单元格边距、间距均为0。

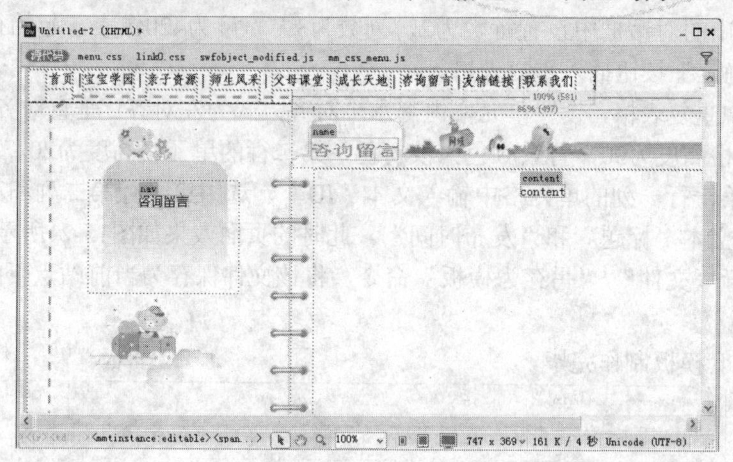

图15-22 页面效果

07 选中第一行的两列单元格，在属性面板上单击合并单元格按钮，将其合并为一列单元格，设置单元格内容水平对齐方式为左对齐，垂直对齐方式为居中，然后输入文字。

08 选中第二行单元格的所有列，然后单击属性面板上的合并单元格按钮，将第二行单元格合并为一列。

09 选中第三行到第七行单元格，在属性面板上设置单元格内容的水平对齐方式为左对齐，垂直对齐方式为居中，然后在第一列单元格中输入文本。此时的页面效果如图15-23所示。

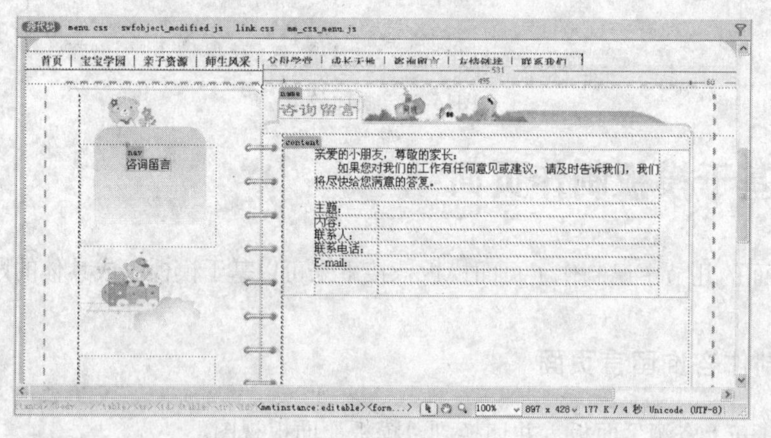

图15-23 页面效果

10 将光标定位在第三行第二列的单元格中，切换到“表单”插入面板，单击面板中的Spry 验证选择构件。

11 在页面中单击验证构件顶部的蓝色标签选中该构件，在对应的属性面板上设置不允许空值，然后在“预览状态”下拉列表中选择“必填”，如图15-24所示。

12 在页面中单击验证选择构件，调出对应的属性面板，在类型单选按钮区域选中“菜单”，然后单击“列表值”按钮，在弹出的“列表值”对话框中添加项目标签，单击对话框顶部的加号按钮可以添加多个项目标签。关闭对话框之后，在属性面板上的“初始时选定”列表中选择默认情况下显示的主题标签，如图15-25所示。

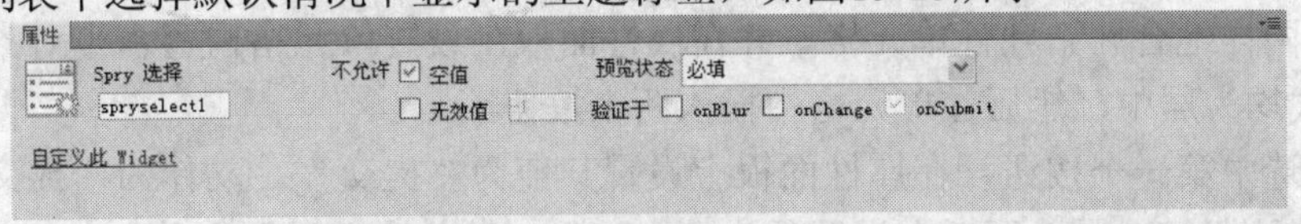

图15-24　Spry选择构件对应的属性面板

图15-25　选择构件对应的属性面板

13 将光标定位在第四行第二列的单元格中，切换到“表单”插入面板，单击面板中的Spry 验证文本域构件。单击文本域构件顶部的蓝色标签选中该构件，在对应的属性面板上设置预览状态为“必填”，最小字符数为4，最大字符数为20。

14 切换到文本域属性面板，设置字符宽度为24，最多字符数为20，类型为“单行”。

15 将光标定位在第五行第二列的单元格中，单击“表单”面板中的Spry 验证文本域构件。在Spry文本域属性面板上设置最小字符数为2，最大字符数为10，预览状态为“初始”；切换到文本域属性面板，设置字符宽度为12，最多字符数为10，类型为“单行”。

16 将光标定位在第六行第二列的单元格中，单击“表单”面板中的Spry 验证文本域构件。在Spry文本域属性面板上的“类型”下拉列表中选择“电话号码”，格式为“自定义模式”，预览状态为“必填”，并在“提示”文本域中输入010-12345678。切换到文本域属性面板，设置字符宽度为14，最多字符数为13，类型为“单行”。

17 将光标定位在第七行第二列的单元格中，单击“表单”面板中的Spry 验证文本域构件。在Spry文本域属性面板上的“类型”下拉列表中选择“电子邮件地址”，预览状态为“无效格式”。此时的页面效果如图15-26所示。

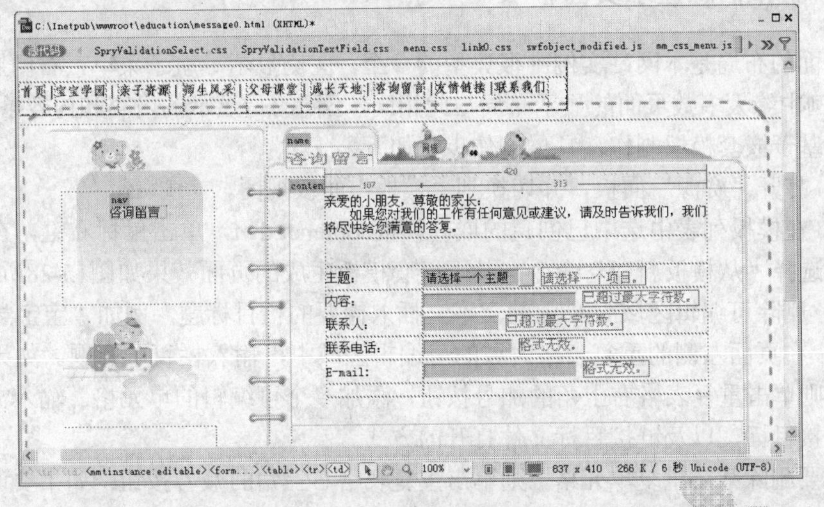

图15-26　页面效果

18 选中第八行的所有列，单击属性面板上的合并单元格按钮，将第八行单元格合并为一列。

19 同样地合并第九行单元格，并在属性面板上设置单元格内容水平对齐方式和垂直对齐方式均为居中，然后在单元格中插入两个按钮。

20 选中第一个按钮，在属性面板上设置其值为“提交”，动作为“提交表单”，选中第二个按钮，在属性面板上设置值为“取消”，动作为“重置表单”。

21 将光标定位在第一行单元格中，在属性面板上设置其高度为80，选中其他几行单元格，在属性面板上设置其高度为30。此时的页面在实时视图中的预览效果如图15-27所示。

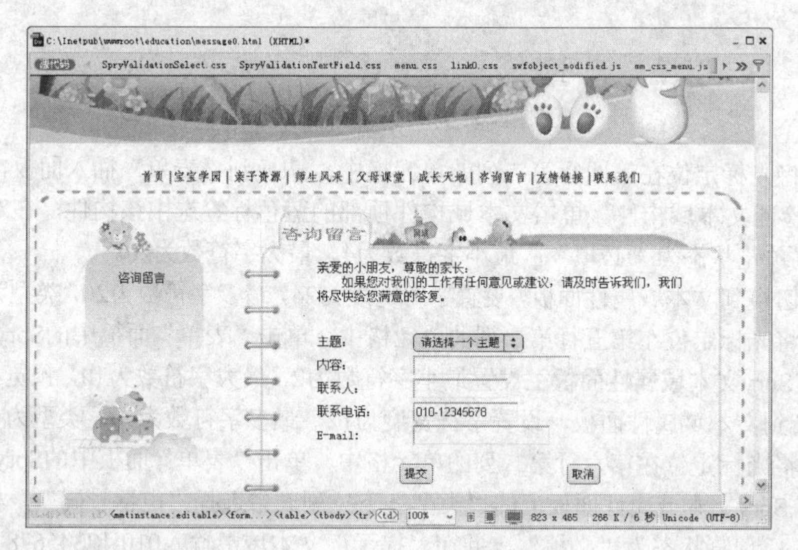

图15-27　页面效果

至此，咨询留言页面制作完毕。

15.5.2　制作信息显示页面

该页面的布局是本网站实例中很典型的一个，左侧显示导航子菜单，右侧显示相关的信息。本例中绝大多数页面的显示布局与此相同，不同的是显示的内容和内容条目的多少。本页面将基于嵌套模板制作，具体制作步骤如下：

01 打开“资源”面板，并切换到“模板”面板视图。

02 在模板列表中选中已创建的嵌套模板contenet.dwt，单击鼠标右键，在弹出的快捷菜单中选择“从模板新建”命令。基于嵌套模板生成的页面效果如图15-28所示。

03 删除可编辑区域name中的文字，插入需要的栏目标题，例如“宝宝学园”。

04 在页面左侧的重复表格区域的可编辑区域中，输入栏目子标题。如果子标题多于一个，则单击重复表格右上角的加号按钮，添加多个可编辑的单元格。输入文本并为文本指定链接目标，以及链接目标文件打开的方式。

如果要删除某个重复单元格，则单击重复表格右上角的减号按钮；如果要调整重复单元格在表格中的显示位置，则单击右上角的向上或向下的三角形按钮。

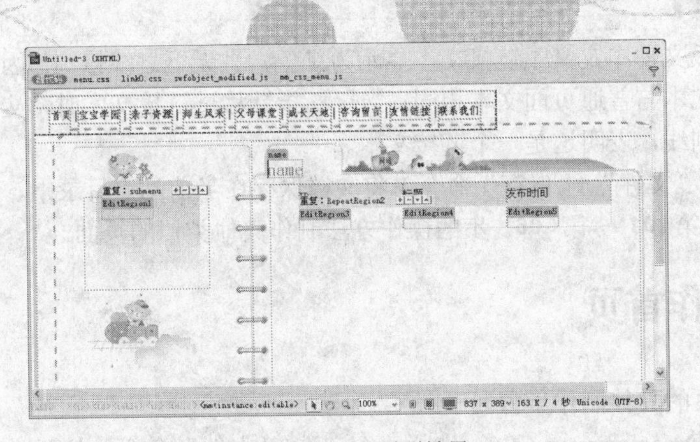

图15-28　页面效果

05 按照上一步的方法在页面右侧的重复表格中输入文本，并为文本指定链接目标和目标打开的方式。此时的页面效果如图15-29所示。

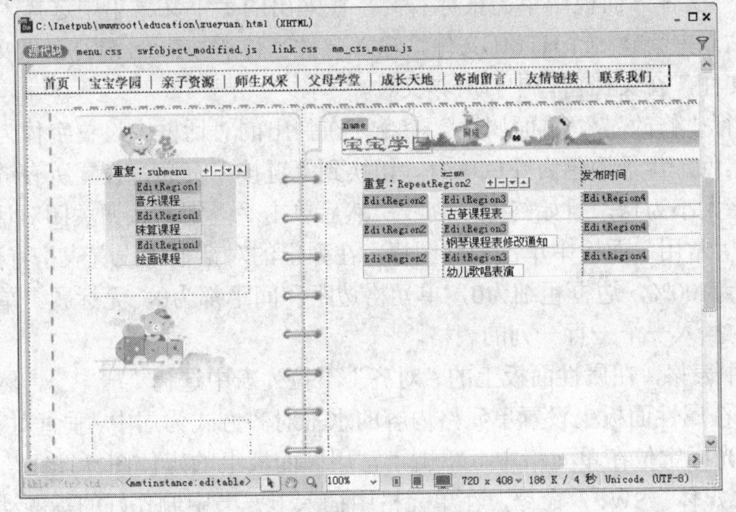

图15-29　页面效果

该页面在实时视图中的预览效果如图15-30所示。

图15-30　页面效果

由于在模板文件中定义了链接文本显示为黑色，且无下划线修饰，因此在浏览器视图中显示的链接文本与普通页面文本相同。当鼠标指针移过链接文本时，文本将显示为桔红色，且显示下划线，表明这是一个链接文本。

06 执行“文件”/“保存”命令，将文档保存在当前站点目录中。

07 按照第 01 ~第 06 步的操作方法制作其他类似的页面。

15.6 制作首页

本网站首页的具体制作步骤如下：

01 启动Dreamweaver CS6，选择“窗口”/“文件”命令，打开“文件”面板。在“文件”面板左上角的站点下拉列表中选择站点education，并将站点视图设置为“本地视图”。

02 在“文件”面板中单击鼠标右键，在弹出的上下文菜单中选择“新建文件”命令，在当前站点中新建一个HTML文件，输入文件名称后按Enter键。在“文件”面板中双击新创建的文件，在文档窗口中打开该文件。

03 执行“修改”/“页面属性”命令，在弹出的对话框中设置字体为宋体、大小为14，颜色为黑色，背景颜色为#FFCA21。切换到“链接”页面，设置所有链接颜色均为黑色，链接文字大小为14，且始终无下划线，然后单击“确定”按钮关闭对话框。

04 在“常用”面板中单击表格图标，在弹出的对话框中设置表格行数为1，列数为1，表格宽度为100%，边框粗细为0，单元格边距和间距都为0，无标题。单击“确定”按钮，在页面中插入一个一行一列的表格。

05 选中表格，在属性面板上的“对齐”下拉列表中选择“居中”，然后将光标定位在单元格中，在属性面板上设置单元格内容的水平对齐方式为居中，垂直对齐方式为顶端。

06 将光标定位在单元格中，单击“常用”面板上的媒体图标按钮，在弹出的下拉菜单中选择“媒体：SWF”命令，在单元格中插入上一节中制作好的标题动画。确保选中“循环”和“自动播放”复选框。

单击属性面板上的“播放”按钮，可以预览动画效果，如图15-31所示。

图15-31 预览SWF文件效果

07 选中插入的媒体对象，在属性面板上设置其相对于页面的对齐方式为居中对齐。将鼠标指针定位在Flash对象右侧，按下键盘上的Shift+Enter组合键，插入一个软回车。

08 在“常用”面板中单击表格图标，在弹出的对话框中设置表格行数为3，列数为3，表格宽度为872像素，边框粗细为0，单元格边距和间距都为0，无标题单击“确定”按钮，在页面中插入一个三行三列的表格。

09 选中表格，在属性面板上将其命名为maincontent，并在“对齐”下拉列表中选择“居中对齐”。

10 选中第一行单元格，单击属性面板上的合并单元格按钮，将第一行单元格合并为一列，然后在属性面板上设置单元格内容的水平对齐方式和垂直对齐方式均为居中。

11 打开“CSS样式”面板，单击面板底部的附加样式表文件图标按钮，打开图15-32所示的对话框。

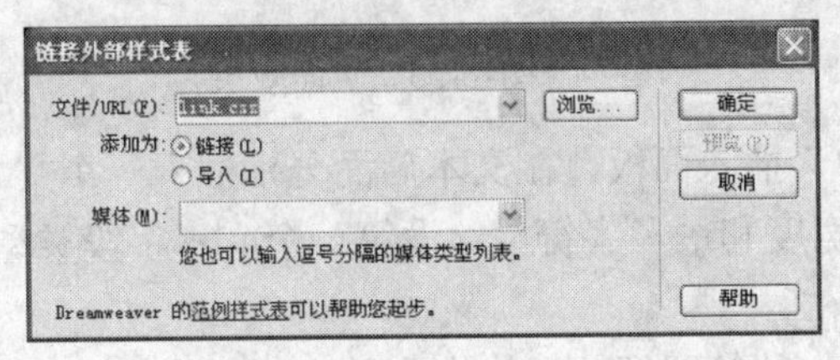

图15-32 “链接外部样式表”对话框

12 单击“浏览”按钮，定位到14.3节创建的样式表文件link.css。添加方式选择“链接”，然后单击“确定”按钮，将样式表文件链接到当前文件中。

13 将光标定位在第一行单元格中，设置单元格高度为57，然后在属性面板上的“目标规则”下拉列表中选择14.3.2节中已定义的规则，为指定单元格指定背景图像。

14 将光标移到上一步定义背景图像的单元格中，选择“插入”/“图像对象”/“Fireworks HTML”命令，打开“插入Fireworks HTML”对话框。单击“浏览”按钮，定位到14.2.1节制作的弹出菜单，单击“确定”按钮，即可插入弹出菜单。

15 选中第二行第一列单元格，单击属性面板上的拆分单元格按钮，将单元格拆分为七行，然后将拆分后的第一行单元格拆分为两列。

16 选中拆分后的第一列单元格，在属性面板上将其宽度设置为39像素，设置单元格内容的水平对齐方式为左对齐，垂直对齐方式为顶端，然后执行“插入”/“图像”命令，在单元格中插入图像，如图15-33所示。

17 将鼠标指针定位在第二列单元格中，在属性面板上设置表格宽度为242像素，单元格内容的水平对齐方式为居中，垂直对齐方式为顶端。执行“插入”/“表单”命令，在单元格中插入一张表格。

18 单击“常用”面板上的表格图标，在弹出的对话框中设置表格行数为5，列数为1，宽度为100%，单击“确定”按钮插入一张5行1列的表格，并在属性面板上将单元格的背景颜色修改为白色。

19 选中表格的第一行，在属性面板上设置单元格内容的水平对齐方式和垂直对齐方式均为居中，然后执行“插入”/“图像”命令，插入一张位图。

20 将第二行和第三行单元格内容的水平对齐方式设置为左对齐，垂直对齐方式为居中，然后插入文本。

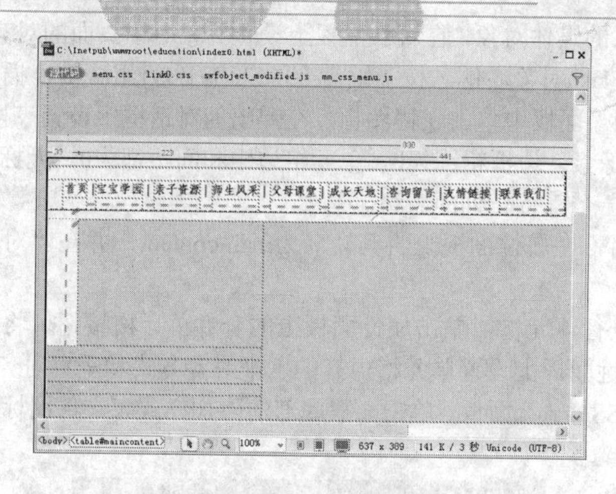

图15-33　页面效果

21 切换到“表单”插入面板，在文本后面分别插入一个文本字段。选中文本字段，在属性面板上设置字符宽度和最多字符数，设第一个文本字段类型为单行，第二个文本字段类型为密码。

22 设置嵌套表格中的第四行单元格内容的水平对齐方式和垂直对齐方式均为居中，然后插入两个按钮。选中第一个按钮，在属性面板上修改其值为“登录”，动作为“提交表单”；选中第二个按钮，在属性面板上修改其值为“取消”，动作为“重置表单”。

23 选中嵌套表格的最后一行，设置单元格内容的水平对齐方式为右对齐，垂直对齐方式为居中，然后输入文本。

此时的页面效果如图15-34所示。

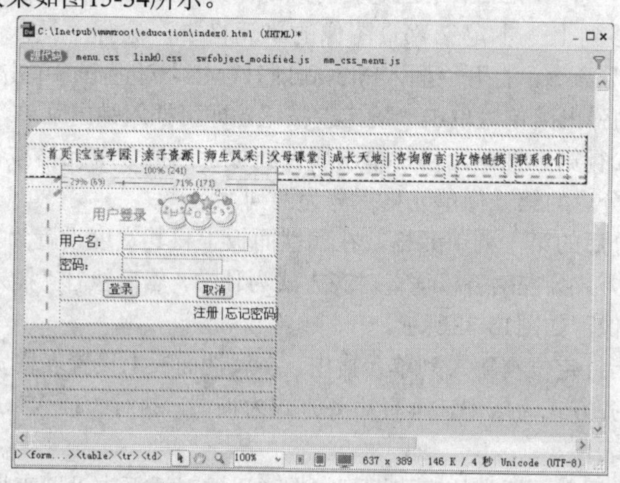

图15-34　页面效果

24 选中表单下的第二行单元格，在属性面板上将其背景色修改为白色，高度为3，水平对齐方式为左对齐，垂直对齐方式为顶端，然后执行“插入”/“图像”命令，插入一张位图。

25 选中第三行单元格，在属性面板上设置背景颜色为白色，然后将其拆分为两列，第一列的宽度为36，水平对齐方式为左对齐，垂直对齐方式为顶端，第二列的背景颜色为

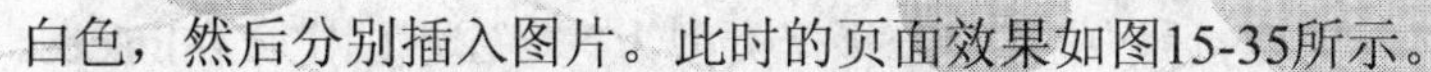

白色，然后分别插入图片。此时的页面效果如图15-35所示。

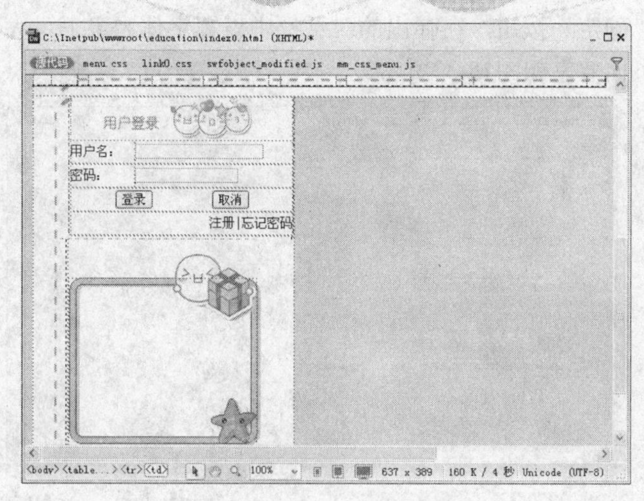

图15-35　页面效果

26 选中第四行单元格，在属性面板上将其拆分为两列，第一列的宽度为36，水平对齐方式为左对齐，垂直对齐方式为顶端，然后在第一列插入图片。

27 选中第二列的单元格，将其拆分为三行，并将拆分后的第二行拆分为两列，然后分别插入图片，此时的页面效果如图15-36所示。

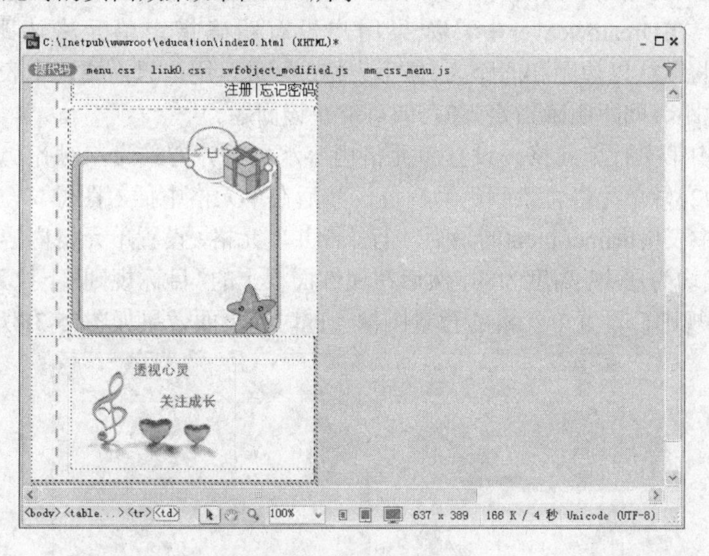

图15-36　页面效果

28 选中第五行单元格，在属性面板上设置高度为26，背景颜色为白色，水平对齐方式为左对齐，垂直对齐方式为顶端，然后插入图片。

29 将第六行的背景颜色设置为白色，并拆分为三列，第一列的宽度为39，水平对齐方式为左对齐，垂直对齐方式为顶端，然后插入图片。将第二列拆分为两行，然后分别插入图片和文字。最后在第三列插入图像。

30 选中输入的文本，在属性面板上的“目标规则”下拉列表中选择“新CSS规则”，然后单击“编辑规则”按钮，在弹出的对话框中指定选择器类型为“类”，规则定义在link.css样式表中。单击“确定”按钮，在弹出的对话框中设置字体为隶书，大小为x-large，颜色为蓝色。此时的页面效果如图15-37所示。

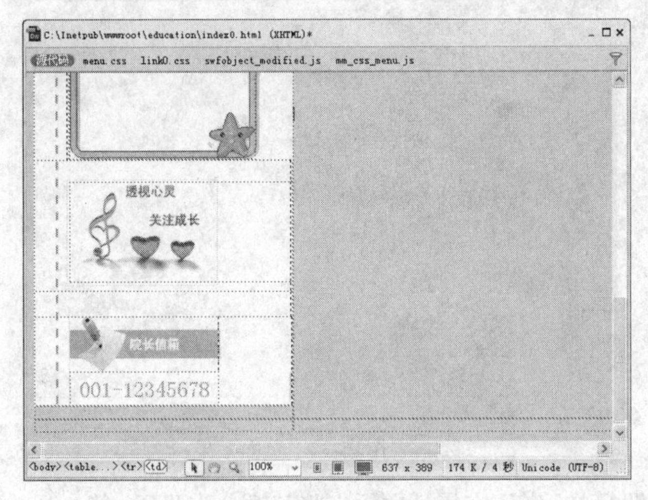

图15-37　页面效果

读者会发现，尽管已将表格的边框设置为0，但在实时视图中预览页面效果时，表格边框所在的区域仍然显示页面的背景颜色，而不是指定的单元格背景颜色。

事实上，在Dreamweaver中，如果用户没有明确指定单元格边距、间距的值，Dreamweaver将默认以边距和间距为1显示表格。因此，用户只需要选中表格，在属性面板上将单元格边距、间距明确指定为0，即可解决该问题。

31 选中第七行单元格，设置单元格内容水平对齐方式为左对齐，垂直对齐方式为顶端，高度为26，单元格背景颜色为白色，然后在单元格中插入图像。

32 选中表格maincontent的最后一行，合并单元格，设置单元格内容水平对齐方式和垂直对齐方式均为居中，高度为88，然后在属性面板上的“目标规则”下拉列表中选择14.3.2节创建的CSS规则，设置单元格的背景图像。此时的页面效果如图15-38所示。

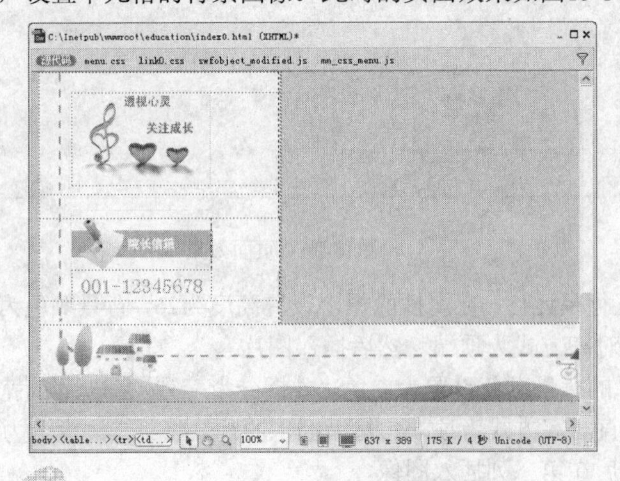

图15-38　页面效果

33 将光标定位在文档窗口最后一行单元格中，然后在库面板中选中创建的库项目，并单击面板底部的“插入”按钮，将库项目添加到页面中。此时的页面效果如图15-39所示。

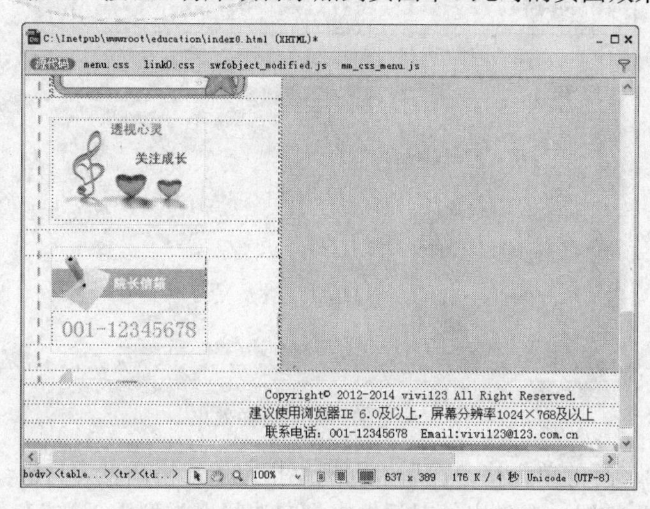

图15-39 页面效果

接下来制作中间列的内容。

01 选中第二列的单元格，设置单元格背景颜色为白色，单元格内容水平对齐方式为左对齐，垂直对齐方式为顶端，然后在其中嵌套一个两行两列，宽度为591像素，单元格间距和边距均为0的表格。

02 选中嵌套表格的第二行的所有单元格，在属性面板上单击合并单元格命令，将其合并为一个单元格，选中第一行一列的单元格，在属性面板上将第一列宽度设置为299像素，第二列宽度为292，单元格背景颜色为白色。此时的页面效果如图15-40所示。

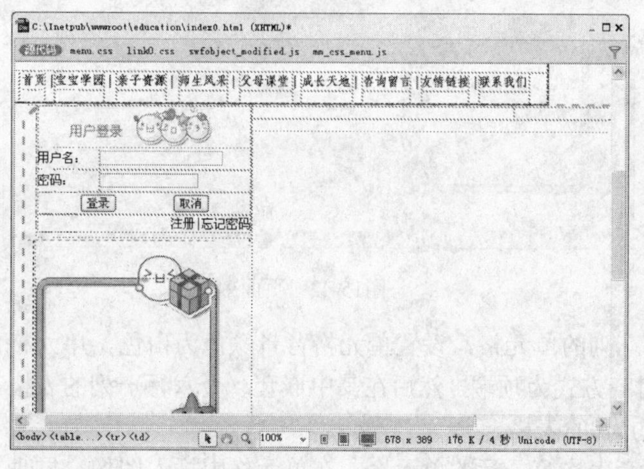

图15-40 页面效果

03 在第一行一列的单元格中嵌套一个表格，表格行数为6，列数为1，宽度为100%。在属性面板上设置表格中所有单元格内容的水平对齐方式为左对齐，垂直对齐为顶端。

04 选中嵌套表格的第一行、第三行和第五行，在单元格中插入图像。此时的页面效果如图15-41所示。

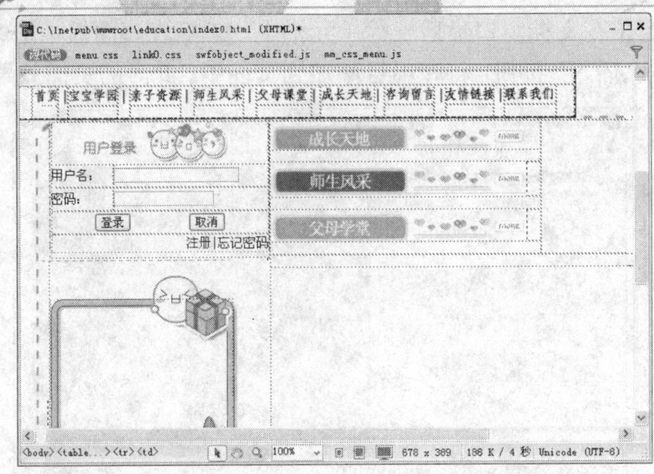

图15-41　页面效果

05 选中第二行的单元格，在属性面板上指定单元格高度为116，然后单击属性面板上的“编辑规则”按钮，在弹出的对话框中指定选择器类型为“类”，规则定义在link.css样式表文件中。单击“确定”按钮，在弹出的对话框中指定单元格的背景图像。

06 按照上一步的方法，为第四行和第六行的单元格设置背景图像，且单元格高度分别为115和112。完成后的页面效果如图15-42所示。

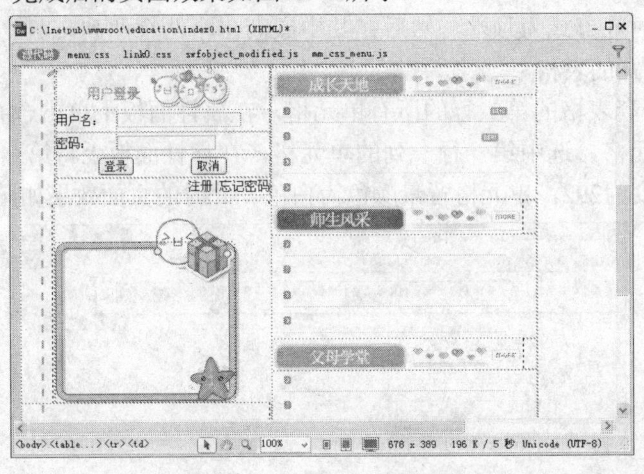

图15-42　页面效果

07 选中第三列的单元格，设置单元格背景颜色为白色，单元格内容水平对齐方式为左对齐，垂直对齐方式为顶端，然后在其中嵌套一个六行一列的表格，宽度为100%，单元格间距和边距均为0的表格。

08 选中嵌套表格第一行的单元格，在单元格中插入图像。同理，在第三行、第四行、第六行插入图像。

09 将光标定位在第二行单元格中，单击属性面板上的拆分按钮，将其拆分为三列。然后选中拆分后的第二列单元格，将其拆分为两行。

10 选中第一列和第三列的单元格，执行“插入”/“图像”菜单命令，插入图像。选中第二行第二列的单元格，插入图像。此时的页面效果如图15-43所示。

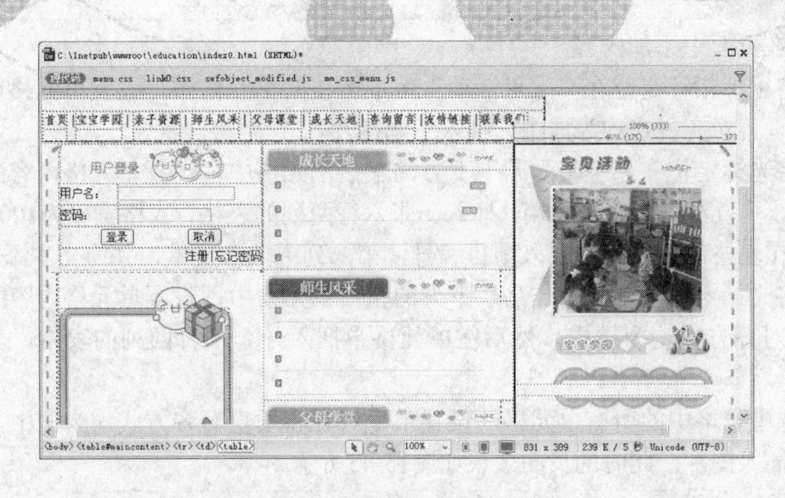

图15-43　页面效果

11 选中第五行的单元格，单击属性面板上的拆分按钮，将其拆分为三列，然后分别在第一列和第三列中插入图像。

12 将光标定位在库项目上端的单元格中，单击属性面板上的拆分单元格按钮，将其拆分为三行，选中拆分后的第二行单元格，将其拆分为三列。

13 在第一行和第三行单元格中插入图像，在第二行第一列和第二行第三列的单元格中也插入图像。

至此，首页的整体布局制作完成，此时的页面在实时视图中的效果如图15-44所示。

图15-44　首面布局效果

接下来在页面中添加内容。

01 将鼠标指针定位在“宝贝活动”区域所在的单元格中，设置单元格内容的水平对齐方式和垂直对齐方式均为居中，插入一幅图片。

02 将光标定位在“宝宝学园”下方的空白单元格中，设置单元格内容的水平对齐方式为居中，垂直对齐方式为顶端，插入一张六行两列的表格，表格宽度为100%，单元格高度为20。在表格的第一列中插入项目编号，第二列中插入文本，并为文本添加链接。

03 将光标定位在“宝贝作品”下方的空白单元格中，设置单元格内容的水平对齐方式和垂直对齐方式均为居中，然后在单元格中插入一个一行四列的表格，表格宽度为100%。

04 选中表格中的所有单元格，设置水平对齐和垂直对齐方式均为居中，然后分别在单元格中插入图片。此时的页面效果如图15-45所示。

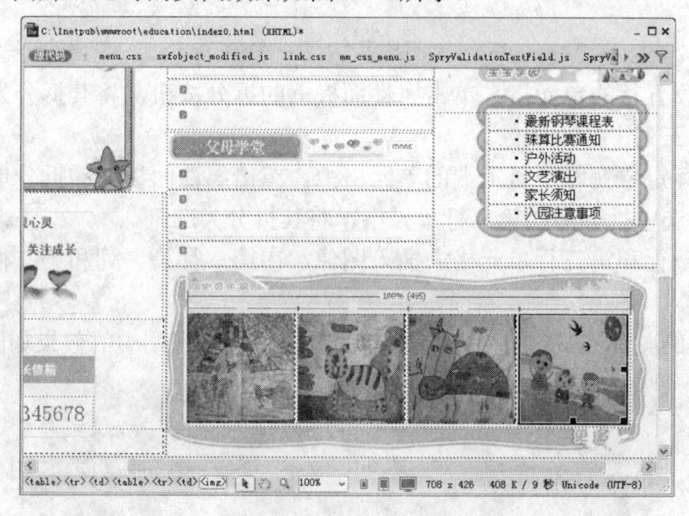

图15-45 页面效果

接下来通过添加代码，使插入的图片滚动起来。

05 在设计视图中选中要滚动的表格，切换到代码视图，在选中代码的上方添加如下代码：

<marquee behavior=scroll scrollAmount=6 scrollDelay=0 direction=right width=495 height=120 onmouseover=this.stop() onmouseout=this.start()>

06 在选中代码结束的下方添加</marquee>。

下面简要解释一下上述代码中各个参数的功能。

direction：表示滚动的方向，值可以是 left，right，up，down，默认为 left。

behavior：表示滚动的方式，值可以是 scroll（连续滚动）、slide（滑动一次）或 alternate（来回滚动）。

loop：表示循环的次数，值是正整数，默认为无限循环。

scrollamount：表示运动速度。

scrolldelay：表示停顿时间，默认为 0。

height 和 width：表示运动区域的高度和宽度，值是正整数或百分数。

hspace 和 vspace：表示元素到区域边界的水平距离和垂直距离。

onmouseover=this.stop()：表示当鼠标移到滚动区域上时，停止滚动。

onmouseout=this.start()：当鼠标移开滚动区域时，继续滚动。

此外，还有两个不太常用的参数。

align：表示元素的垂直对齐方式，值可以是 top，middle，bottom，默认为 middle

bgcolor 表示运动区域的背景色，值是 16 进制的 RGB 颜色，默认为白色

此时在实时视图中预览效果可以看到，表格中插入的图片从左至右滚动，当将鼠标移到图片上时，停止滚动；移开鼠标，继续滚动。

07 将光标定位在“成长天地”下方的空白单元格中，设置单元格内容的水平对齐方式为居中，垂直对齐方式为顶端，插入一张四行一列的表格，表格宽度为100%，单元格高度为30。在单元格中插入文本，并为文本添加链接。

08 同理，在“师生风采”和“父母学堂”下方的空白单元格中插入表格和文本。此时的页面效果如图15-46所示。

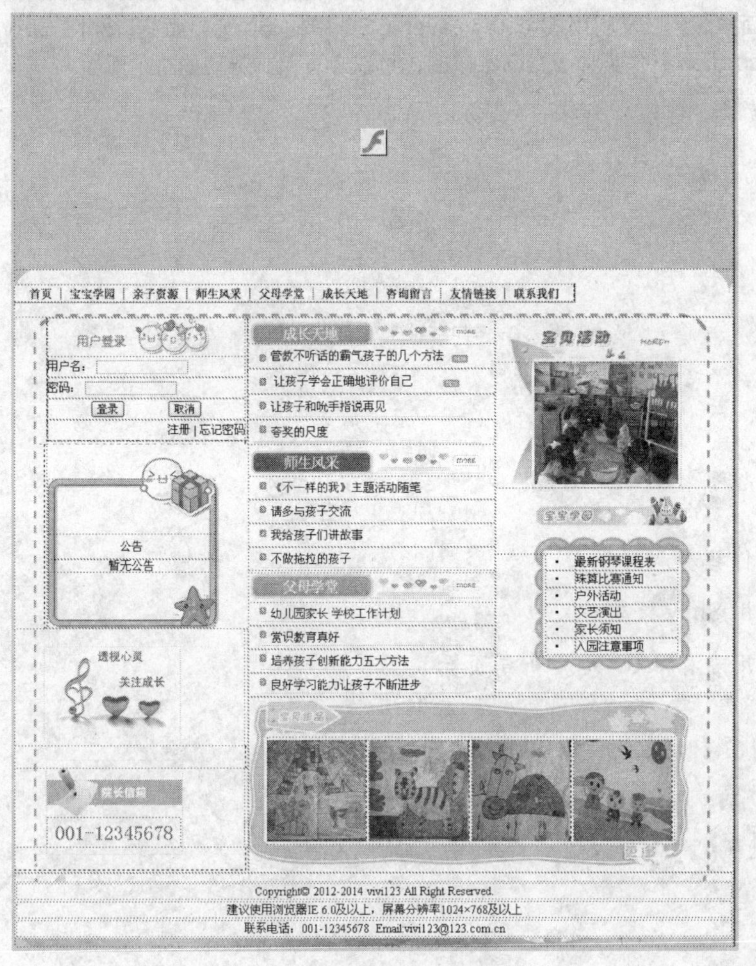

图15-46　页面效果

09 在页面左侧的空白单元格中输入公告文本。

10 执行“文件”/“保存”命令，将文件保存在当前站点目录下。

至此，首页制作完毕，即可在浏览器预览页面效果。

Chapter 16

第 16 章　时尚资讯网站综合实例

本章将详细介绍在 Dreamweaver CS6 中制作“时尚资讯网站”的具体方法。本章运用到了网页制作的大部分技术，包括模板技术，库项目，热点图像导航，虚拟链接，邮箱链接等各种超级链接，运用表格技术进行页面排版，以及利用 Dreamweaver CS6 中的 Spry 界面窗口部件 Spry accordion 制作类似于 QQ 菜单的、可以上下自由滑动的菜单面板。

- 制作模板和库项目
- 使用 Spry 菜单栏
- 运用表格和 AP 元素布局页面

16.1 实例介绍

时尚资讯网站综合实例是介绍一些时尚信息的网站，例如美容、服饰、搭配、美食等。整张页面主要使用表格进行布局。

由于是信息发布类的网站，因此本例有多个页面，但下面主要介绍模板制作，然后在模板的基础上制作主页及“施华洛世奇新品流行速递”页面。实例最终效果如图16-1所示。

图16-1 实例主页

当光标停留在左侧的滑动面板上时，面板名称显示为橘黄色。单击面板，即可上下自由滑开面板，显示所选面板的内容。将光标移到链接文本上时，文本放大，并显示为橘红色，如图16-2所示。

单击菜单面板“流行速递”中的“施华洛世奇新品”，可以跳转到相应的页面，如图16-3左图所示。

单击页面底部的“下一页”文本按钮，可以切换到当前文章内容的下一页，如图16-3右图所示。单击页面底部左侧的图片，可以返回到页面顶部。

图 16-2　实例效果

图 16-3　实例效果

16.2 准备工作

在开始制作本例之前，先介绍一下制作本网站所需的准备工作：

01 在硬盘上新建一个 fashion 文件夹，在 fashion 目录下创建一个 images 子目录。

02 在图片编辑软件（如 Fireworks）中制作所需的图片，如图 16-4～图 16-6 所示，并把这些图片保存到 fashion/images 目录下。把其他需要用到的图片也都复制到本目录。

图 16-4 logo

图 16-5 栏目标题

图 16-6 页面底部背景和导航图像

03 启动 Dreamweaver CS6，执行“站点”/“新建站点”菜单命令，新建一个静态的本地站点 fashion，使其指向 fashion 目录。

至此，准备工作完毕可以开始制作网站页面了。

16.3 制作模板

由于本网站中的页面要用到相同的页面元素和排版方式，因此可以使用模板以避免重复地在每个页面输入或修改相同的部分。在网站改版的时候，只要改变模板，就能自动更改所有基于这个模板的网页。本例的模板制作步骤如下：

01 新建一个 HTML 文件。选择“修改”/“页面属性”命令，在弹出的“页面属性”对话框中设置页面字体的大小为 12 像素，文本颜色为#666，切换到“链接”分类，设置“链接颜色”为#666，“已访问链接”颜色为#600，“活动链接”为#F30，“下划线样式”

为“始终无下划线”。切换到“标题/编码”分类，在“标题”文本框中输入“时尚资讯”，然后依次单击“应用”按钮和“确定”按钮。

02 将光标置于文档中，单击“插入”栏“常用”面板上的“表格”按钮，在弹出的“表格”对话框中设置行数为 3，列数为 1，表格宽度为 750 像素，边框粗细为 0，间距和边距均为 0。单击“确定”按钮插入一个 3 行 1 列的表格，然后在属性面板上的“对齐”下拉列表中选择“居中对齐”。

03 将光标定位在第一行的单元格中，单击属性面板上的“拆分单元格”按钮，将单元格拆分为 3 列。

04 选中第一行第二列的单元格，单击属性面板上的“拆分单元格”按钮，将单元格拆分为两行，此时的页面效果如图 16-7 所示。

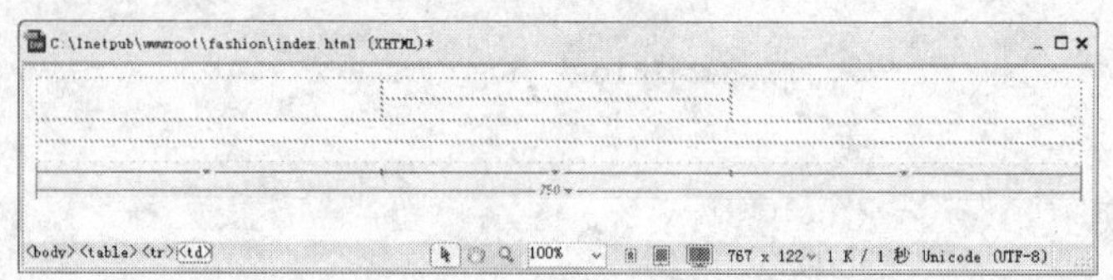

图 16-7　表格效果

05 选中第一行第一列的单元格，在属性面板上设置单元格内容的水平对齐方式为“居中对齐”，垂直对齐方式为“顶端”。

06 单击“插入”栏“常用”面板上的“图像”图标按钮，在打开的“选择文件”对话框中插入需要的 logo 图片。

07 选中第一行第二列拆分后的第一行单元格，在其属性面板上的“水平”下拉列表中选择“居中对齐”，在“垂直”下拉列表中选择“居中”，宽为 281，高为 93。

接下来的步骤设置单元格的背景图像。

08 单击单元格属性面板左上角的 CSS 按钮，在“目标规则”下拉列表中选择“新 CSS 规则”，并单击“编辑规则”按钮打开“新建 CSS 规则对话框”。

09 在“选择器类型”下拉列表中选择“类”， 在“选择器名称”中键入类名称，例如.background1，“规则定义”选择“新建样式表文件”。单击“确定”按钮，在弹出的“将样式表文件另存为”对话框中设置样式表的名称为 newcss.css。

10 单击“保存”按钮，打开对应的规则定义对话框。在对话框左侧的“分类”列表中选择“背景”，然后单击“背景图像”右侧的“浏览”按钮，在弹出的资源对话框中选择喜欢的背景图片。单击“确定”按钮关闭对话框。

11 选中第一行第二列拆分后的第二行单元格，并将其单元格内容的水平对齐方式设置为“居中对齐”，垂直对齐方式为“居中”。然后按照第 08 到 10 的步骤设置其背景图像，不同的是，“规则定义”可以选择已创建的样式表文件 newcss.css。

12 按上一步同样的方法设置第一行第三列的单元格的背景图像和单元格内容的水平对齐方式，此时的页面效果如图 16-8 所示。

13 将光标定位在第一行第二列拆分后的第一行单元格中，单击“常用”面板上的“图像”图标按钮，在弹出的“选择文件”对话框中插入制作的文字图像。同理，在第二行的单元格中插入图像，此时的页面效果如图 16-9 所示。

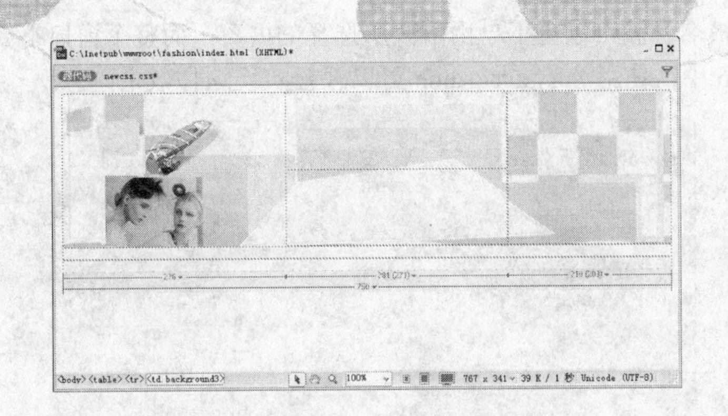

图 16-8　页面效果

图 16-9　插入 logo

14 将光标定位在第一行第三列的单元格中，单击“常用”面板上的图像图标按钮，插入一幅鞋的图片。此时的页面效果如图 16-10 所示。

图 16-10　插入图片的效果

15 将光标放置在第二行单元格中，设置单元格水平对齐方式为“居中对齐”，垂直对齐方式为“顶端”。单击“常用”面板上的表格图标按钮，插入一个 2 行 2 列的表格，表格宽度为 100%，无边框。

16 在属性面板上将表格第一列的宽度设置为 160 像素，然后在第一行的第一列单元格中插入图片。

17 选中嵌套表格第一行第二列的单元格，在“水平”下拉列表中选择“右对齐”选项，使其单元格内容的对齐方式为右对齐，并创建 CSS 规则定义其背景图像。然后单击“常用”面板上的图像图标按钮，插入一幅图片。此时的页面效果如图 16-11 所示。

可能大多数读者都使用过 QQ 聊天软件，当选择“QQ 好友”、“QQ 群”或“最近联系人”时，单击面板名称就可以上下自由滑开所选择的内容，而整个窗口不会发生变化。在 Dreamweaver CS6 中，使用 Spry accordion 可以轻松实现这种效果。

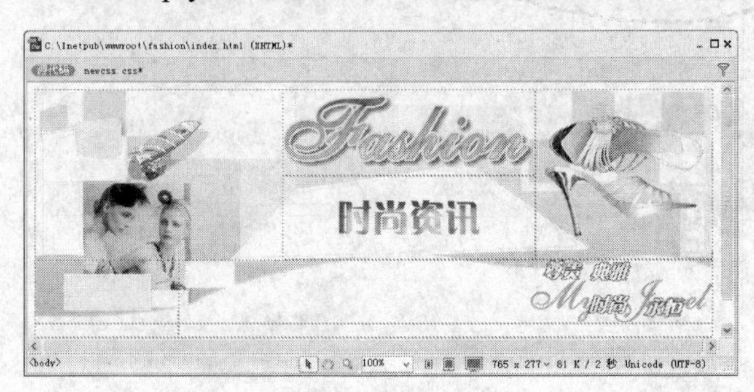

图 16-11　页面效果

18 选中嵌套表格的第二行第一列单元格中，单击右键，从弹出的上下文菜单中选择“拆分单元格”命令，将单元格拆分为两行。在属性面板上设置单元格内容的水平对齐方式为“左对齐”，垂直对齐方式为“顶端”。

19 将光标定位在拆分后的第一行单元格，单击“插入”栏上的“Spry”页签，切换到“Spry”面板，然后单击该面板上的“Spry 折叠式”图标按钮，插入一个 Spry 折叠式构件，如图 16-12 所示。

图 16-12　插入的 Spry 折叠式构件

20 单击 Spry 折叠式构件顶部的蓝色标签，然后在属性面板上单击+按钮 3 次，添加三个面板。此时的属性面板如图 16-13 所示。

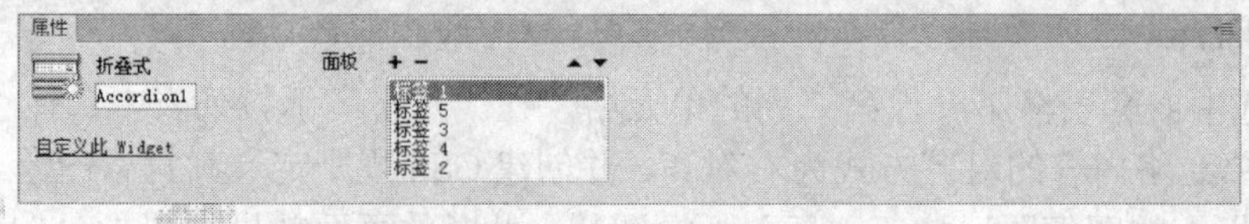

图 16-13　Spry 折叠式的属性面板

21 单击属性面板上“面板”列表中的“标签 1”，然后在“设计”视图中将面板“标签 1”的页签修改为“流行速递”。按照同样的方式将其他 4 个面板的页签分别修改为“时尚饰品”、“霓彩服饰”、“靓颜美食”和“彩妆课堂”。

22 单击选中“时尚饰品”面板的 div 标签，如图 16-14 所示。在图 16-15 所示的属性面板的“类”下拉列表中选中名为“AccordionPanelTab”的样式表。

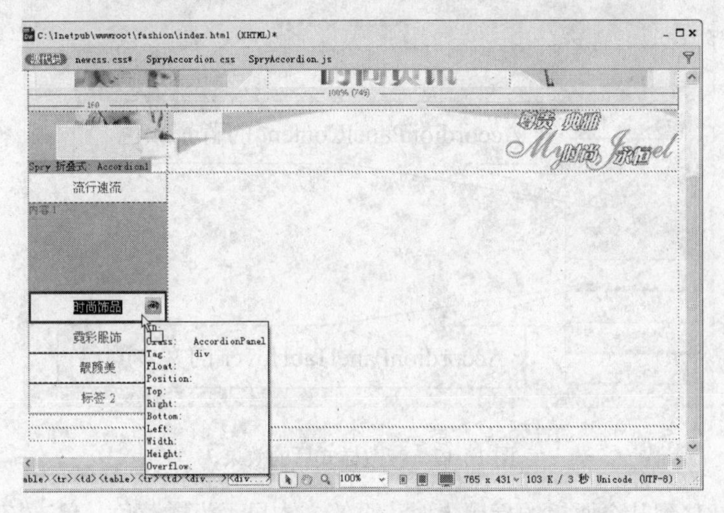

图 16-14　选中 Spry 折叠式的 div 标签

图 16-15　选择样式表

23 执行“窗口”/“CSS 样式”菜单命令，调出“CSS 样式”浮动面板。双击“所选内容的摘要”列表中的属性值，如图 16-16 所示，打开对应的规则定义对话框。

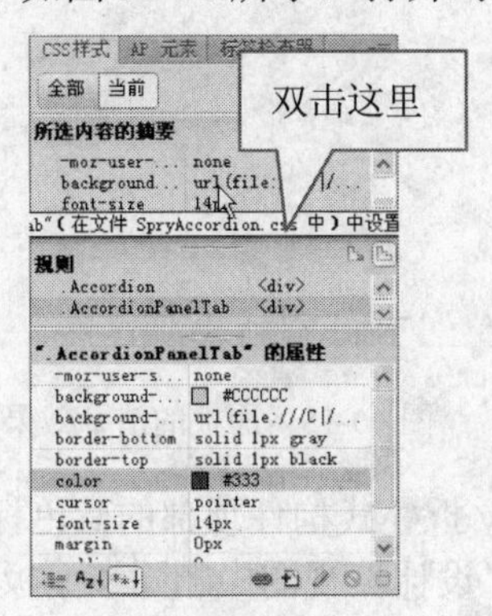

图 16-16　双击属性值打开规则定义对话框

24 选中对话框中的“背景”分类，单击“背景图像”文本框右侧的“浏览”按钮，在弹出的“文件选择”对话框中选择需要的背景图像，然后单击“确定”按钮关闭对话框。

25 单击“CSS 样式”面板上的“全部”按钮，按照第 22 ～第 24 步的操作方法，将样式名为 AccordionPanelTabHover 的 CSS 规则的文本颜色修改为橘黄色，将 Accordion PanelContent 规则的背景颜色设置为紫色，然后在“区块”分类中将“文本对齐”方式设置为“左对齐”。此时页面的预览效果如图 16-17 所示。

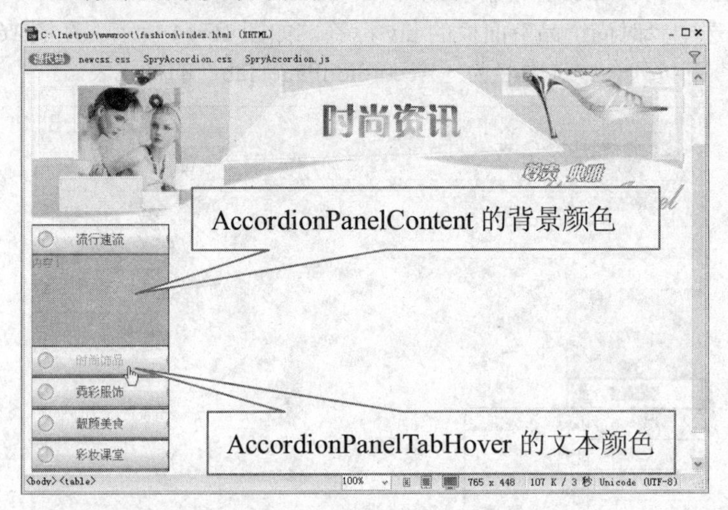

图 16-17　修改样式后的效果

将鼠标指针移到某个面板的标题上时，页签文本显示为橘黄色。单击该页签，即可展开选中的面板，并将上一个展开的面板折叠，如图 16-18 所示。

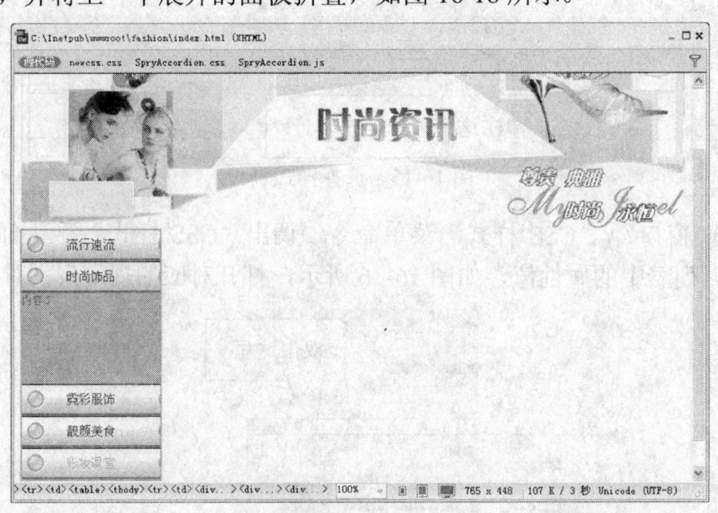

图 16-18　面板的滑开效果

26 单击选中插入的 Spry 折叠式构件顶部的蓝色标签，然后在其属性面板的“面板”区域选中“流行速递”，并在“设计”视图中删除该面板中的内容“内容 1”。

27 在属性面板的“水平”下拉列表中选择“居中对齐”，“垂直”下拉列表中选中“顶端”，然后单击“插入”栏“常用”面板中的表格图标按钮，在弹出的对话框中设置表格的行数为 3，列数为 2，表格宽度为 150 像素，且无边框。

28 选中插入的表格，在属性面板的“水平”下拉列表中选择“左对齐”，在“垂直”下拉列表中选择“居中” 高度为 30。然后在第一列中插入项目符号，在第二列中输入文

本，并设置文本的链接目标。

29 按照第 26 到第 28 步的方法在其他四个面板中插入表格和文本。完成后的页面效果如图 16-19 所示。

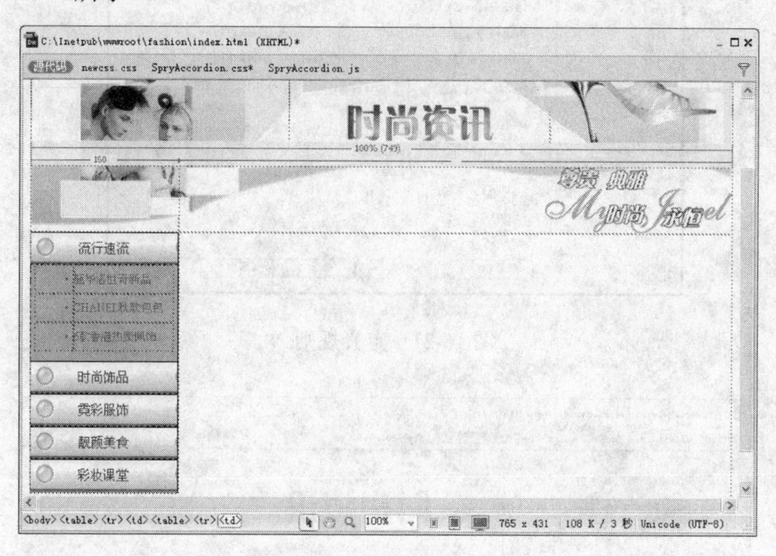

图 16-19 在面板中插入文本

30 执行“窗口”/“CSS 样式”菜单命令，调出“CSS 样式”浮动面板。单击面板底部的“新建 CSS 规则”图标按钮，弹出“新建 CSS 规则”对话框。

31 在“选择器类型”下拉列表中选择“复合内容”单选按钮，在“选择器”下拉列表中选择 a:hover；规则定义位置选择“新建样式表文件”，如图 16-20 所示。

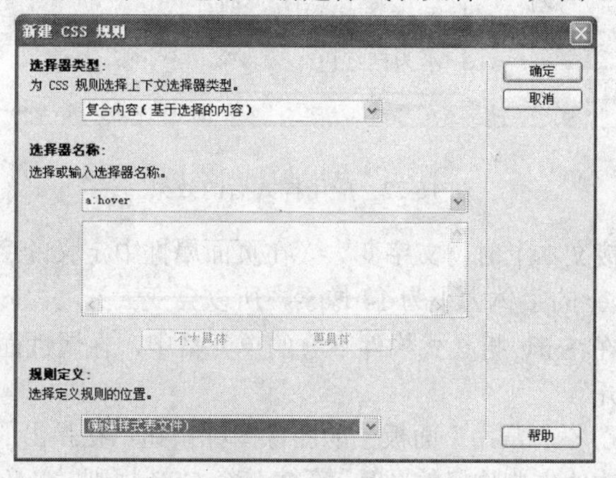

图 16-20 设置 CSS 规则

32 单击“确定”按钮关闭对话框，在弹出的“保存文件”对话框中将该样式表命名为 newcss2.css，并保存在站点根目录下。单击“保存”按钮关闭对话框，并弹出 CSS 规则定义对话框。

33 在对话框中设置字体大小为 14 像素，颜色为#F60，且无修饰，如图 16-21 所示。然后单击“确定”按钮关闭对话框。

此时页面在浏览器中的预览效果如图 16-22 所示。

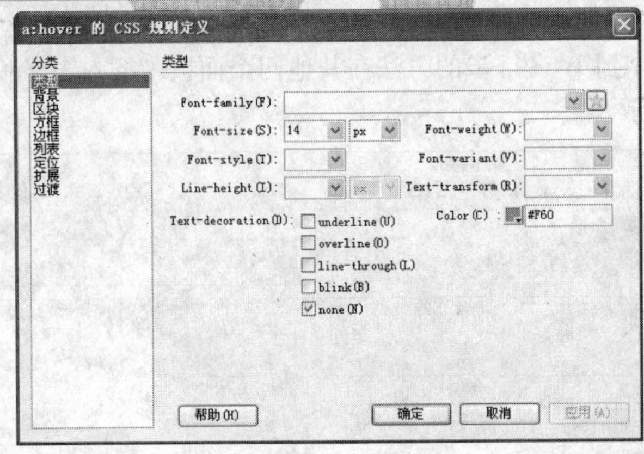

图 16-21　定义规则

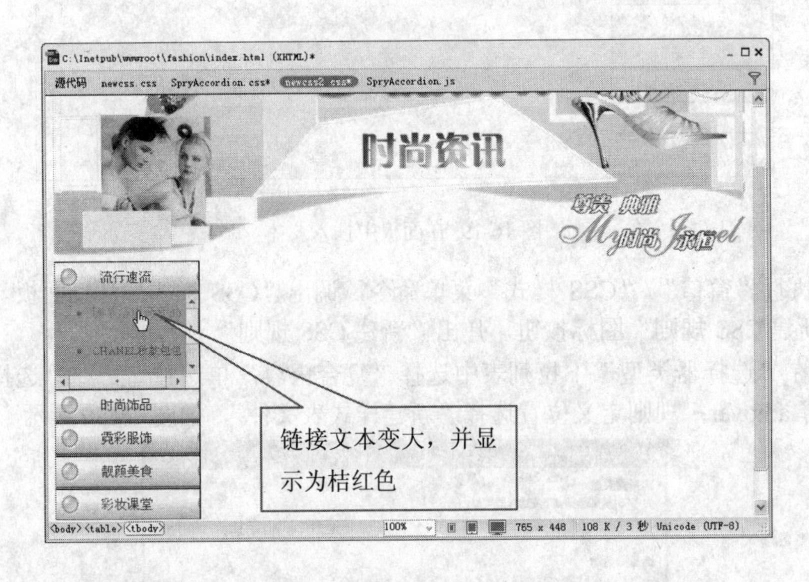

图 16-22　应用样式后的效果

当将光标移到链接文本上时，文字变大（在页面属性中定义的字体大小为 12 像素，而在样式表定义 a:hover 的字体大小为 14 像素，所以会变大），并显示为橘红色。

34 将光标定位在 Spry 折叠式构件下方的单元格中，在属性面板中的“水平”下拉列表中选择“居中对齐”。

35 单击“插入”栏“常用”面板上的图像图标按钮，在弹出的“选择文件”对话框中选中已在图像编辑软件中制作好的图片。新建一个 CSS 规则，定义图像边框为 0，在“链接”文本框中输入#，即单击该图片时返回页面顶端。

36 将光标放置在最后一行的单元格中，并在属性面板中的“水平”下拉列表中选择“居中对齐”，高度为 100，然后创建 CSS 规则为单元格设置背景图像。此时的页面效果如图 16-23 所示。

37 选中 Spry 折叠式构件右侧的单元格，在属性面板上设置其单元格内容的水平对齐方式为“左对齐”，垂直对齐方式为“顶端”。

38 选中该单元格，然后执行“插入”/“模板对象”/“可编辑区域”菜单命令，此

时 Dreamweaver 将弹出一个对话框，提示用户该操作将把页面转换为模板。单击“确定”按钮关闭对话框。

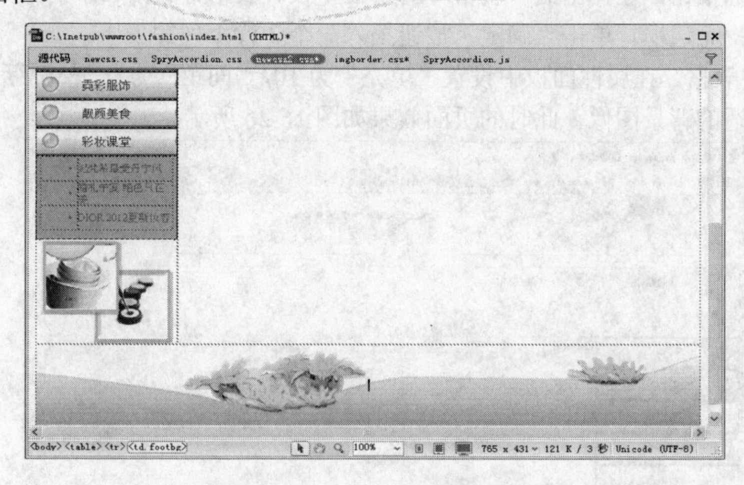

图 16-23　设置页脚背景

39 在弹出的“新建可编辑区域”对话框中键入可编辑区域的名称，并单击“确定”按钮关闭对话框。即可将选中的单元格转换为可编辑区域，如图 16-24 所示。

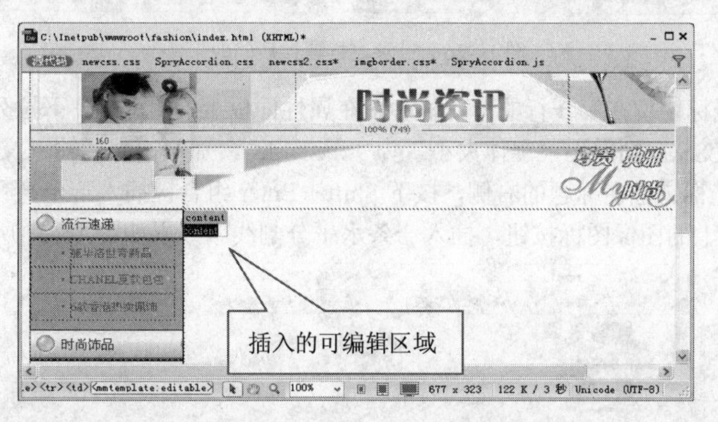

图 16-24　插入的可编辑区域

40 执行“文件”/“保存”命令，弹出图 16-25 所示的“另存模板”对话框。

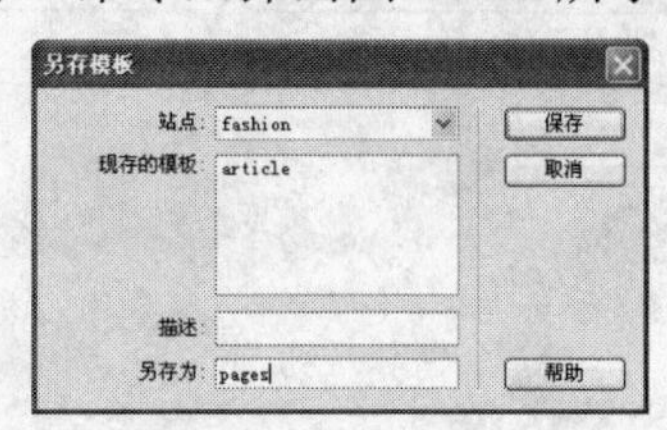

图 16-25　“另存模板”对话框

41 在“描述”文本框中输入“页面的基本布局”，在“另存为”文本框中键入模板的名称 pages，然后单击“保存”按钮关闭对话框。

至此，页面的基本布局模板制作完成。接下来制作文章详细内容页面的模板。

42 将光标定位在可编辑区域中，删除可编辑区域中的文本，然后单击“常用”面板上的表格图标按钮，在弹出的“表格”对话框中设置表格行数为 3，列数为 1，表格宽度为 600 像素，无边框。单击“确定”按钮插入一个 3 行 1 列的表格。

43 选中表格，在属性面板中设置“填充”为 10，“间距”为 0，然后新建 CSS 规则为表格设置合适的背景图像，此时的页面效果如图 16-26 所示。

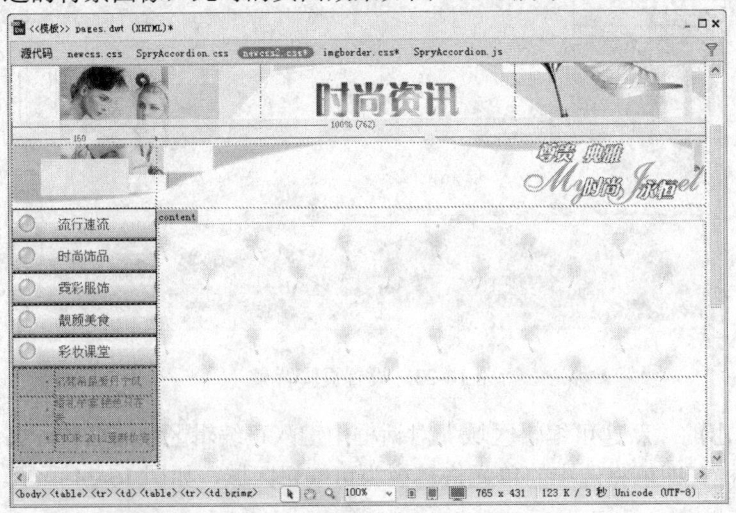

图 16-26　设置表格属性后的效果

44 将光标定位在第一行的单元格中，在属性面板上的“水平”下拉列表中选择“居中对齐”，用 CSS 规则定义“字体大小”为“xx-large”，加粗，然后输入文章的标题。

45 将光标定位在标题的右侧，按下 Shift + Enter 组合键插入一个换行符，然后单击“常用”面板上的图像图标按钮，插入一条水平分割线。效果如图 16-27 所示。

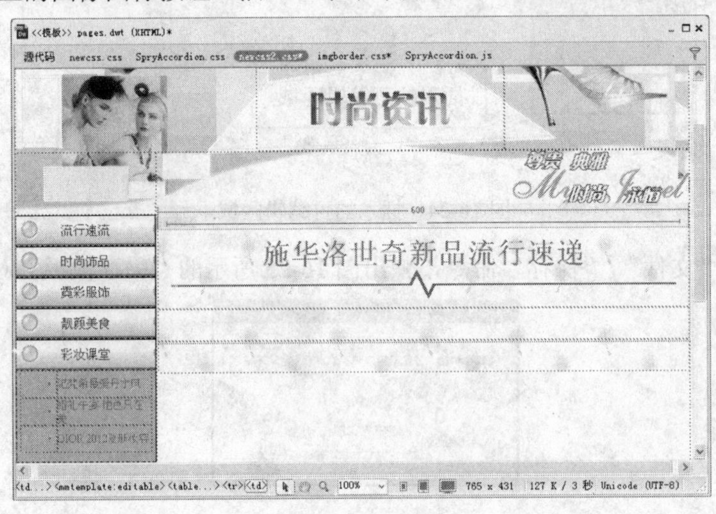

图 16-27　页面效果

46 将光标定位在第三行单元格中，在属性面板上的“水平”下拉列表中选择“居中对齐”，然后输入“上一页”。

47 切换到“文本”视图，单击“其他字符”图标按钮右侧的下拉箭头，在弹出的下拉菜单中选择“不换行空格”。单击该图标按钮多次插入多个空格，然后输入“下一页”。

48 执行“文件”/“另存为”命令，将模板另存为名为 article.dwt 的模板。

16.4 制作库文件

在 Dreamweaver 中，库项目是可以重复使用的项目之一，库的用途和模板类似，都是可将同一内容用于不同的网页。本例的库文件具体制作步骤如下。

01 执行“文件”/“新建”命令，新建一个空白的 HTML 网页。切换到“代码”视图，删除<meta http-equiv="Content-Type" content="text/html; charset=utf-8">以外的所有代码。执行“插入”|“表格”命令，插入一个一行一列的表格，宽度为 750 像素，边框为 0。选中表格，在属性面板上设置对齐方式为“居中对齐”。

02 将光标置于单元格中，设置水平和垂直对齐方式均为“居中”，输入文本 Copyright 和一个空格，并将光标定位在空格后面。单击“插入”栏的“文本”页签，切换到“文本”面板。

03 单击“文本”面板上的“其他字符”图标按钮右侧的下拉箭头，在弹出的下拉菜单中选择版权符号。

04 输入文本“2012-2014 vivi 版权所有”之后，按下 Shift + Enter 组合快捷键插入一个换行符，然后输入其他文本和邮箱地址。

05 选中邮箱地址，在属性面板的“链接”文本框中输入 mailto:vivi@123.com，为选中文本添加邮件链接。此时的页面效果如图 16-28 所示。

图 16-28 库项目内容

06 选择“文件”/“另存为”菜单命令，在弹出的“另存为”对话框中的“文件名”文本框中输入文件名 copyright.lbi，在“保存类型”下拉列表中选择“库文件（*.lbi）。

一定要将库文件保存在站点根目录下的 Library 文件夹中。

07 单击“保存”按钮。执行“窗口”/“资源”菜单命令打开“资源”面板，单击面板左侧的库图标按钮切换到库管理面板。

08 分别打开上一节制作的模板 pages.dwt 和 article.dwt，将光标定位在最后一行单元格中，并在属性面板上设置其单元格内容的水平对齐方式为“居中对齐”，垂直对齐方式也为“居中对齐”。

09 在“库”管理面板的库项目列表中选中制作的库文件 copyright.lbi，然后单击“库”管理面板底部的“插入”按钮，或直接将库项目拖动到单元格中，即可将库项目插入到页面中。此时的页面效果如图 16-29 所示。

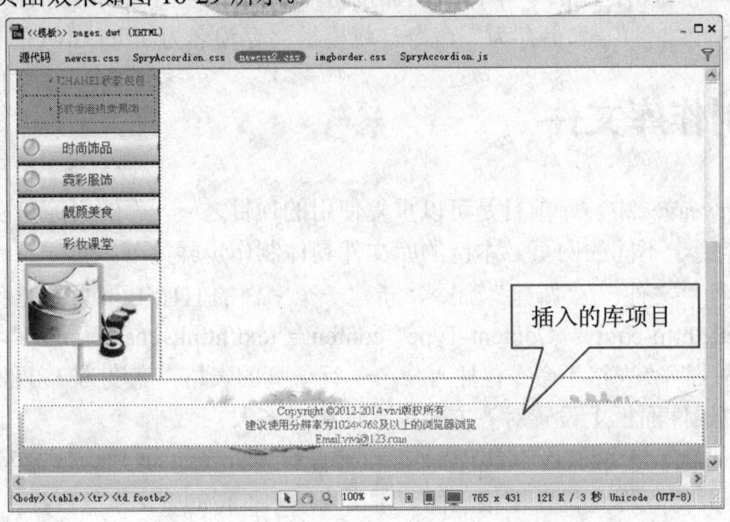

图 16-29　在页面中插入库项目

16.5　制作网站主页

制作了页面布局的模板后，接下来就可以基于模板 pages.dwt 轻松制作网站主页了。本网站的制作步骤如下：

01 执行“窗口”/“资源”菜单命令，调出“资源”面板。单击“资源”面板左侧的“模板”图标按钮切换到“模板”管理面板。

02 在模板列表中右键单击 pages.dwt，在弹出的上下文菜单中选择“从模板新建”命令，生成一个普通的 HTML 文件，如图 16-30 所示。

图 16-30　基于模板生成的文件

如果在“模板”列表中看不到已创建的模板，可以单击“模板”面板底部的“刷新站点文件”按钮。

03 将光标定位在可编辑区域内，删除可编辑区域内的文本，然后在“常用”面板上单击表格图标按钮，插入一个 4 行 2 列、宽度为 100%、无边框的表格。

04 选中第一行和第三行的单元格，在属性面板上的“水平”下拉列表中选择“居中对齐”，在“垂直”下拉列表中选择“顶端”。

05 将光标置于第一行第一列的单元格中，单击“常用”面板上的图像图标按钮，然后在弹出的“选择文件”对话框中选择已制作的栏目图片。

06 按照上一步同样的方法在第一行第二列的单元格和第三行的单元格中分别插入栏目图片，此时的页面效果如图 16-31 所示。

图 16-31 插入栏目标题图片

07 选中第二行第一列的单元格，然后单击属性面板上的拆分单元格按钮，将单元格拆分为 2 列。

08 选中拆分后的右侧单元格，然后单击属性面板上的拆分单元格按钮，将单元格拆分为 8 行。

09 按照第 **07** 、第 **08** 步的方法，将第二行第二列的单元格和第四行的单元格进行拆分。拆分后的单元格效果如图 16-32 所示。

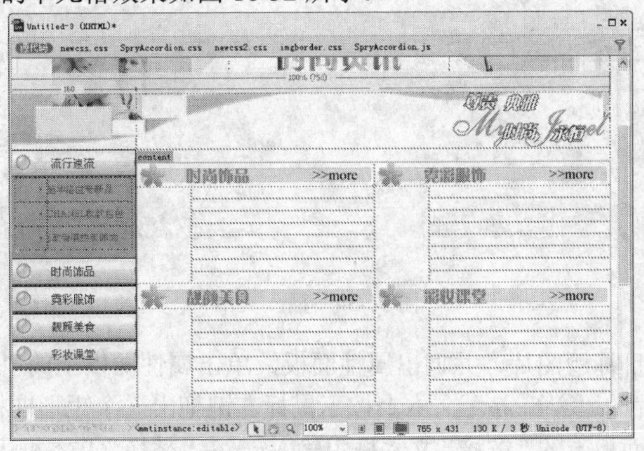

图 16-32 拆分后的单元格

10 将光标定位在第二行第一列的单元格中，在属性面板上设置单元格内容的水平对齐方式为“居中对齐”，垂直对齐方式也为“居中对齐”。

11 单击“常用”面板上的图像图标按钮，在弹出的“选择文件”对话框中选中相应的图片，然后按照同样的方法在其他需要插入图片的单元格中插入指定的图片。此时的页面效果如图 16-33 所示。

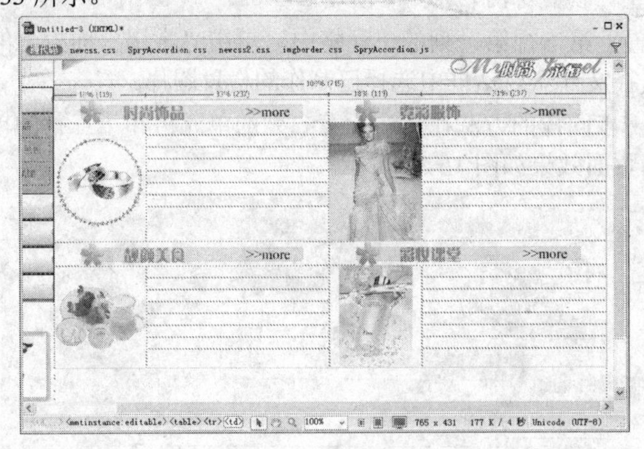

图 16-33 插入图片效果

12 选中图片右侧的 8 行单元格，在属性面板上的“水平”下拉列表中选择“左对齐”选项，单元格高度为 20。在单元格中输入栏目文本，并在属性面板上为文本添加超级链接。

由于已在“页面属性”对话框中设置了普通文本和链接文本的颜色和大小，因此输入文本后的页面如图 16-34 所示。

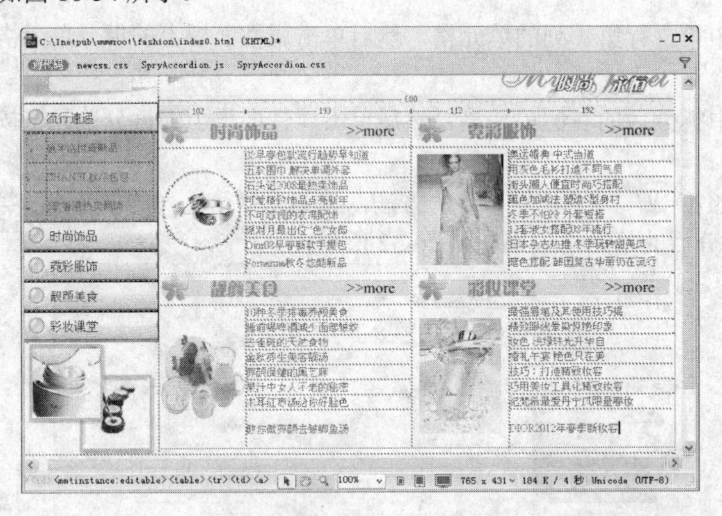

图 16-34 插入文本

13 选中栏目标题图片，并调出属性面板，单击属性面板上的“矩形热点工具”按钮□，然后在图片的“>>more”文本上按下鼠标左键拖出一个矩形框将文本包围。

14 在属性面板上的“链接”文本框中输入#，在“替换”文本框中输入“时尚饰品”。

该步骤的作用是单击“>>more”热点区域后返回页面顶端。如果网站的文章比较多，可以依照该页面制作一个文章列表，然后将热点区域的链接目标指向文章列表所在的页。

15 按照上面两步的方法为其他栏目图片添加热点区域，并指定链接目标和替换文本。完成后的页面效果如图 16-35 所示。

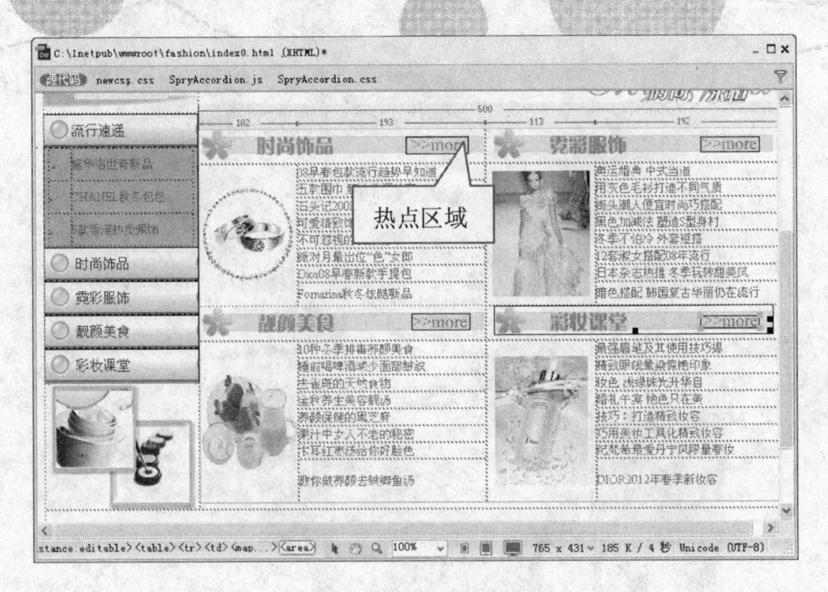

图 16-35　添加热点区域

至此，网站主页制作完毕，整个页面的效果如图 16-36 所示。

图 16-36　完成的页面效果

16 执行“文件”/“保存”菜单命令，将文档保存为 index.html，并按 F12 键在浏览器中预览，效果如图 16-37 所示。

图 16-37　首页预览效果

16.6　制作其他页面

本网站中将出现大量显示文章详细内容的页面，这些页面风格类似。下面将使用模板 article.dwt 制作这些页面，步骤如下：

01 在模板列表中右键单击 article.dwt，在弹出的上下文菜单中选择“从模板新建”命令，生成一个普通的 HTML 文件。

02 在可编辑区域的第一行输入文章的标题，例如“施华洛世奇新品流行速递”。

03 在第二行单元格中输入文章的内容，并且可以插入相应的图片，如图 16-38 所示。

04 执行“文件”/“保存”命令，将当前页面保存为 swarovski-1.html。

如果当前文章比较长，可以将文章内容分为多页，然后在第三行的“上一页”或“下一页”的“链接”文本框中输入链接的页面地址。

05 按照上面的步骤制作另一个页面，例如 swarovski-2.html。

06 选中当前文章第一页中的“下一页”文本，然后在属性面板上的“链接”文本框中输入 swarovski-2.html。同理，将 swarovski-2.html 页面中的“上一页”文本按钮指向 swarovski-1.html 页面。

07 按照以上步骤制作其他文章的页面。

08 保存文档，并按 F12 键在浏览器中预览页面效果，如图 16-39 所示。

单击“上一页”或“下一页”文本按钮，可以在同一文章的不同页面间进行切换。单击页面左侧的图片，可以返回到页面顶端。

图 16-38　首页预览效果

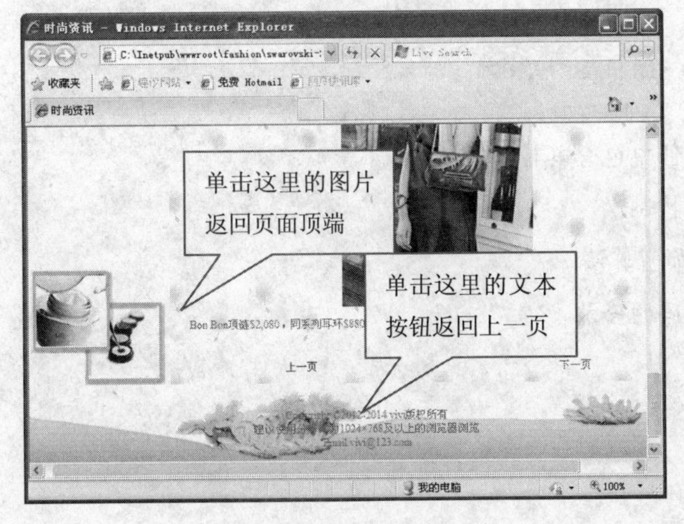

图 16-39　页面预览效果

第 17 章　电子商务网站综合实例

本章导读

本章将通过一个电子商务网站前台的建设，明晰透彻地讲解一般动态网站建设的全部流程。在系统的实现过程中，将讲述一些基本的通用的ASP 技术以及一些独特的技术细节。例如，在用户登录管理模块的验证码和用户注册模块的密码加密技术，这部分的内容是实现这个系统的难点，也是读者必须掌握的内容。在商品浏览部分可以多次重复使用的“商品列表”和“翻页导航条”模块，使用查询串中跟随的参数值来控制程序的流程的技术，也是Web 开发中的常用技术。

学习要点

- 在文件中包含其他页面
- 权限控制
- MD5 加密算法
- 验证码的登录

17.1 实例介绍

随着B2B的兴起，电子商务成为一个很热门的话题。而网上购物作为B2C的一种主要商业形式，取得了巨大的成功，比如大家熟悉的8848和当当网站。这样的系统都是大型的企业应用，作为一般的中小企业，没有相应的技术条件去开发和维护这样规模的Web应用。但是中小企业也迫切需要跟上信息化的步伐，ASP作为一种主流的动态网页技术为这样的需求提供了可能。

电子商务网站综合实例是介绍网上交易信息的网站，例如电脑、手机、数码产品、图书音像、户外用品、珠宝首饰、鲜花礼品、数字点卡等。实例首页的效果如图17-1所示。

图17-1　系统首页效果

由于是企业应用的商务网站，因此本例包含多个部分，例如顾客注册和登录、顾客信息管理中心、收藏和购买商品、商品查询、信息统计，以及后台管理，再如添加/管理商品信息、订单管理、用户管理、企业新闻发布等，如点击导航菜单中的“品牌电脑”，即可打开品牌电脑的展示页面，如图17-2所示。

图17-2　商品展示页面

该项目的目的是开发一个适合中小型企业使用的网上购物系统。网上购物系统是建立一个虚拟的购物商场。顾客可以在网上迅速找到喜欢的商品，购物变得轻松、快捷、方便。多种付款和送货方式使得客户可以在家完成整个购物流程，只需等待送货上门。对经营者来说，网上购物系统又可以节约企业的运营成本，迅速扩大企业的知名度，更提供了一个在迅速成长的电子商务商场上成长壮大自身的一个机会。

根据以上的分析，本系统应包括如下功能模块：

17.1.1 顾客登录、注销和注册管理

一个网上购物站点首先应有的功能就是需要能够定位访问的每个顾客。在几乎所有可以与顾客交互的界面上，都提供了顾客登录接口。在顾客登录后，才可以完整地跟踪顾客的行为。顾客也只有登录后才可以购买和收藏商品，查看订单。

一个浏览者注册成为顾客时，需要阅读经营者发布的注册条约，只有在同意后，才可以继续。再注册时会需要顾客提供一些除了id和密码之外的一些信息，例如E-mail邮箱，身份证号码还有电话等。另外，为了在顾客忘记密码时能够迅速地找回密码，还需要填写密码提示问题和答案。当顾客丢失忘记密码时，只要凭借密码提示问题和答案就可以取回密码。顾客注册的界面如图17-3所示。

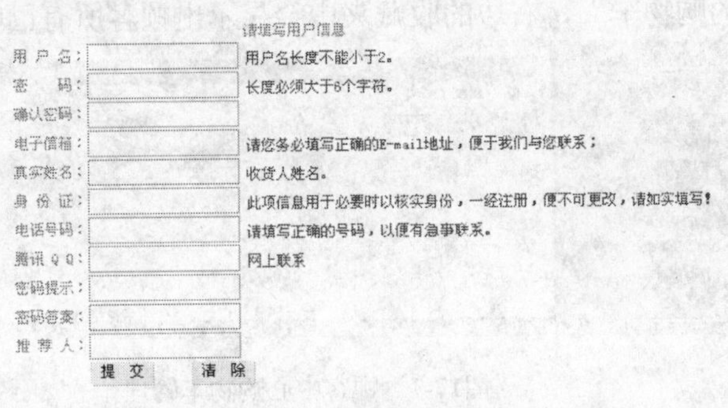

图17-3　顾客注册

17.1.2 顾客浏览、查询和选购购物

1. 商品的查询　经验和权威的统计数据表明，当一个顾客来到一个网上购物站点时，通常会有明确的目标性，因此一个购物站点应该提供让顾客迅速发现和查找到他所感兴趣的商品的功能。系统的查询功能一方面需要简单明了，另一方面也需要支持为了提高查找速度使用更复杂的查询限制条件。

本站点的查询分为简单查询和高级查询。简单查询的界面如图17-4所示。

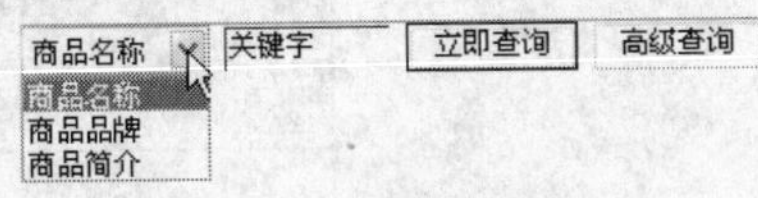

图17-4　简单查询

如果简单查询不符合顾客的要求，还可以使用高级查询。高级查询的界面相对更加丰

富，不仅可以根据以上的分类进行查询，同时还提供根据价格、分类等信息进行组合条件的查询。此功能实现更为复杂，但是毫无疑问查询的效率则会提高很多，顾客也会更为迅捷的发现所需要的商品，如图17-5所示。

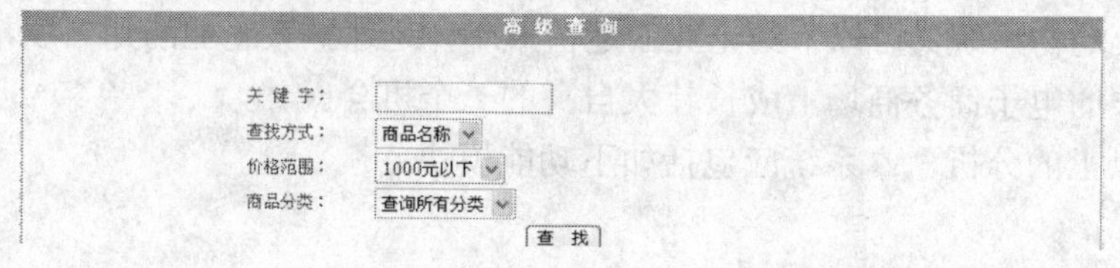

图17-5　高级查询

2. 购物流程　当顾客在浏览或者查找发现自己心仪的商品时，会有购买的欲望。顾客购买商品时必须遵循一定的流程，Web应用的下部有一个导航条提示顾客怎样购物，如图17-6所示。

网上购物步骤⇨选购->加入购物车->去收银台->确认收货人信息->选付款方式->选配送方式->在线支付或下单后汇款->汇款确认->发货->完成

图17-6　购物流程

顾客使用这种方式购物时，可以在将所有欲购买的商品加到购物车后再到顾客中心统一下单订购。顾客中心是一个集成的提供给顾客的管理各种信息的平台，如图17-7所示。单击左边的“我的购物车”，右边的收藏夹中会显示出顾客所有已收藏的商品。

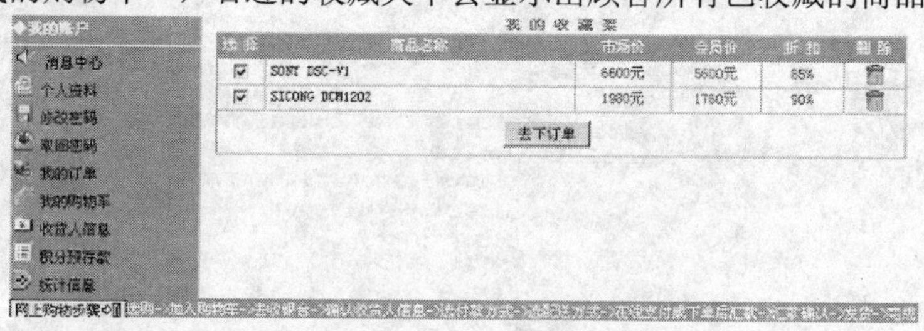

图17-7　顾客中心购物车管理

如果顾客想放弃某个商品，可以选择“删除”功能从购物车中删除指定的商品。

如果顾客选择了“去下订单”，则转移到图17-8所示的订购模块，此时会要求顾客填写收货人的详细信息，送货方式、付款方式等，顾客也可以留下一些对商品的简单评论。

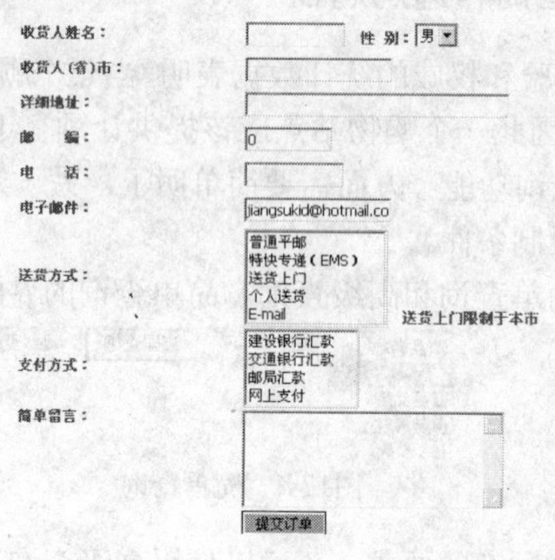

图17-8　顾客填写订单

当然，顾客也可以直接点击商品展示页面上的“购买”按钮，转移到订购模块。

如果顾客订购成功，会返回一个订购成功的页面，并且详细列出顾客所提交的订单的信息，如图17-9所示。

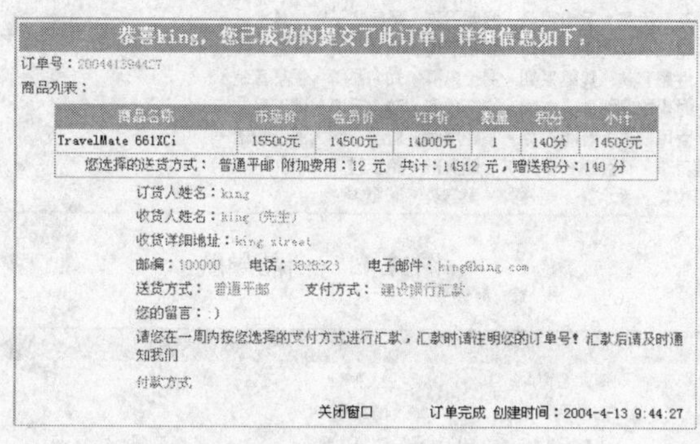

图17-9　顾客提交的订单

顾客中心是一个集成的管理顾客信息的平台，在这里顾客可以修改自己的个人资料、修改密码、查看订单状态、填写收货人信息。

3. 订单管理　当顾客在前台选中了喜爱的商品并且提交了订单以后，这些订单就转移到了后台，等待管理员的处理。管理员在后台需要有专门的处理订单的模块。

为了方便管理员维护和更改订单的状态，系统提供了多种方式显示所有的订单。有5种不同的订单状态：未作任何处理、顾客已划出款、服务商已收到款、服务商已发出货、顾客已收到货过滤所有的订单。

为了能够快速地定位订单，系统同样提供了查找功能，如图17-10所示：

图17-10　订单查询

管理员通过查询功能可以迅速定位到相应的订单，通过“修改订单状态”按钮，可以修改订单的状态。当订单状态显示为“顾客已收到货”时，意味着一笔完整的交易已经完成。

17.1.3　商品展示、添加和信息维护

1. 商品展示　现实世界中的百货商店、超市中会有各种各样的柜台或者货架用来展示商品。网上购物系统同样也需要向顾客展示商品的舞台。最常见的展示方式是根据商品的分类信息来进行的，例如数码产品、鲜花礼品。在大的分类下进行二级的分类，这样的两级分类体制能够使顾客迅速地发现自己感兴趣的商品，如图17-11所示。这些分类信息都可以在后台由管理员进行维护。

仅仅提供根据商品的分类信息来浏览和查找商品毫无疑问是不够的，这也正是电子商务优越于传统的商业经销模式的优点之一。对于供货商新进的商品，系统提供了一个“新品上架”的功能，可以集中展示那些经营者最新采购的新款商品，如图17-12所示。

[商品导航]	
品牌电脑	IBM 品牌·日本东芝·华硕Asus·日本 NEC·惠普康柏·宏基Acer·联想昭阳·清华紫光·
时尚手机	诺基亚·西门子·飞利浦·爱立信·摩托罗拉·阿尔卡特·三星·波导·
数码产品	数码相机·摄像机·CD播放器·录音笔·随身听·复读机·
图书音像	历史传记·恐怖战争·情感喜剧·科幻伦理·儿童卡通·古典音乐·
户外用品	折叠桌椅·充气用品·登山用品·照明用具·吊床垫子·炊具水具·
数字卡类	游戏卡类·电话卡类·上网卡类·邮箱卡类·教育卡类·其他卡类·
珠宝服饰	性感套装·性感套装·美腿系列·男士内裤·知名品牌·优惠套装·
鲜花礼品	埃及银饰·时尚饰品·佳人首饰·汽车模型·瑞士军刀·璀璨美钻·
成人保健	男用器具·女用器具·壮阳产品·情趣用品·避孕测孕·浪漫睡裙·
健身器材	跑步机·健身车·仰卧板·举重机·健身球·跑步鞋·
化妆品	护肤类·彩妆类·香水类·美体类·美容类·减肥类·

图17-11　商品导航

图17-12　商品列表（新品上架）

2．商品销售等信息的统计　另外的一个常见的展现方式是销售排行榜。销售排行前十名的商品通常是多数顾客都感兴趣的，统计并显示出来可以激发顾客的购买欲。

“关注排行”功能是根据顾客浏览一个商品的次数进行排行的，这样经营者会很容易发现顾客对哪些商品感兴趣。但是读者可能会注意到“关注排行”与“销售排行”的区别，这也当然会被经营者注意到。为什么兴趣没有转换为实际的购物行动？经营者藉已会发现经营中的问题，如定价是否过高。

特价商品通常是最能吸引顾客眼球的，系统为此提供了一个“特价商品”集中展示的方式，所有特价的商品都可以在此“柜台”得以展示。类似的是经营者向顾客推销的“推荐商品”栏，这个“柜台”则向顾客推荐某些商品，这些商品是经营者根据销售、浏览信息和经营策略制定出的。

3．添加、修改和维护商品信息　商品管理主要包括三个方面：添加新的商品、查看修改商品、管理商品评论。通过“添加新的商品”可以完成进货。“添加新商品”的界面如图17-13所示。

“查看修改商品”功能使管理员可以修改指定商品的信息。修改商品的界面与“添加新商品”的界面相同，只是需要再次提交即可。

“管理商品评论”功能可以使管理员对顾客对商品的评论进行查看和删除。

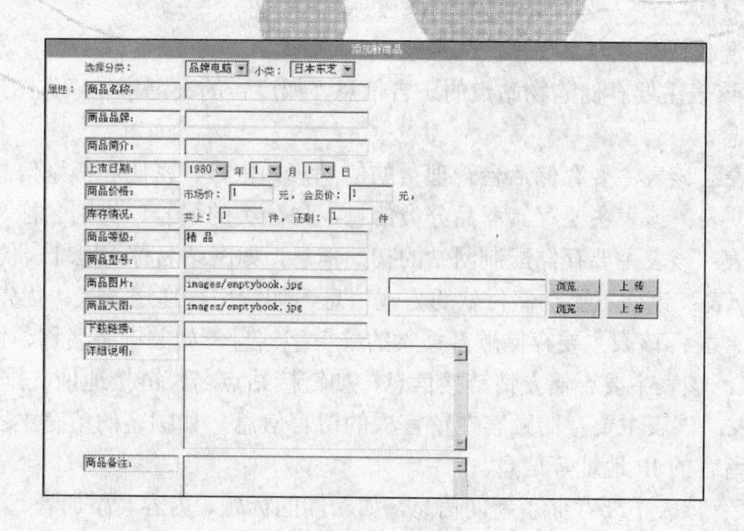

图17-13　添加新的商品

17.1.4　网站配置管理

当开发者开发的应用系统分发到不同的经营者时，不同的经营者会有不同的系统定制要求。系统的初始化配置应该具有根据不同的使用者进行不同的配置的功能。常见的一些配置，包括Web应用的版权信息、与经营者的联系方式、网站广告的定制。

不同经营者的某些具体经营策略会是不同的。具体到付款方式、注册条约、交易条款等等信息都是可以定制的。

17.2　数据库设计

Web应用跟踪和管理顾客的状态、行为主要有两种措施，一是使用Session或Cookie保存顾客活跃期间的信息，但是这些信息在会话结束后将不再存在。对于那些需要持久保存的信息，例如顾客的订单、顾客的注册资料、商品的信息则必须通过数据库进行存储。数据库适合存储那些需要持久保存的信息，并且提供很好的方式进行查询、插入、修改和删除。这主要借助于SQL（Structured Query Language）的强大功能。

分析购物系统的特点会发现有三类信息需要存储在数据库中。

（1）顾客信息和顾客购物、订单维护方面的数据库：包括存储顾客注册信息的表，订单内容的表，

（2）商品信息的表：包括商品分类的表，商品对应的图片的物理位置存储的表，商品详细信息的表

（3）其他杂项：包括新闻、公告、初始设置、评论等方面的表。

该数据库包括16个不同专题的表：ad表、admin表、category表、config表、delivery表、imglinks表、keyname表、links表、mess表、news表、notify表、orders表、product表、review表、sorts表和user表 。各个表的简要说明信息如下所示，详细的表结构和字段说明请读者

参考随书“源代码”文件。

ad 表：该表主要存储购物站点的广告信息，如广告的关键字、广告图片的位置、广告的链接等信息。

admin 表：该表主要存储后台管理员的信息，如帐号、密码和级别信息。

category 表：该表主要存储商品分类信息，如分类的编号、类别名称等信息。

config 表：该表主要存储配制网站的初始信息，如网站名称，地址，联系电话等信息。

delivery 表：该表主要存储付款的方式信息，如费用、递送方式、优先级等信息。

keyname 表：该表主要存储顾客搜索的关键字信息，如关键字名称、优先级等信息。

links 表：该表主要存储友情链接信息，如链接站点名、链接地址、排列顺序等信息。

mess 表：该表主要存储顾客在留言板的留言信息，如顾客的留言主题、内容、联系 E-MAIL 和留言的 IP 地址等信息。

news 表：该表主要存储了新闻信息，如新闻的标题、内容、添加者、添加时间和浏览次数等信息。

orders 表：该表主要存储顾客的订单信息，如顾客名、E-MAIL、电话和增加时间等信息。

product 表：该表主要存储商品信息，如商品的名称、分类、价格和说明等信息。

review 表：该表主要存储顾客对商品的评论信息，如标题、查看时间、内容等信息。

sorts 表：该表主要存促商品的二级分类信息，如列表商品信息、排序顺序、产品类别等信息。

user 表：该表主要存储顾客注册的信息，如顾客的帐号、加密后的密码、访问次数等信息。

17.3 技术要领

本节将介绍网站建设的相关技术要领。

17.3.1 #include指令

在一个ASP页面中，可以使用# include指令把另一个文件的内容插入到当前的页面中。这条指令读取该文件的全部内容并插入到该页中，这是一种非常有用的插入HTML段落的技术。

通过把脚本和内容分开的方法，给页面提供了一个组成层次。这意味着如果对脚本进行了修改，在客户端再次打开该页面时，脚本的修改情况自动地反映到使用包含文件的每个页面中。例如，常见的数据库连接的获取都作为一个单独的模块包含到所有的ASP页面中。

```
index.asp
<!--#include file="conn.asp"-->
…
conn.asp
…
```

```
<%
db="admin/database/#TimesShop.mdb"
Set conn = Server.CreateObject("ADODB.Connection")
connstr="Provider=Microsoft.Jet.OLEDB.4.0;Data        Source="        &
Server.MapPath(""&db&"")
conn.Open connstr
%>
…
```

这样当修改数据库连接时，所有包含conn.asp的页面引用的数据库连接都会得到修改，从而大大减轻了代码开发的工作量，这可以更好地保证软件的质量，也是模块化和降低软件之间耦合性的思想的体现。

17.3.2 权限控制

后台的用户权限分为三类：添加人员、查看人员和管理员。添加人员可以添加、修改、删除商品资料；查看人员只能管理商品评论和顾客订单；管理员拥有本站所有管理权限。

通过后台用户的rank属性可以跟踪顾客的权限，rank值从数据库中读出后是放在Session中的。例如根据约定，rank值大于1的不是系统管理员，如果试图执行某些权限不够的操作时，就会提示"你的权限不够！"

17.3.3 MD5加密算法介绍

所有存储在系统中的密码都以MD5不可逆转方式进行加密。加密的目的是防止通过打开ACCESS数据库直接得到各个帐号的密码，包括管理员。

MD5是一种单向加密算法，只是对数据进行加密，没有办法对加密以后的数据进行解密。单向加密的作用在于即使信息被泄漏，这些经过单向加密的信息的含义仍然无法完全被理解。

```
rs("password")=md5(trim(request.form("password")))
```

上述代码在存储顾客的密码到数据库时进行了加密。所有的加密算法都在系统的根目录下的func.asp中，详见随书"源文件"文件夹中的内容。

17.3.4 实现验证码的登录

与上面的MD5加密算法的目的相同，为了防止恶意地使用程序不断猜测帐号的密码，系统采用了验证码，如图17-14所示。验证码的主要思想就是在顾客的登录界面随机生成一个数，在顾客登录的同时要求输入这个数。用系统中记录的这个随机数与顾客的输入进行验证，就可以防止恶意请求登录页。

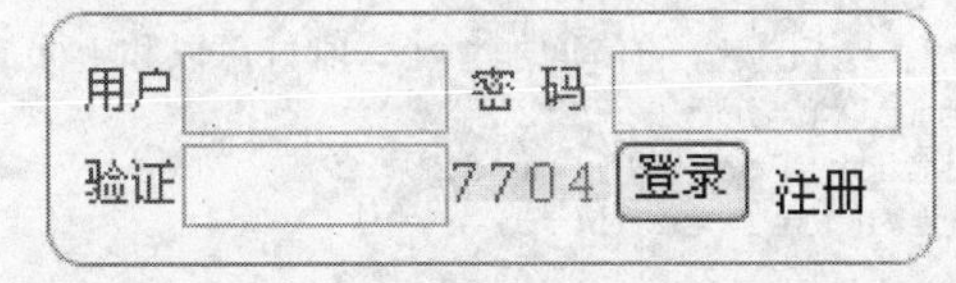

图17-14 顾客登录

使用验证码的难点在于将数字转换成一个内容为数字的图片显示出来。这个功能在code.asp中完成，其中使用了ADO的Stream对象读写文件的内容。

```
<%
Option Explicit           '强制声明所有使用的变量
NumCode
Function NumCode()
'若将 Response.Expires 设置为负数或 0，则禁用缓存
  Response.Expires = -1
  Response.AddHeader "Pragma","no-cache"
  Response.AddHeader "cache-ctrol","no-cache"
'禁止使用缓存,上面几行代码的作用是保证页面能够自动刷新，即使后退到原先的页面。
   dim zNum,i,j
   dim Ados,Ados1
   Randomize timer
   zNum = cint(8999*Rnd+1000)      '生成随机数
   Session("GetCode") = zNum   '将随机数的值使用 session 来存放
   dim zimg(4),NStr
   NStr=cstr(zNum)
   For i=0 to 3
     zimg(i)=cint(mid(NStr,i+1,1))
```

mid函数表示返回NStr字符串的从第i+1个位置开始的1个字符，这意味着zimg(i)对应着zNum的第i个字符。

```
   Next
  dim Pos
  set Ados=Server.CreateObject("Adodb.Stream")
   Ados.Mode=3
   Ados.Type=1
   Ados.Open
  set Ados1=Server.CreateObject("Adodb.Stream")
   Ados1.Mode=3
   Ados1.Type=1
   Ados1.Open
'ADO 流对象可以读取文件的内容，Ados 流对象就是读取 include/body.Fix 的内容
   Ados.LoadFromFile(Server.mappath("include/body.Fix"))
'读出 1280 个字节
   Ados1.write Ados.read(1280)
   for i=0 to 3
 Ados.Position=(9-zimg(i))*320  '计算出在 Ados 流中的位置，即 9 减去这个值在乘以
320
Ados1.Position=i*320  '计算出应该在 Ados1 流中写的位置，即 320 个字节写一个数
Ados1.write ados.read(320)  '写从 include/body.Fix 中读出的 320 个字节
   next      '循环处理四位数上的各个位
'Ados 流重新指向 include/head.fix
 Ados.LoadFromFile(Server.mappath("include/head.fix"))
   Pos=lenb(Ados.read())  '返回 Ados.read()一次读取的内容的字节长度
   Ados.Position=Pos
   for i=0 to 9 step 1
     for j=0 to 3
      'j 每增加 1，Position 的值增加 320，刚好可以和上面的值对应起来。
       Ados1.Position=i*32+j*320
       Ados.Position=Pos+30*j+i*120
       Ados.write ados1.read(30)
     next
   next
   Response.ContentType = "image/BMP"   '写出的类型为一个 bmp 图片
   Ados.Position=0
```

```
    Response.BinaryWrite Ados.read()
    Ados.Close:set Ados=nothing
    Ados1.Close:set Ados1=nothing
End Function
%>
```

17.4 导航条

任何一个成功的Web应用都离不开导航功能。系统中的导航条分为两个部分：首部导航条（如图17-15所示）和尾部导航条（如图17-16所示）。

图17-15 首部导航条

图17-16 尾部导航条

在多数asp文件中都可以发现下面的语句：

```
<!--#include file="include/header.asp"-->
```

这行代码的功能是将首部导航条包含到当前页面中，这种方式可以使网站维持统一的风格。如果对header.asp作了修改，会自动反映到所有包含其的文件中。

首部导航条中最上部的导航条由以下代码实现：

```
………
<a href="reg.asp">注册</a>
<a href="profile.asp?action=repass">忘记密码</a>
<a href="profile.asp?action=addtocart"><b>我的购物车</b></a>
<a href="intro.asp">公司简介</a>
<a href="procat.asp">商品导航</a>
……
```

首部导航条中顾客登录部分由以下代码实现：

```
<TD> <!--#include file="../login.asp"--> </TD>
```

login.asp的主要内容如下：

```
<form name=loginfo method=post action=chkuser.asp>
<tr><td><input name=username type=text id=username size=9></td><!--输入顾客名-->
<td><input name=password type=password id=password3 size=10></td><!--输入密码-->
<td><input name=passcode type=text id=passcode size=9></td><!--输入验证码-->
```

```
    <td><img src="code.asp"></td><!--code.asp生成验证码的bmp图像-->
    <td><input  type=submit  name=Submit  value=" 登 录 "  onClick="return
checkuu();"> <a href="reg.asp">注册</a>
    <input name=comeurl type=hidden value=<% = url %>></td></tr></form>
    <!--使用隐藏域来传递 url 地址，以便在登录成功后重新转至本页。顾客名保存在了
Cookies("timesshop")("username")中-->
```

17.5 顾客注册和登录

本节将讲述顾客注册和登陆系统的制作方法。

17.5.1 填写注册信息

用户注册时，第一页显示的是注册条约，在顾客同意注册条约后将会跳转到如图17-17所示的填写信息的页面。

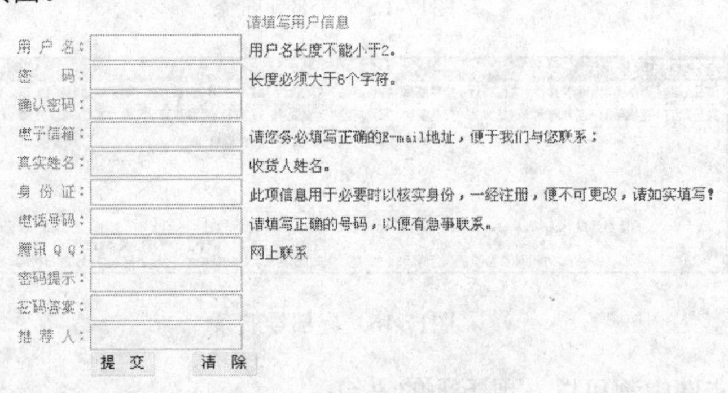

图17-17　注册页面

reg.asp实现了顾客注册的处理，包括显示初始的填写表单。reg.asp根据查询串的不同值采取不同的操作。

```
    <!--#include file="conn.asp"-->             <!--数据库连接-->
    <!--#include file="config.asp"-->           <!--站点的配置信息-->
    <%dim action
    action=request.QueryString("action")%>      <!--取得查询串 action 的值-->
    <title><%=webname%>--新顾客注册</title>
    <!--#include file="include/header.asp"-->
    <%
    select case action                    '根据不同的查询串 action 的值作相应的操作
```

当查询串的action的值为空时，说明是首次进入该页，则应打印注册条约。

```
    case ""%> '空值时，显示注册条约
    ………
    <TR> <TD HEIGHT="18" ALIGN="center"><br><B><FONT SIZE=2><%=webname%>注册
条约</FONT></B></TD></TR>
    ………
    <TR> <TD> <%call tiaoyue()%> </TD></TR>  '调用显示注册条约的子过程 tiaoyue()
    ……
    <%sub tiaoyue()                          'VBScript,显示注册条约子过程
    set rs=server.CreateObject("adodb.recordset")
```

```
    rs.Open "select rule from config",conn,1,1
    '注册条约的内容保存在config表的rule字段中；由于文本内容很长，所以在ACCESS数据库中'必须选择memo类型
    response.Write trim(rs("rule"))          '去掉首尾的空格
    rs.Close                                 '关闭记录集
    set rs=nothing                           '释放内存
    end sub
    ……
    <TR>
    <!--form的post仍然是本页，但是改写了查询串，跟上了action=yes-->
    <FORM NAME="form1" METHOD="post" ACTION="reg.asp?action=yes">
    ………
    <!--同意，注意QueryString变为action=yes-->
    <INPUT TYPE="submit" NAME="Submit4" ... VALUE="我 同 意">
    <!--不同意，转到首页-->
    <INPUT TYPE="button" NAME="Submit22" VALUE="我 不 同 意" ………
ONCLICK="location.href='./index.asp'">
    </TD></FORM></TR> </TABLE>
```

如果顾客已经同意注册条约，则打印出填写顾客详细注册信息的表单，继续注册。

```
    <%case "yes"%>                           <!--说明顾客已经同意注册条约-->
    ………
    <!--查询串变为action=save-->
    <FORM NAME="userinfo" METHOD="post" ACTION="reg.asp?action=save" >
    <TR><TD width="550"><INPUT NAME="username" TYPE="text" ID="username2" >
    顾客名长度不能小于2。</TD></TR>          <!—输入顾客名-->
    ……
    <TD><INPUT NAME="password" TYPE="password" ID="password">长度必须大于6个字符。</TD></TR>                               <!—输入密码-->
    <TR><TD><div align="right"><FONT COLOR="#cb6f00">确认密码：</FONT></div></TD>
    <TD><INPUT NAME="password1" TYPE="password" ID="password1"></TD></TR>
    ………
    <TD> <INPUT NAME="useremail" TYPE="text" ID="useremail2">请您务必填写正确的E-mail地址，便于我们与您联系；</TD></TR>
    <TR><TD><div align="right"><FONT COLOR="#cb6f00">真实姓名：</FONT></div></TD>
    <TD> <INPUT NAME="realname" TYPE="text" ID="realname2">收货人姓名。</TD></TR>
    ………
```

输入顾客的身份证号；三个事件触发的都是验证身份证号的输入是否合法的正则表达式。onkeypress在键盘有键按下时触发，onpaste在粘贴时触发，而ondrop在鼠标拖拉操作的结束时触发。

```
    <TD> <INPUT NAME="identify" TYPE="text" ID="identify2" onkeypress = "return regInput(this, /^\d*\.?\d{0,2}$/, String.fromCharCode(event.keyCode))"
        onpaste = "return regInput(this, /^\d*\.?\d{0,2}$/, window.clipboardData.getData('Text'))"
        ondrop = "return regInput(this, /^\d*\.?\d{0,2}$/, event.dataTransfer.getData('Text'))">此项信息用于必要时以核实身份，一经注册，便不可更改，请如实填写！</TD></TR>
    <TD> <INPUT NAME="mobile" TYPE="text" ID="mobile2" onkeypress = "return regInput(this, /^\d*\.?\d{0,2}$/, String.fromCharCode(event.keyCode))"
        onpaste = "return regInput(this, /^\d*\.?\d{0,2}$/, window.clipboardData.getData('Text'))" ondrop="return regInput(this,
```

```
/^\d*\.?\d{0,2}$/,    event.dataTransfer.getData('Text'))">请填写正确的号码，以便有急事联系。</TD>    </TR>                <!—输入正确的电话号码-->
    <TR><TD><div align="right"><FONT COLOR="#cb6f00"> 腾 讯 Q Q： </FONT></div></TD>
    <TD> <INPUT NAME="userqq" TYPE="text" ID="userqq2" onkeypress = "return regInput(this,  /^\d*\.?\d{0,2}$/,    String.fromCharCode(event.keyCode))"
       onpaste          =  "return   regInput(this,      /^\d*\.?\d{0,2}$/, window.clipboardData.getData('Text'))"    ondrop   = "return regInput(this, /^\d*\.?\d{0,2}$/,    event.dataTransfer.getData('Text'))">网上联系</TD></TR>
    <TR><TD>密码提示： </TD>
    <TD><INPUT NAME="quesion" TYPE="text" ID="quesion2"> </TD></TR>
    <TR><TD>密码答案：</TD>
    <TD> <INPUT NAME="answer" TYPE="text" ID="answer2"> </TD></TR>
    <TR><TD>推 荐 人： </div></TD>
    <!--推荐人的信息，如果一个顾客成为推荐人可以提高这个顾客的信誉值-->
    <TD> <INPUT NAME="recommender" TYPE="text" ID="recommender"> </TD></TR>
    .........
    <INPUT ONCLICK="return check();" TYPE="submit" NAME="Submit3" ……… VALUE="提 交" > <!--使用JavaScript验证顾客的输入是否合法-->
    <input type="reset" name="Submit5" ……… value="清 除"> </TD> <!--重新置空-->
```

17.5.2 注册信息提交

如果顾客的注册都合法，那么将会显示图17-18所示的注册成功页：

用户注册成功
恭喜，您已注册成为[E-STUDIO工作室]正式用户，请进行下一步操作：
·
·为了方便您的购物，建议您填写详细的收货人资料
·返回首页

图17-18 注册成功

如果帐号或者E-MAIL信箱已经被使用，则会显示下面的信息（如图17-19）：

用户注册失败
·您输入的用户名或Email地址已经被注册，请选用其他的用户名或者E-mail!
·点击返回上一页

图17-19 注册失败

上述功能是在reg.asp页面中实现的，查询串中action的值变成了save。首先会判断当前顾客是否已经注册过一次，如果是，则不允许在此注册。然后根据顾客注册的帐号和填写E-MAIL判断数据库中是否已经有相应的顾客存在。如果有使用同样的帐号或者E-MAIL的顾客，则也不允许继续注册。如果注册失败，调用顾客注册失败子过程统一处理失败返回给顾客的信息。

```
    .........
    <%case "save"%>                             <!--保存这个注册的顾客信息-->
    <!--#include file="func.asp"-->  <!--func.asp 里面定义了一些函数，比如加密的MD5，所以需要包含进来-->
    <%call saveuser()%> <%                      '调用子过程 saveuser()
    end select%>
    <!--#include file="include/footer.asp"-->  '尾部导航条
```

```
    sub saveuser()                                        '保存顾客信息的子过程
    dim rsrec,strgift,stradd,strresult
    if session("regtimes")=1 then                   '判断当前会话的顾客是否已经注册过一次
    response.Write "<div align=center><br><br>对不起，您刚注册过顾客。<br>请稍后再进行注册！</font></div><br>"
    response.End
    end if
    set rs=server.CreateObject("adodb.recordset")
    rs.open "select username,useremail from [user] where username='"&trim(request.form("username"))&"' or useremail='"&trim(request.form("useremail"))&"'",conn,1,1
    '从数据库中选择顾客名或者E-MAIL相同的记录，如果存在。则不允许注册，报错
    if not rs.eof and not rs.bof then
    call usererr()                              '报错子过程
    rs.close
    set rs = nothing
    else
    rs.close
    rs.open "select * from [user]",conn,1,3  '已可写方式打开数据库中的user表
    rs.addnew      '添加新记录
    rs("username")=trim(request.form("username"))                  '顾客名
    rs("password")=md5(trim(request.form("password")))            '密码
    rs("useremail")=trim(request.form("useremail"))                '顾客的E-MAIL地址
    rs("quesion")=trim(request.form("quesion"))                    '密码提示问题
    rs("answer")=md5(trim(request.form("answer")))                 '密码提示问题答案
    rs("recommender")=stradd                                        '推荐人
    rs("realname")=trim(request.form("realname"))                  '真实姓名
    rs("identify")=trim(request.form("identify"))                  '身份证号
    rs("mobile")=trim(request.form("mobile"))                      '移动电话
    rs("userqq")=trim(request.form("userqq"))                      'QQ号码
    rs("adddate")=now()                                             '注册日期
    rs("lastvst")=now()                                            '最近一次访问的日期
    rs.update
    rs.close
    set rs=nothing
    %>
    ………
    <%
    end if
    end sub
    sub usererr() %>
    '顾客注册失败
    ………
    <tr><td><font color=#FF0000>顾客注册失败</font></td></tr>
    ………
    <a  href=javascript:history.go(-1)><font  color=red> 单 击 返 回 上 一 页</font></a>
    <!--JavaScript语句：返回上一页，-->
    ………
    <%
    end sub
    %>
```

下面的一段JavaScript代码用于分析和判断顾客所填写的注册信息是否合法。

```
    <SCRIPT LANGUAGE="JavaScript">
    <!--
    function check()                                   //检查顾客的输入是否合法
```

```
    {
    ………
    if(checkspace(document.userinfo.username.value)                      ||
document.userinfo.username.value.length < 2) {    //不能为空并且长度不能小于2
    document.userinfo.username.focus();
    alert("顾客名长度不能小于2，请重新输入！");
    return false;
      }
      ………
    if(document.userinfo.password.value!=document.userinfo.password1.value)
{
    document.userinfo.password.focus();
    document.userinfo.password.value = '';
    document.userinfo.password1.value = '';
    alert("两次输入的密码不同，请重新输入！");
    return false;
      }
    if(document.userinfo.useremail.value.length!=0) //检查E-MAIL的输入是否合法
     {
    //已.或者@开头是不合法的,没有@或者.的E-MAIL地址也是不合法的,@或者.在E-MAIL地址的
末尾也是不合法的
    if (document.userinfo.useremail.value.charAt(0)=="." ||
    document.userinfo.useremail.value.charAt(0)=="@"||
            document.userinfo.useremail.value.indexOf('@',     0)     ==     -1
||document.userinfo.useremail.value.indexOf('.', 0) == -1 ||
            document.userinfo.useremail.value.lastIndexOf("@")==
document.userinfo.useremail.value.length-1||document.userinfo.useremail.val
ue.lastIndexOf(".")==document.userinfo.useremail.value.length-1)
    {
      alert("Email地址格式不正确！");
      document.userinfo.useremail.focus();
      return false;
         }
      }
    else
      {
         alert("Email不能为空！");
         document.userinfo.useremail.focus();
         return false;
      }
    }
    function regInput(obj, reg, inputStr)
      {
        var docSel  = document.selection.createRange()  //选定区域
        if  (docSel.parentElement().tagName  !=  "INPUT")  //选定区域标签是否
是"INPUT"
        return false
        oSel = docSel.duplicate()
        oSel.text = ""
        var srcRange  = obj.createTextRange()
        oSel.setEndPoint("StartToStart", srcRange)
        var str = oSel.text + inputStr + srcRange.text.substr(oSel.text.length)
        return reg.test(str)                          //根据正则表达式检验输入是否合法
      }
    function checkspace(checkstr) {                 //判断字符串的内容是否全为空格
    var str = '';
    for(i = 0; i < checkstr.length; i++) {
    str = str + ' ';
```

```
  }
  return (str == checkstr);
  }
  //-->
  </script>
```

17.5.3 顾客登录和注销

顾客登录对话框是包含在首部导航条中的，登录成功后，登录框变为图17-20所示的界面，顾客可以注销。

欢迎 king 光临 您是普通用户
您目前有1笔未处理订单　用户中心
共计：11200元（除邮费）　注销登录

图17-20　登录成功后

验证码的内容在“技术要领”一节已经叙述过，下面重点介绍一个任何商务站点都需要的登录的设计。Login.asp是完成显示登录界面的源码和用户登录成功后的界面的设计。

```
  <!--#include file="userfunc.asp"-->
  <!--验证顾客输入是否合法的 JavaScript 函数构成的脚本程序-->
  ………
  <% if request.cookies("timesshop")("username")="" then  '判断顾客是否登录
  Dim url %>
  ………
  <form name=loginfo method=post action=chkuser.asp> '提交给 chkuser.asp 处理
  <td width=38% height=19 align=right nowrap style='padding-left:1px'>顾客
</td>
  ………
  <td height=18 style='padding-left:1px' align=right>验证 </td>
  <td style='padding-left:1px'>
  <input name=passcode type=text id=passcode size=9></td>
  <!--code.asp 完成产生一个随机数，并且已一个位图文件显示的功能。生成的随机数放到
Session("GetCode")中存储-->
  <td style='padding-left:1px'><img src="code.asp"></td>
  <td style='padding-left:1px'>
  <input  type=submit  name=Submit  value=" 登 录 "  onClick="return
checkuu();"> <a href="reg.asp">注册</a>
  <!--hidden 域即隐藏域用来传递一些信息是一种很有效的方式-->
  <input name=comeurl type=hidden value=<%=url%>></td></tr></form> </table>
  <%
  else
  '顾客已经登录
  dim shop,rsvip,username,shopjiage
  set rs=server.CreateObject("adodb.recordset")
  '从数据库中找出那些该顾客所订购的商品的详细信息，要求订单的状态为 2,即未处理的订单
  rs.open                                                    "select
product.price2,product.vipprice,product.price1,orders.productnum        from
product inner join orders on product.id=orders.id where orders.state=2 and
orders.username='"&trim(request.Cookies("timesshop")("username"))&"'
",conn,1,1
  set shop=server.CreateObject("adodb.recordset")
  '从订单表中选择该顾客的订单状态为 2 的商品列表,即未处理的订单
  shop.Open   "select     distinct(goods)     from      orders      where
```

```
username='"&request.Cookies("timesshop")("username")&"'    and    state=2
",conn,1,1
    if shop.recordcount=0 then %>  <!--记录条数为0-->
    <table   width="100%"   border="0"   cellspacing="0"   cellpadding="0"
align="center">
    <tr><td colspan="2">欢迎<% = Request.Cookies("timesshop")("username") %>
光临 您是普通顾客</td></tr>
    <tr><td>您目前没有未处理订单</td>
    <td><a href=profile.asp?action=profile>顾客中心</a></td></tr>
    <tr><td>共计:0.00元</td><td><a href=logout.asp>注销登录</a></td></tr>
    </table>
    <%
    else                              '记录条数不为零
    do while not rs.eof            <!--遍历记录集，计算出所有未处理订单的价格的总额-->
       shopjiage=round(shopjiage+rs("price2")*rs("productnum"),2)
       rs.movenext
       loop %>
    <table   width="100%"   border="0"   cellspacing="0"   cellpadding="0"
align="center">  <tr>
    <td colspan="2">欢迎<% = Request.Cookies("timesshop")("username") %>光临，
您是普通顾客</td></tr><tr>
    <td>您目前有<% = shop.recordcount %>笔未处理订单</td>
    <td><a href=profile.asp?action=profile>顾客中心</a></td>
    </tr><tr><td>共计：<% = shopjiage %>元(除邮费)</td><td><a href=logout.asp>
注销登录</a></td></tr></table>
    <%
      end if
      shop.Close
      set shop=nothing
      rs.close
      set rs=nothing
      end if
    %>
```

usefunc.asp文件包含的都是一些验证顾客输入合法性的JavaScript代码，详细内容见”源代码”文件夹。Code.asp完成的是生成验证码并且生成bmp图片显示出来。这里用到了ADO的Stream对象进行文件的读写，详细内容参考”源代码”文件夹。

用户提交的信息会转给chkuser.asp处理，chkuser.asp负责处理login.asp传递过来的用户名和密码等信息和数据库中的是否相符，以决定用户登录的成功与失败。

```
<!--#include file="conn.asp"-->
<!--#include file="func.asp"-->
<%
dim username,password,comeurl,passcode
```

取得从login.asp传递过来的用户名、密码等参数信息。如果登录成功，则重定向到用户登录时的页面，所以也需要取得comeurl参数的值。

```
username=replace(trim(request.Form("username")),"'","")          '用户名
password=md5(replace(trim(request.form("password")),"'",""))   '密码
passcode=Cint(request.form("passcode"))                          '验证码
if trim(request.form("comeurl"))="" then       'comeurl是否为空
   comeurl="index.asp"
else
   comeurl=trim(request.form("comeurl"))
end if
if username="" or password="" then          '如果用户名或密码为空
```

```
    response.Write "<script LANGUAGE='javascript'>alert('登录失败！请检查您的登录名和密码！');history.go(-1);</script>"
    response.end
    end if
    if passcode<>Session("GetCode") then              '验证码错误
    response.Write "<script LANGUAGE='javascript'>alert('登录失败！验证码错误！');history.go(-1);</script>"
    response.end
    end if
    set rs=server.CreateObject("adodb.recordset")
    '从数据库中的用户表中判断此用户是否存在
    rs.Open "select * from [user] where username='"&username&"' and password='"&password&"' " ,conn,1,3
    if not(rs.bof and rs.eof) then                    '如果存在，则判断验证码是否正确
      if password=rs("password") and passcode=Session("GetCode") then
response.Cookies("timesshop")("username")=trim(request.form("username"))
        rs("lastvst")=now()
    rs("loginnum")=rs("loginnum")+1
    rs.Update
    rs.Close
    set rs=nothing
    call loginok()
    else
    response.write "<script LANGUAGE='javascript'>alert('登录失败，请检查您的登录名和密码！');history.go(-1);</script>"
    end if
    else                                              '登录失败
    response.write "<script LANGUAGE='javascript'>alert('登录失败！请检查您的登录名和密码！');history.go(-1);</script>"
    end if
    sub loginok()                                     '登录成功子过程
    response.Write "<font size=2> 欢 迎 <font color=red size=2>"&request.Cookies("timesshop")("username")&"</font>,光临两秒种后将自动跳转到相应页！</font>"
    response.redirect comeurl
    end sub
    conn.close
    set conn = nothing
    %>
```

17.6 顾客中心

17.6.1 进入顾客中心

顾客顾客中心的界面如图17-21所示，是一个集成的顾客操作平台：

图17-21 顾客中心

顾客中心控制台左边的一栏类似于一个菜单栏。主要的源文件有两个分别是profile.asp和disuser.asp。Profile.asp的主要内容：

```
<!--#include file="conn.asp"-->
<!--#include file="func.asp"-->
<!--#include file="config.asp"-->
<title><%=webname%>--我的账户</title>
<!--#include file="include/header.asp"-->
………

<TABLE WIDTH="100%" BORDER="0" CELLSPACING="1" CELLPADDING="1">
<TR><TD                BGCOLOR=<%=bgclr2%>                HEIGHT="20"
ONMOUSEOVER="this.bgColor='<%=bgclr4%>';"ONMOUSEOUT="this.bgColor='<%=bgclr
2%>';"><IMG SRC="images/gb.gif" WIDTH="20" HEIGHT="16">
<A HREF="profile.asp?action=profile">消息中心</A></TD></TR>
<!--休息中心的超链接为 profile.asp?action=profile,跟上了一个查询串;并且在鼠标放
到其上时改变颜色，突出显示。-->
………
<A HREF="profile.asp?action=customerinfo"> 个人资料</A>
………
<A HREF="profile.asp?action=changepass"> 修改密码</A>
………
<A HREF="profile.asp?action=repass"> 取回密码</A>
………
<A HREF="profile.asp?action=goods"> 我的订单</A>
………
<A HREF="profile.asp?action=addtocart"> 我的购物车</A>
………
<A HREF="profile.asp?action=receiveaddr"> 收货人信息</A>
………
```

17.6.2 个人资料维护

如果顾客单击左边的“个人资料”按钮，将会在右边的工作区中显示图17-22所示的内容。

图17-22 个人资料

以下代码实现“个人资料的链接”功能。

```
……
case "customerinfo"
response.write "<center><B><FONT COLOR=996633>个 人 资 料</font></center>"
customerinfo()
……
```

以下代码实现取出个人资料信息功能。

```
sub customerinfo()
```

```
    if request.cookies("timesshop")("username")="" then  '顾客未登录
    response.Write "<center>请先登录</center>"
    response.End
    end if
    set rs=server.CreateObject("adodb.recordset")
    '从数据库中查找顾客的信息
    rs.open "select useremail,vip,identify,quesion,realname from [user] where
username='"&request.cookies("timesshop")("username")&"' ",conn,1,1
    Dim Rank
    Rank="普通会员"
    If rs("vip")=true then
       Rank = "VIP会员"
    End if
    %>
    <table align=center cellpadding=1 cellspacing=1 bgcolor=<% = bgclr1 %>>
    <form … action=saveprofile.asp?acti on=customerinfo>
    ……
    <tr><td>用 户 名: <%=request.cookies("timesshop")("username")%></td> </tr>
    <tr><td >会 员 级 别:  [<b><font color=#FF6600><% = Rank %></font></b>]
</td></tr>
    <tr><td >E-Mail  :  <input name=useremail type=text id=useremail2 value=<%
=trim(rs("useremail")) %>></td></tr>
    <tr><td height=28 >真实姓名: <input name=realname type=text id=realname
value=<% = trim(rs("realname"))%>></td></tr>
    <tr><td height=28 >密码提问: <input name=quesion type=text id=quesion
value=<% = trim(rs("quesion"))%>></td></tr>
    <tr><td>问题答案: <input name=answer type=text id=answer></td></tr>
    <tr><td><input type=submit name=Submit2 value=提交保存 onclick='return
checkuserinfo();'></td></tr>
    </form></table>
    <%
    rs.close
    set rs=nothing
    end sub
    %>
```

以下代码实现向数据库中保存个人资料功能。

```
    case "customerinfo"
    set rs=server.CreateObject("adodb.recordset")
    rs.open "select useremail,realname,quesion,answer from [user] where
username='"&username&"'",conn,1,3
    '以可写方式打开数据库中的user表
    rs("useremail")=trim(request.form("useremail"))
    rs("realname")=trim(request.form("realname"))
    rs("quesion")=trim(request.form("quesion"))
    if trim(request.form("answer"))<>""then
    rs("answer")=md5(trim(request.form("answer")))
    end if
    rs.update
    '更改各个字段的值，并且提交保存
    rs.close
    set rs=nothing
    response.Write "<script language=javascript>alert('您的个人资料修改成功!
');history.go(-1);</script>"
```

17.6.3 修改密码

“修改密码”的界面设计如图17-23所示。

图17-23 修改密码

以下代码实现“修改密码”的链接功能。

```
……….
<TD HEIGHT="20" ONMOUSEOVER="this.bgColor='<%=bgclr4%>';" ONMOUSEOUT="this.bgColor='<%=bgclr2%>';">
<IMG SRC="images/SAVEAS.GIF" WIDTH="16" HEIGHT="16"><A HREF="profile.asp?action=changepass"> 修改密码</A></TD>
……….
case "changepass"
response.Write "<center><B><FONT COLOR=996633>修 改 密 码</font></center>"
changepass()
……….
```

以下代码实现右边工作区部分界面。

```
……….
sub changepass()
if request.cookies("timesshop")("username")="" then
response.Write "<center>请先登录</center>"
response.End
end if %>
<table width=96% border=0 align=center cellpadding=1 cellspacing=1 bgcolor=#FFFFFF>
<form name=userpass method=post action=saveprofile.asp?action=changepass>
  <td width=50% align="right">用 户 名：</td>
<td width=50%><%= request.cookies("timesshop")("username") %></font></td>
<tr bgcolor=#FFFFFF>
    <td align="right">原 密 码：</td>
<td><input name=password type=password id=password></td>
</tr>
<tr bgcolor=#FFFFFF>
    <td align="right">新 密 码：</td>
<td><input name=password1 type=password id=password1></td>
</tr><tr bgcolor=#FFFFFF>
<td align="right">确认密码：</td>
<td><input name=password2 type=password id=password2></td>
</tr><tr>
<td colspan=2 bgcolor=#FFFFFF align="center"><input type=submit name=Submit value=修 改 onclick='return checkrepass();'></td></tr>
</form></table>
<%
end sub
……….
```

修改密码的请求通过表单传递给saveprofile.asp处理，查询串action传递的值为changepass。Saveprofile.asp中的响应部分的源码分析如下。

```
    case "changepass"
    set rs=server.CreateObject("adodb.recordset")
    rs.open    "select    password    from    [user]    where
username='"&username&"'",conn,1,3
    if md5(trim(request.form("password")))<>trim(rs("password")) then
    '输入的原密码有误
    response.Write "<script language=javascript>alert('对不起，您输入的原密码错误！');history.go(-1);</script>"
    response.End
    else
    rs("password")=md5(trim(request.form("password1")))
    '使用新密码，当让要使用 MD5 加密
    rs.update
    rs.close
    set rs=nothing
    response.Write  "<script  language=javascript>alert(' 密 码 更 改 成 功 ！
');history.go(-1);</script>"
    response.End
    end if
```

17.6.4 取回密码

如果顾客单击“取回密码”，将会提示根据密码提示问题和答案取得新密码。分为三步：先输入用户名。输入正确后，显示密码问题，要求用户输入密码答案。密码答案正确，则可以输入新密码。顾客取回密码步骤的第一步，填写用户名，此时查询串中shop值为空。

```
    sub repass()
    dim shop
    shop=request.QueryString("shop")
    select case shop                              '输入顾客名
    case ""
    response.Write "<br><table width=96% border=0 align=center cellpadding=01
cellspacing=1>"
    '输出供顾客填写找回密码的用户名表单
    response.Write      "<form       name=shop0       method=post
action=profile.asp?action=repass&shop=1>"
    response.Write "<tr><td height=28 bgcolor=#ffffff><div align=center>请输
入 您 的 顾 客 名 ：   <input   name=username   type=text   id=username
size=16></div></td></tr>"
    response.Write      "<tr><td       height=32       bgcolor=#ffffff><div
align=center><input type=submit name=Submit value=确 定 onclick='return
check0();'></div></td></tr>"
    response.Write "</form></table>"
```

用户取回密码的第二步，此时需要用户输入正确的密码提示问题答案，此时查询串中shop的值为1。

```
    case "1"     '输入问题答案
    set rs=server.CreateObject("adodb.recordset")
    rs.open    "select    quesion,answer    from    [user]    where
username='"&trim(request.form("username"))&"' ",conn,1,1
    if rs.eof and rs.bof then
      response.write "<center><br>查无此顾客，请返回！</center>"
    else
```

```
    response.Write  "<br><table  width=96%  border=0  align=center
cellpadding=1 cellspacing=1 bgcolor=#FFFFFF>"
    response.Write  "<form  name=shop1  method=post
action=profile.asp?action=repass&shop=2>"
    response.Write "<tr><td width=21% bgcolor=#ffffff STYLE='PADDING-LEFT:
20px'> 您 的 密 码 提 问 : </td><td  width=79%  height=28  bgcolor=#ffffff
STYLE='PADDING-LEFT:  20px'><font  color=red>"&trim(rs("quesion"))&"</font>
<input  type=hidden  name=username1  value="&trim(request.form("username"))&"
ID=Hidden1></td></tr>"
    response.Write "<tr><td bgcolor=#ffffff STYLE='PADDING-LEFT: 20px'>您
的密码答案: </td><td height=28 bgcolor=#ffffff STYLE='PADDING-LEFT: 20px'><input
name=answer type=text id=answer></td></tr>"
    response.Write  "<tr  bgcolor=#ffffff><td  height=32  colspan=2
STYLE='PADDING-LEFT: 50px'><input type=submit name=Submit2 value=确 定
onclick='return check1();'></td></tr>"
    response.Write "</form></table>"
  end if
  rs.close
  set rs=nothing
```

现在用户的密码提示问题的答案已经回答正确，可以让用户输入新的密码。查询串中shop的值已经变为2。

```
  case "2"  '输入新密码
  set rs=server.CreateObject("adodb.recordset")
  rs.open  "select  answer  from  [user]  where
username='"&trim(request.form("username1"))&"' ",conn,1,1
  if trim(rs("answer"))<>md5(trim(request.form("answer"))) '判断答案是否正确
  then
    response.write "<script language=javascript>alert('对不起，您输入的问题
答案不正确');history.go(-1);</script>"
      response.end
  else
    response.Write  "<br><table  width=96%  border=0  align=center
cellpadding=1 cellspacing=1 bgcolor=#FFFFFF>"
    response.Write "<form name=shop2 method=post action=saveprofile.asp?
action=repass>"
    response.Write "<tr><td width=20% bgcolor=#EFF5FE STYLE='PADDING-LEFT:
20px'> 请 输 入 新 密 码 : </td><td  width=80%  height=28  bgcolor=#EFF5FE
STYLE='PADDING-LEFT:  20px'><input  name=userpassword1  type=password
id=userpassword1><input type=hidden name=username2 value=" & trim(request.form
("username1"))&"></td></tr>"
    response.Write "<tr><td bgcolor=#EFF5FE STYLE='PADDING-LEFT: 20px'>
输 入 确 认 密 码 : </td><td  height=28  bgcolor=#EFF5FE  STYLE='PADDING-LEFT:
20px'><input name=userpassword2 type=password id=userpassword2></td></tr>"
    response.Write  "<tr><td  height=32  colspan=2  bgcolor=#EFF5FE
STYLE='PADDING-LEFT: 50px'><input type=submit name=Submit3 value=确 定
onclick='return check2();'></td></tr>"
    response.Write "</form></table>"
  end if
  rs.close
  set rs=nothing
  end select
  end sub
```

17.6.5 “我的订单”界面

“我的订单”界面提供给顾客便于自己的订单管理，界面如图17-24所示：

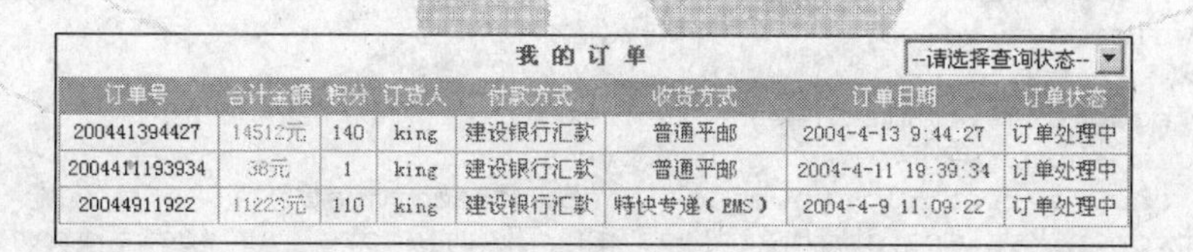

我 的 订 单							--请选择查询状态--
订单号	合计金额	积分	订货人	付款方式	收货方式	订单日期	订单状态
200441394427	14512元	140	king	建设银行汇款	普通平邮	2004-4-13 9:44:27	订单处理中
2004411193934	38元	1	king	建设银行汇款	普通平邮	2004-4-11 19:39:34	订单处理中
20044911922	11223元	110	king	建设银行汇款	特快专递（EMS）	2004-4-9 11:09:22	订单处理中

图17-24　订单管理

显示用户订单主要由下面的子过程完成，程序完成从数据库中维护的订单表中取出用户的订单，并且做一些简单的统计，例如订单的“合计金额”项。

```
    sub goods()
    '查找顾客的订单的子过程
    if request.cookies("timesshop")("username")="" then
    response.Write "<center><center>请先登录</center></center>"
    response.End
    end if
    %>
    ………
    <tr><td width="55%" align="right"><B>我 的 订 单</B></td>
    ………
    <!--在顾客改变列表中的选择时触发 onchange 事件-->
    <select          name="state"           onChange="var           jmpURL=
this.options[this.selectedIndex].value          ;          if(jmpURL!='')
{window.location=jmpURL;} else {this.selectedIndex=0 ;}" >
    <option value="profile.asp?action=goods&state=0" selected>--请选择查询状态
--</option>
    <option value="profile.asp?action=goods&state=0" >全部订单状态</option>
    <option value="profile.asp?action=goods&state=1" >未作任何处理</option>
    <option value="profile.asp?action=goods&state=2" >顾客已划出款</option>
    <option value="profile.asp?action=goods&state=3" >服务商已收到款</option>
    <option value="profile.asp?action=goods&state=4" >服务商已发货</option>
    <option value="profile.asp?action=goods&state=5" >顾客已经收到货</option>
    ………
    <table    width="100%"    border="0"    align="center"    cellpadding="2"
cellspacing="1" bgcolor=<%=bgclr1%>>
    <!--列表显示所有的订单，依据查询状态-->
    <%set rs=server.CreateObject("adodb.recordset")
    dim state
    state=request.QueryString("state")              '根据选择的状态作查询
    if state=0 or state="" then                     '显示全部订单
    select case state
    case "0"
    rs.open  "select  distinct(goods),realname,actiondate,deliverymethord,
paymethord,state from orders where username='"&request.cookies("timesshop")
("username") &"' and state<6 order by actiondate desc",conn,1,1
    case ""
    rs.open  "select  distinct(goods),realname,actiondate,deliverymethord,
paymethord,state from orders where username='"&request.cookies("timesshop")
("username")&"' and state<6 order by actiondate desc",conn,1,1
    end select
    else                                                    '显示指定的订单状态的订单
    rs.open "select distinct(goods),realname,actiondate, deliverymethord,
paymethord,state     from     orders     where     username='"&request.cookies
("timesshop")("username")&"' and state="&state&" order by actiondate",conn,1,1
    end if
```

```
    do while not rs.eof         '列表显示
      %>
    <tr bgcolor=#ffffff align="center">
    <% dim shop,rs2
    set shop=server.CreateObject("adodb.recordset")
    shop.open "select sum(paid) as paid,sum(score) as score from orders where goods='"&trim(rs("goods"))&"' ",conn,1,1  '计算出订单中所有此种商品的总金额
      %>
    '单击订单号打开一个到订单的链接；可以查看订单的状态和详细信息，并且可以删除订单。
    <td><a href=# onClick="javascript:window.open('chkorder.asp?dan=<%=trim(rs("goods"))%>&score=<% = trim(shop("score")) %>','','width=710,height=388,toolbar=no, status=no, menubar=no, resizable=yes, scrollbars=yes');return false;"><%=trim(rs("goods"))%></a></td>
    <td><%   '计算出总共需要付的费用，包括商品的价格和不同送货的方式的费用的和
    set rs2=server.CreateObject("adodb.recordset")
    rs2.open "select * from delivery where deliveryid="&rs("deliverymethord"),conn,1,1
    response.write "<font color=#FF6600>"&shop("paid")+rs2("fee")&" 元</font>"
    rs2.close
    set rs2=nothing %></td>
```

如果顾客所购的是大件商品，毫无疑问需要对这些顾客的购物已更好的待遇。顾客的积分就是这样的一种标记VIP顾客的措施。

```
    <td><% = shop("score") %>
    <%   shop.close
       set shop=nothing
    %></td><td><%=trim(rs("realname"))%></td>
      <td><%set rs2=server.CreateObject("adodb.recordset")
      rs2.open "select * from delivery where deliveryid="&rs("paymethord"),conn,1,1
      response.Write trim(rs2("subject"))          '查询出顾客选择的付款方式
      rs2.close
      set rs2=nothing%></td>
      <td align="center">
      <%set rs2=server.CreateObject("adodb.recordset")
      rs2.open "select * from delivery where deliveryid="&rs("deliverymethord"),conn,1,1
      response.Write trim(rs2("subject"))            '查询出顾客选择的送货方式
      rs2.close
      set rs2=nothing%>
      </td>
      <td><%=trim(rs("actiondate"))%></td>  <!--顾客最近一次购物活动的时间-->
      <td><%select case rs("state")                '订单的状态
      case "1"
      response.write "未作任何处理"
      case "2"
      response.write "订单处理中"
      case "3"
      response.write "服务商收到款"
      case "4"
      response.write "服务商已发货"
      case "5"
      response.write "顾客已收到货"
      end select%>
    </td></tr><%
    rs.movenext
```

```
    loop
    rs.close
    set rs=nothing%></table>
    <%end sub
    sub loginnum()                                              '统计特定顾客的登录次数
    dim url
    url=Request.ServerVariables("HTTP_REFERER") %> <!--取得 url，因为统一定向到
chkuser.asp 来检查顾客用来设置 comeurl，方便成功后重新转向请求页-->
    ………
    <%
    end sub
    %>
```

17.6.6 购物车的实现

"我的购物车"的界面设计如图17-25所示。

我 的 收 藏 架

选 择	商品名称	市场价	会员价	折 扣	删 除
☑	充气玩偶	1489元	1450元	97%	
☑	SONY DSC-V1	6600元	5600元	85%	

去下订单

图17-25 我的购物车

左部的菜单栏中响应"我的收藏夹"的代码：

```
    ……
    case "addtocart"
    response.write"<center><B><FONTCOLOR=996633>我的收 藏 架</font></center>"
    addtocart()
    ……
```

disuser.asp中的sub字过程addtocart()处理商品添加到购物车子过程的管理。

```
    sub addtocart()   '添加到购物车子过程
    set rs=server.CreateObject("adodb.recordset")
    rs.open          "select           orders.actionid,orders.id,product.name,
product.price1,product.price2,product.discount from product inner join orders
on     product.id=orders.id      where      orders.username='"&request.cookies
("timesshop")("username")&"' and orders.state=6",conn,1,1
    %>     '连接 product 表和 orders 表，从中选择该顾客订购的订单的商品的详细信息
    <table  width=96%  border=0  align=center  cellpadding=0  cellspacing=1
bgcolor=#6699cc>
    <%
```

判断是何处调用addtocart子过程，在addto.asp文件中即收藏商品时也会调用这个子过程。如果是从顾客中心调用的这个子过程，那么提交时会打开一个新的浏览器窗口；否则如果是收藏商品是调用的这个子过程则只需将设置表单的响应页为cart.asp即可。

```
    if action="addtocart" then
    '此处定义了 form 标单的 action 页为 cart.asp，如果顾客单击取下订单；则会转至 cart.asp
     response.write        "<form        action='cart.asp'         target=shop
onsubmit=""javascript:window.open('','','width=632,height=388,toolbar=no,
status=no, menubar=no, resizable=yes, scrollbars=yes');"">"
    else
     response.write "<form name='form1' method='post' action=cart.asp>"
    end if %>
    ……
```

下面的代码显示收藏夹中的所有商品，并且使用checkbox来标记需要删除的商品。如果被check的话,就以为这可以删除这条订单。遍历记录集中的所有数据，每一个checkbox的value都使用记录集中的id编号来标记。

```
    <% do while not rs.eof %>
    <tr bgcolor=#ffffff align=center>
    <td><input name=id type=checkbox checked value=<% = rs("id") %>></td>
    <td STYLE='PADDING-LEFT: 5px' align=left><a href=product.asp?id=<% =
rs("id") %> target=_blank><% = rs("name") %></a></td>
    <td><% = rs("price1") %>元</td>
    <td><font color=#FF0000><% = rs("price2") %>元</font></td>
    <td><% = rs("discount")*100 %>%</td>
    <td>
    <%
    '判断是何处调用 addtocart 子过程，在 addto.asp 文件中即收藏商品时也会调用这个子过程
    if action<>"addtocart" then
        response.Write                                                     "<a
href=addto.asp?action=del&actionid="&rs("actionid") &">"
    else
        response.Write                                                     "<a
href=addto.asp?action=del&actionid="&rs("actionid")                 &"&ll=22>"
'每条记录的删除的超链接设置
    end if
    response.Write "<img src=images/trash.gif width=15 height=17 border=0></a>
</td></tr>"
    rs.movenext                                 '遍历顾客的订单表中所有的未处理的订单
    loop
    rs.close
    set rs=nothing
    response.write   "<tr><td   height=36   colspan=6   bgcolor=#FFFFFF><div
align=center><input    type=submit    name=Submit        value=  去  下  订
单 >    "
    if action<>"addtocart" then
    response.write "<input type=button name=Submit2 value=继续采购 onclick=java
script:window.close()>"
    end if
    %>
    </div></td></tr></form></table>
    <%
    end sub
```

当顾客在“我的购物车”单击“去下订单”按钮后，会进入下一流程，本章17.7节有详细的分析。

17.6.7 收货人信息

“收货人信息”的界面设计如图17-26所示。

下面代码完成的功能是实现上面的显示界面。

```
    .........
    <%
    end sub
    sub receiveaddr()                         '这个 sub 子过程完成的是显示收货人的详细信息
    dim rs2
    if request.cookies("timesshop")("username")="" then      '顾客名为空，要求登录
    response.Write "<center>请先登录</center>"
```

收货人信息

请您填写正确的收货人信息，我们会为您保密。

收货人姓名：	性别：男
收货人省/市	
详细地址：	
邮　　编：	0
电　　话：	
手　　机：	6277642
腾讯 QQ：	26222
送货方式：	普通平邮 特快专递（EMS） 送货上门 个人送货 E-mail
支付方式：	建设银行汇款 交通银行汇款 邮局汇款 网上支付
	提交保存

图17-26　收货人信息

```
    response.End
    end if
    set rs=server.CreateObject("adodb.recordset")
    rs.open "select recepit,recepit,city,address,postcode,usertel,
mobile,userqq,deliverymethord,paymethord from [user] where
username='"&request. cookies("timesshop")("username")&"' ",conn,1,1
    %>                              <!--从数据库中取出此顾客的收货人详细信息
-->
    ………
    <form name=receiveaddr method=post action=saveprofile.asp?action
=receiveaddr>
    ………
    <td width=18% STYLE='PADDING-LEFT: 10px'>收货人姓名：</td>
    <td width=82%><input name=recepit type=text id=recepit size=12 value=<% =
trim(rs("recepit")) %>>
    ………
    <!--选择送货方式-->
    <td><select name=deliverymethord size=5 id=deliverymethord>
    <%
    set rs2=server.CreateObject("adodb.recordset")
    rs2.open "select * from delivery where methord=0 order by deliveryidorder",
conn,1,1   'delivery 表中 methord 为零的为送货方式,methord 为 1 的为付款方式
    do while not rs2.EOF
        response.Write "<option value="&rs2("deliveryid")&">"&trim(rs2
("subject"))&"</option>"
        rs2.MoveNext
    loop
    rs2.Close
    %>
    </select>
    ………
    <td><select name=paymethord size=5 id=paymethord>     <!--选择支付方式-->
    <%
    rs2.Open "select * from delivery where methord=1 order by
deliveryidorder",conn,1,1
    do while not rs2.EOF
      response.Write "<option value="&rs2("deliveryid")&">"&trim(rs2
("subject"))&"</option>"
      rs2.MoveNext
```

```
loop
rs2.Close
set rs2=nothing
%>
</select></td></tr>
………
<%
rs.close
set rs=nothing
end sub
```

17.7 收藏和购买商品

收藏和购买商品是一个购物站点的核心功能。其中收藏即是与顾客中心同样的调用disuser.asp中的addtocart()子过程，购买则有所区别。

17.7.1 浏览商品

浏览商品有多种情况，例如“分类浏览”模块或者“新品上架”等等模块都需要商品的浏览功能。图17-27是截取的分类浏览中的某一个商品的显示。

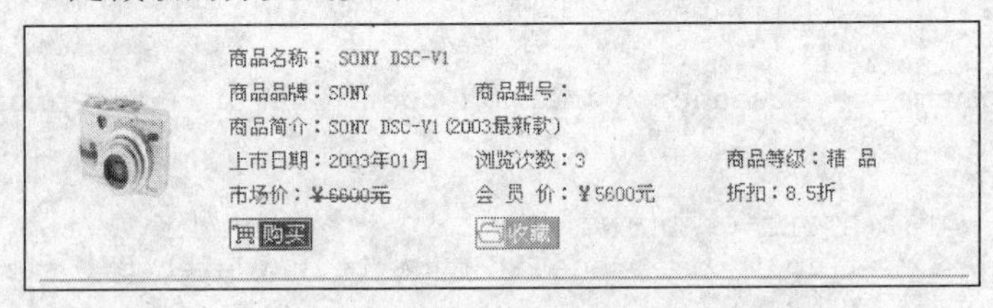

图17-27　cat.asp中列出的某一商品

disuser.asp源码中的addtocart()已经论述过，此处略过。下面分析“购买”的源码：cat.asp。cat.asp是商品分类的列表，其中每种商品都有“购买”和“收藏”两个选项。

```
<!--#include file="conn.asp"-->
<!--#include file="config.asp"-->
<%
dim sortsid,i,strcat
sortsid=request.querystring("catid")%>
<title><%=webname%>--商品分类</title>
<!--#include file="include/header.asp"-->
<%
'从数据中的分类表中选出此分类的商品的分类名称
set rs=server.CreateObject("adodb.recordset")
rs.open "select category from category where categoryid="&sortsid&"
",conn,1,1
strcat = trim(rs("category"))  '取得分类的名称
rs.close
set rs = nothing
%>
```

rs记录集中存放的是categoryid等于相应的id的分类。如果没有指定sortsid，则从所有商品中选择最新的20个商品并列出之；否则从数据库中选择指定分类下的所有商品并列出之，并且按照商品的添加时间排序。

```
    ………
    if sortsid=”” then
        set rs=server.CreateObject(“adodb.recordset”)
        rs.open “select top 20 prename,company,mark,pretype,intro,other,type,
viewnum,grade,predate,id,name,introduce,price1,price2,discount,productdate,
pic from product order by adddate desc”,conn,1,1
    else
        set rs=server.CreateObject(“adodb.recordset”)
        rs.open  “select  predate,prename,company,mark,pretype,intro,name,
other,type,viewnum,grade,id,introduce,price1,price2,discount,productdate,pi
c from product where categoryid=”&sortsid&” order by adddate desc”,conn,1,1
    end if
    ………
```

cart.gif是购买图标，上面的代码说明，当顾客单击“购买”是在打开cart.asp同时，商品的id也会作为查询串被传递，下面会进入购物流程的第一步。如果放入购物车，则可以继续采购，最后统一到顾客中心处理购物车中的内容，如果单击的是“下一步”，则进入购物流程的第二步。

```
    <td>  <a  href=#  onClick=”javascript:window.open(‘cart.asp?id=<%  =
rs(“id”)  %>’,”,’width=632,height=388,toolbar=no,  status=no,  menubar=no,
resizable=yes,            scrollbars=yes’);return             false;”><img
src=images/skin/default/cart.gif   width=50   height=19   align=absmiddle
border=0></a></td>
    <td                     colspan=”2”><a                          href=#
onClick=”javascript:window.open(‘addto.asp?id=<%                         =
rs(“id”)   %>&action=add’,”,’width=632,height=388,toolbar=no,   status=no,
menubar=no,resizable=yes,scrollbars=yes’);return                  false;”><img
src=images/skin/default/addto.gif   width=50   height=19   align=absmiddle
border=0></a></td>
```

下面省略的都是在前面技术细节已经论述过的分页列表的代码，只是记录集有所不同，所以都已略去，详细的代码读者可以参见”源代码”文件夹。

```
    ………
    <!--#include file=”include/footer.asp”-->
```

17.7.2 购买商品

购买商品分为几个步骤，并且存在两种方式。一种方式是把商品首先放入购物车，然后统一购买；另一种是直接购买选中的商品。直接购买选中的商品时，第一步需要选中所要购买的商品，单击“商品浏览”部分的“购买”后，系统会弹出如图17-28所示的界面。

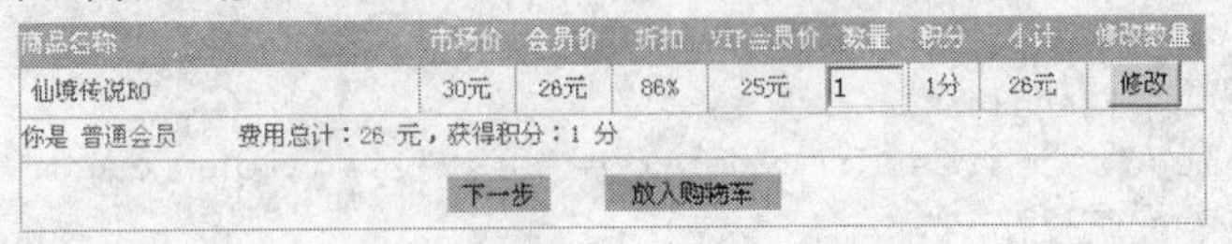

图17-28　购买流程的第一步

如界面设计中的图所示，cart.asp将顾客要购买的商品列出。

```
    ………
    if request.QueryString(“id”)=”” then
    id=request.form(“id”)
    else
    id=request.QueryString(“id”)                    '取得商品 id 的值
```

```
    end if
    .........
    select case action
    case ""
```

根据action的值采取相应的动作，根据分析cat.asp发现请求串是如下的形式：cart.asp?id=389，故此时action为空。action为空的情况下，主要也是列出商品的一些信息，代码多与技术细节中的列表差别不大，故省略之。

```
    .........
    <form name="form1" method="post" action="">
    .........
    set rs=server.CreateObject("adodb.recordset")
    rs.open "select id,name,price1,price2,vipprice,discount,score,stock from
product where id in ("&id&")",conn,1,1   '根据此商品的id列表显示详细信息
    .........
    <td  height="32"  colspan="9"  align="center"><input  type="submit"
name="Submit2" style="height:20; font:9pt; BORDER-BOTTOM: #FFFFFF 1px groove;
BORDER-RIGHT: #FFFFFF 1px groove; BACKGROUND-COLOR: <% = bgclr1 %> "value="
下 一 步 "  onClick="this.form.action='cart.asp?action=shop1&id=  <%=id%>';
this.form.submit()">
```

如果顾客单击“下一步”，将会再次请求cart.asp，查询串的内容改为cart.asp?action=shop1&id=389;这是判断case的值将变为shop1,故会进入select case语句的另外一个分支。如果顾客单击的是“放入购物车”，则会请求addto.asp?id=389&action=add。

```
    <%if bookscount=1 then%>
    <input  type="button"  name="Submit22"  style="height:20;  font:9pt;
BORDER-BOTTOM:  #FFFFFF  1px  groove;  BORDER-RIGHT:  #FFFFFF  1px  groove;
BACKGROUND-COLOR:  <%  =  bgclr1  %>"value="  放  入  购  物  车  "
onClick="location.href='addto.asp?id=<%=books%>&action=add'"><%end if%></td>
    .........
```

17.7.3 填写收货人信息

直接购买商品的第二步需要顾客填写详细的收货人信息。以下是实现该界面的代码。

```
    case "shop1"   '说明是已经提交过的，如cart.asp?action=shop1&id=389。
    set rs=server.CreateObject("adodb.recordset")
    rs.open     "select     recepit,userid,sex,useremail,city,address,
postcode,usertel,paymethord,deliverymethord,realname  from  [user]  where
username='"&request.cookies("timesshop")("username")&"'",conn,1,1
    userid=rs("userid")%> <!--首先选出顾客的详细信息，取得顾客的id放到userid中。
-->
    .........
    <!--新的表单，请求的url变为cart.asp?action=ok&id=387&userid=2。这样再次提交是
将进入另外的select语句的分支。-->
    <form  name="receiveaddr"  method="post"  action="cart.asp?action=ok&id=
<%=id%>&userid=<%=userid%>">
    set rs2=server.CreateObject("adodb.recordset")
    rs2.open "select id from product where id in ("&id&") order by id",conn,1,1
    do while not rs2.eof
    %>
    <input name="<%="shop"&rs2("id")%>" type="hidden" value="<%=cint(request.
form("shop"&rs2("id")))%>">
    <%
    rs2.movenext
    loop
```

```
    rs2.close%>
    <!--利用隐藏域来传递一些信息是基本的Web编程技巧。-->
    <input type=hidden name=realname value=<%=trim(rs("realname"))%>>
    <td width="150" style='PADDING-LEFT: 6px'><b>收货人姓名：</b></td><td width="600" height="28"><input name="recepit" type="text" id="recepit" size="12" value=<%=trim(rs("recepit"))%>>
    ........
    <!--顾客填写收货人的详细信息，当然首先会从数据中选出相应的登记过的顾客的信息，已加快顾客的填写进程。如上面的value=<%=rs("rs(recepit)")%>-->
    ........
    <tr bgcolor=<%=bgclr3%>><td></td>
    <td><input type="submit" name="Submit3" style="height:20; font:9pt; BORDER-BOTTOM: #FFFFFF 1px groove; BORDER-RIGHT: #FFFFFF 1px groove; BACKGROUND-COLOR: <% = bgclr1 %>"value="提交订单" onClick="return ssother();"></td></tr></form>
```

当顾客单击【提交订单】按钮时，此订单将会提交给cart.asp?action=ok&id=387&userid=2。程序的控制流程将会转移到另外的一个分支继续执行。如果顾客填写的信息都合法正确，那么会转到订购成功界面，如图17-29所示。

17.7.4 订单提交

订单提交设计界面如图17-29所示。

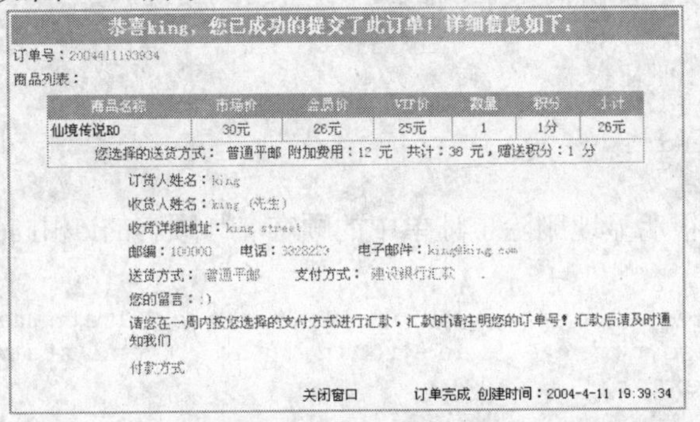

图17-29 订购成功

以下代码处理订单提交的请求，如果订单符合要求，则订单信息入库并显示成功信息，否则提示出错信息。

```
case "ok"
   function HTMLEncode2(fString)
   fString = Replace(fString, CHR(13), "")
   fString = Replace(fString, CHR(10) & CHR(10), "</P><P>")
   fString = Replace(fString, CHR(10), "<BR>")
   HTMLEncode2 = fString
end function
```

select语句新的分支，action=ok；值得一提的是上面的HTMLEncode2函数，实现了一些特殊字符的替换。因为在TextArea中的输入会涉及到换行和回车的问题。转换到HTML输出显示时，为了如果顾客在留言一栏留言，在管理员浏览以一HTML编码的方式显示出来。例如顾客输入的回车符等，采用的办法就是将CHR（10）替换为HTML中的
，这就会显示出回车的效果，完全符合顾客输入的格式化输出。

```
if session("myorder")<>minute(now) then
```

```
        shijian=now()                               '取得当前的时间
        set rs2=server.CreateObject("adodb.recordset")
        rs2.open "select id,name,score,price1,price2,vipprice,discount from product where id in ("&id&") order by id ",conn,1,1    '取得商品的价格、折扣等信息
        goods=year(shijian)&month(shijian)&day(shijian)&hour(shijian)&minute(shijian)&second(shijian)     '订单表中会有一个字段存放订单的时间，这就是 goods 的目的
        do while not rs2.eofset rs=server.CreateObject("adodb.recordset")
    rs.open "select * from orders",conn,1,3
    rs.addnew                                    '向订单表中插入数据
    rs("username")=trim(request.cookies("timesshop")("username"))
    rs("id")=rs2("id")                           '商品 id 号
    rs("actiondate")=shijian                     '时间
    rs("productnum")=CInt(Request.form("shop"&rs2("id")))      '商品数量
    rs("state")=2                                          '订单的状态
    rs("goods")=goods                                      '订单的日期取成的字符串
    rs("postcode")=int(request.form("postcode"))           '邮政编码
    rs("recepit")=trim(request.form("recepit"))            '收件人
    rs("address")=trim(request.form("address"))            '地址
    rs("paymethord")=int(request.form("paymethord"))       '支付方式
    rs("deliverymethord")=int(request.form("deliverymethord"))  '送货方式
    rs("sex")=int(request.form("sex"))                     '性别
    rs("comments")=HTMLEncode2(trim(request.form("comments")))
    ………
    rs.update
    rs.close
    set rs=nothing
    ………
```

下面这行代码很明显地删除了订单中的顾客名与顾客的id相同并且状态为6，且商品的id号符合的纪录。

```
    conn.execute "delete from orders where username='"&request.cookies("timesshop")("username")&"' and id in ("&id&") and state=6"
      rs2.movenext
    loop                                                   '循环遍历
    rs2.close
    set rs2=nothing
'重置会话 myorder 的时间；从下面的 else 语句可以发现 session 的目的是为了避免顾客重复提交
    session("myorder")=minute(now)
    else
    response.Write "<center>您不能重复提交！</center>"
    response.End
    end if
    '下面的代码已经转移到了处理购物的第三步，即订单提交成功后。这时就需要打印出整个订单。
    ………
```

判断顾客账户里面的存款是否足够，若足够的话，将此次购物的费用扣除；如果不够，或者没有存款，那么就提示顾客在一周内按其所选择的方式付款。同时累加相应的顾客积分。

```
    set rsdeposit=server.CreateObject("adodb.recordset")
    rsdeposit.open "select deposit,score from [user] where username='"&request.Cookies("timesshop")("username")&"' ",conn,1,3
    if rsdeposit.eof and rsdeposit.bof then
    strtxtdeposit="请您在一周内按您选择的支付方式进行汇款，汇款时请注明您的订单号！汇款后请及时通知我们"
```

```
else
strdeposit = CLng(rsdeposit("deposit"))
if strdeposit>sum then
rsdeposit("deposit")=strdeposit-sum
rsdeposit("score")=rsdeposit("score")+sums2
rsdeposit.update
………
<%'对已售出的纪录加一，对库存减一。跟踪销售业绩，并且在顾客购买商品时判断是否已经售空
set rs=server.CreateObject("adodb.recordset")
rs.open "select solded,stock from product where id in ("&id&")" ,conn,1,3
do while not rs.eof
rs("solded")=rs("solded")+1
rs("stock")=rs("stock")-1
rs.update
rs.movenext
loop
rs.close
set rs=nothing
………
<!—使用 JavaScript 正则表达式来验证顾客的输入是否合法-->
<script language=javascript>
<!--
function regInput(obj, reg, inputStr)
{
  var docSel  = document.selection.createRange()
  if (docSel.parentElement().tagName != "INPUT")  return false
oSel = docSel.duplicate()
oSel.text = ""
var srcRange  = obj.createTextRange()
oSel.setEndPoint("StartToStart", srcRange)
var str = oSel.text + inputStr + srcRange.text.substr(oSel.text.length)
return reg.test(str)
}
//这是使用正则表达式验证顾客输入；技术细节中有叙述。
function checkspace(checkstr) {
var str = ";
for(i = 0; i < checkstr.length; i++) {
str = str + ' ';
  }
return (str == checkstr);
}
//检验是否全为空格
//-->
</script>
```

17.8 商品查询

商品查询分为简单查询和高级查询两种方式。下面分别进行介绍。

17.8.1 简单查询

图17-30所示的搜索框嵌套在每一个页面的头部，以方便顾客随时随地地搜索商品。

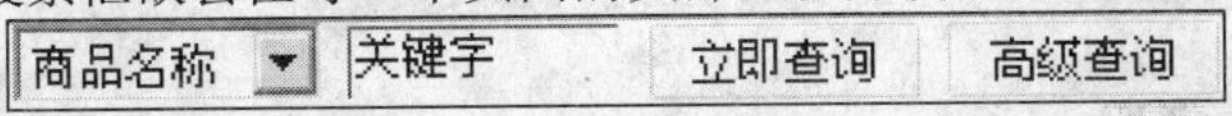

商品名称 ▼ | 关键字 | 立即查询 | 高级查询

图17-30 查询界面

下面的代码实现了简单查询的处理功能。通过判断jiage的值是否为空值，可以判断是简单查询还是高级查询，从而采取不同的操作。

```
    .........
    if jiage="" then              '普通查询
    select case action
    case "1"                      '商品名称
    rs.open                                                          "select
id,name,mark,introduce,price1,price2,discount,productdate from product where
name like '%"&searchkey&"%' ",conn,1,1
    case "2"                      '商品品牌
    rs.open                                                          "select
id,name,mark,introduce,price1,price2,discount,productdate from product where
mark like '%"&searchkey&"%' ",conn,1,1
    case "3"                      '商品简介
    rs.open                                                          "select
id,name,mark,introduce,price1,price2,discount,productdate from product where
introduce like '%"&searchkey&"%' ",conn,1,1
    end select
    else
    .........
```

17.8.2 高级查询窗口

“高级查询”模块相对复杂一些，界面设计如图17-31所示。

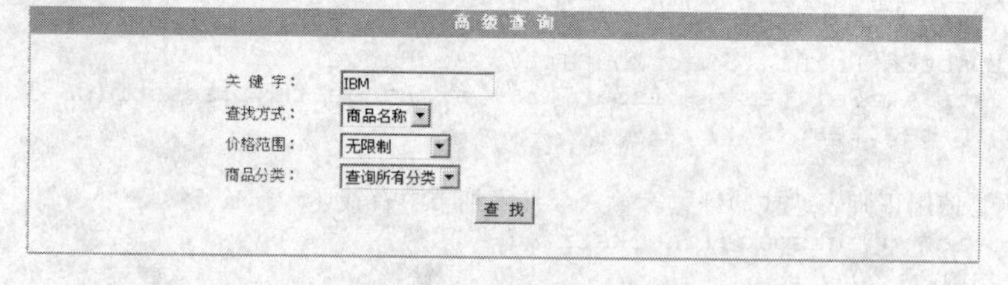

图17-31　高级查询界面

在表单内的输入文本框和三个下拉列表中分别输入或选择相应的关键字、查找方式、价格范围通读商品分类，然后单击“查找”按钮，即可将表单提交到research.asp页面。下面的代码实现了高级查询的商品分类。

```
    .........
    <tr BGCOLOR=ffffff> <td height="18" style="padding-left:6px">商品分类: </td>
    <td> <!--查询出所有分类的情况，并且以下拉列表的形式显示-->
    <%set rs=server.CreateObject("adodb.recordset")
    rs.open "select * from category order by categoryorder",conn,1,1
    %>
    <select name="categoryid"> <option value="0">查询所有分类</option>
    <%do while not rs.eof%>
    <option value="<%=rs("categoryid")%>"><%=trim(rs("category"))%></option>
    <%rs.movenext
    loop
    rs.close
    set rs=nothing%> </select></td></tr> …
```

17.8.3 高级查询处理

如果顾客在查询的关键字栏输入了“IBM”，会返回一些查询结果，如图17-32所示。

您查询的关键字是：IBM

商品名称	商品品牌	上货日期	市场价	折 扣	会员价	购买
IBM T30-FBC	IBM	2003年8月	29888元	60%	18000元	购买 收藏
IBM T40-G1C	IBM	2003年8月	40888元	75%	30500元	购买 收藏
IBM T30-87C	IBM	2003年01月	29988元	63%	19000元	购买 收藏

首 页 上一页 下一页 末 页 第 1 页 共 1 页 共查询到 3 件商品 转到第 1 页 跳转

图17-32　查询结果

查询的实现主要是在research.asp中完成的。代码如下所示：

```
<!--#include file=”conn.asp”-->
<!--#include file=”config.asp”-->
<!--取得所有的查询参数的值，不论是从表单或者查询串中-->
<%dim action,searchkey,categoryid,jiage
categoryid=request.form(“categoryid”)
jiage=request.form(“jiage”)
action=request.QueryString(“action”)
searchkey=request.QueryString(“searchkey”)
if categoryid=”” then categoryid=request.QueryString(“categoryid”)
if jiage=”” then jiage=request.QueryString(“jiage”)
if action=”” then action=int(request.form(“action”))
if searchkey=”” then searchkey=trim(request.form(“searchkey”))%>
<%call sss()%>
………
<%if searchkey=”” then
    response.write “对不起，请您输入查询关键字”
    response.End                                        '程序结束
else
    response.write “您查询的关键字是：<font color=red>”&searchkey&”</font>”
end if%> </td></tr> </table><%'开始分页
Const MaxPerPage=20
dim totalPut
dim CurrentPage
dim TotalPages
dim j
dim sql
if Not isempty(request(“page”)) then                    '如果page的值不为空
    currentPage=Cint(request(“page”))
else                                                     '否则当前页置为1
    currentPage=1
end if
```

如果jiage的值为空，说明是普通查询，否则是高级查询。对于高级查询，首先判断categoryid的值是否为空，如果不为空，则需要考虑商品分类的情况。然后根据判断“查找方式”下拉菜单选择的结果，编写不同的SQL语句，这样记录集的结果就可以得到了。

```
set rs=server.CreateObject(“adodb.recordset”)
if jiage=”” then                           '普通查询
………
else
'高级查询
```

```
    if categoryid<>0 then                   '判断查询分类,分类不为空。
'商品分类不为空，需要在SQL语句中考虑categoryid的情况。如下面的语句所示
    select case action                      '多约束条件的第一个查找方式是“商品名称”
    case "1"
    rs.open                                                              "select
id,name,mark,introduce,price1,price2,discount,productdate from product where
name    like    '%"&searchkey&"%'    and    price2<"&jiage&"    and
categoryid="&categoryid,conn,1,1
    case "2"   '多约束条件的第一个查找方式是“厂商说明”,mark字段代表的是厂商的商标
    rs.open                                                              "select
id,name,mark,introduce,price1,price2,discount,productdate from product where
mark    like    '%"&searchkey&"%'    and    price2<"&jiage&"    and
categoryid="&categoryid,conn,1,1
    case "3"                                '多约束条件的第一个查找方式是“商品简介”
    rs.open                                                              "select
id,name,mark,introduce,price1,price2,discount,productdate from product where
introduce    like    '%"&searchkey&"%'    and    price2<"&jiage&"    and
categoryid="&categoryid,conn,1,1
    case "4"                                '多约束条件的第一个查找方式是“详细说明”
    rs.open "select id,name,mark,introduce,price1,price2,discount,detail,
productdate from product where detail='"&searchkey&"' and price2<"&jiage&" and
categoryid="&categoryid,conn,1,1
    end select
    else
'分类为空，需要使用不同的查询语句。最大的区别是不再需要考虑categoryid字段对记录集的过滤。
    select case action
    case "1"
    rs.open                                                              "select
id,name,mark,introduce,price1,price2,discount,productdate from product where
name like '%"&searchkey&"%' and price2<"&jiage,conn,1,1
    case "2"
    rs.open                                                              "select
id,name,mark,introduce,price1,price2,discount,productdate from product where
mark like '%"&searchkey&"%' and price2<"&jiage,conn,1,1
    case "3"
    rs.open                                                              "select
id,name,mark,introduce,price1,price2,discount,productdate from product where
introduce like '%"&searchkey&"%' and price2<"&jiage,conn,1,1
    case "4"
    rs.open                                                              "select
id,name,mark,introduce,price1,price2,discount,detail,productdate         from
product where detail='"&searchkey&"' and price2<"&jiage,conn,1,1
    end select
    end if
    end if
    ………
```

现在根据顾客的查询条件，不论使用的是简单查询还是复杂查询，数据库查询所返回的记录集都已取得。下面的任务就是列表显示。

17.9 信息统计

本系统中的信息统计包括销售排行榜和关注排行榜。

17.9.1 销售排行

销售排行是对已经售出的商品作统计，选取出最受欢迎的商品。关注排行则是对顾客浏览的商品作统计，选取出最受关注的商品。两者实质上都是从数据库中选出记录集，然后再列表将这些记录集显示出来。

下面分析的“销售排行”的部分主要是数据库操作部分。

```
    set rs=server.CreateObject("adodb.recordset")
    rs.open                                                         "select
id,prename,name,company,mark,intro,introduce,predate,productdate,pretype,ty
pe,viewnum,price,price1,price2,other,grade,discount,pic from product order by
solded desc",conn,1,1
    if err.number<>0 then
    response.write "<p align='center'>数据库中暂时无数据</p>"
    end if
```

solded标识的是商品的销售数量，SQL语句最后的“order by solded desc”是指将所有的记录集按照solded字段的值降序排列，这样的效果就是所有的商品列表时就会按照销售业绩降序显示。

17.9.2 关注排行

实现“关注排行”功能的代码在hot.asp实现，其主要的选择数据集的代码如下：

```
    set rs=server.CreateObject("adodb.recordset")
    rs.open  "select  id,prename,name,company,mark,intro,introduce,predate,
productdate,pretype,type,viewnum,price,price1,price2,other,grade,discount,p
ic from product order by viewnum desc",conn,1,1
```

这个SQL语句完成的是从数据库中的存储商品信息的product表中选出所有需要的商品的信息，排序的方式是按照浏览次数（viewnum）降序排列。

17.10 扩充和提高

至此，一个 Web 商业应用的前台已经具备了。但是作为一个真正的商业应用，还需要有完善的后台管理界面与支持。后台管理模块可以实现 “订单管理”、“商品信息管理”、“用户管理”和“网站配置管理”等内容。“订单管理”模块负责维护和修改用户的订单。“商品信息管理”实现对库中已有商品信息的修改、删除或添加新的商品，“商品分类”信息的维护也是在这个模块下实现。而“用户管理”模块则负责前后台的用户信息的维护，包括增加、修改和删除。“网站配置管理”模块实现了一些系统的诸如新闻、公告等的设置，实现与用户交流的“意见反馈”和“留言板”管理。由于篇幅所限，后台管理的页面及功能本书不作介绍，读者可以依照前台的设计方法完成后台的功能。

此外，还有一些其它的因素需要考虑，其中一个很重要的因素就是可扩张性。很多的Web应用开发之初由于资金、技术条件的限制没有经过大规模的测试。到了真正部署投入运行之后，才发现顾客访问Web站点会变得出奇地慢，甚至几乎不可使用。一个Web应用的访问量是难以估计的，一个成功站点的访问量可能会在短期内获得巨大和持续的攀升，

因此应用必须是可以扩展的。可扩展的应用必须更多地考虑与数据库的连接技术（connection pool）、缓存技术等。

另外一个需要重点考虑的问题是Web应用的安全性，重要的模块数据使用加密传输，或者使用现在流行的SSL颁发证书，都是可以考虑的加强安全性的技术。安全性是一个永远的话题，加密传输和证书认证是有效的手段，有兴趣的读者可以参阅相关的书籍。